Imre Lakatos

Die Methodologie
der
wissenschaftlichen Forschungsprogramme

Imre Lakatos

Die Methodologie der wissenschaftlichen Forschungsprogramme

Philosophische Schriften
Band 1

Herausgegeben von
John Worrall und Gregory Currie

Springer Fachmedien Wiesbaden GmbH

CIP-Kurztitelaufnahme der Deutschen Bibliothek

Lakatos, Imre:
Philosophische Schriften / Imre Lakatos. Hrsg. von
John Worrall u. Gregory Currie. – Braunschweig;
Wiesbaden: Vieweg

NE: Lakatos, Imre: [Sammlung ⟨dt.⟩]; Worrall, John
[Hrsg.]

Bd. 1. → Lakatos, Imre: Die Methodologie der
wissenschaftlichen Forschungsprogramme

Lakatos, Imre:
Die Methodologie der wissenschaftlichen
Forschungsprogramme / Imre Lakatos. [Die Übers.
aus d. Engl. besorgten Arpád Szabó (Kap. 1, 2 u. 3);
Helmut Vetter (alle übrigen Kap.)].

(Philosophische Schriften / Imre Lakatos; Bd. 1)
Einheitssacht.: The methodology of scientific
research programmes ⟨dt.⟩
ISBN 978-3-663-08083-1   ISBN 978-3-663-08082-4 (eBook)
DOI 10.1007/978-3-663-08082-4

Titel der englischen Originalausgabe Imre Lakatos, The methodology of scientific research programmes
erschienen bei Cambridge University Press
© der englischen Ausgabe Imre Lakatos Memorial Appeal Fund and the Estate of Imre Lakatos,
1978

Die Übersetzung aus dem Englischen besorgten Arpád Szabó (Kapitel 1, 2 und 3), Helmut Vetter
(alle übrigen Kapitel)

ISBN 978-3-663-08083-1

Inhalt

Einführung der Herausgeber

Als Imre Lakatos 1974 starb, äußerten viele Freunde und Kollegen die Hoffnung, daß seine unveröffentlichten Arbeiten zugänglich gemacht würden. Manche waren auch daran interessiert, daß seine Zeitschriftenaufsätze und Kongreßbeiträge in einem Buch gesammelt werden sollten. Im Auftrage des geschäftsführenden Ausschusses des Imre Lakatos Appeal Fund haben wir zwei Bände ausgewählter Arbeiten zusammengestellt, die, wie wir hoffen, diesen Wünschen entgegenkommen.

Keine hier der zum erstenmal veröffentlichten Arbeiten wurde von Lakatos als völlig befriedigend angesehen. Einige sind frühe Entwürfe, andere scheinen gar nicht für eine Veröffentlichung gedacht gewesen zu sein. Wir sind ziemlich großzügig vorgegangen und haben auch Arbeiten aufgenommen, die Lakatos jedenfalls in ihrer jetzigen Form nicht hätte in Druck gehen lassen. Die bereits veröffentlichten Arbeiten haben wir sämtlich aufgenommen, außer 'The Role of Crucial Experiments in Science' und 'Criticism and the Methodology of Scientific Research Programmes', die zu unangebrachten Wiederholungen geführt hätten, und außer 'Beweise und Widerlegungen', das kürzlich in Buchform erschienen ist.

Band 1 ist eine Sammlung der bekanntesten Aufsätze von Lakatos, die die Methodologie der wissenschaftlichen Forschungsprogramme entwickeln; hinzu kommt ein bisher unveröffentlichter Aufsatz über die Wirkung von Newtons wissenschaftlichen Leistungen, und eine neue 'Nachschrift' zu dem bereits veröffentlichten Aufsatz über die Kopernikanische Revolution.

Obwohl Lakatos vielleicht durch seine Arbeit in der Philosophie der Naturwissenschaften bekannter geworden ist, betrachtete er sich in erster Linie als Philosophen der Mathematik. Band 2 enthält Arbeiten zur Philosophie der Mathematik, ferner einige kritische Essays über zeitgenössische Philosophen und ein paar kurze polemische Äußerungen, die sein Interesse an Fragen der Politik und des Bildungswesens widerspiegeln und unter anderem auch einen Eindruck von seiner starken Persönlichkeit vermitteln.

Mitteilungen über die Vorgeschichte des hier veröffentlichten Materials sind den einzelnen Arbeiten als einleitende Fußnoten beigegeben. Diese und andere Anmerkungen der Herausgeber sind durch einen Stern gekennzeichnet. (Wir haben vor allem bei den unveröffentlichten Arbeiten versucht, sie möglichst zu beschränken.)

Sonderdrucke einiger der veröffentlichten Arbeiten, die sich in Lakatos' Bibliothek fanden, enthielten handschriftliche Verbesserungen, die wir überall berücksichtigt haben, wo es möglich war. Bei der Aufbereitung der noch unveröffentlichten Arbeiten zum Druck haben wir uns die Freiheit genommen, einige Änderungen der Darstellung vorzunehmen, wo der Originaltext unvollständig war oder Mißverständnisse befürchten ließ, oder wo durch geringfügige Änderungen die Lesbarkeit wesentlich zu gewinnen schien. Dazu fühlten wir uns berechtigt, weil Lakatos jeder zur Veröffentlichung bestimmten Darstellung stets große Sorgfalt widmete und sie stets vorher vielen Kollegen und Freunden mit der Bitte um Kritik und Verbesserungsvorschläge vorlegte. Die jetzt zum erstenmal veröffentlichten Arbeiten wären ohne Zweifel diesen Weg gegangen und hätten sehr viel weiterreichende Änderungen erfahren, als wir vorzunehmen gewagt haben. Wir haben unsere Änderungen überall da in eckige Klammern gesetzt, wo dies zwanglos seinen Zweck erfüllte. (Doch in Zitaten bezeichnen die eckigen Klammern Einfügungen von Lakatos.)

Wo Lakatos eine in den beiden vorliegenden Bänden wiedergegebene Arbeit anzieht, haben wir z. B. statt 'Lakatos (1970a)' geschrieben: 'Kap. 1 des vorliegenden Bandes', oder statt 'Lakatos (1968b)': 'Bd. 2, Kap. 8'.

Kapitel 3 ('Popper zum Abgrenzungs- und Induktionsproblem') wird mit freundlicher Genehmigung von P. A. Schilpp und der Open Court Publishing Company wiedergegeben, Kapitel 4 ('Warum hat das Kopernikanische Forschungsprogramm das Ptolemäische überrundet?') mit freundlicher Genehmigung von Robert Westman und den Regents von California University Press.

Eine großzügige Unterstützung durch die Fritz-Thyssen-Stiftung ermöglichte die Schaffung eines Archivs der Papiere Lakatos' – eine wesentliche Vorbedingung für die Herausgabe der vorliegenden Bände. Wir danken Nicholas Krasso, C. W. Kilmister und W. Yourgrau für ihre Hilfe bei der Ermittlung einiger fehlender Literaturverweise und Alex Bellamy und Allison Quick für die Herstellung des Personen- und Sachverzeichnisses. Ferner danken wir Sandra Mitchell für ihre Hilfe, vor allem ihre Forschungsarbeit im Zusammenhang mit Kapitel 5 des vorliegenden Bandes. Mehrere unserer editorischen Probleme wurden in wertvollen Gesprächen mit John Watkins gelöst. Besonders danken möchten wir Gillian Page für ihre freundliche Hilfe bei der Beschaffung der Lakatosschen Papiere und ihren stets nützlichen Rat.

Die Herausgabe dieser beiden Bände war in vieler Hinsicht etwas Trauriges und Unbefriedigendes. 'Könnten wir das doch mit Imre besprechen' – dieser Gedanke stellte sich immer wieder ein. Trotzdem sind wir als Menschen, deren Gedanken von der Kraft seines Geistes und seiner Persönlichkeit tiefgehend beeinflußt worden sind, sehr glücklich, daß wir daran mitwirken konnten, Lakatos' Werk in größerem Maße zugänglich zu machen.

J. W.
G. C.

Vorbemerkung des Übersetzers
Zusätze des Übersetzers erscheinen in doppelten eckigen Klammern.

Einleitung: Wissenschaft und Pseudowissenschaft*)

Die Achtung des Menschen vor der Erkenntnis ist eine seiner kennzeichnendsten Eigenschaften. Erkenntnis oder Wissen heißt auf Lateinisch 'scientia', und im Englischen erhielt die Wissenschaft, die achtunggebietendste Art der Erkenntnis, den Namen 'science'. Doch wodurch unterscheidet sich Erkenntnis von Aberglauben, Ideologie oder Pseudowissenschaft? Die katholische Kirche hat Kopernikaner exkommuniziert, die kommunistische Partei Mendelianer verfolgt, weil ihre Lehren pseudowissenschaftlich seien. Die Abgrenzung zwischen Wissenschaft und Pseudowissenschaft ist nicht bloß eine Frage der Philosophie am grünen Tisch, sondern von brennender gesellschaftlicher und politischer Bedeutung.

Viele Philosophen versuchten das Abgrenzungsproblem folgendermaßen zu lösen: eine Aussage ist dann eine Erkenntnis, wenn hinreichend viele Menschen hinreichend stark von ihr überzeugt sind. Doch die Geistesgeschichte zeigt, daß viele Menschen völlig überzeugt von Absurditäten waren. Wäre die Stärke des Überzeugtseins ein Kennzeichen der Erkenntnis, so müßte man einige Geschichten von Geistern, Teufeln, von Himmel und Hölle als Erkenntnis einstufen. Die Wissenschaftler wiederum sind auch gegenüber ihren besten Theorien sehr skeptisch. Die Newtonsche Theorie ist die leistungsfähigste, die die Wissenschaft bisher hervorgebracht hat, doch Newton selbst glaubte nie, daß die Körper in die Ferne eine Anziehung aufeinander ausübten. Man kann also von etwas noch so überzeugt sein, es wird dadurch nicht zur Erkenntnis. Ja, das Kennzeichen der wissenschaftlichen Haltung ist eine gewisse Skepsis auch gegenüber den geschätztesten Theorien. Blinde Überzeugtheit von einer Theorie ist keine geistige Tugend, sondern ein geistiges Vergehen.

Eine Aussage kann also pseudowissenschaftlich sein, auch wenn sie ungeheuer 'einleuchtend' ist und jedermann sie für richtig hält, und sie kann andererseits wissenschaftlich wertvoll sein, auch wenn sie unglaublich anmutet und niemand sie für richtig hält. Eine Theorie kann sogar von höchstem wissenschaftlichem Wert sein, wenn niemand sie versteht, geschweige denn für richtig hält.

Der Erkenntniswert einer Theorie hat nichts mit ihrem psychologischen Einfluß auf die Menschen zu tun. Für-richtig-Halten, Überzeugtsein, Verstehen sind Zustände des menschlichen Bewußtseins. Doch der objektive wissenschaftliche Wert einer Theorie ist unabhängig von menschlichem Bewußtsein, das sie erschafft oder versteht. Ihr wissenschaftlicher Wert hängt allein davon ab, welche objektive Stütze diese Vermutungen in den Tatsachen haben. Hume drückte es so aus: 'Nehmen wir irgendein Buch zur Hand, etwa Theologie oder Schulmetaphysik; fragen wir: enthält es irgendwelche abstrakten Gedankengänge über Quantität oder Zahl? Nein. Enthält es irgendwelche empirischen Gedankengänge über Tatsachen und Existenz? Nein. Dann werfe man es ins Feuer. Denn es kann nur Spiegelfechterei enthalten.' Doch was ist 'empirisches' Denken? Sieht man sich die Literatur des 17. Jahrhunderts über die Hexerei an, so ist sie voll von Berichten über sorgfältige Beobachtungen und von beschworenem Beweismaterial – ja selbst von Experimenten. Glanvill, der Hausphilosoph der

---

*) Diese Arbeit entstand Anfang 1973 und wurde zuerst von der Open University am 30. 6. 1973 als Rundfunkvortrag gesendet. (D. Hrsgg.). Im Druck erschienen als Lakatos [1974h] (d. Üb.).

Royal Society, betrachtet die Hexentheorie als das Musterbeispiel empirischen Denkens. Wir müssen das empirische Denken definieren, ehe wir mit Hume anfangen, Bücher zu verbrennen.

Das wissenschaftliche Denken konfrontiert die Theorien mit den Tatsachen; und eine der Hauptbedingungen dabei ist, daß die Theorien von den Tatsachen gestützt sein müssen. Wie ist das nun des genaueren möglich?

Darauf sind mehrere verschiedene Antworten vorgeschlagen worden. Newton selbst glaubte, seine Gesetze aufgrund der Tatsachen bewiesen zu haben. Er war stolz darauf, keine bloßen Hypothesen anzubieten; er veröffentlichte nur Theorien, die aufgrund der Tatsachen bewiesen waren. Und zwar behauptete er, seine Gesetze aus den Keplerschen 'Erscheinungen' abgeleitet zu haben. Doch das war Unsinn, denn nach Kepler bewegten sich die Planeten in Ellipsen, nach Newton aber wäre das nur richtig, wenn die Planeten nicht gegenseitig ihre Bewegung stören würden, und eben dies tun sie. Daher mußte Newton eine Störungstheorie entwickeln, nach der sich kein Planet auf einer Ellipse bewegt.

Heute kann man leicht zeigen, daß sich kein Naturgesetz aus endlich vielen Tatsachen schlüssig ableiten läßt; doch man liest immer noch, wissenschaftliche Theorien würden aufgrund der Tatsachen bewiesen. Woher kommt diese hartnäckige Sperre gegen die elementare Logik?

Das läßt sich sehr einleuchtend erklären. Die Wissenschaftler möchten ihren Theorien Achtung verschaffen, sie sollen die Bezeichnung 'Wissenschaft' verdienen, also echte Erkenntnis sein. Nun bezog sich im 17. Jahrhundert, als die Wissenschaft entstand, die wichtigste Erkenntnis auf Gott und den Teufel, auf Himmel und Hölle. Traf man mit seinen Vermutungen über theologische Dinge daneben, so führte das zur ewigen Verdammnis. Die theologische Erkenntnis konnte nicht fehlbar sein, sie mußte über jeden Zweifel erhaben sein. Die Aufklärung dagegen hielt den Menschen in theologischen Fragen für fehlbar und unwissend. Es gab keine wissenschaftliche Theologie und somit keine theologische Erkenntnis. Erkenntnis konnte es nur von der Natur geben, doch diese neue Art der Erkenntnis mußte nach den Maßstäben beurteilt werden, die man unmittelbar von der Theologie übernommen hatte: sie mußte zweifelsfrei bewiesen sein. Die Wissenschaft mußte eben die Gewißheit erreichen, die der Theologie versagt blieb. Ein Wissenschaftler, der diesen Namen verdiente, durfte nicht mit Vermutungen arbeiten, er mußte jeden Satz, den er aussprach, aufgrund der Tatsachen beweisen. Das war das Kriterium der wissenschaftlichen Rechtschaffenheit. Theorien, die nicht aufgrund der Tatsachen bewiesen waren, galten als fluchwürdige Pseudowissenschaft, als Ketzerei in der wissenschaftlichen Gemeinschaft.

Erst der Zusammenbruch der Newtonschen Theorie in unserem Jahrhundert führte den Wissenschaftlern vor Augen, daß ihre Rechtschaffenheitsmaßstäbe utopisch gewesen waren. Vor Einstein glaubten die meisten Wissenschaftler, Newton habe Gottes tiefste Gesetze entziffert, indem er sie aufgrund der Tatsachen bewiesen habe. Ampère glaubte zu Beginn des 19. Jahrhunderts, das Buch mit seinen Spekulationen über den Elektromagnetismus 'Mathematische Theorie der elektromagnetischen Erscheinungen, aus dem Experiment eindeutig abgeleitet' nennen zu müssen. Doch am Schluß gesteht er beiläufig, einige der Experimente seien gar nicht ausgeführt worden, ja die nötigen Apparate seien noch nicht gebaut worden!

Wenn aber alle wissenschaftlichen Theorien gleichermaßen unbeweisbar sind, wodurch unterscheidet sich dann wissenschaftliche Erkenntnis von Unwissenheit, Wissenschaft von Pseudowissenschaft?

Eine Antwort auf die Frage gab im 20. Jahrhundert die 'induktive Logik'. Sie wollte die Wahrscheinlichkeit von Theorien aufgrund der gesamten vorhandenen Daten definieren. Hatte eine Theorie eine hohe mathematische Wahrscheinlichkeit, so war sie wissenschaftlich; war ihre Wahrscheinlichkeit niedrig oder gar gleich null, so war sie nicht wissenschaftlich. Das Kriterium der wissenschaftlichen Rechtschaffenheit war also, nie etwas zu behaupten, was nicht wenigstens sehr wahrscheinlich war. Dieser Probabilismus hatte etwas für sich: er lieferte keine bloße Schwarz-weiß-Unterscheidung zwischen Wissenschaft und Pseudowissenschaft, sondern eine stetige Skala von schlechten Theorien mit niedriger Wahrscheinlichkeit zu guten Theorien mit hoher Wahrscheinlichkeit. Doch 1934 behauptete Karl Popper, einer der einflußreichsten Philosophen unserer Zeit, die mathematische Wahrscheinlichkeit aller Theorien, seien sie nun wissenschaftlich oder pseudowissenschaftlich, aufgrund *jeder* Datenmenge sei gleich null. Wenn Popper recht hat, dann sind wissenschaftliche Theorien nicht nur alle gleich unbeweisbar, sondern auch gleich unwahrscheinlich. Man brauchte ein neues Abgrenzungskriterium, und Popper schlug ein recht verblüffendes vor. Eine Theorie kann wissenschaftlich sein, auch wenn überhaupt keine Daten für sie sprechen, und sie kann pseudowissenschaftlich sein, auch wenn alle vorhandenen Daten für sie sprechen. Das heißt: ob eine Theorie wissenschaftlich ist, läßt sich unabhängig von den Tatsachen entscheiden. Eine Theorie ist 'wissenschaftlich', wenn man bereit ist, im voraus ein entscheidendes Experiment (oder eine Beobachtung) anzugeben, das sie falsifizieren würde, und sie ist pseudowissenschaftlich, wenn man nicht bereit ist, einen solchen 'möglichen Falsifikator' anzugeben. Damit aber grenzt man nicht wissenschaftliche Theorien von pseudowissenschaftlichen ab, sondern die wissenschaftliche Methode von der nichtwissenschaftlichen. Der Marxismus ist für den Popperianer wissenschaftlich, wenn die Marxisten bereit sind, Tatsachen anzugeben, die, würden sie beobachtet, sie zur Aufgabe des Marxismus veranlassen würden. Anderenfalls wird der Marxismus zur Pseudowissenschaft. Es ist immer interessant, einen Marxisten zu fragen, welcher denkbare Sachverhalt ihn zur Aufgabe des Marxismus veranlassen würde. Ist er auf den Marxismus festgelegt, so muß er es unmoralisch finden, einen Sachverhalt anzugeben, der den Marxismus falsifizieren könnte. So kann eine Behauptung zum pseudowissenschaftlichen Dogma erstarren oder zur echten Erkenntnis werden, je nachdem, ob man bereit ist, beobachtbare Verhältnisse anzugeben, die sie widerlegen würden.

Ist nun das Poppersche Falsifizierbarkeitskriterium die Lösung des Problems der Abgrenzung von Wissenschaft und Pseudowissenschaft? Nein, denn es berücksichtigt nicht die bemerkenswerte Zählebigkeit wissenschaftlicher Theorien. Wissenschaftler haben eine dicke Haut. Sie geben eine Theorie nicht lediglich deshalb auf, weil Tatsachen ihr widersprechen. Gewöhnlich erfinden sie entweder eine rettende Hypothese, die die – dann so genannte – bloße Anomalie erklären soll, oder wenn das nicht möglich ist, wird die Schwierigkeit vergessen, und man wendet sich anderen Problemen zu. Man beachte, daß die Wissenschaftler von Anomalien, von widerspenstigen Fällen sprechen, nicht von Widerlegungen. Die Wissenschaftsgeschichte freilich ist voll von Berichten darüber, wie experimenta crucis angeblich Theorien erledigten. Doch solche Berichte werden zurechtgemacht, lange nachdem die Theorie bereits aufgegeben war. Hätte Popper jemals einen Newtonianer gefragt, unter welchen experimentellen Bedingungen er die Newtonsche Theorie aufgeben würde, so wären manche Newtonianer genau so verdutzt gewesen wie manche Marxisten.

Was ist also das Kennzeichen der Wissenschaft? Müssen wir kapitulieren und zugeben, daß eine wissenschaftliche Revolution nichts als eine irrationale Änderung der Überzeugung, eine religiöse Bekehrung sei? Thomas Kuhn, ein hervorragender amerikanischer Wissenschaftstheoretiker, kam zu diesem Ergebnis, nachdem er die Naivität des Popperschen Falsifikationismus erkannt hatte. Doch wenn Kuhn recht hat, dann gibt es keine formulierbare Grenze zwischen Wissenschaft und Pseudowissenschaft, zwischen wissenschaftlichem Fortschritt und geistigem Niedergang, keinen objektiven Maßstab der Rechtschaffenheit. Doch welche Kriterien zur Unterscheidung von wissenschaftlichem Fortschritt und geistigem Niedergang kann er dann anbieten?

In den letzten Jahren habe ich eine Methodologie der wissenschaftlichen Forschungsprogramme vertreten, die einige der von Popper und Kuhn nicht gelösten Probleme löst.

Erstens behaupte ich, die Beschreibung großer wissenschaftlicher Leistungen sollte sich nicht an isolierten Hypothesen, sondern an Forschungsprogrammen orientieren. Wissenschaft ist nicht einfach Versuch und Irrtum, eine Abfolge von Vermutungen und Widerlegungen. 'Alle Schwäne sind weiß' kann durch die Entdeckung *eines* schwarzen Schwans falsifiziert werden. Aber derart trivialer Versuch und Irrtum ist keine Wissenschaft. So besteht die Newtonsche Wissenschaft nicht einfach aus vier Vermutungen – den drei Gesetzen der Mechanik und dem Gravitationsgesetz. Diese vier Gesetze bilden lediglich den 'harten Kern' des Newtonschen Programms. Dieser nun wird mittels einer umfangreichen 'Schutzzone' von Hilfshypothesen zäh gegen Widerlegung geschützt. Und, was noch wichtiger ist, das Forschungsprogramm hat auch eine 'Heuristik', d. h. einen leistungsfähigen Problemlösungsapparat, der mit Hilfe hochentwickelter mathematischer Methoden Anomalien 'verdaut' und womöglich in positives Beweismaterial umwandelt. Bewegt sich etwa ein Planet nicht genau theoriegemäß, so überprüft der Newtonianer seine Vermutungen über die atmosphärische Lichtbrechung, über die Lichtfortpflanzung in magnetischen Gewittern und hundert andere Vermutungen, die alle zum Programm gehören. Womöglich erfindet er sogar einen noch unbekannten Planeten und berechnet seinen Ort, seine Masse und seine Geschwindigkeit, um die Anomalie zu erklären.

Die Newtonsche Gravitationstheorie, die Einsteinsche Relativitätstheorie, die Quantenmechanik, der Marxismus, der Freudianismus sind nun alles Forschungsprogramme, jedes mit einem stur verteidigten, kennzeichnenden harten Kern, einer elastischen Schutzzone und einem hochentwickelten Problemlösungsapparat. Jedes hat in jedem Entwicklungsstadium seine ungelösten Probleme und unbewältigten Anomalien. Alle Theorien sind in diesem Sinne vom Anfang bis zum Ende ihres Weges widerlegt. Sind sie aber gleich gut? – Bis jetzt habe ich beschrieben, was ein Forschungsprogramm ist. Doch wie kann man ein wissenschaftliches oder Fortschritte machendes Programm von einem pseudowissenschaftlichen oder degenerierenden unterscheiden?

Im Gegensatz zu Popper kann der Unterschied nicht darin bestehen, daß einige noch unwiderlegt sind, andere dagegen bereits widerlegt. Als Newton seine 'Principia' veröffentlichte, war allgemein bekannt, daß diese Theorie nicht einmal die Bewegung des Mondes richtig wiedergeben konnte; vielmehr wurde sie durch diese widerlegt. Kaufmann, ein hervorragender Physiker, widerlegte die Einsteinsche Relativitätstheorie noch im Jahre ihres Erscheinens. Doch alle von mir positiv bewerteten Forschungsprogramme haben eines gemeinsam: alle sagen sie neue Tatsachen voraus, Tatsachen, von denen man sich entweder vorher nie etwas hatte träumen lassen, oder die früheren oder gleichzeitigen, konkurrierenden Programmen widersprechen. 1686, als Newton seine Gravitationstheorie veröffentlichte, gab es zum

Beispiel zwei gängige Theorien der Kometen. Die populärere sah in den Kometen Vorzeichen göttlicher Strafen. Eine wenig bekannte Theorie Keplers sah in ihnen Himmelskörper, die sich auf geradlinigen Bahnen bewegten. Nach der Newtonschen Theorie dagegen bewegten sich einige auf Hyperbeln oder Parabeln, so daß sie niemals wiederkehren würden, andere dagegen auf gewöhnlichen Ellipsen. Halley, der im Rahmen des Newtonschen Programms arbeitete, berechnete bei einem bestimmten Kometen aufgrund von Beobachtungen eines kurzen Abschnitts seiner Bahn, daß er in 72 Jahren wiederkehren würde; er berechnete auf die Minute genau, wann er an einem wohlbestimmten Punkt des Himmels wieder zu sehen sein würde. Das war etwas Unglaubliches. Und 72 Jahre später, als Newton und Halley schon lange tot waren, kehrte der Halleysche Komet wieder, genau wie es Halley vorausgesagt hatte. Ähnlich sagten Newtonianer die Existenz und die genauen Bahnen Kleiner Planeten voraus, die noch nie beobachtet worden waren. Oder nehmen wir das Einsteinsche Programm: es lieferte die erstaunliche Voraussage, daß die Messung der Entfernung zwischen zwei Fixsternen bei Nacht und bei Tag (wenn sie während einer Sonnenfinsternis sichtbar waren) verschiedene Ergebnisse liefern würde. Niemand hatte vor dem Einsteinschen Programm an eine solche Messung gedacht. So führt in einem voranschreitenden Forschungsprogramm die Theorie zur Entdeckung bisher unbekannter neuer Tatsachen. In degenerierenden Forschungsprogrammen dagegen werden die Theorien nur gebastelt, um mit den bekannten Tatsachen zurechtzukommen. Hat etwa der Marxismus jemals eine erstaunliche neue Tatsache vorausgesagt? Nein! Er hat einige berühmte falsche Voraussagen gemacht: die absolute Verelendung der Arbeiterklasse; daß die erste sozialistische Revolution in der industriell am weitesten entwickelten Gesellschaft stattfinden würde; daß in den sozialistischen Gesellschaften keine Revolutionen vorkommen würden; daß es zwischen sozialistischen Ländern keine Interessengegensätze geben würde. Die frühen Voraussagen des Marxismus waren also kühn und ungewöhnlich, doch sie versagten. Die Marxisten erklärten alle Versager: den steigenden Lebensstandard der Arbeiterklasse mittels einer Imperialismustheorie, und sogar die Tatsache, daß die erste sozialistische Revolution im industriell rückständigen Rußland stattfand. Sie 'erklärten' Berlin 1953, Budapest 1956, Prag 1968 wie auch den russisch-chinesischen Konflikt. Doch ihre Hilfshypothesen wurden alle erst nachträglich zusammengebraut, um die marxistische Theorie vor den Tatsachen zu schützen. Das Newtonsche Programm führte zu neuen Tatsachen; das marxistische hinkte hinter den Tatsachen her und mußte sich anstrengen, sie einzuholen.

Fassen wir zusammen. Das Kennzeichen des empirischen Fortschritts sind nicht triviale Verifikationen: Popper hat damit recht, daß es sie zu Millionen gibt. Es ist kein Erfolg für die Newtonsche Theorie, daß fallengelassene Steine auf die Erde zu fallen, wie oft es sich auch wiederholen mag. Andererseits sind sogenannte 'Widerlegungen' nicht das Anzeichen des empirischen Versagens, wie Popper gepredigt hat, denn alle Programme entwickeln sich in einem ständigen Meer von Anomalien. Was wirklich zählt, sind spektakuläre, unerwartete, verblüffende Voraussagen: ein paar davon genügen, damit die Waage sich senkt; wo aber die Theorie hinter den Tatsachen herhinkt, hat man mit schlechten, degenerierenden Forschungsprogrammen zu tun.

Wie kommt es nun zu wissenschaftlichen Revolutionen? Wenn zwei konkurrierende Forschungsprogramme vorliegen, von denen das eine voranschreitet und das andere degeneriert, neigen die Wissenschaftler dazu, sich dem voranschreitenden Programm anzuschließen. Das ist der Grund für wissenschaftliche Revolutionen. Doch während es eine Sache der intellektuellen Redlichkeit ist, der Öffentlichkeit Aufschluß zu geben, ist es nicht unredlich, an einem degenerierenden Programm festzuhalten und zu versuchen, es zu einem voranschreitenden zu machen.

Im Unterschied zu Popper gibt es nach der Methodologie der wissenschaftlichen Forschungsprogramme keine Sofortrationalität. Man muß aufkeimende Forschungsprogramme gewähren lassen; sie können Jahrzehnte brauchen, bis sie richtig in Fahrt kommen und empirischen Fortschritt zeitigen. Kritik ist keine Poppersche standrechtliche Hinrichtung aufgrund von Widerlegungen. Relevante Kritik ist stets konstruktiv[[es Mißtrauensvotum]]: es gibt keine Widerlegung ohne eine bessere Theorie. Kuhn hat damit unrecht, daß eine wissenschaftliche Revolution ein plötzliches irrationales Umschlagen der Sichtweise sei. Die Wissenschaftsgeschichte widerlegt Popper wie auch Kuhn: bei genauem Hinsehen entpuppen sich sowohl Poppers experimenta crucis als auch Kuhns Revolutionen als Märchen; gewöhnlich ist es so, daß voranschreitende Forschungsprogramme an die Stelle von degenerierenden treten.

Das Problem der Abgrenzung von Wissenschaft und Pseudowissenschaft hat gewichtige Konsequenzen auch für die Institutionalisierung der Kritik. Die Kopernikanische Theorie wurde 1616 von der katholischen Kirche verdammt, weil sie angeblich pseudowissenschaftlich war. 1820 wurde sie vom Index entfernt, weil da die Kirche zu der Auffassung gelangt war, sie sei durch die Tatsachen bewiesen worden und somit wissenschaftlich geworden. Das Zentralkomitee der Kommunistischen Partei der Sowjetunion erklärte 1949 die Mendelsche Genetik für unwissenschaftlich und schickte ihre Anhänger wie das Akademiemitglied Wawilow in Konzentrationslager und Tod. Nach dem Mord an Wawilow wurde die Mendelsche Genetik rehabilitiert; doch an dem Recht der Partei, darüber zu entscheiden, was Wissenschaft und veröffentlichungswürdig und was Pseudowissenschaft und strafwürdig sei, wurde festgehalten. Das neue liberale Establishment des Westens nimmt sich ebenfalls das Recht, angeblicher Pseudowissenschaft die Redefreiheit vorzuenthalten, wie man im Falle des Streits über Rasse und Intelligenz gesehen hat. Alle diese Urteile beruhten notwendigerweise auf irgendeinem Abgrenzungskriterium. Deshalb ist das Problem der Abgrenzung zwischen Wissenschaft und Pseudowissenschaft kein Scheinproblem von Philosophen am grünen Tisch, sondern hat schwerwiegende ethische und politische Konsequenzen.

1 Falsifikation und die Methodologie wissenschaftlicher Forschungsprogramme[1])

1. Die Wissenschaft: Vernunft oder Religion?

Jahrhundertelang verstand man unter Wissen bewiesenes Wissen — bewiesen entweder durch die Kraft der Vernunft oder durch die Evidenz der Sinne. Es galt als ein Gebot der Weisheit und der intellektuellen Redlichkeit, sich unbewiesener Behauptungen zu enthalten und die Kluft zwischen bloßer Spekulation und begründetem Wissen, sogar im Denken, auf ein Mindestmaß zu beschränken. Wohl wurde die beweisende Kraft des Verstandes und der Sinne schon vor mehr als zwei Jahrtausenden von den Skeptikern in Frage gestellt, aber sie wurden durch den Triumphzug der Newtonschen Physik mit Verwirrung geschlagen. Einsteins Ergebnisse haben die Situation dann wieder auf den Kopf gestellt, und heute gibt es nur noch wenig Philosophen und Wissenschaftler, die der Ansicht wären, wissenschaftliche Erkenntnis sei oder könnte bewiesenes Wissen sein. Aber fast niemand sieht ein, daß damit auch das ganze klassische Gebäude intellektueller Werte zusammenbricht und durch etwas Neues ersetzt werden muß: Man kann das Ideal bewiesener Wahrheit nicht einfach *verdünnen* — etwa zum Ideal 'wahrscheinlicher Wahrheit'[2]), wie es einige logische Empiristen tun, oder zur 'Wahrheit aufgrund [wechselnder] Übereinstimmung'[3]), die wir bei einigen Wissenssoziologen finden.

Poppers Verdienst besteht vor allem darin, daß er die Folgen des Zusammenbruches der bestbewährten wissenschaftlichen Theorie aller Zeiten, nämlich der Newtonschen Mechanik und Gravitationstheorie, voll und ganz verstanden hat. Lobenswert ist seiner Ansicht nach nicht das vorsichtige Vermeiden von Irrtümern, sondern ihre erbarmungslose Beseitigung. Kühnheit im Vermuten auf der einen Seite und Strenge im Widerlegen auf der anderen: das ist Poppers Rezept. Die intellektuelle Redlichkeit besteht nicht darin, daß man versucht, seine Position fest zu verankern oder sie durch Beweis (oder 'wahrscheinlich machen') zu begründen — die intellektuelle Redlichkeit besteht vielmehr darin, daß man jene Bedingungen genau festlegt, unter denen man gewillt ist, die eigene Position aufzugeben. Engagierte Marxisten und Freudianer weigern sich, solche Bedingungen anzugeben; daran erkennt man ihre intellektuelle Unredlichkeit. Sich einem *Glauben* hinzugeben, mag eine leider unvermeidliche biologische Schwäche sein, die durch Kritik kontrolliert werden muß; ein *Engagement* aber ist in Poppers Augen ein glattes Verbrechen.

---

[1]) Dieser Aufsatz ist eine sehr verbesserte Fassung von [1968*b*]. Teile daraus sind hier mit Zustimmung des Herausgebers der *Proceedings of the Aristotelian Society* unverändert wiedergegeben. Bei der Vorbereitung der neuen Fassung wurde ich wirksam unterstützt von Tad Beckman, Colin Howson, Clive Kilmister, Larry Laudan, Eliot Leader, Alan Musgrave, Michael Sukale, John Watkins und John Worrall.
[2]) Der Hauptvertreter des Ideals der 'Wahrscheinlichkeit' ist heute Rudolf Carnap. Zum historischen Hintergrund und zur Kritik dieser Position vgl. Lakatos [1968*a*].
[3]) Die zeitgenössischen Hauptvertreter des Ideals der 'Wahrheit kraft Konsens' sind Polanyi und Kuhn. Zum historischen Hintergrund und zur Kritik dieser Ideen vgl. Musgrave [1969*a*] und [1969*b*].

Ganz anders Kuhn. Auch er verwirft die Idee, daß der Fortschritt der Wissenschaft in der Akkumulation ewiger Wahrheiten bestünde.[4] Auch er schöpft seine wichtigste Inspiration aus Einsteins Überwindung der Newtonschen Physik. Auch sein Hauptproblem ist die *wissenschaftliche Revolution.* Aber während nach Popper Wissenschaft 'Revolution in Permanenz' und Kritik der Kern des wissenschaftlichen Unternehmens ist, stellt nach Kuhn eine Revolution eine Ausnahme, ja etwas Außerwissenschaftliches dar, und Kritik ist in 'normalen' Zeiten Anathema. In der Tat bezeichnet für Kuhn der Übergang von Kritik zum Engagement jenen Punkt, wo der Fortschritt – und die 'Normalwissenschaft' – beginnt. Für ihn ist der Gedanke, daß man nach der 'Widerlegung' einer Theorie ihre Verwerfung und Eliminierung fordern kann, ein 'naiver' Falsifikationismus. Kritik an der herrschenden Theorie und Vorschläge neuer Theorien sind nur in den seltenen Zeiten einer 'Krise' erlaubt. Diese letzte These von Kuhn ist mehrfach kritisiert worden,[5] und ich gehe nicht auf sie ein. Was mich beschäftigt, ist der Umstand, daß Kuhn, der erkannt hat, daß weder die Rechtfertigungsphilosophie noch der Falsifikationismus das Wachstum der Wissenschaft auf rationale Weise begreifen können, nun in den Irrationalismus zurückzufallen scheint.

Für Popper ist der Wandel der Wissenschaft rational – oder zumindest rational rekonstruierbar – und fällt in den Bereich der *Logik der Forschung.* Nach Kuhn ist der Wandel der Wissenschaft – von einem 'Paradigma' zum anderen – ein Akt mystischer Bekehrung, der von Vernunftregeln weder gelenkt wird noch gelenkt werden kann und der völlig dem Bereich der *(Sozial-) Psychologie der Forschung* angehört. Mit anderen Worten: der Wandel der Wissenschaft ist eine Art religiösen Wandels.

Der Konflikt zwischen Popper und Kuhn betrifft nicht eine bloß fachtechnische Frage der Erkenntnistheorie. Er betrifft unsere zentralen intellektuellen Werte und hat Folgen nicht nur für die theoretische Physik, sondern auch für die unterentwickelten Sozialwissenschaften, ja selbst für die Ethik und die politische Philosophie. Wenn man selbst in der Naturwissenschaft eine Theorie nur auf Grund der Anzahl, des Glaubens und der Lautstärke ihrer Anhänger beurteilen kann, so trifft das noch viel mehr auf die Sozialwissenschaften zu: Wahrheit läge dann in der Macht. So rechtfertigt die Position Kuhns – ohne Zweifel gegen seine Absicht – das grundlegende politische Credo der religiösen Irren von heute (der 'Studentenrevolutionäre').

Ich zeige in diesem Aufsatz zunächst, daß in Poppers Logik der Forschung zwei verschiedene Positionen miteinander vermengt sind. Von ihnen versteht Kuhn nur eine, nämlich den 'naiven Falsifikationismus' (ich bevorzuge die Bezeichnung: 'naiver methodologischer Falsifikationismus'). Mir scheint Kuhns Kritik dieser Doktrin zutreffend, und ich werde

---

[4] Er beginnt in der Tat seine Arbeit [1962] mit Argumenten gegen die Akkumulationstheorie des wissenschaftlichen Wachstums. Aber intellektuell ist er mehr Koyré als Popper verpflichtet. Koyré hat gezeigt, daß der Positivismus den Wissenschaftshistoriker in die Irre führt, weil die Geschichte der Physik nur im Rahmen einer Aufeinanderfolge von 'metaphysischen' Forschungsprogrammen verstanden werden kann. Wissenschaftliche Veränderungen sind also mit kataklysmischen metaphysischen Revolutionen verbunden. Kuhn entwickelt und illustriert diese Botschaft Burtts und Koyrés, und der große Erfolg seines Buches ist zum Teil auf seine schlagende und direkte Kritik der rechtfertigungsorientierten Geschichtsschreibung zurückzuführen. Es entstand daher eine Sensation unter jenen Wissenschaftlern und Wissenschaftshistorikern, die von Burtt, Koyré (oder Popper) noch nichts gehört hatten. Leider hatte Kuhns Botschaft autoritäre und irrationale Obertöne.

[5] Vgl. z.B. die Beiträge von Watkins und Feyerabend in Lakatos/Musgrave [1970], dt. [1974].

sie sogar verschärfen. Aber Kuhn versteht nicht eine andere und mehr raffinierte Position, deren Rationalität nicht mehr auf einem 'naiven' Falsifikationismus beruht. Ich werde versuchen, diese stärkere Poppersche Position zu erklären – und weiter zu erhärten. Diese Position, so scheint es mir, kann sich den Einwänden Kuhns entziehen, und es gelingt ihr vielleicht, wissenschaftliche Revolutionen nicht als religiöse Bekehrungen, sondern als rationalen Fortschritt darzustellen.

2. Fallibilismus versus Falsifikationismus

Um die gegensätzlichen Thesen greifbarer zu machen, müssen wir die Problemsituation in der Wissenschaftstheorie nach dem Zusammenbruch des Rechtfertigungsdenkens rekonstruieren.

Für 'Rechtfertigungsdenker' besteht die Wissenschaft aus bewiesenen Aussagen. Nachdem sie erkannt hatten, daß streng logische Deduktionen nur ein Schließen (ein Übertragen der Wahrheit), nicht aber ein Beweisen (ein Begründen der Wahrheit) ermöglichen, waren sie sich uneinig darüber, welcher Art jene Sätze (Axiome) sein sollten, deren Wahrheit mit nichtlogischen Mitteln bewiesen werden kann. Die *klassischen Intellektualisten* (oder 'Rationalisten' im engen Sinne des Wortes) haben sehr verschiedene – und wirkungsvolle – nicht-logische 'Beweisarten' (Offenbarung, intellektuelle Intuition, Erfahrung) zugelassen. Diese ermöglichten es ihnen, unter Zuhilfenahme der Logik wissenschaftliche Aussagen jeglicher Art zu beweisen. Die *klassischen Empiristen* akzeptierten als Axiome nur eine verhältnismäßig kleine Menge von 'Tatsachenaussagen', die 'harte Tatsachen' ausdrückten. Ihr Wahrheitswert wurde durch die Erfahrung begründet, und sie bildeten die *empirische Basis* der Wissenschaft. Um wissenschaftliche *Theorien* bloß auf Grund der schmalen empirischen Basis beweisen zu können, brauchten sie eine weitaus stärkere Logik als die deduktive Logik der klassischen Intellektualisten – die *'induktive Logik'*. Alle Vertreter des Rechtfertigungsdenkens, Intellektualisten wie auch Empiristen, waren sich darüber einig, daß eine singuläre Aussage, die eine 'harte Tatsache' ausdrückt, eine universelle Theorie widerlegen kann;[6] aber nur wenige von ihnen dachten, daß eine endliche Konjunktion von Tatsachenaussagen zum 'induktiven' *Beweis* einer universellen Theorie genüge.[7]

Das Rechtfertigungsdenken, d. h. die Gleichsetzung von Wissen und bewiesenem Wissen, war zu allen Zeiten die vorherrschende Tradition des rationalen Denkens. Der Skep-

[6] Die Anhänger des Rechtfertigungsdenkens haben wiederholt diese Asymmetrie zwischen singulären Tatsachenaussagen und universellen Theorien hervorgehoben. Vgl. z. B. Popkins Diskussion von Pascal in seiner Arbeit [1968], S. 14, und Kants gleichsinnige Feststellung, die als neues *Motto* in der dritten deutschen Ausgabe von Poppers *Logik der Forschung* i. J. 1969 erscheint. (Die Tatsache, daß Popper diesen altehrwürdigen Eckpfeiler der elementaren Logik als Motto zur Neuausgabe seines klassischen Werkes gewählt hat, zeigt sein Hauptanliegen: den Kampf gegen den *Probabilismus*, in dem diese Asymmetrie irrelevant wird; denn probabilistische Theorien können fast ebenso gut begründet werden wie Tatsachensätze.)

[7] Und selbst von diesen wenigen haben manche, dem Vorbild von Mill folgend, das offenbar unlösbare Problem des induktiven Beweises (allgemeiner Sätze aus partikulären Sätzen) stillschweigend in das nicht ganz so offenbar unlösbare Problem des Beweises von *partikularen* Tatsachenaussagen aus anderen ebenso *partikularen* Tatsachenaussagen verwandelt.

tizismus hat das Rechtfertigungsdenken nicht in Frage gestellt; er behauptete lediglich, daß es kein bewiesenes Wissen gäbe (und geben könne) und daß eine Erkenntnis *aus diesem Grunde* überhaupt unmöglich sei. Für die Skeptiker war 'Wissen' nichts als animalischer Glaube. So hat der Skeptizismus der Rechtfertigungsdenker das objektive Denken verhöhnt und dem Irrationalismus, Mystizismus und Aberglauben Tür und Tor geöffnet.

Diese Situation erklärt die enormen Anstrengungen der klassischen Rationalisten bei ihrem Versuch, die synthetischen A-priori-Prinzipien des Intellektualismus zu retten, und der klassischen Empiristen bei ihrem Versuch, die Sicherheit einer empirischen Basis und die Gültigkeit des induktiven Schließens zu retten. Sie alle verstanden unter *wissenschaftlicher Redlichkeit die Forderung, nichts Unbewiesenes zu behaupten.* Aber beide Schulen wurden zu Fall gebracht: die Kantianer von der nicht-euklidischen Geometrie und der nicht-Newtonschen Physik, die Empiristen von der logischen Unmöglichkeit, eine empirische Basis zu etablieren (wie die Kantianer zeigten, können Tatsachen Sätze nicht beweisen) und eine induktive Logik aufzubauen (keine Logik kann Gehalt unfehlbar vermehren). Es stellte sich heraus, daß *alle Theorien gleichermaßen unbeweisbar sind.*

Es dauerte geraume Zeit, bis die Philosophen dies erkannten. Die Gründe sind klar: Die Vertreter des klassischen Rechtfertigungsdenkens befürchteten, daß ihr Eingeständnis der Unbeweisbarkeit aller theoretischen Wissenschaft den Schluß nach sich ziehen müsse, daß sie Sophisterei, Illusion, unredlicher Schwindel sei. Die philosophische Bedeutung des *Probabilismus* (oder der '*neuen Rechtfertigungsphilosophie*') liegt darin, daß er die Notwendigkeit einer solchen Schlußfolgerung bestreitet.

Der Probabilismus wurde von einer Gruppe von Cambridge-Philosophen entwickelt, die der Ansicht waren, daß wissenschaftliche Theorien, obwohl gleichermaßen unbeweisbar, dennoch verschiedene Grade von Wahrscheinlichkeit (im Sinne des Wahrscheinlichkeitskalküls) in bezug auf die vorhandene empirische Evidenz besäßen.[8]) *Wissenschaftliche Redlichkeit verlangt demnach weniger, als man gedacht hatte: Sie besteht darin, daß man nur hochwahrscheinliche Theorien vorbringt oder, noch bescheidener, daß man für jede wissenschaftliche Theorie die Erfahrungsdaten und die Wahrscheinlichkeit der Theorie im Lichte dieser Daten spezifiziert.*

Das Ersetzen von Beweis durch Wahrscheinlichkeit war natürlich ein großer Rückzug für das Rechtfertigungsdenken. Aber es hat sich herausgestellt, daß selbst dieser Rückzug nicht genügt. Es wurde bald gezeigt, vor allem durch Poppers hartnäckige Bemühungen, daß unter sehr allgemeinen Bedingungen und für beliebige Evidenz alle Theorien die Wahrscheinlichkeit Null haben; *Theorien sind nicht nur gleich unbeweisbar, sie sind auch gleich unwahrscheinlich.*[9])

Für viele Philosophen hat das Scheitern selbst einer probabilistischen Lösung des Induktionsproblems noch immer die Folge, daß wir „fast alles über Bord werfen, was von Wissenschaft und Commonsense als Erkenntnis angesehen wird".[10]) Man muß an diesen Hinter-

---

[8]) Die Urväter des Probabilismus waren Intellektualisten; Carnaps spätere Bemühungen, eine empiristische Fassung des Probabilismus aufzubauen, sind gescheitert. Vgl. Lakatos [1968*a*], S. 367 und auch S. 361, Anm. 2.

[9]) Eine ausführliche Diskussion findet sich in Lakatos [1968*a*], besonders S. 353 ff.

[10]) Russell [1943], S. 683. Zu einer Besprechung der Rechtfertigungsideen von Russell siehe Lakatos [1962], besonders S. 167 ff.

grund denken, um den dramatischen Wandel ermessen zu können, den der Falsifikationismus in der Bewertung von Theorien und ganz allgemein in den Maßstäben für wissenschaftliche Redlichkeit herbeiführt. Der Falsifikationismus war in einem gewissen Sinne ein neuer, beträchtlicher Rückzug für das rationale Denken. Aber da der Rückzug im Aufgeben utopischer Maßstäbe bestand, beseitigte er Heuchelei und wirres Denken und war also im Grunde ein Fortschritt.

a) Der dogmatische (oder naturalistische) Falsifikationismus. Die empirische Basis

Ich werde erst eine sehr wichtige Variante des Falsifikationismus besprechen, nämlich den dogmatischen (oder 'naturalistischen'[11])) Falsifikationismus. Der dogmatische Falsifikationismus gibt die Fallibilität *aller* wissenschaftlichen Theorien vorbehaltlos zu, hält aber an einer Art unfehlbarer empirischer Basis fest. Er ist streng empiristisch, ohne induktivistisch zu sein: Er bestreitet, daß sich die Sicherheit der empirischen Basis auf Theorien übertragen läßt. *Der dogmatische Falsifikationismus ist also die schwächste Variante des Rechtfertigungsdenkens.*

Es ist ungemein wichtig zu betonen, daß die Zulassung (verstärkter) empirischer Evidenz als entscheidende Instanz gegen eine Theorie einen noch nicht zu einem dogmatischen Falsifikationisten stempelt. Jeder Kantianer oder Induktivist würde eine solche Instanz anerkennen. Aber während der Kantianer wie auch der Induktivist sich dem Urteil eines negativen experimentum crucis fügen, geben sie auch Bedingungen an, die es ihnen erlauben sollen, eine unwiderlegte Theorie besser als eine andere zu begründen und zu verankern. Die Kantianer waren der Ansicht, daß die euklidische Geometrie und die Newtonsche Mechanik mit Sicherheit begründet seien. Die Induktivisten schrieben ihnen Wahrscheinlichkeit 1 zu. Für den dogmatischen Falsifikationisten ist aber die empirische Evidenz *gegen* eine Theorie die *einzige* Instanz, die sie zu beurteilen vermag.

Das entscheidende Merkmal des dogmatischen Falsifikationismus ist also die Einsicht, daß alle Theorien gleichermaßen Vermutungen sind. Die Wissenschaft kann keine einzige Theorie *beweisen.* Aber obwohl die Wissenschaft nicht *beweisen* kann, kann sie doch *widerlegen:* Sie kann „mit voller logischer Sicherheit das Falsche verwerfen".[12]) Mit anderen Worten: es gibt eine absolut sichere empirische Basis von Tatsachen, die man zur Widerlegung von Theorien benutzen kann. Die Falsifikationisten liefern neue – wenn auch sehr bescheidene – Maßstäbe wissenschaftlicher Redlichkeit. Sie sind bereit, einen Satz nicht nur dann als 'wissenschaftlich' gelten zu lassen, wenn er eine bewiesene Tatsachenaussage ist, sondern selbst dann, wenn er nichts mehr ist als eine falsifizierbare Aussage, d. h. wenn es zur Zeit experimentelle und mathematische Verfahren gibt, die gewisse Sätze als potentielle Falsifikatoren kennzeichnen.[13])

[11]) Zur Erklärung dieses Ausdrucks siehe unten, Anm. 17.
[12]) Medawar [1967], S. 144. Vgl. auch unten, Anm. 341.
[13]) Diese Diskussion zeigt schon, wie wichtig eine Abgrenzung zwischen beweisbaren Tatsachensätzen und unbeweisbaren theoretischen Sätzen für den dogmatischen Falsifikationisten ist.

Die wissenschaftliche Redlichkeit besteht demnach darin, daß man im voraus ein Experiment angibt, dessen Fehlschlagen uns zwingt, die Theorie aufzugeben. [14]) Der Falsifikationist verlangt, daß es nach der Widerlegung eines Satzes kein Zögern gäbe: Der Satz ist bedingungslos zu verwerfen. Mit den (nicht-tautologischen) nicht-falsifizierbaren Aussagen macht der dogmatische Falsifikationismus kurzen Prozeß: Er erklärt sie für 'metaphysisch' und spricht ihnen den wissenschaftlichen Rang ab.

Dogmatische Falsifikationisten ziehen eine scharfe Grenze zwischen dem Theoretiker und dem Experimentator: Der Theoretiker schlägt vor, der Experimentator schlägt ab – im Namen der Natur. Wie Weyl schrieb: „Vor der Arbeit des Experimentators und seinem Ringen um deutbare Tatsachen in unmittelbarer Berührung mit der unbeugsamen Natur, die zu unseren Theorien so kräftig *nein* und so undeutlich *ja* zu sagen versteht, bezeuge ich ein für allemal meinen tiefsten Respekt." [15]) Braithwaite gibt eine besonders klare Darstellung des dogmatischen Falsifikationismus. Er wirft das Problem der Objektivität der Wissenschaft auf: „Inwieweit soll ein gesichertes wissenschaftliches System als freie Schöpfung des menschlichen Geistes gelten, und inwieweit soll man es als einen objektiven Bericht über Tatsachen der Natur auffassen?" Seine Antwort ist: „Die Form der Behauptung einer wissenschaftlichen Hypothese und ihr Gebrauch zum Ausdrücken eines Allgemeinsatzes sind menschliche Konstruktion; der Natur gehören die beobachtbaren Tatsachen an, die die Hypothese widerlegen oder nicht widerlegen... [In der Wissenschaft] überlassen wir der Natur die Aufgabe zu entscheiden, ob eine der kontingenten Schlußfolgerungen niedrigster Stufe falsch ist. Dieser objektive Falschheitstest macht das deduktive System, bei dessen Konstruktion wir große Freiheit haben, zu einem deduktiven System von wissenschaftlichen Hypothesen. Der Mensch schlägt ein System von Hypothesen vor: Die Natur entscheidet über dessen Wahrheit oder Falschheit. Der Mensch erfindet ein wissenschaftliches System, und dann entdeckt er, ob es mit den beobachteten Tatsachen übereinstimmt oder nicht." [16])

Nach der Logik des dogmatischen Falsifikationismus besteht der Wachstumsprozeß der Wissenschaft im wiederholten Verwerfen von Theorien auf Grund harter Tatsachen. Nach dieser Ansicht wurde z. B. die Wirbel-Theorie der Gravitation von Descartes widerlegt – und eliminiert – durch die *Tatsache*, daß sich die Planeten auf elliptischen Bahnen und nicht auf Cartesianischen Kreisen bewegen. Newtons Theorie hingegen erklärte erfolgreich die damals zur Verfügung stehenden Tatsachen, und zwar sowohl jene, die von der Theorie Descartes' erklärt worden waren, wie auch jene, die diese Theorie widerlegten. Darum ersetzte Newtons Theorie die von Descartes. Newtons Theorie wurde dann nach Auffassung der Falsifika-

---

[14]) *Kriterien der Widerlegung* müssen im vorhinein angegeben werden; man muß sich einigen, welche beobachtbaren Situationen im Falle ihrer Beobachtung die Theorie falsifizieren (Popper [1963], S. 38, Anm. 3).

[15]) Zitiert in Popper [1934], Abschnitt 85; und vgl. besonders die englische Ausgabe, S. 280, mit Poppers Bemerkung: „Ich stimme völlig zu."

[16]) Braithwaite [1953], S. 367–368. Für die 'Nicht-Korrigierbarkeit' der beobachteten Tatsachen Braithwaites vgl. Braithwaite [1938]. Während Braithwaite im zitierten Abschnitt eine eindrucksvolle Antwort zum Problem der wissenschaftlichen Objektivität gibt, weist er in einem anderen Abschnitt darauf hin, daß „abgesehen von den direkten Verallgemeinerungen beobachtbarer Tatsachen... eine vollständige Widerlegung ebenso unmöglich ist wie ein vollständiger Beweis", [1953], S. 19. Vgl. auch unten Anm. 86.

tionisten auf ähnliche Weise widerlegt – als falsch erwiesen –, und zwar von der Anomalie des Merkurperiheliums, während Einstein auch dieses erklärte. So schreitet die Wissenschaft fort durch kühne Spekulationen, die nie bewiesen und nicht einmal wahrscheinlich gemacht werden, die man später oft durch harte, endgültige Widerlegungen eliminiert und dann durch noch kühnere, neue und zumindest am Anfang unwiderlegte Spekulationen ersetzt.

Aber der dogmatische Falsifikationismus ist unhaltbar. Er beruht auf zwei falschen Annahmen und auf einem allzu engen Abgrenzungskriterium zwischen 'wissenschaftlich' und 'nicht-wissenschaftlich'.

Die *erste Annahme* besagt, daß es eine natürliche, *psychologische* Grenze gibt zwischen theoretischen, spekulativen Sätzen auf der einen Seite und empirischen oder Beobachtungssätzen (oder 'Basissätzen') auf der anderen. Das ist natürlich ein Bestandteil des 'naturalistischen Vorgehens' in der Methodologie.[16a])

Die *zweite Annahme* besagt, daß ein Satz, der das psychologische Kriterium der Faktizität oder des Beobachtungscharakters (Basischarakters) befriedigt, auch wahr ist; man kann sagen, daß er durch Tatsachen *bewiesen* wurde. (Ich werde dies *die Doktrin des Beobachtungsbeweises* oder *des experimentellen Beweises* nennen.)[17])

Diese beiden Annahmen sichern für die letalen Widerlegungen des dogmatischen Falsifikationisten eine empirische Basis, von der aus bewiesene Falschheit mit Hilfe der deduktiven Logik auf die zu prüfende Theorie übertragen werden kann.

Ergänzt werden diese beiden Annahmen durch ein *Abgrenzungskriterium:* nur jene Theorien sind 'wissenschaftlich', die gewisse beobachtbare Sachverhalte verbieten und die darum durch Tatsachen widerlegbar sind. Anders ausgedrückt: *'wissenschaftlich' ist eine Theorie nur dann, wenn sie eine empirische Basis hat.*[18])

Aber beide Annahmen sind falsch. Die Psychologie zeugt gegen die erste, die Logik gegen die zweite Annahme, und schließlich zeugen methodologische Überlegungen gegen das Abgrenzungskriterium. Ich werde sie der Reihe nach diskutieren.

1) Schon ein kurzer Blick auf einige charakteristische Beispiele erschüttert die *erste Annahme.* Galileo behauptete, daß er Berge auf dem Mond und Flecken auf der Sonne 'beobachten' könne und daß diese 'Beobachtungen' die altehrwürdige Theorie widerlegten, nach der die Himmelskörper fehlerlose Kristallbälle sind. Aber seine 'Beobachtungen' waren

---

[16a]) Vgl. Popper [1934], Abschnitt 10.

[17]) Zu diesen Annahmen und ihrer Kritik vgl. Popper [1934], Abschnitt 4 und 10. Diese Annahmen sind der Grund, warum ich – Popper folgend – diese Variante des Falsifikationismus 'naturalistisch' nenne. Poppers 'Basissätze' sollten mit den in diesem Abschnitt diskutierten Basissätzen nicht verwechselt werden; vgl. unten, Anm. 46.
Es ist wichtig, darauf zu verweisen, daß diese zwei Annahmen auch von zahlreichen Rechtfertigungsphilosophen getroffen werden, die keine Falsifikationisten sind: die experimentellen Beweise ergänzen sie durch 'intuitive Beweise' (Kant) oder 'induktive Beweise' (Mill). Unser Falsifikationist akzeptiert *nur* experimentelle Beweise.

[18]) Die empirische Basis einer Theorie ist die Menge ihrer potentiellen Falsifikatoren, d. h. die Menge jener Beobachtungssätze, die sie widerlegen können.

nicht 'Beobachtungen' im Sinne einer Untersuchung mit dem – unbewaffneten – Auge: ihre Zuverlässigkeit hing ab von der Zuverlässigkeit seines Teleskops – und von der optischen Theorie des Teleskops –, und diese wurde von den Zeitgenossen heftig bezweifelt. Es handelte sich nicht um einen Konflikt zwischen Galileos – reinen und untheoretischen – *Beobachtungen* und der Aristotelischen *Theorie,* sondern um einen Konflikt zwischen Galileos 'Beobachtungen', gesehen im Lichte seiner optischen Theorie, und den 'Beobachtungen' der Aristoteliker, gesehen im Lichte *ihrer* Theorie des Himmels.[19]) Das gibt uns zwei einander widersprechende Theorien, und beide stehen prima facie auf gleicher Stufe. Einige Empiristen konzedieren diesen Punkt und geben zu, daß Galileos 'Beobachtungen' nicht echte Beobachtungen waren. Sie behaupten aber noch immer, daß es eine 'natürliche Abgrenzung' gäbe zwischen Sätzen, die einem leeren und passiven Verstand unmittelbar durch die Sinne aufgezwungen werden – nur aus diesen bestünde das wahre 'unmittelbare Wissen' –, und anderen Sätzen, die aus unreinen, theoriegeladenen Sinneswahrnehmungen hervorgehen. In der Tat müssen *alle* Arten des Rechtfertigungsdenkens, die die Sinne als Quelle der Erkenntnis ansehen (gleichgültig, ob als *eine* oder als *die* Erkenntnisquelle schlechthin), auch eine *Psychologie der Beobachtung* enthalten. Solche Psychologien spezifizieren den 'rechten', 'normalen', 'gesunden', 'vorurteilsfreien', 'sorgfältigen' oder 'wissenschaftlichen' Zustand der Sinne – oder vielmehr des Bewußtseins als Ganzem, in welchem wir die nackte Wahrheit erkennen. So hielten z. B. Aristoteles und die Stoiker den rechten Verstand für den im medizinischen Sinne gesunden. Moderne Denker erkannten, daß bloße 'Gesundheit' nicht ausreicht. Descartes' rechter Verstand ist im Feuer skeptischen Zweifels gestählt, das nichts als die letzte Vereinsamung des Cogito übrigläßt, in der das Ego wiederhergestellt und Gottes leitende Hand zur Erkenntnis der Wahrheit gefunden werden kann. Alle Schulen des modernen Rechtfertigungsdenkens lassen sich durch die besondere *Psychotherapie* kennzeichnen, mit deren Hilfe sie den Geist auf den Empfang der Gnade bewiesener Wahrheit durch mystische Kommunion vorbereiten. Für die klassischen Empiristen im besonderen ist der rechte Verstand eine Tabula rasa, entleert von jedem ursprünglichen Inhalt und befreit von allem Vorurteil der Theorie. Aber aus dem Werke Kants und Poppers – sowie aus dem Werk der von ihnen beeinflußten Psychologen – geht hervor, daß eine solche empiristische Psychotherapie nie zum Erfolg führen kann. Denn es gibt und kann keine Wahrnehmung geben, die nicht von Erwartungen durchsetzt ist, und deshalb gibt es auch *keine natürliche (d. h. psychologische) Abgrenzung zwischen Beobachtungssätzen und theoretischen Sätzen.*[20])

2) Doch selbst wenn es eine solche natürliche Abgrenzung gäbe, würde doch die Logik die *zweite Annahme* des dogmatischen Falsifikationismus zerstören. Denn über den Wahrheitswert der 'Beobachtungssätze' kann nicht zweifelsfrei entschieden werden: *Keine*

---

[19]) Nebenbei erwähnt: Galileo hat – mit Hilfe seiner Optik – auch gezeigt, daß ein fehlerlos kristallin-kugelförmiger Mond unsichtbar sein müsse (Galileo [1632]).

[20]) Zugegeben – die meisten Psychologen, die sich gegen die Idee eines rechtfertigungsorientierten Sensualismus wandten, taten dies unter dem Einfluß von Pragmatisten wie William James, der die Möglichkeit jeder Art von objektivem Wissen bestritt. Dennoch spielte Kants Einfluß durch Oswald Külpe und Franz Brentano und Poppers Einfluß durch Egon Brunswick und Donald Campbell eine Rolle in der Gestaltung der modernen Psychologie; und wenn die Psychologie jemals den Psychologismus aufgibt, dann wird dies auf ein zunehmendes Verständnis der Kant-Popperschen Hauptströmung der objektivistischen Philosophie zurückzuführen sein.

Tatsachenaussage kann jemals auf Grund eines Experiments bewiesen werden. Sätze lassen sich nur aus anderen Sätzen herleiten, aus Tatsachen folgen sie nicht: Erfahrungen können einen Satz ebensowenig beweisen „wie ein Faustschlag auf den Tisch".[21] Dies ist ein grundlegender Punkt der elementaren Logik, aber einer, der auch heute noch von nur wenigen Leuten verstanden wird.[22]

Sind nun Tatsachenaussagen unbeweisbar, dann sind sie auch fehlbar. Wenn sie fehlbar sind, dann sind Zusammenstöße zwischen Theorien und Tatsachenaussagen keine Falsifikationen, sondern lediglich Widersprüche. Unsere Phantasie mag zwar bei der Formulierung von 'Theorien' eine größere Rolle spielen[23] als bei der Formulierung von 'Tatsachenaussagen', aber sie sind *beide* fehlbar. *Also können wir Theorien weder beweisen noch widerlegen.*[24] Die Abgrenzung zwischen den weichen, unbewiesenen 'Theorien' und der harten, bewiesenen 'empirischen Basis' existiert nicht: *alle* Sätze der Wissenschaft sind theoretisch und unheilbar fallibel.[25]

3) Und schließlich, selbst wenn es eine naturalistische Abgrenzung zwischen Beobachtungssätzen und Theorien gäbe und selbst wenn sich der Wahrheitswert der Beobachtungsaussagen zweifelsfrei festlegen ließe, würde es dem dogmatischen Falsifikationismus doch nicht gelingen, die wichtigsten wissenschaftlichen Theorien zu eliminieren. Denn selbst wenn Experimente zum Beweis von Experimentalberichten hinreichten, wäre ihre Widerlegungskraft noch immer jämmerlich eingeschränkt: *gerade die am meisten bewunderten wissenschaftlichen Theorien sind einfach nicht imstande, beobachtbare Sachverhalte zu verbieten.*

Um diese letzte Behauptung zu erhärten, erzähle ich zunächst eine kleine Geschichte und bringe dann ein allgemeines Argument vor.

Die Geschichte betrifft einen imaginären Fall planetarischer Unart. Ein Physiker in der Zeit vor Einstein nimmt Newtons Mechanik und sein Gravitationsgesetz N sowie die akzeptierten Randbedingungen A und berechnet mit ihrer Hilfe die Bahn eines eben entdeckten kleinen Planeten p. Aber der Planet weicht von der berechneten Bahn ab. Glaubt unser New-

[21] Vgl. Popper [1934], Abschnitt 29.

[22] Der erste Philosoph, der dies betonte, scheint Fries im Jahre 1837 gewesen zu sein (vgl. Popper [1934], Abschnitt 29, Anm. 3). Natürlich ist dies nur ein Spezialfall der allgemeinen These, daß logische Beziehungen – wie logische Wahrscheinlichkeit oder Widerspruchsfreiheit – sich auf *Sätze* beziehen. So ist z.B. der Satz 'die Natur ist widerspruchsfrei' falsch (oder, wenn man will, sinnlos), denn die Natur ist kein Satz (und auch keine Konjunktion von Sätzen).

[23] Nebenbei gesagt: sogar dies ist fragwürdig. Vgl. unten, S. 41 ff.

[24] Wie Popper schrieb: „Ein zwingender logischer Beweis für die Unhaltbarkeit eines Systems kann ja nie erbracht werden… Wer in den empirischen Wissenschaften strenge Beweise verlangt [oder strenge Widerlegungen], wird nie durch Erfahrung eines Besseren belehrt werden können" ([1934], Abschnitt 9).

[25] Sowohl Kant wie auch sein englischer Anhänger Whewell waren sich darüber im klaren, daß alle wissenschaftlichen Sätze – ob a priori oder a posteriori – gleichermaßen theoretisch sind; aber sie hielten sie auch für gleich beweisbar. Die Kantianer erkannten klar, daß die Sätze der Wissenschaft theoretisch sind in dem Sinne, daß sie nicht durch Sinneswahrnehmungen auf die Tabula rasa eines leeren Bewußtseins geschrieben werden, und daß sie auch nicht aus solchen Sätzen deduziert oder induziert werden können. Eine Tatsachenaussage ist nur eine besondere Art theoretischer Aussage. Hier stand Popper mit Kant gegen die empiristische Fassung des Dogmatismus. Aber Popper ging einen Schritt weiter: seiner Ansicht nach sind die Sätze der Wissenschaft nicht nur theoretisch, sondern auch *fehlbar* und behalten daher für immer den Charakter von Vermutungen.

tonianer, daß die Abweichung von Newtons Theorie verboten war und daß ihr Beweis die Theorie *N* widerlegt? – Keineswegs. Er nimmt an, daß es einen bisher unbekannten Planeten *p'* gibt, der die Bahn von *p* stört. Er berechnet Masse, Bahn etc. dieses hypothetischen Planeten und ersucht dann einen Experimentalastronomen, seine Hypothese zu überprüfen. Aber der Planet *p'* ist so klein, daß selbst das größte vorhandene Teleskop ihn nicht beobachten kann: Der Experimentalastronom beantragt einen Forschungszuschuß, um ein noch größeres Teleskop zu bauen.[26] In drei Jahren ist das neue Instrument fertig. Wird der unbekannte Planet *p'* entdeckt, so feiert man diese Tatsache als einen neuen Sieg der Newtonschen Wissenschaft. – Aber man findet ihn nicht. Gibt unser Wissenschaftler Newtons Theorie und seine Idee des störenden Planeten auf? – Nicht im mindesten! Er mutmaßt nun, daß der gesuchte Planet durch eine kosmische Staubwolke vor unseren Augen verborgen wird. Er berechnet Ort und Eigenschaften dieser Wolke und beantragt ein Forschungsstipendium, um einen Satelliten zur Überprüfung seiner Berechnungen abzusenden. Vermögen die Instrumente des Satelliten (darunter völlig neue, die auf wenig geprüften Theorien beruhen) die Existenz der vermuteten Wolke zu registrieren, dann erblickt man in diesem Ergebnis einen glänzenden Sieg der Newtonschen Wissenschaft. Aber die Wolke wird nicht gefunden. Gibt unser Wissenschaftler Newtons Theorie, seine Idee des störenden Planeten und die Idee der Wolke, die ihn verbirgt, auf? – Nein! Er schlägt vor, daß es im betreffenden Gebiet des Universums ein magnetisches Feld gibt, das die Instrumente des Satelliten gestört hat. Ein neuer Satellit wird ausgesandt. Wird das magnetische Feld gefunden, so feiern Newtons Anhänger einen sensationellen Sieg. – Aber das Resultat ist negativ. Gilt dies als eine Widerlegung der Newtonschen Wissenschaft? – Nein. Man schlägt entweder eine neue, noch spitzfindigere Hilfshypothese vor, oder… die ganze Geschichte wird in den staubigen Bänden der wissenschaftlichen Annalen begraben, vergessen und nie mehr erwähnt.[27]

Diese kleine Geschichte legt den Schluß nahe, daß selbst eine hochgeschätzte wissenschaftliche Theorie wie Newtons Dynamik und Gravitationstheorie nicht imstande zu sein braucht, einen beobachtbaren Sachverhalt zu verbieten.[28] In der Tat *verbieten manche wissenschaftlichen Theorien ein Ereignis in einem wohlbestimmten endlichen Raum-Zeit-Bereich (kurz, ein 'singuläres Ereignis') nur unter der Bedingung, daß kein anderer Faktor* (der in einer entlegenen und nicht-spezifizierten Raum-Zeit-Ecke des Weltalls versteckt sein mag) *seinen Einfluß geltend macht.* Aber dann *geraten solche Theorien, für sich allein genommen, nie*

---

[26] Sollte das winzige vermutete Planetchen selbst für das *größtmögliche* optische Teleskop unerreichbar sein, so könnte der Physiker mit einem vollkommen neuen Instrument (etwa mit einem Radioteleskop) Versuche anstellen, um es zu 'beobachten', d. h. um die Natur, wenn auch nur indirekt, über es zu befragen. (Die neue 'Beobachtungstheorie' mag dabei nicht vollkommen ausgearbeitet, geschweige denn streng überprüft sein; aber unser Physiker wird dadurch genauso wenig beunruhigt werden wie seinerzeit Galileo.)

[27] Zumindest bis ein neues Forschungsprogramm das Programm Newtons überholt, das fähig ist, dieses bisher unzugängliche Phänomen zu erklären. In diesem Fall wird das Phänomen wieder ausgegraben und als ein 'entscheidendes Experiment' inthronisiert; vgl. unten, S. 68 ff.

[28] Popper fragt: „Welche klinischen Reaktionen würden die Psychoanalyse selbst, und nicht nur eine besondere Diagnose, zur Zufriedenheit des Analytikers widerlegen?" ([1963], S. 38, Anm. 3). Aber welche Art von Beobachtung würde die Newtonsche Theorie selber, und nicht nur eine besondere Fassung von ihr, zur Zufriedenheit des Newtonianers widerlegen?

mit einem Basissatz in Widerspruch: Sie widersprechen höchstens der Konjunktion eines Basissatzes, der einen raum-zeitlich singulären Vorgang beschreibt, mit einem universellen Esgibt-nicht-Satz, der behauptet, daß keine andere relevante Ursache irgendwo im Weltall mitwirkt. Und der dogmatische Falsifikationist kann sicher nicht behaupten, daß solche universellen Nichtexistenz-Aussagen zur empirischen Basis gehören, daß man sie beobachten und durch Erfahrung beweisen kann.

Man kann sich auch anders ausdrücken, indem man sagt, daß die Interpretation gewisser wissenschaftlicher Theorien normalerweise eine Ceteris-paribus-Klausel enthält.[29]) In solchen Fällen ist es immer eine spezifische Theorie *zusammen* mit dieser Klausel, die von der Widerlegung betroffen wird. Aber eine derartige Widerlegung hat keine Folgen für die *spezifische* Theorie, die man überprüft, denn das Ersetzen der Ceteris-paribus-Klausel durch eine andere gestattet die Beibehaltung der *spezifischen* Theorie, was immer auch das Ergebnis der Prüfung sein mag.

Unter diesen Umständen bricht der 'unerbittliche' Widerlegungsprozeß des dogmatischen Falsifikationismus in den erwähnten Fällen *auch dann* zusammen, wenn es eine festbegründete empirische Basis gibt, die als Ausgangspunkt für den Pfeil des Modus tollens dienen kann: Das Hauptziel bleibt hoffnungslos unerreichbar.[30]) Und es stellt sich heraus, daß gerade die wichtigsten, die 'reifen' Theorien in der Geschichte der Wissenschaft auf diese Weise prima facie unwiderlegbar sind.[31]) Auch alle probabilistischen Theorien gehören nach den Maßstäben des dogmatischen Falsifikationismus in diese Kategorie: denn keine endliche Stichprobe kann jemals eine universelle probabilistische Theorie *widerlegen;*[32]) probabilistische Theorien, wie Theorien mit einer Ceteris-paribus-Klausel, haben keine empirische Basis. Das heißt aber, daß der dogmatische Falsifikationist die *nach seiner eigenen Konzession* wichtigsten wissenschaftlichen Theorien in die Metaphysik verweist, wo eine rationale Diskussion, die nach seinen Maßstäben aus Beweisen und Widerlegungen besteht, nicht vorkommt, denn eine metaphysische Theorie kann man weder beweisen noch widerlegen. Das Abgrenzungskriterium des dogmatischen Falsifikationismus ist also noch immer stark antitheoretisch.

(Außerdem kann man leicht zeigen, daß Ceteris-paribus-Klauseln in der Wissenschaft nicht die Ausnahme, sondern die Regel sind. Die Wissenschaft muß ja schließlich von einem Kuriositätenladen unterschieden werden, in dem interessante lokale oder kosmische Merkwürdigkeiten gesammelt und zur Schau gestellt sind. Die Behauptung, daß 'zwischen 1950 und 1960 alle Briten an Lungenkrebs starben', ist logisch möglich und vielleicht sogar wahr. Aber wenn es sich nur um das Eintreffen eines Ereignisses mit winziger Wahrscheinlichkeit handelt, dann hat sie zwar Seltenheitswert für einen exzentrischen Tatsachensammler und

---

[29]) [In den Fahnen hinzugefügt:] Diese Ceteris-paribus-Klausel braucht im Normalfall nicht als eine separate Prämisse interpretiert zu werden. Eine Diskussion findet sich unten, S. 98.

[30]) Man könnte übrigens den dogmatischen Falsifikationisten vielleicht überzeugen, daß sein Abgrenzungskriterium ein sehr naiver Irrtum war. Wenn er das Kriterium aufgibt, aber seine beiden Grundannahmen beibehält, dann muß er Theorien aus der Wissenschaft verbannen und das Wachstum der Wissenschaft als eine Anhäufung von bewiesenen Basissätzen ansehen. Das ist auch wirklich die letzte Stufe des klassischen Empirismus, nachdem die Hoffnung sich verflüchtigt hatte, daß die Tatsachen Theorien beweisen oder wenigstens widerlegen könnten.

[31]) Das ist kein Zufall; vgl. unten S. 86 ff.

[32]) Vgl. Popper [1934], Kap. VIII.

auch einen makabren Unterhaltungswert, aber wissenschaftlicher Wert kommt ihr nicht zu. Man könnte sagen, daß eine Aussage nur dann wissenschaftlich ist, wenn sie das Ziel hat, einen kausalen Zusammenhang auszudrücken: ein Zusammenhang, wie der zwischen Tod an Lungenkrebs und britischer Abstammung, braucht nicht einmal beabsichtigt zu sein. Ebenso wäre die Behauptung: 'Alle Schwäne sind weiß' auch im Falle ihrer Wahrheit eine bloße Kuriosität, es sei denn, sie enthält die Behauptung, daß das Schwan-Sein das Weiß-Sein *verursacht*. Aber dann widerlegt ein schwarzer Schwan den Satz nicht, denn er zeigt ja vielleicht nur, daß auch *andere Ursachen* am Werk sind. Die Aussage: 'Alle Schwäne sind weiß' ist also entweder eine Kuriosität und leicht widerlegbar oder ein wissenschaftlicher Satz mit einer Ceteris-paribus-Klausel und daher unwiderlegbar. *Die Zähigkeit einer Theorie gegen empirische Evidenz wäre also ein Argument für und nicht gegen ihren 'wissenschaftlichen' Charakter. 'Unwiderlegbarkeit' würde zum wichtigsten Merkmal der Wissenschaft.* [33]))

Zusammenfassend: Das klassische Rechtfertigungsdenken duldete nur bewiesene Theorien, das neoklassische Rechtfertigungsdenken nur wahrscheinliche; die dogmatischen Falsifikationisten erkannten, daß Theorien in beiden Fällen aus der Wissenschaft ausgeschlossen werden. Sie beschlossen, Theorien zuzulassen, vorausgesetzt, sie sind widerlegbar – widerlegbar von einer endlichen Anzahl von Beobachtungen. Aber selbst wenn es solche widerlegbaren Theorien gäbe – Theorien, die mit einer endlichen Anzahl von beobachtbaren Tatsachen in Widerspruch treten können –, wären sie logisch doch noch immer zu nahe an der empirischen Basis. Nach den Bedingungen des dogmatischen Falsifikationisten kann z. B. eine Theorie wie: 'Alle Planeten bewegen sich auf elliptischen Bahnen' durch fünf Beobachtungen widerlegt werden; darum hält sie der dogmatische Falsifikationist für wissenschaftlich. Eine Theorie wie: 'Alle Planeten bewegen sich auf Kreis-Bahnen' kann durch vier Beobachtungen widerlegt werden; darum hält sie der dogmatische Falsifikationist für noch wissenschaftlicher. Den Höhepunkt der Wissenschaftlichkeit bildet eine Theorie wie: 'Alle Schwäne sind weiß', die durch eine einzige Beobachtung widerlegt werden kann. Auf der anderen Seite verwirft er alle probabilistischen Theorien zusammen mit den Theorien von Newton, Maxwell und Einstein als unwissenschaftlich, denn eine endliche Anzahl von Beobachtungen reicht zu ihrer Widerlegung nicht aus.

Akzeptiert man das Abgrenzungskriterium des dogmatischen Falsifikationismus *und* die Idee, daß Tatsachen 'Tatsachen'sätze beweisen können, dann muß man feststellen, daß die wichtigsten, wenn auch nicht alle Theorien, die im Laufe der Wissenschaftsgeschichte jemals vorgeschlagen wurden, metaphysisch sind, daß fast aller, wenngleich nicht aller Fortschritt, nur Schein-Fortschritt ist, daß die meiste, wenn auch nicht alle geleistete Arbeit, irrational ist. Wenn wir aber, noch immer auf Grund des Abgrenzungskriteriums des dogmatischen Falsifikationismus, bestreiten, daß Aussagen Tatsachen beweisen können, so landen wir sicher in völligem Skeptizismus: In diesem Fall ist die ganze Wissenschaft ohne Zweifel irrationale Metaphysik und muß verworfen werden. *Wissenschaftliche Theorien sind alle nicht nur gleichermaßen unbeweisbar und unwahrscheinlich, sondern sie sind auch alle gleichermaßen unwiderlegbar.* Die Einsicht aber, daß nicht nur theoretische Sätze, sondern *alle* Sätze der Wissenschaft fehlbar sind, bedeutet den völligen Zusammenbruch *aller* Formen des dogmatischen Rechtfertigungsdenkens als Theorien wissenschaftlicher Rationalität.

[33]) Für einen *viel* stärkeren Fall vgl. unten, Abschnitt 3.

b) Der methodologische Falsifikationismus. Die 'empirische Basis'

Der Zusammenbruch des dogmatischen Falsifikationismus unter dem Gewicht fallibilistischer Argumente bringt uns in die Ausgangsstellung zurück. Wenn *alle* wissenschaftlichen Behauptungen fehlbare Theorien sind, dann kann man sie nur wegen ihrer Widersprüche kritisieren. Aber in welchem Sinn ist dann die Wissenschaft empirisch, und ist sie überhaupt empirisch? Wenn wissenschaftliche Theorien weder bewiesen noch wahrscheinlich gemacht, noch widerlegt werden können, dann scheinen die Skeptiker schließlich doch recht zu haben: Die Wissenschaft ist nichts als leere Spekulation, und es gibt keinen Fortschritt der wissenschaftlichen Erkenntnis. Können wir dem Skeptizismus trotzdem entgegentreten? *Können wir die wissenschaftliche Kritik vor dem Fallibilismus retten?* Ist eine fallibilistische Theorie des wissenschaftlichen Fortschrittes überhaupt möglich? Und insbesondere: auf welcher Grundlage kann man eine Theorie je eliminieren, wenn die wissenschaftliche Kritik selbst fallibel ist?

Eine sehr bemerkenswerte Antwort erteilt auf diese Fragen der *methodologische Falsifikationismus.* Der methodologische Falsifikationismus ist eine Abart des Konventionalismus. Um ihn zu verstehen, müssen wir zuerst den Konventionalismus im allgemeinen diskutieren.

Es gibt eine wichtige Abgrenzung zwischen *'passivistischen' und 'aktivistischen' Erkenntnistheorien.* Die 'Passivisten' sind der Ansicht, daß wahres Wissen aus dem Eindruck der Natur auf einen völlig trägen Verstand besteht: Geistige *Tätigkeit* kann nur zu Vorurteil und zu Verzerrung führen. Die einflußreichste passivistische Schule ist der klassische Empirismus. Die 'Aktivisten' sind der Ansicht, daß wir das Buch der Natur ohne geistige Tätigkeit, ohne eine Interpretation im Lichte unserer Erwartungen und Theorien nicht lesen können.[34] *Konservative 'Aktivisten'* behaupten dabei, daß wir mit unseren grundlegenden Erwartungen geboren werden; mit ihrer Hilfe verwandeln wir die Welt in 'unsere Welt', aber wir müssen für immer im Gefängnis unserer Welt leben. Die Idee, daß wir im Gefängnis unseres 'begrifflichen Rahmens' oder 'begrifflichen Gerüsts' leben und sterben, wurde vor allem von Kant entwickelt; pessimistische Kantianer hielten die wirkliche Welt eben infolge dieses Gefängnisses für ewig unerkennbar, während optimistische Kantianer der Ansicht waren, daß Gott unseren begrifflichen Rahmen in Übereinstimmung mit der wirklichen Welt erschaffen habe.[35] *Revolutionäre Aktivisten* glauben aber, daß begriffliche Gerüste entwickelt und auch durch neue, *bessere* Gerüste ersetzt werden können; *wir* sind es, die unsere 'Gefängnisse' bauen, und wir können sie auch durch Kritik zerstören.[36]

---

[34] Diese Abgrenzung – und auch die Terminologie – geht auf Popper zurück; vgl. besonders Popper [1934], Abschnitt 19, und [1945], Kap. 23 und Anm. 3 zu Kap. 25.

[35] Keine Fassung des konservativen Aktivismus hat erklärt, warum Newtons *Gravitations*theorie unverletzbar sein sollte. Die Kantianer beschränken sich auf die Erklärung der Beharrlichkeit der Euklidischen Geometrie und der Newtonischen *Mechanik.* Newtons *Gravitations*theorie und *Optik* (und andere Wissenszweige) behandelten sie auf zweideutige und gelegentlich induktivistische Weise.

[36] Ich rechne Hegel nicht zu den 'revolutionären *Aktivisten*'. Für Hegel und seine Anhänger ist ein Wandel im begrifflichen Rahmen ein prädeterminierter, unvermeidlicher Prozeß, in dem individuelle Schöpferkraft oder rationale Kritik keine wesentliche Rolle spielen. Wer vorauseilt, begeht nach dieser 'Dialektik' ebenso einen Fehler wie der, der zurückbleibt. Der kluge Mann ist nicht jener, der ein besseres 'Gefängnis' erbaut oder der das alte kritisch zerstört, sondern jener, der mit der Geschichte immer Schritt hält. So erklärt die Dialektik einen Wandel ohne Kritik.

Neue Schritte vom konservativen zum revolutionären Aktivismus wurden von Whewell und dann von Poincaré, Milhaud und Le Roy vollzogen. Whewell war der Ansicht, daß Theorien durch Versuch und Irrtum entwickelt werden – 'in den Präludien zu den induktiven Epochen'. Die besten von ihnen werden dann – im Laufe der 'induktiven Epochen' – 'bewiesen', durch eine lange und vorwiegend *apriorische* Überlegung, die er 'progressive Intuition' nannte. Nach den 'induktiven Epochen' kommen die 'Nachfolger induktiver Epochen', in denen Hilfstheorien kumulativ entwickelt werden.[37]) Poincaré, Milhaud und Le Roy konnten sich mit der Idee eines *Beweises* durch progressive Intuition nicht befreunden und zogen es vor, den dauernden historischen Erfolg der Newtonschen Mechanik aus einem *methodologischen Entschluß* der Wissenschaftler zu erklären: Nach einer langen Periode anfänglicher empirischer Erfolge fassen die Wissenschaftler u. U. den *Entschluß*, eine Widerlegung der Theorie nicht zu gestatten. Nach diesem Entschluß lösen sie (oder lösen sie auf) scheinbare Anomalien mit Hilfshypothesen oder mit anderen 'konventionalistischen Wendungen'.[38]) Dieser *konservative Konventionalismus* hat aber den Nachteil, daß wir nach der ersten Periode von Versuchen und Irrtümern und vor allem nach der großen Entscheidung unfähig werden, uns aus unserem selbstgebauten Gefängnis zu befreien. Das Problem der Beseitigung von Theorien, die lange erfolgreich waren, kann er nicht lösen. Im konservativen Konventionalismus können Experimente stark genug sein, um junge Theorien zu widerlegen; alte, etablierte Theorien widerlegen sie nicht: *Mit dem Wachstum der Wissenschaft vermindert sich die Kraft der empirischen Evidenz.*[39])

Poincarés Kritiker haben sich geweigert, seine Idee zu akzeptieren, daß Wissenschaftler zwar ihre begrifflichen Gerüste bauen, daß sich die Gerüste aber später in Gefängnisse verwandeln, die nicht zerstört werden können. Diese Kritik führte zu zwei konkurrierenden Schulen des *revolutionären Konventionalismus:* zu Duhems Simplizismus und zu Poppers methodologischem Falsifikationismus.[40])

---

[37]) Vgl. Whewell [1837], [1840] und [1858].

[38]) Vgl. insbesondere Poincaré [1891] und [1902]; Milhaud [1896]; Le Roy [1899] und [1901]. Konventionalisten brachten die Tatsache ans Licht, daß jede Theorie durch 'konventionalistische Wendungen' vor der Widerlegung gerettet werden kann. Darin liegt eines ihrer philosophischen Hauptverdienste. (Der Terminus 'konventionalistische Wendung' kommt von Popper, vgl. die kritische Besprechung von Poincarés Konventionalismus in [1934], besonders Abschn. 19 und 20.)

[39]) Poincaré hat seinen Konventionalismus zunächst für die Geometrie ausgearbeitet (vgl. [1891]). Dann. haben Milhaud und Le Roy den Gedanken von Poincaré verallgemeinert und auf alle Zweige der damals gültigen physikalischen Theorie ausgedehnt. Poincarés Arbeit [1902] beginnt mit einer kräftigen Kritik des Bergsonianers Le Roy, gegen den er den empirischen (falsifizierbaren oder 'induktiven') Charakter der ganzen Physik – *ausgenommen* Geometrie und Mechanik – verteidigt. Duhem kritisierte dann Poincaré: seiner Ansicht nach ließe sich auch Newtons Mechanik stürzen.

[40]) Die Loci classici sind Duhems [1905] und Poppers [1934]. Duhem war kein *konsequenter* revolutionärer Konventionalist. Ganz wie Whewell hielt er begriffliche Änderungen nur für *Vorbereitungen* der endgültigen – wenn vielleicht sehr fernen – 'natürlichen Klassifikation': „Je mehr eine Theorie vervollkommnet wird, um so besser verstehen wir, daß die logische Ordnung, in die sie experimentelle Gesetze bringt, die Widerspiegelung einer ontologischen Ordnung ist." Insbesondere wollte er nicht zugeben, daß Newtons Theorie *tatsächlich* 'im Zerfall begriffen war', und er charakterisierte Einsteins Relativitätstheorie als „eine verrückte, hektische Jagd in Verfolgung eines neuen Gedankens", in der „die Physik zum Chaos wird, die Logik ihren Weg verliert und der normale Verstand sich verzweifelt flüchtet" (Vorwort – im Werk [1914] – zu der zweiten Auflage von [1905]).

Duhem akzeptiert die konventionalistische Position, daß eine physikalische Theorie niemals bloß unter dem Gewicht von 'Widerlegungen' zerfällt, behauptet aber, daß sie unter dem Gewicht 'fortwährender Reparaturen und verfilzter Halteoperationen' zerfallen kann, wenn 'die wurmstichigen Säulen' nicht länger imstande sind, 'den schwankenden Bau' zu stützen;[41] das ist dann der Moment, wo die Theorie ihre ursprüngliche Einfachheit verliert und ersetzt werden muß. Aber die Falsifikation wird hier dem subjektiven Geschmack oder im besten Fall der wissenschaftlichen Mode überlassen, und dem dogmatischen Festhalten an einer bevorzugten Theorie bleibt zuviel Spielraum.[42]

Popper setzte sich das Ziel, ein Kriterium zu finden, das sowohl objektiver als auch schlagender ist. Die Entmannung des Empirismus, die sich selbst bei Duhem findet, konnte er nicht akzeptieren, und er entwarf eine Methodologie, in der Experimente ihre Kraft selbst in einer 'reifen' Wissenschaft bewahren. Der methodologische Falsifikationismus Poppers ist sowohl konventionalistisch als auch falsifikationistisch, aber er „unterscheidet sich von den [konservativen] Konventionalisten dadurch, daß es *nicht* [raum-zeitlich] allgemeine, sondern [raum-zeitlich] singuläre Sätze sind, über die [er] Festsetzungen mach[t]";[43] und er unterscheidet sich vom dogmatischen Falsifikationisten durch seine Annahme, daß der Wahrheitswert solcher Sätze zwar von Tatsachen nicht bewiesen, aber in einigen Fällen durch Übereinkunft entschieden werden kann.[44]

Der Duhemsche *konservative Konventionalist* (oder, wenn man will: der 'methodologische Rechtfertigungsdenker') erklärt gewisse (raum-zeitlich) universelle Theorien, die sich durch ihre erklärende Kraft, Einfachheit oder Schönheit auszeichnen, durch Fiat für unwiderlegbar. Unser Popperscher *revolutionärer Konventionalist* (oder 'methodologischer Falsifikationist') macht durch Fiat gewisse (raum-zeitlich) singuläre Behauptungen unwiderlegbar, die durch den Umstand ausgezeichnet sind, daß „jeder, der die Technik des betreffenden Gebietes beherrscht", imstande ist zu entscheiden, ob der Satz 'annehmbar' ist.[45] Man kann einen solchen Satz einen 'Beobachtungssatz' oder einen 'Basissatz' nennen – aber nur in Anführungszeichen.[46] In der Tat, schon die Auswahl solcher Sätze ist Sache einer Entscheidung, die nicht auf psychologischen Überlegungen allein beruht. Dieser Entscheidung folgt dann eine andere, die die Menge *akzeptierter* Basissätze von den übrigen trennt.

Diese *zwei Entscheidungen* entsprechen den *zwei Annahmen* des dogmatischen Falsifikationismus. Aber es gibt da wichtige Unterschiede. Vor allem ist der methodologische Falsifikationist kein Rechtfertigungsdenker; er hat keine Illusionen über 'experimentelle Beweise', und er sieht in voller Klarheit die Fehlbarkeit seiner Entscheidungen und das Risiko, das er auf sich nimmt.

---

[41] Duhem [1905], Kap. VI, Abschnitt 10.

[42] Zu einer weiteren Besprechung des Konventionalismus vgl. unten, S. 96–100.

[43] Popper [1934], Abschnitt 30.

[44] *In diesem Abschnitt bespreche ich die 'naive' Fassung von Poppers methodologischem Falsifikationismus. Darum bedeutet im ganzen Abschnitt 'methodologischer Falsifikationismus' soviel wie 'naiver methodologischer Falsifikationismus'; zu dieser 'Naivität'* vgl. unten, S. 31 ff.

[45] Popper [1934], Abschnitt 27.

[46] Ebenda, Abschnitt 28. Dazu, daß diese methodologischen 'Basissätze' keine Basis sind, vgl. z. B. Popper [1934], passim, und Popper [1959a], S. 35, Anm. *2.

Der methodologische Falsifikationist sieht ein, daß die 'experimentellen Techniken' des Wissenschaftlers fehlbare Theorien involvieren,[47]) 'in deren Lichte' er die Tatsachen interpretiert. Er 'wendet' aber diese Theorien trotzdem 'an', er betrachtet sie im gegebenen Zusammenhang nicht als Theorien, die überprüft werden sollen, sondern als *unproblematische Hintergrundkenntnisse,* „die wir (probeweise) als unproblematisch akzeptieren, während wir die Theorie überprüfen".[48]) Er wird vielleicht diese Theorien – und die Sätze, deren Wahrheitswert er in ihrem Lichte entscheidet – 'Beobachtungssätze' nennen, aber das ist nur eine Redensart, die er vom naturalistischen Falsifikationismus übernommen hat.[49]) Der methodologische Falsifikationist *benutzt unsere erfolgreichsten Theorien als eine Erweiterung unserer Sinne,* und er dehnt den Bereich der Theorien, die bei einer Überprüfung benutzt werden können, weit über den Bereich der vom dogmatischen Falsifikationisten zugelassenen Beobachtungstheorien im strengen Sinn aus. Nehmen wir zum Beispiel an, daß ein großer Radio-Stern mit Hilfe eines Systems von Radio-Stern-Satelliten entdeckt wird, die sich um ihn bewegen. Wir wollen eine Gravitationstheorie an diesem Planetensystem überprüfen – eine Sache von großem Interesse. Man stelle sich nun vor, daß es Jodrell Bank gelingt, Raum-Zeit-Koordinaten der Planeten zu beschaffen, die der Theorie widersprechen. Wir werden diese Basissätze als potentielle Falsifikatoren auffassen. Natürlich sind diese Basissätze nicht Beobachtungssätze im üblichen Sinn; sie sind bloß 'Beobachtungs'sätze. Sie beschreiben Planeten, die weder dem menschlichen Auge noch den üblichen optischen Instrumenten zugänglich sind. Ihr Wahrheitswert ergibt sich auf Grund einer 'experimentellen Technik'. Diese 'experimentelle Technik' beruht auf der 'Anwendung' einer wohlbewährten Theorie der Radio-Optik. Bezeichnet der methodologische Falsifikationist diese Sätze als 'Beobachtungssätze', so besagt dies nur soviel, daß er im Zusammenhang seines Problems, d. h. während der Überprüfung unserer Gravitationstheorie, die Radio-Optik kritiklos als 'Hintergrundkenntnis' ['background knowledge'] benutzt. *Das Bedürfnis für Entscheidungen, die die zu prüfende Theorie von unproblematischen Hintergrundkenntnissen trennen, ist ein charakteristischer Zug dieser Variante des methodologischen Falsifikationismus.*[50]) (In Wirklichkeit unterscheidet sich diese Situation gar nicht von Galileos 'Beobachtung' der Satelliten des Jupiter. Ja, einige Zeitgenossen Galileos haben mit Recht bemerkt, daß er sich auf eine praktisch nichtvorhandene optische Theorie verließ, welche damals weniger bewährt, ja weniger artikuliert war als die Radio-Optik von heute. Wenn wir andererseits die Berichte des menschlichen Auges 'Beobachtungs'berichte nennen, so zeigt das nur, daß wir uns auf eine vage physiologische Theorie des menschlichen Sehens 'verlassen'.[51]))

Diese Überlegung zeigt das konventionelle Element unserer Entscheidung, einer Theorie – in einem gegebenen Zusammenhang – (methodologisch) den Charakter eines 'Beobachtungs'satzes zu verleihen.[52]) In ähnlicher Weise enthält auch die Entscheidung über den

---

[47]) Vgl. Popper [1934], das Ende des Abschnitts 26, und auch seine [1968c], S. 291–292.
[48]) Vgl. Popper [1963], S. 390.
[49]) In der Tat setzt Popper 'Beobachtungs-' sorgfältig in Anführungszeichen; vgl. [1934], Abschnitt 28.
[50]) Diese Abgrenzung spielt sowohl im *ersten* wie auch im *vierten* Typus der Entscheidungen des methodologischen Falsifikationisten eine Rolle. (Zum *vierten* Typus der Entscheidung vgl. unten, S. 25 f.)
[51]) Eine fesselnde Diskussion findet sich in Feyerabend [1969].
[52]) Man fragt sich, ob es nicht besser wäre, die Terminologie des naturalistischen Falsifikationismus aufzugeben und Beobachtungstheorien in '*Prüfsteintheorien*' umzutaufen.

tatsächlichen Wahrheitswert eines Basissatzes, die wir nach der Auswahl geeigneter 'Beobachtungstheorien' treffen, ein beträchtliches konventionelles Element. Eine einzelne Beobachtung kann das zufällige Ergebnis eines trivialen Irrtums sein: um solche Risiken zu vermindern, verordnen die methodologischen Falsifikationisten gewisse Sicherheitskontrollen. Die einfachste Kontrolle dieser Art ist die Wiederholung des Experimentes (die Anzahl der Wiederholungen ist eine Sache der Konvention); eine andere Kontrolle besteht in der 'Erhärtung' eines potentiellen Falsifikators durch eine wohlbewährte 'falsifizierende Hypothese'.[53])

Der methodologische Falsifikationist verweist auch darauf, daß diese Konventionen de facto institutionalisiert und von der Gemeinschaft der Wissenschaftler unterschrieben werden; die Liste der 'akzeptierten' Falsifikatoren wird vom Urteilsspruch der Experimentalwissenschaftler geliefert.[54])

So also etabliert der methodologische Falsifikationist seine 'empirische Basis'. (Er benutzt Anführungszeichen, um dem Terminus 'ironischen Nachdruck zu verleihen'.[55])) Diese 'Basis' ist kaum eine 'Basis' im Sinn der Maßstäbe des Rechtfertigungsdenkers: Nichts in ihr ist bewiesen — sie besteht aus „Pfeilern, [die] sich von oben her in [einen] Sumpf senken".[56]) In der Tat: wenn diese 'empirische Basis' mit einer Theorie in Konflikt gerät, dann kann man die Theorie wohl 'falsifiziert' *nennen,* aber sie ist nicht falsifiziert in dem Sinn, daß sie widerlegt wäre. Die methodologische 'Falsifikation' ist von der dogmatischen Falsifikation sehr verschieden. Wenn eine Theorie falsifiziert ist, dann ist damit ihre Falschheit erwiesen; eine 'falsifizierte' Theorie kann aber noch immer wahr sein. Folgt dieser Art von 'Falsifikation' die 'Beseitigung' einer Theorie auf dem Fuße, so kann dies wohl die Beseitigung der wahren und die Annahme einer falschen Theorie nach sich ziehen (eine Möglichkeit, die für einen altmodischen Rechtfertigungsdenker einfach schauderhaft ist).

Das ist aber genau, was der methodologische Falsifikationist von uns verlangt. Der methodologische Falsifikationist ist sich darüber im klaren, daß eine Versöhnung des Fallibilismus mit einer (nicht rechtfertigungsgebundenen) Rationalität *nur dann* möglich ist, wenn wir einen Weg finden, *einige* Theorien zu eliminieren. Gelingt dies nicht, dann ist das Wachstum der Wissenschaft nichts als wachsendes Chaos.

Der methodologische Falsifikationist behauptet also, „daß die Methode der Auswahl durch Elimination nur dann funktioniert und das Überleben bloß der geeignetsten Theorien nur dann garantiert, wenn ihr Lebenskampf schwer gemacht wird"[57]). Ist eine Theorie einmal falsifiziert, dann muß sie trotz des Risikos beseitigt werden: „Wir arbeiten mit den Theorien nur, solange sie die Überprüfungen bestehen".[58]) Die Beseitigung muß methodolo-

[53]) Vgl. Popper [1934], Abschnitt 22. Viele Philosophen haben Poppers wichtige Einschränkung außer acht gelassen, daß ein Basissatz ohne Hilfe wohlkorroborierter falsifizierender Hypothesen nichts zu widerlegen vermag.

[54]) Vgl. Popper [1934], Abschnitt 30.

[55]) Popper [1963], S. 387.

[56]) Popper [1934], Abschnitt 30. Vgl. auch Abschnitt 29: „Die Relativität der Basissätze".

[57]) Popper [1957b], S. 134. Popper betont anderswo, daß seine Methode das Überleben des Passendsten nicht 'sicherstellen' kann. Die natürliche Auswahl kann auch falsch ausschlagen: Passendes kann zugrundegehen, während Monstren überleben.

[58]) Popper [1935].

gisch endgültig sein: „Wir betrachten... im allgemeinen... eine intersubjektiv nachprüfbare Falsifikation als endgültig... Ein historisch späteres Bewährungsurteil... kann zwar anstelle eines positiven Bewährungswertes einen negativen setzen, nie aber umgekehrt."[59]) So erklärt der methodologische Falsifikationist, wie wir ein Stagnieren vermeiden: „Es ist immer wieder das Experiment, das uns davor bewahrt, unfruchtbare Wege zu verfolgen."[60])

Der methodologische Falsifikationist trennt Beseitigung und Widerlegung, die der dogmatische Falsifikationist vermengt hatte.[61]) Er ist ein Fallibilist, aber sein Fallibilismus schwächt nicht seine kritische Pose: Er macht fehlbare Sätze zur 'Basis' einer harten Politik. Auf dieser Grundlage schlägt er ein *neues Abgrenzungskriterium* vor: Nur jene Theorien – d. h. also Nicht-'Beobachtungs'sätze –, die gewisse 'beobachtbare' Sachverhalte verbieten und daher 'falsifiziert' und beseitigt werden können, sind 'wissenschaftlich'; oder kurz gesagt: *Eine Theorie ist 'wissenschaftlich' (oder: 'annehmbar'), wenn sie eine 'empirische Basis' hat.* Dieses Kriterium hebt den Unterschied zwischen dem dogmatischen und dem methodologischen Falsifikationismus scharf hervor.[62])

Dieses methodologische Abgrenzungskriterium ist viel liberaler als das dogmatische. Der methodologische Falsifikationismus eröffnet neue Wege der Kritik: Eine viel größere Zahl von Theorien kann als 'wissenschaftlich' gelten. Wir haben bereits gesehen, daß es mehr 'Beobachtungs'theorien als Beobachtungstheorien[63]) gibt und daher auch mehr 'Basis'-sätze als Basissätze.[64]) Ferner: probabilistische Theorien können nun als 'wissenschaftlich' gelten: Sie sind zwar nicht falsifizierbar, aber sie können leicht 'falsifizierbar' gemacht werden mit Hilfe einer *zusätzlichen Entscheidung (dritter Art),* die der Wissenschaftler trifft, indem er

[59]) Popper [1934], Abschnitt 82.

[60]) Ebenda.

[61]) Anders als die dogmatische Falsifikation (Widerlegung) ist diese Art der methodologischen 'Falsifikation' eine pragmatische, methodologische Idee. Aber was sollen wir dann darunter verstehen? Nach Popper – dessen Antwort ich verwerfen werde – zeigt eine methodologische 'Falsifikation' ein „dringendes Bedürfnis, eine falsifizierte Hypothese durch eine bessere zu ersetzen" (Popper [1959*a*], S. 87, Anm. *1). Das ist eine ausgezeichnete Illustration eines Prozesses, den ich in meiner Arbeit [1963–1964] beschrieben habe und in dessen Verlauf die kritische Diskussion das ursprüngliche *Problem* verschiebt, ohne dabei notwendigerweise auch die alten *Worte* zu verändern. Die Nebenprodukte solcher Prozesse sind *Sinnverschiebungen.* Für eine weitere Besprechung siehe unten, Anm. 126, und Anm. 245.

[62]) Das Abgrenzungskriterium des dogmatischen Falsifikationisten hieß: eine Theorie ist 'wissenschaftlich', wenn sie eine empirische Basis hat (siehe oben, S. 13).

[63]) Siehe oben, S. 13f.

[64]) Popper scheint in seiner Arbeit [1934] diesen Punkt übrigens nicht klar erkannt zu haben. Er schreibt: „Man könnte meinen, daß durch die Forderung der Beobachtbarkeit doch ein psychologistisches Element in unsere Überlegungen Einlaß findet. Daß das nicht der Fall ist, sieht man daran, daß wir den Begriff 'beobachtbar' zwar auch psychologistisch erläutern können, aber, wenn wir wollten, statt von einem 'beobachtbaren Vorgang' auch von einem 'Bewegungsvorgang an (makroskopischen) physischen Körpern' sprechen könnten." (Abschnitt 28). Im Lichte unserer Diskussion könnten wir z. B. ein Positron, das zur Zeit t_0 durch eine Wilson-Kammer hindurchgeht, trotz seines nichtmakroskopischen Charakters als ein 'beobachtbares' Ereignis ansehen.

gewisse Beseitigungsregeln angibt, die einen 'Widerspruch' zwischen statistisch interpretierter Evidenz und der probabilistischen Theorie herbeiführen können.[65]

Aber selbst diese drei Entscheidungen genügen nicht, um eine Theorie zu 'falsifizieren', die ohne eine Ceteris-paribus-Klausel nichts 'Beobachtbares' erklären kann.[66] Zur 'Widerlegung' einer solchen Theorie reicht eine endliche Zahl von 'Beobachtungen' nicht aus. Wenn dies aber der Fall ist, wie kann man dann vernünftigerweise eine Methodologie verteidigen, die behauptet, daß „Naturgesetze ('Theorien') ... als 'teilentscheidbare' (d.h. aus logischen Gründen zwar nicht verifizierbare, wohl aber *einseitig falsifizierbare*) echte Wirklichkeitsaussagen [anzusehen sind]"?[67] Wie können wir Theorien wie Newtons Dynamik- und Gravitationstheorie als 'einseitig entscheidbar' interpretieren?[68] Wie können wir in solchen Fällen „versuchen, falsche Theorien auszujäten, die schwachen Punkte einer Theorie zu finden, damit sie – wenn sie durch Überprüfung falsifiziert wird – verworfen werde"?[69] Wie können wir sie in den Bereich rationaler Diskussion einbeziehen? Der methodologische Falsifikationist löst das Problem durch eine weitere *Entscheidung (Typus vier):* Wenn er eine Theorie zusammen mit einer Ceteris-paribus-Klausel überprüft und findet, daß diese Konjunktion widerlegt worden ist, dann muß er *entscheiden*, ob die Widerlegung auch als Widerlegung der spezifischen Theorie aufgefaßt werden soll. Er kann z. B. das 'anomale' Perihelium des Merkur als eine Widerlegung der dreifachen Konjunktion (N_3) von Newtons Theorie, der bekannten Anfangsbedingungen und der Ceteris-paribus-Klausel akzeptieren. Dann überprüft er 'streng'[70] die Anfangsbedingungen, und er entschließt sich vielleicht, sie den nichtproblematischen Hintergrundkenntnissen einzuverleiben. Diese Entscheidung impliziert die Widerlegung der zweifachen Konjunktion (N_2) von Newtons Theorie und der Ceteris-paribus-Klausel. Nun steht er vor dem entscheidenden Entschluß: soll er auch die Ceteris-paribus-Klausel dem Vorrat 'unproblematischer Hintergrundkenntnisse' einverleiben? Er fällt diesen Entschluß, wenn er findet, daß die Ceteris-paribus-Klausel wohlbewährt ist.

Wie kann man eine Ceteris-paribus-Klausel streng überprüfen? Indem man annimmt, daß es andere beeinflussende Faktoren *gibt*, indem man solche Faktoren spezifiziert und die spezifischen Annahmen überprüft. Wenn sie in großer Zahl widerlegt werden, dann gilt die Ceteris-paribus-Klausel als bewährt.

Die Entscheidung, eine Ceteris-paribus-Klausel zu 'akzeptieren', ist aber wegen ihrer gewichtigen Konsequenzen sehr riskant. Wenn man sich entscheidet, sie als Teil solcher Hintergrundkenntnisse zu akzeptieren, dann verwandeln sich die Sätze, die das Perihelium des Merkur beschreiben, aus der empirischen Basis von N_2 in die empirische Basis von Newtons spezifischer Theorie N_1, und was früher in bezug auf N_1 bloße 'Anomalie' war, wird jetzt

---

[65] Popper [1934], Abschnitt 68. In der Tat ist dieser methodologische Falsifikationismus die philosophische Basis hochinteressanter Entwicklungen in der modernen Statistik. Die Neyman-Pearson-Prozedur beruht völlig auf einem methodologischen Falsifikationismus. Vgl. auch Braithwaite [1953], Kap. VI. (Leider interpretiert Braithwaite Poppers Abgrenzungskriterium als eine Abgrenzung des Sinnvollen vom Sinnlosen und nicht wissenschaftlicher Sätze von unwissenschaftlichen.)

[66] Vgl. oben S. 15–18.

[67] Popper [1933], nachgedruckt in Popper [1969], S. 254–256.

[68] Popper [1933].

[69] Popper [1957*b*], S. 133.

[70] Eine Besprechung dieses wichtigen Begriffes der Popperschen Methodologie findet sich in Lakatos [1968*a*], S. 397 ff.

entscheidende Evidenz gegen diese Theorie und damit ihre Falsifikation. (Ein Vorgang, der durch einen Satz *A* beschrieben wird, heiße eine '*Anomalie* in bezug auf eine Theorie *T*', wenn *A* eine Falsifikationsmöglichkeit der Konjunktion von *T* und einer Ceteris-paribus-Klausel ist; er wird eine Falsifikationsmöglichkeit von *T* selbst, wenn entschieden wurde, die Ceteris-paribus-Klausel den 'nichtproblematischen Hintergrundkenntnissen' einzuverleiben.[71]) Da Falsifikationen für unseren unbändigen Falsifikationisten methodologisch endgültig sind,[72] hat der schicksalsschwere Entschluß die methodologische Beseitigung von Newtons Theorie zur Folge und macht dadurch jede weitere Arbeit an ihr irrational. Schreckt der Wissenschaftler vor solchen kühnen Entscheidungen zurück, sieht er „seine Aufgabe etwa darin, ein System zu verteidigen, bis seine Unhaltbarkeit logisch *zwingend bewiesen* ist", so „wird [er] nie durch Erfahrung eines Besseren belehrt werden können".[73] Er entartet, er wird zu einem Apologeten, der immer behaupten kann, „… der Widerspruch zwischen den experimentellen Ergebnissen und dem System sei nur ein scheinbarer und werde sich mit Hilfe neuer Ansichten beheben lassen."[74] Aber für den Falsifikationisten bedeutet das, daß er „nicht als empirischer Forscher in unserem Sinn" verfährt,[75] sein Vorgehen ist unzulässig. Denn nach einem Lieblingsausdruck des methodologischen Falsifikationisten muß die Theorie „gezwungen werden, ihr Leben aufs Spiel zu setzen" ["must be made to stick its neck out"].

Schwer wird die Lage des methodologischen Falsifikationisten, wenn es darauf ankommt zu entscheiden, wo die Grenze zwischen dem Problematischen und dem Nicht-Problematischen verlaufen soll. (Das gilt selbst für einen wohldefinierten Zusammenhang.) Die Lage wird dramatisch, wenn er eine Entscheidung über Ceteris-paribus-Klauseln treffen muß, wenn er eines von Hunderten von 'anomalen Phänomenen' zu einem 'entscheidenden Experiment' befördern soll und wenn er entscheiden soll, daß das Experiment 'kontrolliert' war.[76]

So ist es unserem methodologischen Falsifikationisten mit Hilfe dieser Entscheidung vierten Types[77]) endlich gelungen, selbst Theorien wie die Newtons als 'wissenschaftlich' zu interpretieren.[78]

---

[71]) Eine bessere 'Explikation' siehe unten, Anm. 251.

[72]) Vgl. oben, Text zu den Anmerkungen 58 und 59.

[73]) Popper [1934], Abschnitt 9.

[74]) Ebenda.

[75]) Ebenda.

[76]) Das Problem des '*kontrollierten Experimentes*' ist nichts anderes als das Problem, wie man experimentelle Bedingungen einrichten muß, um das Risiko solcher Entscheidungen auf ein Minimum herabzudrükken.

[77]) Eine Entscheidung dieses Typs gehört, in einem wichtigen Sinne, zur selben Kategorie wie die erste Entscheidung: sie trennt, durch einen Entschluß, problematische Kenntnisse von unproblematischen Kenntnissen. Vgl. oben, Text zur Anm. 50.

[78]) Unsere Darstellung zeigt sehr klar die Komplexität der Entscheidungen, die nötig sind, um den 'empirischen Gehalt' einer Theorie, d. h. die Menge ihrer Falsifikationsmöglichkeiten, zu definieren. Der 'empirische Inhalt' hängt ab von unserer *Entscheidung* darüber, was 'Beobachtungstheorien' sind und welche Anomalien wir zu Gegenbeispielen promovieren. Versucht man, den empirischen Gehalt verschiedener wissenschaftlicher Theorien zu vergleichen, um zu sehen, welche Theorie 'wissenschaftlicher' ist, so gerät man in ein enorm kompliziertes und darum hoffnungslos willkürliches System von Entscheidungen über die Klassen 'relativ atomarer Sätze' und ihrer 'Anwendungsfelder'. (Zum Sinne dieser (sehr) technischen Termini siehe Popper [1934], Abschnitt 38.) Aber ein solcher Vergleich ist nur dann möglich, wenn eine Theorie eine andere überholt (vgl. Popper [1959*a*], S. 401, Anm. 7). Und selbst dann mag man Schwierigkeiten begegnen (welche sich jedoch nicht zu einer unheilbaren 'Inkommensurabilität' auftürmen).

In der Tat, es gibt keinen Grund, warum er nicht noch weiter gehen sollte. Warum sollte er nicht beschließen, daß eine Theorie, die selbst nach diesen vier Entscheidungen noch nicht empirisch falsifizierbar ist, durch Konflikt mit einer weiteren Theorie widerlegt wird, die wissenschaftlich ist im Sinne der oben angegebenen Gründe und die auch in hohem Grad bewährt ist?[79] Denn wenn wir eine Theorie verwerfen, weil eine ihrer Falsifikationsmöglichkeiten im Lichte einer Beobachtungstheorie als wahr erscheint, warum sollte es dann nicht möglich sein, eine andere Theorie zu verwerfen, weil sie einer Theorie *direkt* widerspricht, die den unproblematischen Hintergrundkenntnissen einverleibt werden kann? So könnten wir, mit Hilfe einer *Entscheidung fünften Typs*, selbst 'syntaktisch metaphysische' Theorien eliminieren, d. h. Theorien, die infolge ihrer *logischen Form* keine raum-zeitlich singulären Falsifikationsmöglichkeiten haben können (Beispiel: 'All-Existenzsätze' und reine Existenzsätze[80])).

Zusammenfassend: der methodologische Falsifikationist bietet eine interessante Lösung für das Problem einer Vereinigung von harter Kritik und Fallibilismus. Er bietet nicht nur eine philosophische Basis für die Falsikation an – nachdem der Fallibilismus dem dogmatischen Falsifikationisten den Boden unter den Füßen weggezogen hatte –, sondern er erweitert auch ganz beträchtlich den Wirkungsbereich einer solchen Kritik. Indem er die Falsifikation in einen neuen Rahmen setzt, rettet er den attraktiven Ehrenkodex des dogmatischen Falsifikationisten, für den die wissenschaftliche Redlichkeit darin besteht, daß man im vorhinein ein Experiment angibt, dessen Fehlschlag uns zwingt, die Theorie aufzugeben.[81]

Der methodologische Falsifikationismus ist ein großer Schritt sowohl über den dogmatischen Falsifikationismus wie auch über den konservativen Konventionalismus hinaus. Er empfiehlt riskante Entscheidungen. Aber das Risiko ist gewagt bis an die Grenze des Leichtsinns, und es erhebt sich die Frage, ob es nicht möglich ist, es zu vermindern.

Fassen wir zunächst dieses Risiko näher ins Auge.

Entscheidungen spielen eine Schlüsselrolle in dieser Methodologie wie in jeder Variante des Konventionalismus. Aber Entscheidungen können uns katastrophal irreführen. Der methodologische Falsifikationist wird dies vorbehaltlos zugeben. Das ist eben der Preis, den wir für die Möglichkeit des Fortschritts zahlen müssen.

Man kann nicht umhin, die Kühnheit des methodologischen Falsifikationisten zu bewundern. Er fühlt sich als ein Held, der angesichts zweier verhängnisvoller Alternativen den Mut hat, relative Vorzüge kühl zu erwägen, und der das geringere Übel wählt. Die eine Alternative war der skeptische Fallibilismus mit seiner Haltung des 'anything goes', das verzweifelte Aufgeben aller intellektuellen Maßstäbe und damit auch der Idee des wissenschaftlichen Fortschritts. Nichts kann begründet, nichts verworfen, nichts mitgeteilt werden: Der Fortschritt der Wissenschaft ist bloß ein Auswuchs des Chaos, ein wahrhaftes Babel. Zweitausend Jahre lang haben Wissenschaftler und wissenschaftlich eingestellte Philosophen ver-

---

[79] Dies war ein Vorschlag von J. O. Wisdom: vgl. Wisdom [1963].
[80] Zum Beispiel: 'Alle Metalle haben ein Lösungsmittel'; oder 'Es gibt eine Substanz, die alle Metalle in Gold verwandeln kann'. Für die Besprechung solcher Theorien siehe besonders Watkins [1957] und Watkins [1960]. Doch vgl. unten, S. 40f. und S. 94ff.
[81] Siehe oben, S. 12.
[82] Russell [1943], S. 683.

schiedene Illusionen des Rechtfertigungsdenkens gewählt, nur um diesem Alpdruck zu entrinnen. Einige gebrauchten das Argument, daß *man gezwungen ist, zwischen dem induktivistischen Rechtfertigungsdenken und dem Irrationalismus zu wählen:* „Ich sehe keinen Ausweg aus der dogmatischen Behauptung, daß wir das induktive Prinzip oder ein Äquivalent von ihm kennen; die einzige Alternative ist, so gut wie alles über Bord zu werfen, was Wissenschaft und Commonsense als Wissen ansehen."[82]) Unser methodologischer Falsifikationist lehnt einen solchen Eskapismus stolz ab: Er hat den Mut, die Konsequenzen des Fallibilismus voll und ganz in Kauf zu nehmen und doch dem Skeptizismus durch eine gewagte und riskante konventionalistische Politik ohne Dogmen zu entgehen. Er ist sich der Risiken voll bewußt, doch er besteht darauf, daß *man zwischen einem methodologischen Falsifikationismus und dem Irrationalismus zu wählen hat.* Er bietet uns ein Glücksspiel, in dem unsere Chancen sehr gering sind, und behauptet, es sei besser zu spielen als aufzugeben.[83])

Jene Kritiker des naiven Falsifikationismus, die keine alternative Methode der Kritik anzubieten haben, werden unvermeidlich in die Arme des Irrationalismus getrieben. So hat z. B. das verworrene Argument von Neurath, daß sich die Falsifikation und die darauffolgende Eliminierung einer Hypothese wohl als ‘ein Hemmnis der Wissenschaftsentwicklung’[84]) erweisen könne, solange kein Gewicht, als das Chaos die einzige Alternative ist, die uns angeboten wird. Hempel hat zweifellos recht, wenn er betont, daß „die Wissenschaft verschiedene Beispiele bietet, [in denen] sich der Konflikt zwischen einer hochbewährten Theorie und einer gelegentlichen widerspenstigen Experimentalaussage durch Widerruf der letzten, nicht also durch Opfern der ersten lösen läßt";[85]) er gibt aber nichtsdestoweniger zu, daß er keinen anderen ‘grundlegenden Maßstab’ empfehlen kann als den des naiven Falsifikationismus.[86]) Neurath und anscheinend auch Hempel verwerfen den Falsifikationismus als einen ‘Pseudo-Rationalismus’;[87]) aber wo ist der ‘wahre Rationalismus’? Popper hat schon im Jahre 1934 gewarnt, daß Neuraths permissive Methodologie (oder eher sein Mangel an Methodologie) die Wissenschaft unempirisch und darum irrational machen müsse. Wir brauchen ein „Verfahren, das die Willkür der ‘Streichungen’ [und auch des ‘Annehmens’ von Protokollsätzen] einschränkt; Neurath, der das unterläßt, wirft damit, ohne es zu wollen, den Empirismus über Bord… *Jedes* System kann vertreten werden, wenn man Protokollsätze, die einem nicht

---

[83]) Ich bin sicher, daß einige Philosophen den methodologischen Falsifikationismus als eine ‘existentialistische’ Wissenschaftsphilosophie begrüßen werden.

[84]) Neurath [1935], S. 356.

[85]) Vgl. Hempel [1952], S. 621. Agassi folgt in [1966] Neurath und Hempel; besonders S. 16 ff. Es ist köstlich, daß Agassi dabei glaubt, seine Waffen gegen die ganze ‘Literatur über die Methoden der Wissenschaft’ zu erheben.
In der Tat, viele Wissenschaftler waren sich der Schwierigkeiten bewußt, die in einer ‘Konfrontation von Theorie und Tatsachen’ liegen. (Vgl. Einstein [1949], S. 27.) Einige Philosophen, die mit dem Falsifikationismus sympathisierten, haben mit Nachdruck hervorgehoben, daß der Prozeß „der Widerlegung einer wissenschaftlichen Hypothese komplizierter ist, als es auf den ersten Blick scheint". (Braithwaite [1953], S. 20). Aber nur Popper hat eine konstruktive, rationale Lösung vorgeschlagen.

[86]) Hempel [1952], S. 622. Hempels kurzgefaßte ‘Thesen über empirische Sicherheit’ wärmen nur alte Argumente von Neurath – und einige von Popper – wieder auf (wohl gegen Carnap); aber leider erwähnt er weder seine Vorgänger noch seine Gegner.

[87]) Neurath [1935].

passen, einfach streichen kann."[88]) Popper stimmt mit Neurath darin überein, daß alle Sätze fehlbar sind; doch er hebt nachdrücklich den wichtigen Punkt hervor, daß Fortschritt unmöglich ist, außer wir haben eine entschiedene rationale Strategie, die uns leitet, wenn sie miteinander in Konflikt geraten.[89])

Aber ist nicht die entschiedene Strategie der hier besprochenen Variante des methodologischen Falsifikationismus *allzu entschieden?* Müssen nicht die Entscheidungen, die sie empfiehlt, *allzu willkürlich* ausfallen? Ja, man könnte sogar der Ansicht sein, daß der methodologische Falsifikationist sich vom dogmatischen Falsifikationisten einzig und allein darin unterscheidet, daß *er ein Lippenbekenntnis für den Fallibilismus ablegt!*

Es ist gewöhnlich sehr schwer, eine Theorie der Kritik zu kritisieren. Der naturalistische Falsifikationismus ließ sich relativ leicht widerlegen, denn er ruhte auf einer empirischen Psychologie der Wahrnehmung: Man konnte zeigen, daß er einfach *falsch* war. Aber wie kann der methodologische Falsifikationismus falsifiziert werden? Keine Katastrophe kann je eine Theorie der Rationalität widerlegen, die dem Rechtfertigungsdenken nicht entspricht. Ja, noch mehr: wie kann man je eine erkenntnistheoretische Katastrophe erkennen? Wir haben keine Möglichkeit zu beurteilen, ob die Wahrheitsnähe aufeinanderfolgender Theorien zunimmt oder abnimmt.[90]) Im gegenwärtigen Stadium der Diskussion besitzen wir noch keine allgemeine Theorie der Kritik für wissenschaftliche Theorien, und schon gar nicht für Theorien der Rationalität[91]): Der Versuch, unseren methodologischen Falsifikationismus zu falsifizieren, muß also unternommen werden, noch bevor wir eine Theorie besitzen, die uns zeigen könnte, wie wir vorgehen sollen.

Wenn wir uns die Wissenschaftsgeschichte näher ansehen, wenn wir sehen wollen, wie gefeierte Falsifikationen zustandegekommen sind, dann werden wir zur Schlußfolgerung gezwungen, daß einige von ihnen entweder völlig irrational waren oder Rationalitätsprinzipien entsprachen, die sich von den eben diskutierten radikal unterscheiden. Erstens muß sich unser Falsifikationist wegen der Tatsache beklagen, daß hartnäckige Theoretiker häufig gegen das experimentelle Verdikt eine Berufung einlegen und seine Umkehrung bewirken. In der falsifikationistischen Konzeption von wissenschaftlichem 'Gesetz' und wissenschaftlicher 'Ordnung', so wie wir sie bisher geschildert haben, ist kein Raum für erfolgreiche Berufungen dieser Art. Weitere Schwierigkeiten entstehen aus der Falsifikation von Theorien mit einer Ceteris-paribus-Klausel.[92]) Ihre Falsifikation, so wie sie in der wirklichen Geschichte erfolgt, ist nach den Maßstäben unseres Falsifikationisten prima facie irrational. Nach seinen Maßstäben scheinen die Wissenschaftler oft irrational langsam zu sein: Es verstrichen z. B. 85 Jahre

---

[88]) Vgl. Popper [1934], Abschnitt 26.

[89]) Neuraths Arbeit [1935] zeigt, daß er das einfache Argument von Popper nie verstanden hat.

[90]) Ich benutze hier den Terminus 'Wahrheitsnähe' in Poppers Sinn der Differenz zwischen dem Wahrheitsgehalt und dem Falschheitsgehalt einer Theorie. Zu den Risiken einer Abschätzung vgl. Lakatos [1968a], besonders S. 395ff.

[91]) Ich versuchte eine solche allgemeine Theorie der Kritik in [1971a], [1971b] und [1971c] zu entwikkeln.

[92]) Die Falsifikation von Theorien hängt vom hohen Bewährungsgrad der Ceteris-paribus-Klausel ab. Solche Bewährung ist aber oft nicht vorhanden. Darum wohl ermahnen uns methodologische Falsifikationisten, uns auf unseren 'wissenschaftlichen Instinkt' (Popper [1934], Abschnitt 18, Anm. 2) oder auf unsere 'Vermutungen' zu verlassen (Braithwaite [1953], S. 20).

zwischen der Anerkennung des Merkurperihels als Anomalie und seiner Anerkennung als einer Falsifikation von Newtons Theorie, und das trotz der Tatsache, daß die Ceteris-paribus-Klausel wohlbewährt war. Auf der anderen Seite scheinen die Wissenschaftler oft irrational voreilig zu sein: Galileo und seine Schüler akzeptierten die heliozentrische Himmelsmechanik des Kopernikus trotz der reichlichen Evidenz gegen die Rotation der Erde; Bohr und seine Schüler akzeptierten eine Theorie der Lichtemission, obwohl sie der wohlbewährten Theorie von Maxwell widersprach.

Es ist nicht schwer, mindestens zwei entscheidende Merkmale zu entdecken, die sowohl dem dogmatischen als auch unserem methodologischen Falsifikationismus zukommen und die sich mit der Geschichte der Wissenschaften nicht vereinbaren lassen: 1) *ein Test ist – oder muß sein – ein zweiseitiger Kampf zwischen Theorie und Experiment, und in der abschließenden Konfrontation stehen nur diese beiden einander gegenüber;* 2) *das einzig interessante Ergebnis einer solchen Konfrontation ist eine (endgültige) Falsifikation: ,, [die einzigen echten] Entdeckungen sind Widerlegungen von wissenschaftlichen Hypothesen.*"[93]) Die Wissenschaftsgeschichte legt aber den Gedanken nahe, daß (1') Tests zumindest dreiseitige Kämpfe sind zwischen theoretischen Rivalen und dem Experiment; und daß (2') einige der interessantesten Experimente prima facie zu einer Bewährung und nicht zu einer Falsifikation führen.

Wenn nun die Wissenschaftsgeschichte – wie es der Fall zu sein scheint – unsere Theorie der wissenschaftlichen Rationalität nicht bestätigt, so haben wir zwei Alternativen vor uns. Die eine Alternative besteht darin, daß wir uns nicht mehr bemühen, eine rationale Erklärung für den Erfolg der Wissenschaft zu geben. In diesem Fall verschwindet die wissenschaftliche Methode (oder die 'Logik der Forschung') als eine Disziplin rationaler Bewertung von wissenschaftlicher Theorie und von Kriterien des *Fortschritts.* Man kann natürlich noch immer versuchen, die *Veränderungen* von 'Paradigmen' in sozialpsychologischen Begriffen zu erklären.[94]) Das ist der Weg von Polanyi und Kuhn.[95]) Die andere Alternative besteht in dem Versuch, das konventionelle Element im Falsifikationismus (das wir sicher nicht eliminieren können) zumindest zu *reduzieren* und die *naiven* Formen des methodologischen Falsifikationismus – für die die obigen Thesen 1) und 2) charakteristisch sind – durch eine *raffinierte* Form zu ersetzen, die neue *Vernunftgründe* für die Falsifikation angibt und damit die Methodologie und die Idee des wissenschaftlichen *Fortschritts* rettet. Das ist Poppers Weg und der Weg, dem auch ich folgen möchte.

---

[93]) Agassi [1959]; er nennt Poppers Idee der Wissenschaft eine *'scientia negativa'* (Agassi [1968]).
[94]) Es mag hier erwähnt werden, daß der Kuhnsche Skeptiker noch immer mit einem Problem belastet ist, das ich das *'Dilemma des wissenschaftlichen Skeptikers'* nennen würde: ein wissenschaftlicher Skeptiker versucht doch noch immer, die Änderungen in den Glaubensansichten zu erklären, und er hält seine eigene Psychologie für eine Theorie, die mehr ist als bloße Überzeugung und die in gewissem Sinne doch 'wissenschaftlich' ist. Hume versuchte zwar, die Wissenschaft mit Hilfe seiner Reiz-Reaktion-Theorie des Lernens als ein bloßes System von Glaubensansichten zu erweisen, aber er hat sich nie gefragt, ob seine Theorie des Lernens auch für seine eigene Theorie des Lernens gilt. Zur Gegenwart zurückkehrend könnte man wohl fragen, ob die Popularität von Kuhns Philosophie bedeutet, daß ihre *Wahrheit* erkannt wurde? In diesem Fall wäre sie widerlegt. Oder bedeutet diese Popularität, daß man sie für eine neue, anziehende Mode hält? In diesem Fall wäre sie 'verifiziert'. Würde aber Kuhn *diese* 'Verifikation' willkommen heißen?
[95]) Feyerabend, der in seiner Unschuld mehr als irgend jemand für die Verbreitung von Poppers Ideen getan hat, scheint jetzt ins Lager der Gegner übergegangen zu sein. Vgl. seine kuriose Abhandlung [1970].

c) Raffinierter versus naiver Falsifikationismus.
Progressive und degenerative Problemverschiebungen

Der raffinierte Falsifikationismus unterscheidet sich vom naiven Falsifikationismus durch seine Regeln des *Akzeptierens* (oder das 'Abgrenzungskriterium') und seine Regeln des *Falsifizierens* oder Eliminierens.

Für den naiven Falsifikationisten ist jede Theorie, die sich als experimentell falsifizierbar interpretieren läßt, 'akzeptabel' oder 'wissenschaftlich'.[96] Für den raffinierten Falsifikationisten ist eine Theorie 'akzeptabel' oder 'wissenschaftlich' nur dann, wenn sie einen bewährten empirischen Gehaltsüberschuß über ihren Vorgänger (oder Rivalen) besitzt, d.h., wenn sie zur Entdeckung von neuen Tatsachen führt. Diese Bedingung läßt sich in zwei Klauseln aufspalten: die neue Theorie hat einen Überschuß an empirischem Gehalt *('Akzeptabilität'$_1$)*, und ein Teil dieses Überschusses ist verifiziert *('Akzeptabilität'$_2$)*. Die erste Klausel kann sofort durch eine a priori logische Analyse nachgeprüft werden;[97] die zweite läßt sich nur empirisch prüfen, und dies kann eine unbestimmt lange Zeit in Anspruch nehmen.

Für den naiven Falsifikationisten wird eine Theorie *falsifiziert* durch einen ('erhärteten'[98]) 'Beobachtungs'satz, der ihr widerspricht (oder den er als widersprechend zu interpretieren sich entscheidet). Für den raffinierten Falsifikationisten ist eine wissenschaftliche Theorie *T falsifiziert* dann, und nur dann, wenn eine andere Theorie *T'* mit den folgenden Merkmalen vorgeschlagen wurde: 1) *T'* besitzt einen Gehaltsüberschuß im Vergleich zu *T*, d.h. *T'* sagt *neuartige* Tatsachen voraus, Tatsachen, die im Lichte von *T* nicht wahrscheinlich, ja verboten waren;[99] 2) *T'* erklärt den früheren Erfolg von *T*, d.h. der ganze nicht-widerlegte Gehalt von *T* ist (innerhalb der Grenzen des Beobachtungsirrtums) im Gehalt von *T'* enthalten; und 3) ein Teil des Gehaltsüberschusses von *T'* ist bewährt.[100]

Um diese Definitionen richtig einschätzen zu können, müssen wir ihren Problemhintergrund und ihre Konsequenzen verstehen. Erstens müssen wir uns an die methodologische Entdeckung der Konventionalisten erinnern, die besagt, daß kein experimentelles Ergebnis je eine Theorie töten kann: Jede Theorie kann von Gegenbeispielen entweder durch eine Hilfshypothese oder durch eine geeignete Umdeutung ihrer Termini gerettet werden. Naive Falsifikationisten lösen dieses Problem, indem sie – in entscheidenden Zusammenhängen – die Hilfshypothesen dem Bereich der nicht-problematischen Hintergrundkenntnisse einverleiben, sie aus dem deduktiven Modell der Überprüfungssituation eliminieren und dadurch die gewählte Theorie in eine logische Isolierung *zwingen,* in der sie dann zu einem ru-

---

[96] Vgl. oben, S. 24.

[97] Aber vgl. unten, S. 68 ff.

[98] Vgl. oben, Anm. 53.

[99] Ich verwende 'Vorhersage' in einem weiten Sinn, in dem 'Rücksage' – d.h. Ableitung von Sätzen über vergangene Ereignisse – eingeschlossen ist.

[100] *Eine eingehende Besprechung dieser Regeln des Akzeptierens und Verwerfens sowie Hinweise auf Poppers Werk* finden sich in Lakatos [1968a], S. 375–390. Einige Einschränkungen (betreffend Kontinuität und Widerspruchslosigkeit als regulative Prinzipien) finden sich unten, S. 44f. und S. 55–60.

henden Ziel für den Angriff der Überprüfungsexperimente wird. Aber da diese Prozedur keinen zuverlässigen Leitfaden für die rationale Rekonstruktion der Wissenschaftsgeschichte geliefert hat, können wir unser Vorgehen ohne weiteres ganz umdenken. Warum sollte Falsifikation um jeden Preis unser Ziel sein? Warum soll man nicht vielmehr den theoretischen Adjustierungen, mit denen man eine Theorie retten darf, gewisse Bedingungen auferlegen? Solche Bedingungen sind ja in der Tat seit Jahrhunderten wohlbekannt, und sie finden Ausdruck in uralten Redensarten gegen Ad-hoc-Erklärungen, leeres Herumreden und linguistische Drehs.[101] Wir haben bereits gesehen, daß Duhem solche Bedingungen mit Hilfe von Begriffen wie 'Einfachheit' und 'Plausibilität' umschrieben hat.[102] Aber *wann* erreicht der Mangel an 'Einfachheit' im Schutzgürtel theoretischer Adjustierungen den Punkt, wo die Theorie aufgegeben werden muß?[103] Und in welchem Sinne war z. B. die Kopernikanische Theorie 'einfacher' als die Ptolemäische?[104] Wie naive Falsifikationisten mit Recht bemerkt haben, überläßt der verschwommene Begriff Duhemscher 'Einfachheit' die Entscheidung in hohem Grade dem Geschmack und der Mode.[105]

Kann man das Vorgehen Duhems verbessern? Popper hat genau das getan. Seine Lösung – eine raffiniertere Fassung des methodologischen Falsifikationismus – ist objektiver und strenger. Popper gesteht den Konventionalisten zu, daß Theorien sich durch Hilfshypothesen immer mit Tatsachenaussagen in Einklang bringen lassen; er gibt zu, daß das Problem in der Abgrenzung zwischen wissenschaftlichen und pseudo-wissenschaftlichen *Adjustierungen*, zwischen rationalen und irrationalen *Änderungen* der Theorie liegt. Nach Popper ist die Rettung einer Theorie durch Hilfshypothesen, die bestimmte, wohldefinierte Bedingungen befriedigen, ein wissenschaftlicher Fortschritt; aber die Rettung einer Theorie durch Hilfshypothesen, die solchen Bedingungen nicht genügen, ist Entartung. Popper nennt unzulässige Hilfshypothesen Ad-hoc-Hypothesen, sprachliche Kunstgriffe, 'konventionalistische Wendungen'.[106] Das heißt, daß jede wissenschaftliche Theorie zusammen mit ihren Hilfshypothesen, Anfangsbedingungen etc. und insbesondere zusammen mit ihren Vorgängern beurteilt werden muß, damit wir sehen, welche Art von *Veränderung* sie hervorgebracht hat. Aber dann beurteilen wir natürlich eine *Reihe von Theorien* und nicht isolierte *Theorien*.

---

[101] Zum Beispiel hat Molière die Ärzte seines *Malade Imaginaire* lächerlich gemacht, die die Virtus dormitiva des Opiums als Antwort auf die Frage einführten, warum das Opium Schlaf produziere. Man könnte sogar geltend machen, daß Newtons famoses Diktum 'hypotheses non fingo' eigentlich gegen Ad-hoc-Erklärungen gerichtet war wie etwa seine eigene Erklärung von Gravitationskräften auf Grund von Äthermodellen, die die Einwände der Cartesianer beantworten sollte.

[102] Siehe oben, S. 21.

[103] Duhem stimmte Bernard zu, daß Experimente allein ohne Einfachheitsüberlegungen das Schicksal physiologischer Theorien entscheiden können. In der Physik ist das aber nach seiner Ansicht nicht der Fall ([1905], Kap. VI, Abschnitt 1).

[104] Köstler bemerkt ganz richtig, daß erst Galileo den Mythos von der Einfachheit der Kopernikanischen Theorie schuf (Köstler [1959], S. 476); tatsächlich „[hatte] die Bewegung der Erde zur Vereinfachung der alten Theorien nicht viel beigetragen; die fragwürdigen Equanten waren zwar verschwunden, das System strotzte aber noch immer vor Hilfskreisen" (Dreyer [1906], Kap. XIII).

[105] Siehe oben, S. 21.

[106] Popper [1934], Abschnitt 19 und 20.
Ich habe solche Strategeme als 'Monstersperre', 'Ausnahmesperre', 'Monsteradjustierung' in ihrer Rolle in der informalen, quasi-empirischen Mathematik im Detail diskutiert; vgl. Lakatos [1963–1964].

Wir können nun leicht verstehen, warum wir die Kriterien des Annehmens und Verwerfens im raffinierten methodologischen Falsifikationismus in der eben beschriebenen Weise formuliert haben.[107]) Doch es wird sich lohnen, diese Formulierung leicht zu ändern, indem wir sie ausdrücklich auf *Reihen von Theorien* beziehen.

Wir beginnen mit einer Reihe von Theorien $T_1, T_2, T_3, \ldots$ Jedes neue Glied entsteht dadurch, daß man der vorangehenden Theorie Hilfsklauseln hinzufügt (oder sie semantisch uminterpretiert), um sie an eine Anomalie anzupassen, wobei jede Theorie einen Gehalt besitzt, der dem nicht-widerlegten Gehalt des Vorgängers entweder gleicht oder ihn übertrifft. Wir nennen eine solche Reihe von Theorien *theoretisch progressiv* (die Reihe '*bildet eine theoretisch progressive Problemverschiebung*'), wenn jede neue Theorie einen empirischen Gehaltsüberschuß ihrer Vorläuferin gegenüber besitzt, d. h. wenn sie eine neue, bis dahin unerwartete Tatsache voraussagt. Wir nennen eine theoretisch progressive Reihe von Theorien auch *empirisch progressiv* (die Reihe '*bildet eine empirisch progressive Problemverschiebung*'), wenn sich ein Teil dieses empirischen Gehaltsüberschusses auch bewährt, d. h. wenn jede neue Theorie uns wirklich zur Entdeckung einer *neuen Tatsache* führt.[108]) Und schließlich heiße eine Problemverschiebung *progressiv*, wenn sie sowohl theoretisch als auch empirisch progressiv ist, und *degenerativ*, wenn das nicht der Fall ist.[109]) Wir 'akzeptieren' Problemverschiebungen als 'wissenschaftlich' nur dann, wenn sie zumindest theoretisch progressiv sind; sind sie das nicht, dann '*verwerfen*' wir sie als 'pseudo-wissenschaftlich'. Fortschritt wird gemessen an dem Grad, in dem eine Problemverschiebung progressiv ist, an dem Grad, in dem die Reihe von Theorien uns zur Entdeckung neuer Tatsachen führt. Wir betrachten eine Theorie in der Reihe als 'falsifiziert', wenn sie durch eine Theorie mit höherem bewährtem Gehalt überholt wird.[110])

Diese Abgrenzung zwischen progressiven und degenerativen Problemverschiebungen wirft neues Licht auf die Bewertung *wissenschaftlicher – oder eher, progressiver – Erklärungen.* Wenn wir zur Lösung eines Widerspruchs zwischen einer früheren Theorie und einem Gegenbeispiel eine neue Theorie so vorschlagen, daß sie eine gehaltvermindernde (linguistische) *Umdeutung,* nicht aber eine gehaltvermehrende (wissenschaftliche) *Erklärung* bietet, dann wird der Widerspruch bloß semantisch und nicht wissenschaftlich gelöst. *Eine ge-*

---

[107]) Vgl. weiter unten.

[108]) Wenn ich P_1 = 'Schwan A ist weiß' bereits kenne, dann ist P_ω = 'Alle Schwäne sind weiß' kein Fortschritt, denn dieser Satz kann nur zur Entdeckung weiterer ähnlicher Tatsachen wie P_2 = 'Schwan B ist weiß' führen. Sogenannte 'empirische Verallgemeinerungen' stellen keinen Fortschritt dar. Eine *neue* Tatsache muß im Licht vorhergehender Kenntnisse unwahrscheinlich oder sogar unmöglich sein. Vgl. oben, S. 31, und unten, S. 68 ff.

[109]) Man mag bezweifeln, ob der Ausdruck 'Problemverschiebung' nicht eher auf eine Reihe von Theorien statt auf eine Reihe von Problemen paßt. Ich wählte ihn teils, weil ich nichts Besseres fand – 'Theorienverschiebung' klingt schrecklich – teils, weil Theorien immer problematisch sind, sie lösen nie alle Probleme, deren Lösung sie sich vornahmen. Jedenfalls wird in der zweiten Hälfte des Aufsatzes der natürlichere Ausdruck 'Forschungsprogramme' den Ausdruck 'Problemverschiebungen' an den meisten relevanten Stellen ersetzen.

[110]) Zur 'Falsifikation' gewisser Theorienreihen (von 'Forschungsprogrammen') im Gegensatz zur 'Falsifikation' einer einzelnen Theorie der Reihe vgl. unten, S. 68 ff.

gebene Tatsache ist wissenschaftlich erklärt nur dann, wenn auch eine neue Tatsache mit ihr zusammen erklärt wird. [111])

Der raffinierte Falsifikationismus verwandelt also das Problem der Bewertung von *Theorien* in das Problem der Bewertung von *Theorienreihen*. Nicht eine isolierte *Theorie*, sondern nur eine Reihe von Theorien kann wissenschaftlich oder unwissenschaftlich genannt werden; wendet man die Bezeichnung 'wissenschaftlich' auf eine *einzelne* Theorie an, so begeht man einen Kategorien-Irrtum. [112])

Das altehrwürdige, empirische Kriterium für eine befriedigende Theorie war Übereinstimmung mit den beobachteten Tatsachen. Unser empirisches Kriterium für eine Reihe von Theorien ist die Produktion neuer Tatsachen. *Die Idee des Wachstums und der Begriff des empirischen Charakters werden so in eins verschmolzen.*

Diese revidierte Form des methodologischen Falsifikationismus hat viele neue Züge. Erstens bestreitet sie, daß „im Falle einer wissenschaftlichen Theorie unsere Entscheidung von den Ergebnissen der Experimente abhängt. Wenn diese die Theorie bestätigen, dann dürfen wir sie akzeptieren, bis wir eine bessere finden. Wenn sie der Theorie widersprechen, dann verwerfen wir sie". [113]) Sie bestreitet, daß 'das Ergebnis der Prüfung, d. h. die Festsetzung der Basissätze' für das 'Schicksal der Theorie' 'entscheidend' ist. [114]) Im Gegensatz zum naiven Falsifikationismus *kann kein Experiment, kein Experimentalbericht, kein Beobachtungssatz und keine wohlbestätigte falsifizierende Hypothese niederer Stufe für sich allein zu einer Falsifikation führen.* [115]) *Es gibt keine Falsifikation vor dem Auftauchen einer besseren Theorie.* [116]) Aber damit verschwindet der ausgesprochen negative Charakter des naiven Fal-

---

[111]) Im ursprünglichen Manuskript [1968a] habe ich geschrieben: „Eine Theorie ohne Exzeßbewährung hat keinen Überschuß an erklärendem Potential; *daher stellt sie nach Popper kein Wachstum dar und ist also nicht 'wissenschaftlich'; sie hat, wie wir es ausdrücken sollten, kein erklärendes Potential"* (S. 386). Unter dem Druck meiner Kollegen ließ ich die kursive Hälfte des Satzes weg, der in ihren Ohren zu exzentrisch klang. Dies bereue ich nun.

[112]) Popper vermengte 'Theorien' und 'Theorienreihen' und wurde dadurch gehindert, die grundlegenden Ideen des naiven Falsifikationismus mit größerem Erfolg dem Verständnis zuzuführen. Sein zweideutiger Wortgebrauch führte zu verwirrenden Formulierungen wie „der Marxismus [als der Kern einer Reihe von Theorien oder eines 'Forschungsprogramms'] ist unwiderlegbar" und, zur gleichen Zeit, „der Marxismus [als eine besondere Konjunktion dieses Kerns und wohlbestimmter Hilfshypothesen, Anfangsbedingungen und der Ceteris-paribus-Klausel] ist widerlegt" (vgl. Popper [1963]).
Es ist natürlich kein Fehler zu sagen, daß eine isolierte, einzelne Theorie 'wissenschaftlich' ist, wenn sie einen Fortschritt über ihren Vorläufer darstellt, vorausgesetzt, man sieht ein, daß wir in dieser Formulierung die Theorie als das Ergebnis und im Kontext einer bestimmten historischen Entwicklung beurteilen.

[113]) Popper [1945], Bd. II, S. 233. Poppers raffiniertere Einstellung kommt zur Oberfläche in der Bemerkung, daß „konkrete und praktische Konsequenzen sich vom Experiment auf *mehr* direkte Weise überprüfen lassen" (ebenda, Hervorhebung von mir).

[114]) Popper [1934], Abschnitt 30.

[115]) Zum *pragmatischen* Charakter einer methodologischen 'Falsifikation' vgl. oben, Anm. 61.

[116]) „In den meisten Fällen haben wir vor der Falsifikation einer Hypothese eine andere auf Lager" (Popper [1959a], S. 87, Anm. *1). Aber unser Argument zeigt, daß wir eine haben *müssen*. Oder, wie Feyerabend schreibt: „Die beste Kritik kommt von jenen Theorien, die die von ihnen beseitigten Rivalen ersetzen können" ([1965], S. 227). Er bemerkt, daß Alternativen in *manchen* Fällen „unabkömmlich sind zum Zweck der Widerlegung" (ebenda, S. 254). Aber nach unserem Argument *zeigt eine Widerlegung ohne Alternativen nur das Unvermögen unserer Vorstellungskraft, eine rettende Hypothese bereitzustellen.* Vgl. auch unten, Anm. 122.

sifikationismus; die Kritik wird schwerer und auch positiv und konstruktiv. Aber wenn die Falsifikation vom Auftauchen besserer Theorien abhängt, von der Erfindung von Theorien, die neue Tatsachen antizipieren, dann ist sie natürlich *nicht* einfach eine Relation zwischen einer Theorie und der empirischen Basis, sondern eine vielstellige Relation zwischen konkurrierenden Theorien, der ursprünglichen 'empirischen Basis' und dem empirischen Wachstum, zu dem der Wettstreit der Theorien führt. Man kann also sagen, daß die Falsifikation einen '*historischen Charakter*' hat.[117]) Außerdem werden manche Theorien, die eine Falsifikation herbeiführen, oft erst *nach* der 'Gegenevidenz' vorgeschlagen. Für naive Falsifikationisten klingt das ziemlich paradox. Und diese epistemologische Theorie der Beziehung von Theorie und Experiment unterscheidet sich wirklich auf grundlegende Weise von der Erkenntnistheorie des naiven Falsifikationismus. Der Begriff 'Gegenevidenz' selbst ist aufzugeben, denn kein experimentelles Ergebnis darf direkt als 'Gegenevidenz' interpretiert werden. Wollen wir diesen altehrwürdigen Terminus dennoch beibehalten, dann müssen wir ihn folgendermaßen neu definieren: 'Gegenevidenz in bezug auf T_1' ist eine bewährende Instanz von T_2, die T_1 entweder widerspricht oder von ihr unabhängig ist (*vorausgesetzt*, T_2 ist eine Theorie, die den empirischen Erfolg von T_1 befriedigend erklärt). Dies zeigt, daß man '*entscheidende Gegenevidenz*' oder '*entscheidende Experimente*' als solche nur *im nachhinein* unter den Dutzenden von Anomalien erkennen kann, und zwar im Lichte einer überholenden Theorie.[118])

Das entscheidende Element in der Falsifikation liegt also darin, daß die *neue Theorie* in Vergleich zum Vorgänger neue, überschüssige Information bereitstellt und daß ein Teil dieses Informationsüberschusses bewährt ist. Rechtfertigungsdenker schätzten die 'bewährenden' Instanzen einer Theorie; naive Falsifikationisten betonten 'widerlegende' Instanzen; für den methodologischen Falsifikationisten sind die – eher seltenen – bewährenden Instanzen des Information*süberschusses* entscheidend; alle Aufmerksamkeit lenkt sich auf sie. Wir haben kein Interesse mehr an den Tausenden trivialen verifizierenden Instanzen und auch nicht an den Hunderten von leicht zugänglichen Anomalien: ausschlaggebend sind die wenigen entscheidenden *Überschuß-verifizierenden Instanzen*.[119]) Diese Überlegung rehabilitiert den alten Spruch *Exemplum docet, exempla obscurant* und gibt ihm einen neuen Sinn.

'Falsifikation' im Sinne des naiven Falsifikationismus (bewährte Gegenevidenz) ist keine *hinreichende* Bedingung für die Beseitigung einer spezifischen Theorie: trotz Hunderter von bekannten Anomalien gilt eine Theorie immer noch nicht als falsifiziert (d.h. als

---

[117]) Vgl. Lakatos [1968*a*], S. 387 ff.
[118]) Im verzerrenden Spiegel des naiven Falsifikationismus sind die neuen Theorien, die die alten und widerlegten Theorien ersetzen, bei ihrer Geburt selbst unwiderlegt. Man glaubt daher nicht, daß ein relevanter Unterschied besteht zwischen Anomalien und entscheidender Gegenevidenz. Das Wort Anomalie gilt als ein unredlicher Euphemismus für Gegenevidenz. Aber in der wirklichen Geschichte werden neue Theorien widerlegt geboren: sie erben zahlreiche Anomalien der alten Theorie. Außerdem ist es oft *nur* die neue Theorie, die dramatisch jene Tatsache voraussagt, welche dann als entscheidende Gegenevidenz gegen den Vorläufer fungiert, während die 'alten' Anomalien oft als 'neue' Anomalien verbleiben. All dies wird klarer werden, wenn wir die Idee eines 'Forschungsprogramms' einführen: siehe unten, S. 49 und S. 88 ff.
[119]) *Der raffinierte Falsifikationismus adumbriert eine neue Theorie des Lernens;* siehe unten, S. 37.

beseitigt), solange wir an ihrer Stelle keine bessere besitzen.[120]) Noch ist eine 'Falsifikation' im naiven Sinne *notwendig* für eine Falsifikation im raffinierten Sinne: eine progressive Problemverschiebung braucht nicht mit 'Widerlegungen' vermengt zu sein. Die Wissenschaft kann wachsen, ohne daß ihr 'Widerlegungen' den Weg weisen. Naive Falsifikationisten befürworten ein lineares Wachsen der Wissenschaft in dem Sinn, daß auf Theorien kräftige Widerlegungen folgen, die sie eliminieren; und diesen Widerlegungen folgen dann neue Theorien.[121]) Es ist sehr wohl *möglich*, daß Theorien in so schneller Aufeinanderfolge 'progressiv' vorgeschlagen werden, daß die 'Widerlegung' der $n$ten Theorie nur als die Bewährung der $n+1$ten erscheint. Das Problem-Fieber der Wissenschaft wird erhöht durch das Proliferieren von konkurrierenden Theorien und nicht durch Gegenbeispiele und Anomalien.

Dies zeigt, daß die Parole von der *Proliferation von Theorien* für den raffinierten Falsifikationismus viel wichtiger ist als für den naiven Falsifikationismus. Für den naiven Falsifikationisten wächst die Wissenschaft auf Grund wiederholter experimenteller Widerlegungen von Theorien; neue theoretische Konkurrenten, die vor solchen Widerlegungen vorgeschlagen werden, können das Wachstum beschleunigen, aber sie sind nicht absolut notwendig;[122]) fortwährendes Proliferieren von Theorien wird empfohlen, aber nicht gefordert. Für den raffinierten Falsifikationisten kann das Proliferieren nicht warten, bis die akzeptierten Theorien 'widerlegt' sind (oder bis ihre Protagonisten in eine Kuhnsche Vertrauenskrise geraten).[123]) Während der naive Falsifikationismus die 'Dringlichkeit' betont, 'eine *falsifizierte* Hypothese durch eine bessere zu ersetzen',[124]) betont der raffinierte Falsifikationismus die Dringlichkeit, *jede* Hypothese durch eine bessere zu ersetzen. Die Falsifikation ist kein Umstand, der 'den Fortschritt erzwingt'[125]), und zwar einfach darum, weil die Falsifikation der besseren Theorie nicht vorangehen kann.

[120]) Es ist klar, daß die Theorie T' einen Überschuß an bewährtem Gehalt über eine andere Theorie T haben kann, selbst wenn T und T' widerlegt sind. Empirischer Gehalt hat mit Wahrheit oder Falschheit nichts zu tun. Bewährte Gehalte lassen sich auch ohne Rücksicht auf den widerlegten Gehalt vergleichen. Das zeigt die Rationalität einer Elimination von Newtons Theorie zugunsten von Einsteins Theorie, obwohl man sagen kann, daß die Theorie Einsteins — wie die Newtons — 'widerlegt' geboren wurde. Wir brauchen nur in Erinnerung zu bringen, daß 'qualitative Bewährung' ein Euphemismus ist für 'quantitative Erschütterung'. (Vgl. Lakatos [1968*c*], S. 384–386.)

[121]) Vgl. Popper [1934], Abschnitt 85, S. 279 der englischen Übersetzung [1959*a*].

[122]) Es ist wahr, daß einem gewissen Typus der *Proliferation konkurrierender Theorien* eine zufällige heuristische Rolle bei der Falsifikation zugestanden wird. In vielen Fällen hängt die Falsifikation heuristisch von der Bedingung ab, „daß eine genügende Anzahl genügend verschiedener Theorien geboten wird" (Popper [1940]). Wir können zum Beispiel eine Theorie T haben, die scheinbar nicht widerlegt ist. Aber es kann geschehen, daß eine neue Theorie T' vorgeschlagen wird, die T widerspricht und auf die Tatsachen ebensogut paßt: die Unterschiede sind geringer als der Bereich der Beobachtungsfehler. In solchen Fällen regt uns der Widerspruch an, unsere 'experimentellen Techniken' zu verbessern und so die 'empirische Basis' zu verfeinern, so daß man nun entweder T oder T' (oder beide) falsifizieren kann: „Wir brauchen [eine] neue Theorie, um zu entdecken, wo die alte Theorie fehlerhaft war" (Popper [1963], S. 246). Aber die Rolle dieser Proliferation ist *zufällig* in dem Sinn, daß der Kampf nach Verfeinerung der empirischen Basis zwischen dieser Basis und der geprüften Theorie T stattfindet; der Rivale T' wirkte nur als Katalysator. (Vgl. auch oben, Anm. 116.)

[123]) Vgl. auch Feyerabend [1965], S. 254–255.

[124]) Popper [1959*a*], S. 87, Anm. *1.

[125]) Popper]1934], Abschnitt 30.

Die Problemverschiebung vom naiven zum raffinierten Falsifikationismus ist mit einer semantischen Schwierigkeit verbunden. Für den naiven Falsifikationisten ist eine 'Widerlegung' ein experimentelles Ergebnis, das kraft seiner Entscheidungen mit der zu prüfenden Theorie in Konflikt gebracht wird. Im raffinierten Falsifikationismus darf man aber solche Entscheidungen erst dann treffen, wenn die angeblich 'widerlegende Instanz' die bewährende Instanz einer neuen, besseren Theorie geworden ist. Darum müssen wir jedes Mal, wenn wir auf Ausdrücke wie 'Widerlegung', 'Falsifikation' oder 'Gegenbeispiel' stoßen, untersuchen, ob sie nach den Beschlüssen des naiven oder des raffinierten Falsifikationisten angewendet werden.[126])

Der *raffinierte methodologische Falsifikationismus* bietet uns neue Maßstäbe intellektueller Redlichkeit. Die Redlichkeit des Rechtfertigungsdenkers verlangt die Annahme allein des Bewiesenen und die Verwerfung alles Unbewiesenen. Redlichkeit im Sinne des Neo-Rechtfertigungsdenkens verlangt die Angabe der Wahrscheinlichkeit jeder Hypothese im Lichte der vorhandenen empirischen Evidenz. Die Redlichkeit des naiven Falsifikationismus verlangt die Überprüfung des Falsifizierbaren und die Verwerfung des Unfalsifizierbaren und des Falsifizierten. Und schließlich verlangt die Redlichkeit des raffinierten Falsifikationismus, daß man versuche, die Dinge von verschiedenen Seiten her ins Auge zu fassen, daß man neue Theorien vorschlage, die neue Tatsachen antizipieren, und daß man Theorien verwerfe, die durch andere, stärkere Theorien überholt worden sind.

Der *raffinierte methodologische Falsifikationismus* verbindet verschiedene Traditionen. Von den Empirikern hat er die Entschlossenheit geerbt, vor allem aus der Erfahrung zu lernen. Von den Kantianern übernimmt er die aktivistische Einstellung zur Erkenntnistheorie. Von den Konventionalisten lernt er die Wichtigkeit von Entscheidungen in der Methodologie.

Ich möchte hier ein weiteres, bezeichnendes Merkmal des raffinierten methodologischen Empirismus hervorheben: die entscheidende Rolle eines Bewährungsüberschusses Ein Induktivist informiert sich über eine neue Theorie, indem er lernt, wieviel bewährende Evidenz sie unterstützt; über widerlegte Theorien *lernt* er nichts (lernen heißt ja schließlich, auf bewiesenem oder wahrscheinlichem *Wissen* aufbauen). Ein dogmatischer Falsifikationist informiert sich über eine Theorie, indem er lernt, ob sie widerlegt ist oder nicht; über bewährte Theorien lernt er nichts (man kann nichts beweisen oder wahrscheinlich machen); über widerlegte Theorien lernt er, daß sie widerlegt sind.[127]) Ein raffinierter Falsifikationist informiert sich über eine Theorie, indem er vor allem lernt, welche neuen Tatsachen sie antizipiert hat: für den Popperianischen Empirismus, den ich befürworte, ist die einzig relevante Evidenz die von der Theorie antizipierte, und *Erfahrungscharakter (wissenschaftlicher Charakter) und theoretischer Fortschritt sind untrennbar miteinander verbunden.*[128])

---

[126]) Vgl. auch oben, Anm. 61. [In den Fahnen hinzugefügt:] Vielleicht ist es in Zukunft besser, diese Worte ganz abzuschaffen, genau wie wir Worte wie 'induktiver (experimenteller) Beweis' abgeschafft haben. Wir können dann (naive) 'Widerlegungen' Anomalien und (raffiniert) 'falsifizierte' Theorien 'überholte' nennen. Unsere 'gewöhnliche' (Alltags-)Sprache ist voll nicht nur von 'induktivistischem', sondern auch von falsifikationistischem Dogmatismus. Eine Reform ist längst fällig.

[127]) Zur Verteidigung dieser Theorie des 'Lernens aus der Erfahrung' vgl. Agassi [1969].

[128]) *Diese Bemerkungen zeigen, daß das 'Lernen aus der Erfahrung' eine normative Idee ist; darum verfehlen alle rein 'empirischen' Theorien des Lernens den Kern des Problems.*

Diese Idee ist nicht völlig neu. Leibniz z. B. schrieb in seinem berühmten Brief an Conring im Jahre 1678: „Die beste Empfehlung für eine Hypothese ist (neben [bewiesener] Wahrheit), wenn man mit ihrer Hilfe Aussagen auch über nicht probierte Phänomene oder Experimente machen kann."[129] Die Ansicht von Leibniz wurde von Wissenschaftlern weitgehend akzeptiert. Aber da vor Popper die Bewertung einer wissenschaftlichen Theorie mit der Bewertung ihres Grades der Rechtfertigung zusammenfiel, hielten einige Logiker diese Position für unhaltbar. Mill z. B. erhebt im Jahre 1843 voll Schrecken die Klage, „daß man zu denken scheint, eine Hypothese sei begrüßenswerter, wenn sie nicht nur alle früher bekannten Tatsachen erklärt, sondern auch noch zur Antizipierung und Voraussage anderer geführt hat, die dann später durch die Erfahrung verifiziert wurden".[130] Mills Vorwurf war nicht unbegründet: eine solche Bewertung widersprach sowohl dem Rechtfertigungsdenken als auch dem Probabilismus: warum sollte ein Ereignis, das von der Theorie antizipiert wurde, mehr *beweisen* als ein schon früher bekanntes? Solange der *Beweis* das einzige Kriterium des wissenschaftlichen Charakters einer Theorie war, konnte Leibnizens Kriterium nur irrelevant erscheinen.[131] Auch die *Wahrscheinlichkeit* einer Theorie auf Grund der Evidenz kann, wie Keynes bemerkt hat, sicher nicht davon beeinflußt sein, *wann* die Evidenz produziert wurde: Die Wahrscheinlichkeit einer Theorie auf Grund der Evidenz kann nur von der Theorie und von der Evidenz abhängen[132] und nicht davon, ob die Evidenz vor oder nach der Theorie produziert wurde.

Trotz dieser überzeugenden Kritik von seiten der Rechtfertigungsdenker überlebte das Kriterium unter einigen der besten Wissenschaftler, denn es formulierte ihre starke Abneigung gegen bloße Ad-hoc-Erklärungen, „die zwar [die zu erklärenden Tatsachen] richtig ausdrücken, die aber durch keine anderen Phänomene bestätigt werden".[133]

Doch erst Popper erkannte, daß der Prima-facie-Widerspruch zwischen den wenigen, gelegentlichen und beiläufigen Bemerkungen gegen Ad-hoc-Hypothesen einerseits und dem mächtigen Gebäude der Erkenntnisphilosophie des Rechtfertigungsdenkens andrerseits gelöst werden muß, indem man das Rechtfertigungsdenken zerstört und neue, gegen Ad-hoc-Hypothesen gerichtete Kriterien zur Abschätzung wissenschaftlicher Theorien einführt, die nicht mehr auf dem Rechtfertigungsdenken beruhen.

[129] Vgl. Leibniz [1678]. Der Ausdruck in Klammern zeigt, daß Leibniz dieses Kriterium für das zweitbeste hielt und daß er der Ansicht war, daß die besten Theorien die bewiesenen sind. Leibnizens Position – wie auch die Theorie Whewells – ist also vom vollentwickelten raffinierten Falsifikationismus weit entfernt.

[130] Mill [1843], Bd. II, S. 23.

[131] Das war J. S. Mills Argument (ebenda). Er richtete es gegen Whewell, der glaubte, daß eine 'Übereinstimmung von Induktionen' oder die erfolgreiche Vorhersage unwahrscheinlicher Ereignisse eine Theorie *verifiziert* (d. h. *beweist*). Whewell [1858], S. 95–96). *Der grundlegende Fehler sowohl in Whewells wie auch in Duhems Wissenschaftsphilosophie besteht zweifellos darin, daß sie Voraussagepotential und bewiesene Wahrheit vermengen. Popper hat beide voneinander getrennt.*

[132] Keynes [1921], S. 305. Aber vgl. Lakatos [1968a], S. 394.

[133] Das ist Whewells kritischer Kommentar zu einer Ad-hoc-Hilfshypothese in Newtons Licht-Theorie (Whewell [1857], Bd. II, S. 317.)

Betrachten wir einige Beispiele. Einsteins Theorie ist nicht darum besser als Newtons Theorie, *weil* Newtons 'widerlegt' wurde, Einsteins Theorie aber nicht: auch Einsteins Theorie hat viele bekannte 'Anomalien'. Einsteins Theorie ist besser als – d. h. sie stellt einen Fortschritt dar im Vergleich mit – Newtons Theorie von 1916 (d. h. mit Newtons Gesetzen der Dynamik, seinem Gravitationsgesetz, den bekannten Anfangsbedingungen 'minus' der Liste bekannter Anomalien wie des Merkurperihels), *weil* sie alles erklärt, was Newtons Theorie erfolgreich erklärt hat, weil sie bekannte Anomalien *bis zu einem gewissen Grade* erklärt und weil sie zusätzlich Ereignisse verbietet wie etwa die geradlinige Fortpflanzung des Lichts in der Nähe großer Massen, über die Newtons Theorie nichts ausgesagt hatte, die aber von anderen wohlbewährten zeitgenössischen Theorien zugelassen waren; außerdem wurde *zumindest ein Teil* des unerwarteten Einsteinschen Gehaltsüberschusses auch wirklich *bewährt* (z. B. durch die Sonnenfinsternis-Experimente).

Andrerseits war Galileos Theorie des kreisförmigen Charakters der natürlichen Bewegung irdischer Gegenstände nach diesen raffinierten Maßstäben zirkelhaft, sie führte keine Verbesserung ein, denn sie verbot nichts, was nicht von den relevanten Theorien, die er verbessern wollte (d. h. von der Aristotelischen Physik und der Kopernikanischen Himmelsmechanik) auch schon verboten wurde. Diese Theorie war also ad hoc und – vom heuristischen Gesichtspunkt aus – wertlos.[134])

Ein schönes Beispiel für eine Theorie, die nur den ersten Teil des Popperschen Fortschritts-Kriteriums (Gehaltüberschuß), aber nicht auch den zweiten Teil desselben (bewährten Gehaltüberschuß) befriedigt, ist von Popper selbst angegeben worden; es handelt sich um die Bohr-Kramers-Slater-Theorie aus dem Jahre 1923. Diese Theorie wurde in *allen* ihren neuen Voraussagen widerlegt.[135])

Überlegen wir am Ende noch, wieviel Konventionalismus der raffinierte Falsifikationismus noch enthält. Sicherlich *weniger* als der naive Falsifikationismus. Wir brauchen *weniger* methodologische Entscheidungen. Die *'Entscheidung des vierten Typs'*, die für die naive Fassung[136]) wesentlich war, ist völlig überflüssig geworden. Um dies zu zeigen, brauchen wir nur einzusehen, daß der Widerspruch zwischen einer wissenschaftlichen Theorie (die aus 'Naturgesetzen', Anfangsbedingungen, Hilfstheorien – aber ohne Ceteris-paribus-Klausel – besteht) und einigen Tatsachensätzen uns nicht zwingt zu entscheiden, welcher – explizite oder 'verborgene' – Teil nun ersetzt werden soll. Wir können versuchen, *jeden* Teil zu ersetzen; den 'widerlegten' Komplex entfernen wir aber erst, wenn wir eine Erklärung der Anomalie mit Hilfe einer gehaltsvermehrenden Änderung (oder einer Hilfshypothese) gefunden haben, die dann von der Natur bestätigt wird. So ist eine raffinierte Falsifikation ein langsamer, aber möglicherweise sicherer Prozeß als eine naive Falsifikation.

---

[134]) In der Terminologie meiner Arbeit [1968*a*] hieß diese Theorie 'ad hoc$_1$' (vgl. Lakatos [1968*a*], S. 389, Anm. 1); das Beispiel wurde ursprünglich von Paul Feyerabend als Paradigma einer *wertvollen Ad-hoc-Theorie* vorgeschlagen. Doch vgl. unten, S. 56, besonders Anm. 194.

[135]) In der Terminologie meiner Arbeit [1968*a*] hieß diese Theorie nicht 'ad hoc$_1$', sondern 'ad hoc$_2$' (vgl. Lakatos [1968*a*], S. 389, Anm. 1). Ein einfaches, aber künstliches Beispiel findet sich ebenda, S. 387, Anm. 2. Für 'ad hoc$_3$' vgl. unten, Anm. 323.

[136]) Vgl. oben, S. 25 f.

Nehmen wir ein Beispiel. Nehmen wir an, daß die Bahn eines Planeten sich von der vorhergesagten unterscheidet. Einige schließen daraus, daß dies die verwendete Dynamik und Gravitationstheorie widerlegt: die Anfangsbedingungen und die Ceteris-paribus-Klausel sind auf geistreiche Weise bestätigt worden. Andere ziehen den Schluß, daß dies die in den Berechnungen verwendeten Anfangsbedingungen widerlegt: die Dynamik und die Gravitationstheorie haben sich in den letzten zweihundert Jahren auf hervorragende Weise bewährt, und alle Vorschläge, die weitere Faktoren im Spiel betrafen, sind mißlungen. Wieder andere schließen, daß dies die zugrunde gelegte Annahme widerlegt, wonach keine anderen Faktoren neben den bereits berücksichtigten mitspielten; die Vertreter dieses Einwandes sind vielleicht vom metaphysischen Prinzip motiviert, daß jede Erklärung wegen der unendlichen Komplexität der ein Einzelereignis determinierenden Faktoren nur approximativ sein kann. Sollen wir die ersten als *kritisch* loben, die zweiten als *Schund* rügen und die dritten als *apologetisch* verurteilen? – Nein. Wir brauchen bei einer solchen 'Widerlegung' überhaupt keine Schlüsse zu ziehen. Wir verwerfen eine spezifische Theorie nie einfach durch ein Fiat. Wenn wir einem Widerspruch wie dem erwähnten begegnen, dann brauchen wir nicht zu entscheiden, welche Bestandteile der Theorie als problematisch und welche als nicht-problematisch gelten sollen: Im Lichte des widersprechenden akzeptierten Basissatzes sehen wir alle Bestandteile als problematisch an, und wir versuchen, sie alle zu ersetzen. Gelingt es uns, einen Bestandteil auf 'progressive' Weise zu ersetzen (d. h. hat der Ersatz größeren bewährten empirischen Gehalt als das Original), dann nennen wir ihn 'falsifiziert'.

Auch die *Entscheidung des fünften Typs*[136a]) des naiven Falsifikationisten ist überflüssig. Werfen wir, um dies nachzuweisen, noch einen Blick auf das Problem der Beurteilung (syntaktisch) metaphysischer Theorien – und auf das Problem ihrer Beibehaltung oder Elimination. Die 'raffinierte' Lösung ist klar. Wir behalten eine syntaktisch metaphysische Theorie so lange bei, bis die problematischen Instanzen sich durch gehaltvermehrende Änderungen in den ihr angehängten Hilfshypothesen erklären lassen.[137]) Nehmen wir z. B. die Cartesianische Metaphysik C: 'es gibt in *allen* natürlichen Vorgängen einen Uhrwerk-Mechanismus, der durch (a priori) belebende Prinzipien reguliert wird'. Diese Aussage ist syntaktisch unwiderlegbar: sie kann keinem – raum-zeitlichen singulären – 'Basissatz' widersprechen. Sie kann natürlich einer widerlegbaren Theorie widersprechen wie etwa der Theorie N: 'die Gravitation ist eine Kraft, gleich $fm_1 m_2/r^2$, *die in die Ferne wirkt*'. Aber N widerspricht C nur dann, wenn 'Fernwirkung' wörtlich und außerdem als *letzte* Wahrheit interpretiert wird, die sich auf keine noch tiefer liegende Ursache zurückführen läßt. (Popper würde dies eine 'essentialistische' Interpretation nennen.) Aber wir können eine 'Fernwirkung' auch als eine vermittelte Ursache ansehen. Dann interpretieren wir 'Fernwirkung' bildlich als einen verkürzten Ausdruck für einen verborgenen Nahwirkungsmechanismus. (Man kann dies eine 'nominalistische' Interpretation nennen.) In diesem Fall können wir versuchen, N durch C zu erklären;

[136a]) Vgl. oben, S. 27.

[137]) *Wir können diese Bedingung mit voller Klarheit nur auf Grund einer Methodologie von Forschungsprogrammen formulieren, so wie sie unten in Abschn. 3 erklärt wird: wir behalten eine (syntaktisch) metaphysische Theorie als den 'harten Kern' der Forschungsprogramme so lange bei, als die assoziierte positive Heuristik eine progressive Problemverschiebung im 'Schutzgürtel' der Hilfshypothesen produziert. Vgl. unten, S. 51 f.*

Newton selbst und einige französische Physiker des 18. Jahrhunderts haben dies versucht. Produziert eine Hilfstheorie, die diese Erklärung (oder, wenn man will, 'Reduktion') leistet, neue Tatsachen (d.h. ist sie 'unabhängig überprüfbar'), dann sollte man die Cartesianische Metaphysik als eine gute, wissenschaftliche und empirische Metaphysik ansehen, die zu einer progressiven Problemverschiebung führt. Eine progressive (syntaktisch) metaphysische Theorie produziert eine nachhaltige progressive Verschiebung im Schutzgürtel ihrer Hilfshypothesen. Wenn die Reduktion der Theorie auf den 'metaphysischen' Rahmen keinen neuen empirischen Gehalt produziert – um von neuen Tatsachen gar nicht zu sprechen –, dann ist die Reduktion eine degenerative Problemverschiebung, eine rein sprachliche Übung. Die Versuche der Cartesianer, ihre 'Metaphysik' zum Zweck der Erklärung von Newtons Gravitation aufzubauschen, ist ein hervorragendes Beispiel für eine solche rein sprachliche Reduktion.[138])

Im Gegensatz zum naiven Falsifikationismus eliminieren wir also eine (syntaktisch) metaphysische Theorie auch dann nicht, wenn sie einer wohlbewährten Theorie widerspricht. Wir eliminieren sie, wenn sie auf weite Sicht zu einer degenerativen Problemverschiebung führt und wenn es zur gleichen Zeit auch eine bessere, konkurrierende Metaphysik gibt, die sie ersetzen kann. Die Methodologie eines Forschungsprogramms mit 'metaphysischem' Kern unterscheidet sich also nicht von der Methodologie eines Programms mit 'widerlegbarem' Kern, außer vielleicht auf der logischen Stufe der Widersprüche, die das Programm vorwärtstreiben.[139])

(Man muß jedoch mit Nachdruck hervorheben, daß schon die Wahl der logischen Form einer Theorie weitgehend von unserer methodologischen Entscheidung abhängig ist. Statt z.B. die Cartesianische Metaphysik als einen 'Für-alle-gibt-es'-Satz zu formulieren, kann man sie auch als einen Allsatz formulieren: 'Alle natürlichen Vorgänge sind Uhrwerke'. Ein 'Basissatz', der dieser Behauptung widerspricht, hieße: 'a ist ein natürlicher Vorgang und kein Uhrwerk'. Es fragt sich, ob 'x ist kein Uhrwerk' sich mit den zeitgenössischen 'experimentellen Techniken' oder vielmehr mit den zeitgenössischen interpretativen Theorien 'begründen' läßt. So hängt die rationale Wahl der logischen Form einer Theorie vom Stande unseres Wissens ab. Ein metaphysischer 'Für-alle-gibt-es'-Satz von heute kann z.B. auf Grund einer Veränderung des Niveaus der Beobachtungstheorien zu einem wissenschaftlichen 'Allsatz' von morgen werden. Ich habe bereits darauf verwiesen, daß nur Reihen von Theorien und nicht einzelne Theorien als wissenschaftlich bzw. als nicht-wissenschaftlich klassifiziert werden sollen; jetzt habe ich gezeigt, daß selbst die logische Form einer Theorie nur auf Grund einer kritischen Bewertung des Standes der sie umgebenden Forschungsprogramme rationell gewählt werden kann.)

Entscheidungen des ersten, zweiten und dritten Typs lassen sich aber nicht vermeiden,[140]) aber man kann zeigen, daß das konventionelle Element in der zweiten Entschei-

---

[138]) Whewell hat dieses Phänomen in einer schönen Arbeit beschrieben [1851]; aber er konnte es methodologisch nicht erklären. Statt den Sieg des *progressiven* Newtonschen Programms über das *entartende* Cartesianische Programm zu erkennen, glaubte er, es handle sich hier um den Sieg bewiesener Wahrheit über die Falschheit. Eine allgemeine Besprechung der Abgrenzung zwischen progressiver und entartender Reduktion findet sich in Popper [1969].

[139]) Vgl. oben, Anm. 137.

[140]) Vgl. oben, S. 21 und S. 23f.

dung – und auch in der dritten – ein wenig reduziert werden kann. Wir können die Entscheidung nicht vermeiden, welche Sätze als 'Beobachtungssätze' und welche als 'theoretische' Sätze gelten sollen. Wir können auch die Entscheidung über den Wahrheitswert einiger 'Beobachtungssätze' nicht vermeiden. Diese Entscheidungen sind lebenswichtig für die Entscheidung darüber, ob eine Problemverschiebung empirisch progressiv oder degenerativ ist.[141]) Aber der raffinierte Falsifikationist kann die Willkür dieser zweiten Entscheidung zumindest dadurch mildern, daß er ein *Berufungsverfahren* zuläßt.

Naive Falsifikationisten legen kein solches Berufungsverfahren vor. Sie akzeptieren einen Basissatz, wenn er von einer wohlbewährten falsifizierenden Hypothese gestützt wird,[142]) und sie erlauben, daß er die zu überprüfende Theorie überstimmt, auch wenn sie sich des Risikos voll bewußt sind.[143]) Doch es gibt keinen Grund, warum wir eine falsifizierende Hypothese – und den Basissatz, den sie unterstützt – nicht als ebenso problematisch ansehen sollten wie eine falsifizierte Hypothese. Aber wie können wir die Fragwürdigkeit eines Basissatzes aufweisen? Auf welcher Grundlage können die Protagonisten der 'falsifizierten' Theorie appellieren und siegen?

Man könnte vorschlagen, mit der Überprüfung des Basissatzes (oder der falsifizierenden Hypothese) 'auf Grund ihrer deduktiven Konsequenzen' so lange fortzufahren, bis sich Übereinstimmung herstellt. Im Laufe dieser Überprüfung leiten wir – im gleichen deduktiven Modell – weitere Konsequenzen aus dem Basissatz ab, und zwar entweder mit Hilfe der zu überprüfenden Theorie oder mit Hilfe einer anderen Theorie, die wir als unproblematisch ansehen. Diese Prozedur hat zwar 'kein natürliches Ende', aber wir kommen immer zu einem Punkt, an dem kein Konflikt mehr vorliegt.[144])

Aber wenn der Theoretiker eine Berufung gegen das Verdikt des Experimentators einlegt, dann unterzieht die Berufungsinstanz den Basissatz gewöhnlich keinem direkten Kreuzverhör, sondern befragt eher die *interpretative Theorie*, in deren Licht sein Wahrheitswert festgelegt worden war.

Ein typisches Beispiel für eine Reihe erfolgreicher Berufungen ist der Kampf der Anhänger Prouts gegen ungünstige experimentelle Evidenz der Jahre 1815 bis 1911. Jahrzehnte hindurch standen die Theorie Prouts T ('alle Atome sind Verbindungen von Wasserstoffatomen, und die 'Atomgewichte' aller chemischen Elemente müssen sich in ganzen Zahlen ausdrücken lassen') und falsifizierende 'Beobachtungs'hypothesen wie z. B. die 'Widerlegung' R von Stas ('das Atomgewicht des Chlor ist 35.5') einander gegenüber. Wie bekannt, hat schließlich T über R die Oberhand gewonnen.[145])

[141]) Vgl. oben, S. 33.
[142]) Popper [1934], Abschnitt 22.
[143]) Vgl. z. B. Popper [1959a], S. 107, Anm. *2, Vgl. auch oben, S. 26–28.
[144]) Dieses Argument bei Popper [1934], Abschnitt 29.
[145]) Nach Agassi zeigt dieses Beispiel, daß wir „an einer Hypothese trotz bekannter Tatsachen in der Hoffnung festhalten können, daß die Tatsachen sich eher der Theorie fügen würden als umgekehrt" ([1966], S. 18). Aber *wie* können sich die Tatsachen 'fügen'? Unter welchen *besonderen* Bedingungen soll die Theorie die Oberhand gewinnen? Agassi gibt keine Antwort.

Jede ernste Kritik einer wissenschaftlichen Theorie beginnt damit, daß man ihre logische, deduktive Artikulation rekonstruiert und verbessert. Tun wir dies mit der Theorie von Prout vis-à-vis der Widerlegung von Stas. Erstens müssen wir einsehen, daß T und R in der eben zitierten Formulierung einander *nicht* widersprechen. (Physiker artikulieren ihre Theorien nur selten in einem Ausmaß, das es dem Kritiker erlaubt, sie festzulegen und einzufangen.) Um sie als widerspruchsvoll zu erweisen, müssen wir sie in die folgende Form bringen. T: 'das Atomgewicht aller reinen (homogenen) chemischen Elemente ist ein Vielfaches des Atomgewichts des Wasserstoffs'; und R: 'Chlor ist ein chemisch reines (homogenes) Element, und sein Atomgewicht ist 35.5'. Der letzte Satz hat die Form einer falsifizierenden Hypothese, und wenn diese wohlbewährt ist, dann erlaubt sie uns, Basissätze der Form B: 'Chlor x ist ein chemisch reines (homogenes) Element, und sein Atomgewicht ist 35.5' zu verwenden – und dabei ist x der Eigenname eines 'Stücks' Chlor, determiniert z. B. durch seine Raum-Zeit-Koordinaten.

Aber wie gut ist R bewährt? Die erste Komponente hängt ab von R_1: 'Chlor x ist ein chemisch reines Element'. Dies war der Urteilsspruch des experimentierenden Chemikers nach einer strengen Anwendung der zeitgenössischen 'experimentellen Techniken'.

Fassen wir die Feinstruktur von R_1 näher ins Auge. R_1 ist de facto eine Konjunktion von zwei längeren Behauptungen: T_1 und T_2. Die erste Behauptung T_1 könnte heißen: 'Unterwirft man ein Gas siebzehn chemischen Reinigungsprozessen: $p_1, p_2, \ldots, p_{17}$, so bleibt reines Chlor zurück'. T_2 heißt dann: 'x wurde den siebzehn Reinigungsprozessen ($p_1, p_2, \ldots, p_{17}$) unterworfen'. Der sorgfältige 'Experimentator' hat alle siebzehn Prozeduren sorgfältig ausgeführt: T_2 muß akzeptiert werden. Aber der Schluß, daß die verbleibende Substanz daher reines Chlor sein muß, ist eine 'harte Tatsache' nur auf Grund von T_1. Bei der Prüfung von T hat der Experimentator T_1 angewendet. Er *interpretierte*, was er sah, im Lichte von T_1: das Ergebnis war R_1. *Und doch ist diese interpretierende Theorie im monotheoretischen deduktiven Modell der Prüfungssituation nicht zu finden.*

Aber was geschieht, wenn T_1, die interpretierende Theorie, falsch ist? Warum 'wendet' man nicht T statt T_1 'an' und erklärt, daß Atomgewichte ganze Zahlen sein *müssen*? Dann wird eben *dies* eine 'harte Tatsache' im Lichte von T, und T_1 wird verworfen. Vielleicht müssen weitere neue Reinigungsprozesse erfunden und angewendet werden.

Das Problem besteht also *nicht* darin, wann wir an einer *'Theorie'* angesichts *'bekannter Tatsachen'* festhalten sollen und wann der umgekehrte Weg angebracht ist. Das Problem besteht *nicht* in der Frage, was man tun soll, wenn 'Theorien' mit 'Tatsachen' zusammenstoßen. Ein solcher 'Zusammenstoß' wird einzig vom *'monotheoretischen deduktiven Modell'* nahegelegt. Ob ein Satz im Zusammenhang einer Prüfungssituation eine *'Tatsache'* oder eine *'Theorie'* ist, hängt von unserer methodologischen Entscheidung ab. Die 'empirische Basis einer Theorie' ist ein monotheoretischer Begriff; sie ist *bezogen auf* eine monotheoretisch deduktive Struktur. Sie ist brauchbar als eine erste Annäherung; aber im Falle einer 'Berufung' von seiten des Theoretikers müssen wir ein *pluralistisches Modell* verwenden. Im pluralistischen Modell findet der Zusammenstoß nicht zwischen Theorien und Tatsachen statt, sondern zwischen zwei Theorien hoher Stufe: zwischen einer *interpretativen Theorie*, die die Tatsachen bietet, und einer *explanatorischen Theorie*, die sie erklärt; und die interpretative Theorie kann auf ebenso hoher Stufe stehen wie die explanatorische Theorie. Der Konflikt findet also nicht mehr statt zwischen einer Theorie von logisch höherer Stufe und einer falsifizierenden Hypothese von niederer Stufe. Das Problem sollte nicht in der Frage bestehen, ob eine 'Widerlegung' real ist oder nicht. Das Problem ist, wie sich eine *Inkonsistenz* zwischen der geprüften 'explanatorischen Theorie' und den – expliziten oder verhüllten – 'interpretativen' Theorien reparieren läßt. Oder, wenn man will, *das Problem ist, welche Theorie als die interpretative Theorie gelten soll, die die 'harten Tatsachen' liefert, und welche als die 'explanatorische Theorie', die diese Tatsachen 'tentativ' erklärt.* In einem monotheoretischen Modell sehen wir die Theorie höherer Stufe als eine *explanatorische Theorie an, die durch 'Tatsachen' beurteilt werden muß,* und diese Tatsachen liefert der autoritative Experimentator von außen: ergibt sich ein Konflikt, dann verwerfen wir die Erklärung.[146]) In einem pluralistischen Modell können wir uns andrerseits entschließen, die Theorie höherer Stufe als eine *interpretative Theorie zur Beurteilung von 'Tatsachen'* anzusehen, die wieder von außen geliefert werden: ergibt sich ein Konflikt, dann können wir die 'Tatsachen' als 'Monstren' verwerfen. In einem pluralistischen Testmodell sind mehrere Theorien – mehr oder weniger deduktiv organisiert – miteinander verschmolzen.

Schon dieses Argument allein zeigt die Richtigkeit der Schlußfolgerung, die wir bereits aus einem früheren Argument gezogen haben, daß Experimente Theorien nicht einfach über den Haufen werfen und daß keine Theorie vorher angegebene Umstände verbietet.[147]) Es ist nicht so, daß wir eine Theorie vorschlagen, und die Natur ruft vielleicht NEIN; wir schlagen ein Netz von Theorien vor, und die Natur ruft vielleicht INKONSISTENT.[148])

So *verschiebt sich* das Problem vom alten Problem der Ersetzung einer durch 'Tatsachen' widerlegten Theorie zum neuen Problem der Auflösung von Widersprüchen zwischen eng verbundenen Theorien. Welche der einander widersprechenden Theorien soll eliminiert werden? Der raffinierte Falsifikationist kann diese Frage leicht beantworten: man versucht, zuerst die eine, dann die andere, dann möglicherweise beide Theorien zu ersetzen,

[146]) Die Entscheidung, ein monotheoretisches Modell zu benutzen, ist offenbar lebenswichtig für den naiven Falsifikationisten; sie ermöglicht es ihm, eine Theorie *einzig* auf Grund der experimentellen Evidenz zu verwerfen. *Sie entspricht dem Umstand, daß es für ihn notwendig ist, zumindest in einer Prüfsituation den Leib der Wissenschaft scharf in zwei Teile zu teilen: Problematisches und Unproblematisches.* (Siehe oben, S. 22) *In seinem deduktiven Modell der Kritik artikuliert er dann nur jene Theorie, die bei dieser Teilung als problematisch bezeichnet wird.*

[147]) Vgl. oben, S. 15.

[148]) Ich möchte hier auf einen möglichen Einwand antworten: 'Sicher brauchen wir nicht die Natur, um uns mitzuteilen, daß eine Klasse von Theorien *widerspruchsvoll* ist. Im Gegensatz zur Falschheit läßt sich Inkonsistenz ohne Hilfe der Natur feststellen.' Aber das 'NEIN' der Natur in einer monotheoretischen Methodologie hat die Form eines 'potentiellen Falsifikators', d. h. eines Satzes, der in unserer Redeweise von der Natur geäußert wird und der *unsere Theorie negiert.* Und das 'INKONSISTENT' der Natur in einer pluralistischen Methodologie hat die Form eines 'Tatsachen'-Satzes, der im Licht einer der involvierten Theorien formuliert wurde, die in unserer Redeweise von der Natur geäußert wird und die, den vorgeschlagenen Theorien hinzugefügt, ein *inkonsistentes* System ergibt.

und man entscheidet sich für jene neue Situation, die den größten Zuwachs an bewährtem Gehalt und die progressivste Problemverschiebung bietet.[149])

So haben wir ein Berufungsverfahren vorgeschrieben für den Fall, daß der Theoretiker das negative Verdikt des Experimentators zu bezweifeln wünscht. Der Theoretiker darf verlangen, daß der Experimentator seine 'interpretative Theorie' genau angibt,[150]) und er darf sie – zum Ärger des Experimentators – durch eine bessere ersetzen, in deren Licht seine zunächst 'widerlegte' Theorie eine positive Beurteilung erhalten kann.[151])

Aber selbst dieses Berufungsverfahren kann die übliche Entscheidung nur *aufschieben*. Denn auch das Verdikt des Berufungsgerichts ist nicht unfehlbar. Wenn wir entscheiden, ob die Ersetzung der 'interpretativen' oder der 'explanatorischen' Theorie neue Tatsachen produziert, so müssen wir wieder einen Beschluß fassen über die Annahme oder über das Verwerfen von Basissätzen. Aber dann haben wir die Entscheidung eben nur *aufgeschoben* – und vielleicht *verbessert* –, wir haben sie nicht *vermieden*.[152]) Die Schwierigkeiten der empirischen Basis, denen der 'naive' Falsifikationismus begegnete, können auch vom 'raffinierten' Falsifikationisten nicht vermieden werden. Selbst wenn wir eine Theorie als 'faktisch' ansehen, d. h. selbst wenn unsere langsame und beschränkte Phantasie keine Alternativen vorschlagen kann (wie Feyerabend sich auszudrücken pflegte), so müssen wir doch zumindest gelegentlich und vorübergehend Entscheidungen über ihren Wahrheitswert treffen. *Auch dann bleibt immer noch die Erfahrung in einem wichtigen Sinne der 'unvoreingenommene Richter'*[153]) *wissenschaftlicher Streitfragen*. Wir können uns vom Problem der 'empiri-

---

[149]) So kann man in unserem früheren Beispiel versuchen (vgl. oben, S. 22 ff.), die Gravitationstheorie durch eine neue Theorie zu ersetzen, und man kann auch versuchen, die Radio-Optik mit einer anderen zu vertauschen: wir wählen jenen Weg, der das auffallendere Wachstum und die progressivere Problemverschiebung verspricht.

[150]) Die Kritik *nimmt* nicht eine voll artikulierte deduktive Struktur *an:* sie schafft sie. (Nebenbei, das ist die wichtigste Botschaft meiner Arbeit [1963–1964].)

[151]) Ein klassisches Beispiel für dieses Pattern ist Newtons Beziehung zu Flamsteed, dem ersten Königlichen Astronomen Englands. Newton besuchte z. B. Flamsteed am 1. September 1694, als er selbst seine ganze Zeit seiner Mond-Theorie widmete; er wies Flamsteed an, einige Daten umzudeuten, da sie seiner Theorie widersprachen; und er erklärte genau, wie die Änderung durchzuführen sei. Flamsteed gehorchte Newton, und er schrieb am 7. Oktober: „Seitdem Sie nach Hause gegangen sind, habe ich die Beobachtungen überprüft, die ich gebrauchte, um die größten Gleichungen der Erdbahn zu bestimmen, unter Berücksichtigung der Mondstellen zu denselben Zeiten... Ich finde, daß Sie *(wenn die Erde sich nach der Seite des Mondes neigt, wie Sie andeuten)* etwa 20″ abschlagen dürfen..." So hat Newton Flamsteeds Beobachtungstheorien fortwährend kritisiert und korrigiert. Newton hat z. B. Flamsteed eine bessere Theorie der refraktiven Wirkung der Atmosphäre gelehrt; Flamsteed nahm die Theorie an und korrigierte seine ursprünglichen 'Daten'. Man versteht die fortwährende Demütigung und den langsam zunehmenden Zorn dieses großen Beobachters, dessen Daten von einem Mann kritisiert und verbessert wurden, der, nach eigenem Geständnis, selbst keine Beobachtungen angestellt hatte. Ich habe den Verdacht, daß es dieses Gefühl war, das am Ende zu einer bösartigen persönlichen Kontroverse führte.

[152]) Dasselbe gilt für die Entscheidung des dritten Typus. Verwerfen wir eine stochastische Hypothese nur für eine, die sie in unserem Sinne überholt, dann wird die genaue Form der 'Verwerfungsregeln' *weniger* wichtig.

[153]) Popper [1945], Bd. II, Kap. 23, S. 218.

schen Basis' nicht befreien, wenn wir aus der Erfahrung lernen wollen:[154]) aber wir können unser Lernen weniger dogmatisch und auch weniger schnell und weniger dramatisch gestalten. Wir machen unsere Methodologie biegsamer, indem wir einige Beobachtungstheorien als problematisch hinstellen: aber wir können nicht *alle* 'Hintergrundkenntnisse' (oder 'Hintergrundunkenntnisse') in unser kritisch deduktives Modell einbeziehen. Dieser Prozeß läßt sich nur Schritt für Schritt ausführen, und konventionelle Linien müssen zu jedem Zeitpunkt gezogen werden.

Es gibt einen Einwand auch gegen die raffinierte Fassung des methodologischen Falsifikationismus, der sich nicht ohne eine gewisse Konzession an den 'Simplizismus' Duhems beantworten läßt. Dieser Einwand ist das sogenannte 'Klebeparadox' [*tacking paradox*]. Nach unserer Definition kann die Hinzufügung isolierter Hypothesen niederer Stufe zu einer Theorie eine 'progressive Verschiebung' darstellen. Es ist schwer, solche künstlichen Verschiebungen zu vermeiden, außer man fordert, daß die „zusätzlichen Behauptungen mit der widersprechenden Behauptung *inniger* verbunden sein müssen als durch bloße Konjunktion".[155]) Dies ist natürlich eine Art Einfachheitsforderung, die die Kontinuität in der Reihe jener Theorien garantieren würde, von denen man sagen kann, daß sie *eine* Problemverschiebung bilden.

Dies führt uns zu weiteren Problemen. Denn einer der entscheidenden Züge des raffinierten Falsifikationismus besteht darin, daß er den Begriff der *Theorie* als grundlegenden Begriff in der Logik der Forschung durch den Begriff der *Theorienreihe* ersetzt. *Es ist eine Aufeinanderfolge von Theorien und nicht eine gegebene Theorie, die als wissenschaftlich oder scheinwissenschaftlich bewertet wird.* Aber die Glieder solcher Theorien-Reihen sind gewöhnlich durch eine bemerkenswerte *Kontinuität* verbunden, die sie zu *Forschungsprogrammen* verschmilzt. Diese *Kontinuität*, die an Kuhns 'Normalwissenschaft' erinnert, spielt eine wichtige Rolle in der Wissenschaftsgeschichte; die Hauptprobleme der Logik der Forschung können nur im Rahmen einer *Methodologie von Forschungsprogrammen* befriedigend behandelt werden.

3.   Eine Methodologie wissenschaftlicher Forschungsprogramme

Ich habe das Problem der objektiven Bewertung des wissenschaftlichen Wachstums auf Grund progressiver und degenerativer Problemverschiebungen in Reihen wissenschaftlicher Theorien diskutiert. Die wichtigsten dieser Reihen in der Entwicklung der Wissenschaft sind durch eine gewisse *Kontinuität* charakterisiert, die ihre Glieder verbindet. Diese Kontinuität entwickelt sich aus einem echten Forschungsprogramm, das am Anfang skizziert wird.[156]) Das Programm besteht aus methodologischen Regeln: Einige dieser Regeln

---

[154]) Darum hat Agassi mit seiner These Unrecht, daß „Beobachtungsberichte als falsch akzeptiert werden können, womit das Problem der empirischen Basis erledigt ist" (Agassi [1966], S. 20).
[155]) Feyerabend [1965], S. 226.
[156]) Es mag darauf verwiesen werden, daß die negative und positive Heuristik zusammen eine rohe (implizite) Definition des 'begrifflichen Rahmens' (und infolgedessen der Sprache) liefern. Die Einsicht, daß die Geschichte der Wissenschaft eher eine Geschichte von Forschungsprogrammen als eine Geschichte von Theorien ist, mag darum mindestens als eine teilweise Rechtfertigung der Ansicht gelten, daß die Geschichte der Wissenschaft die Geschichte von Begriffswelten oder wissenschaftlichen Sprachen ist.

beschreiben Forschungswege, die man vermeiden soll *(negative Heuristik)*, andere geben Wege an, denen man folgen soll *(positive Heuristik)*.

Auch die Wissenschaft als Ganzes kann als ein riesiges Forschungsprogramm aufgefaßt werden mit Poppers oberster heuristischer Regel: 'Erfinde Vermutungen, die höheren empirischen Gehalt besitzen als ihre Vorläufer'. Solche methodologischen Regeln können, wie Popper bemerkt hat, als metaphysische Prinzipien formuliert werden.[157] So läßt sich z. B. die *universelle* antikonventionalistische Regel gegen die Beseitigung von Ausnahmen [*exception-barring*] als das metaphysische Prinzip: 'Die Natur erlaubt keine Ausnahmen' formulieren. Das ist der Grund, warum Watkins solche Regeln 'einflußreiche Metaphysik' genannt hat.[158]

Ich aber denke im Augenblick nicht an die Wissenschaft als Ganzes, sondern eher an *besondere* Forschungsprogramme, wie z. B. an jenes, das als 'Cartesianische Metaphysik' bekannt ist. Die Cartesianische Metaphysik, d. h. die mechanistische Theorie des Weltalls — nach der das Universum ein riesiges Uhrwerk (und ein System von Wirbeln) ist und der Stoß die einzige Ursache der Bewegung —, wirkte als ein mächtiges heuristisches Prinzip. Sie behinderte die Arbeit an wissenschaftlichen Theorien, wie [der 'essentialistischen' Fassung von] Newtons Theorie der Fernwirkung, die ihr widersprachen *(negative Heuristik)*. Aber sie förderte auch die Entwicklung von Hilfshypothesen zur Rettung vor scheinbarer Gegenevidenz wie etwa den Keplerschen Ellipsen *(positive Heuristik)*.[159]

a) Negative Heuristik; der 'harte Kern' der Programme

Man kann alle wissenschaftlichen Forschungsprogramme durch ihren *'harten Kern'* charakterisieren. Die negative Heuristik des Programms verbietet uns, den Modus tollens gegen diesen 'harten Kern' zu richten. Statt dessen müssen wir unseren Scharfsinn einsetzen, um 'Hilfshypothesen' zu artikulieren, ja selbst zu erfinden, die dann einen Schutzgürtel um den Kern bilden. Und wir müssen den Modus tollens auf sie umlenken. Es ist dieser Schutzgürtel von Hilfshypothesen, der dem Stoß der Überprüfungen standhalten, der geordnet und wiedergeordnet, ja sogar völlig ersetzt werden muß, um den so gehärteten Kern zu verteidigen. Ein Forschungsprogramm ist erfolgreich, wenn all dies zu einer progressiven Problemverschiebung führt; erfolglos ist es dagegen, wenn es zu einer degenerativen Problemverschiebung führt.

Das klassische Beispiel für ein erfolgreiches Forschungsprogramm, vielleicht das erfolgreichste aller Zeiten, ist Newtons Gravitationstheorie. Anfangs, als es aufgestellt wurde,

---

[157] Popper [1934], Abschnitt 11 und 70. Ich benutze das Wort 'metaphysisch' als einen Fachausdruck des naiven Falsifikationismus: ein kontingenter Satz ist 'metaphysisch', wenn er keine 'potentiellen Falsifikatoren' hat.

[158] Watkins [1958]. Watkins warnt uns, daß „die logische Kluft zwischen Feststellungen und Vorschriften auf metaphysisch-methodologischem Gebiet durch die Tatsache illustriert wird, daß man eine [metaphysische] Doktrin in ihrer deskriptiven Form ablehnen kann, während man ihrer präskriptiven Fassung zustimmt" (ebenda, S. 356–357).

[159] Zu diesem Cartesianischen Forschungsprogramm vgl. Popper [1958] und Watkins [1958], S. 350–351.

versank es in einem Ozean von 'Anomalien' (oder, wenn man will: von 'Gegenbeispielen'[160])) und stand im Gegensatz zu Beobachtungstheorien, die diese Anomalien unterstützten. Aber mit glänzender Zähigkeit und Erfindungskraft verwandelten Newtons Nachfolger ein Gegenbeispiel nach dem anderen in bewährende Instanzen, vor allem dadurch, daß sie die ursprünglichen Beobachtungstheorien über den Haufen warfen, in deren Licht diese 'Gegenevidenz' begründet worden war. Im Laufe dieses Prozesses haben sie selber neue Gegenbeispiele produziert, die sie dann wiederum auflösten. "Sie verwandelten jede neue Schwierigkeit in einen neuen Sieg ihres Programmes."[161])

In Newtons Programm verlangt die negative Heuristik, daß wir den Modus tollens von Newtons drei Gesetzen der Dynamik und von seinem Gravitationsgesetz ablenken. Dieser 'Kern' des Programms ist 'unwiderlegbar' auf Grund der methodologischen Entscheidung seiner Protagonisten: Anomalien dürfen nur im 'Schutzgürtel' von Hilfshypothesen, 'Beobachtungshypothesen' und Anfangsbedingungen zu Veränderungen führen.[162])

Ich habe weiter oben ein künstliches Mikro-Beispiel für eine progressive Newtonsche Problemverschiebung angeführt.[163]) Seine Analyse zeigt, daß jedes folgende Glied in diesem Übungsbeispiel eine neue Tatsache voraussagt; jeder Schritt repräsentiert einen Zuwachs an empirischem Gehalt: Das Beispiel ist eine *konsequent progressive theoretische Verschiebung.* Auch wird jede Vorhersage am Ende verifiziert, obwohl vorübergehend in drei aufeinanderfolgenden Fällen 'Widerlegungen' vorzuliegen scheinen.[164]) Während der 'theoretische Fortschritt' (im hier geschilderten Sinne) sogleich verifiziert werden kann,[165]) gilt dasselbe für den 'empirischen Fortschritt' nicht, und in einem Forschungsprogramm können wir durch eine lange Reihe von 'Widerlegungen' enttäuscht werden, bis dann geniale und gelungene gehaltvermehrende Hilfshypothesen eine Kette von Niederlagen —*im nachhinein* —in eine ruhmreiche Erfolgsgeschichte verwandeln, und zwar entweder durch die Revision falscher 'Tatsachen' oder die Hinzufügung neuer Hilfshypothesen. Wir können also verlangen, daß jeder Schritt des Forschungsprogrammes konsequent gehaltvermehrend sei: Jeder Schritt muß eine *konsequent progressive theoretische Problemverschiebung* darstellen. Die einzige weitere Forderung ist, daß der Zuwachs an Gehalt sich zumindest gelegentlich im nachhinein bewähre: Das Programm als Ganzes soll auch eine *gelegentlich progressive empirische Verschiebung* aufweisen. Wir verlangen nicht, daß jeder Schritt *sogleich* eine *beobachtete* neue Tatsache produziere. Der Ausdruck 'gelegentlich' gibt genügend *rationalen* Spielraum für ein dogmatisches Festhalten an einem Programm, auch angesichts von prima facie 'widerlegenden' Instanzen.

---

[160]) Zur Klärung der Begriffe 'Gegenbeispiel' und 'Anomalie' vgl. oben, S. 25 f. und besonders unten, Anm. 251.

[161]) Laplace [1796], Buch IV, Kapitel II.

[162]) Der harte Kern eines Programms springt in Wirklichkeit nicht vollgerüstet an den Tag wie Athene aus dem Haupt des Zeus. Er entwickelt sich langsam, auf dem Wege eines langen, vorläufigen Prozesses von Versuch und Irrtum. In der vorliegenden Arbeit wird dieser Vorgang nicht besprochen.

[163]) Vgl. oben, S. 15 f.

[164]) Die 'Widerlegung' wurde jedesmal erfolgreich auf 'verborgene Lemmata' abgelenkt; d. h. auf Hilfssätze, die gewissermaßen aus der Ceteris-paribus-Klausel hervorgingen.

[165]) Aber vgl. unten, S. 68–70.

Der Gedanke der 'negativen Heuristik' eines wissenschaftlichen Forschungsprogrammes rationalisiert den klassischen Konventionalismus in beträchtlichem Maße. Wir können uns rational entschließen, den 'Widerlegungen' eine Übertragung der Falschheit auf den harten Kern so lange nicht zu gestatten, als der bewährte empirische Gehalt des Schutzgürtels von Hilfshypothesen zunimmt. Unser Vorgehen unterscheidet sich aber insofern vom rechtfertigungsdenkerischen Konventionalismus Poincarés, als wir behaupten, daß der harte Kern eines Programms, das keine neuen Tatsachen mehr antizipiert, schließlich aufgegeben werden muß: d. h. *unser* harter Kern kann im Gegensatz zu dem Poincarés unter gewissen Bedingungen zerbröckeln. In diesem Sinn stehen wir auf der Seite Duhems, der glaubte, daß man mit einer solchen Möglichkeit rechnen müsse;[166] aber für Duhem ist der Grund des Zusammenbruchs rein *ästhetisch;*[167] für uns ist er vor allem *logisch und empirisch.*

b) Positive Heuristik; die Konstruktion des 'Schutzgürtels' und die relative Autonomie der theoretischen Wissenschaft

Forschungsprogramme werden neben ihrer negativen Heuristik auch durch ihre positive Heuristik charakterisiert.

Auch die schnellsten und progressivsten Forschungsprogramme können ihre 'Gegenevidenz' nur stückweise verdauen: die Anomalien werden nie ganz erschöpft. Aber man soll nicht denken, daß die noch unerklärten Anomalien – die 'Rätsel', in der Sprache Kuhns – in unregelmäßiger Reihenfolge vorgenommen werden und daß der Schutzgürtel eklektisch, ohne eine im voraus bestimmte Ordnung aufgebaut wird. Die Ordnung wird gewöhnlich im Arbeitszimmer des Theoretikers entschieden, unabhängig von den *bekannten* Anomalien. Nur wenige theoretische Wissenschaftler, die sich mit einem Forschungsprogramm befassen, widmen den 'Widerlegungen' allzu große Aufmerksamkeit. Sie besitzen eine Forschungsstrategie auf weite Sicht, die die Widerlegungen vorwegnimmt. Diese Forschungsstrategie oder Forschungsordnung wird – mehr oder weniger eingehend – in der *positiven Heuristik* des Forschungsprogramms dargelegt. Die negative Heuristik spezifiziert den 'harten Kern' des Programms, der, infolge der methodologischen Entscheidung seiner Protagonisten, 'unwiderlegbar' ist; die positive Heuristik besteht aus einer partiell artikulierten Reihe von Vorschlägen oder Hinweisen, wie man die 'widerlegbaren Fassungen' des Forschungsprogramms verändern und entwickeln soll und wie der 'widerlegbare' Schutzgürtel modifiziert und raffinierter gestaltet werden kann.

Die positive Heuristik des Programms bewahrt den Wissenschaftler davor, daß er durch den Ozean der Anomalien verwirrt wird. Die positive Heuristik skizziert ein Programm, das eine Kette immer komplizierter werdender *Modelle* zur Simulierung der Wirklichkeit darstellt: die Aufmerksamkeit des Wissenschaftlers konzentriert sich auf den Bau seiner Modelle nach Instruktionen, die im positiven Teil seines Programms niedergelegt sind. Er ignoriert die

---

[166] Vgl. oben, S. 21.
[167] Ebenda.

aktuellen Gegenbeispiele, die vorhandenen '*Daten*'. [168]) Newton hat sein Programm zuerst für ein Planetensystem mit einer feststehenden punktförmigen Sonne und mit einem einzigen punktförmigen Planeten ausgearbeitet. An diesem Modell hat er sein Gesetz der quadratischen Abnahme für Keplers Ellipse abgeleitet. Aber dieses Modell war von Newtons eigenem dritten Gesetz der Dynamik verboten und mußte darum durch ein anderes ersetzt werden, in dem sowohl die Sonne wie auch der Planet um ihren gemeinsamen Schwerpunkt kreisten. Diese Änderung war von keiner Beobachtung motiviert (die Daten verrieten hier keine 'Anomalie'), sondern von einer theoretischen Schwierigkeit bei der Entwicklung des Programms. Dann hat Newton sein Programm für mehrere Planeten unter Vernachlässigung interplanetarischer Kräfte ausgearbeitet. Hierauf folgt die Behandlung von Sonne und Planeten nicht als Massen*punkte,* sondern als Massen*kugeln.* Auch für diese Änderung bedurfte es keiner beobachteten Anomalie; unendliche Dichte war von einer nicht-artikulierten Prüfsteintheorie verboten, also *mußten* die Planeten ausgedehnt sein. Diese Änderung war mit beträchtlichen mathematischen Schwierigkeiten verbunden, sie hielt Newtons Arbeit auf und verzögerte die Veröffentlichung der *Principia* um mehr als ein Jahrzehnt. Nach Lösung dieses 'Rätsels' begann er mit der Arbeit an *rotierenden Kugeln* und an ihren Schwankungen. Noch später führte er interplanetarische Kräfte ein und begann mit der Ausarbeitung von *Störungen.* Hier zog er die Tatsachen eingehender in Betracht. Zahlreiche Tatsachen wurden in seinem Modell (qualitativ) schön erklärt, zahlreiche Tatsachen widerstanden der Erklärung. Es war an diesem Punkt, daß er mit der Arbeit an *ausgebauchten* statt an runden Planeten begann, und so weiter.

Newton hatte keine Achtung für Forscher, die, wie Hooke, in ein erstes naives Modell hineinstolperten, aber weder die Beharrlichkeit noch die Fähigkeit besaßen, es zu einem Forschungsprogramm zu entwickeln, und die eine erste Fassung, eine beiläufig hingeworfene Bemerkung schon für eine 'Entdeckung' hielten. Er veröffentlichte nichts, bis sein Programm eine beachtenswerte progressive Verschiebung erreicht hatte. [169])

Die meisten – wenn auch nicht alle – Newtonschen 'Rätsel', die zu einer Reihe neuer und einander überholender Fassungen führten, konnten schon zur Zeit von Newtons erstem, naivem Modell vorhergesehen werden, und zweifellos haben Newton und seine Kollegen sie auch in der Tat vorhergesehen: Newton muß sich der offenkundigen Falschheit seiner

---

[168]) Wenn ein Wissenschaftler (oder Mathematiker) eine positive Heuristik besitzt, dann weigert er sich, in Beobachtungen verwickelt zu werden. Er „legt sich auf seinen Diwan, schließt seine Augen und vergißt alle Daten". (Vgl. Lakatos [1963–1964], besonders S. 300 ff., wo man auch eine ausführliche Fallstudie eines solchen Programms findet.) Gelegentlich wird er natürlich eine schlaue Frage an die Natur richten: dann ermutigt ihn das JA der Natur, ihr NEIN aber entmutigt ihn nicht.

[169]) Reichenbach gibt – nach Cajori – eine andere Erklärung für die verzögerte Publikation von Newtons *Principia:* „Er fand zu seiner Enttäuschung, daß die Beobachtungsergebnisse mit seinen Berechnungen nicht übereinstimmten. Statt eine Theorie, sei sie auch noch so schön, vor die Tatsachen zu setzen, legte Newton das Manuskript seiner Theorie in die Schublade. Etwa zwanzig Jahre später, nachdem der Umfang der Erde durch eine französische Expedition neu vermessen worden war, sah Newton, daß die Zahlen, auf welche er seine Prüfung gegründet hatte, falsch waren und daß die verbesserten Zahlen mit seiner theoretischen Berechnung übereinstimmten. Erst nach diesem Test hat er sein Gesetz veröffentlicht... Die Geschichte Newtons ist eine schlagende Illustration für die Methode der modernen Wissenschaft." (Reichenbach [1951], S. 101–102.) Feyerabend kritisiert Reichenbachs Bericht (Feyerabend [1965], S. 229), gibt aber keinen alternativen Vernunftgrund.

ersten Fassungen bewußt gewesen sein. Nichts beweist klarer die Existenz einer positiven Heuristik eines Forschungsprogramms als diese Tatsache; darum spricht man auch von 'Modellen' in einem Forschungsprogramm. Ein '*Modell*' ist eine Menge von Anfangsbedingungen (womöglich zusammen mit einigen Beobachtungstheorien); man weiß, daß man diese Bedingungen im Laufe der weiteren Entwicklung des Programmes sicher durch andere wird ersetzen *müssen*, und man weiß sogar mehr oder weniger, wie. So zeigt sich wieder einmal, wie irrelevant 'Widerlegungen' einer spezifischen Fassung in einem Forschungsprogramm sind: Sie werden erwartet, und man hat sogar die positive Heuristik als die Strategie, die sie vorhersagt (produziert) und verdaut. In der Tat, wenn die positive Heuristik einmal klar formuliert ist, dann sind die Schwierigkeiten des Programms eher mathematischer als empirischer Art.[171]

Man kann die 'positive Heuristik' eines Forschungsprogrammes als ein 'metaphysisches' Prinzip formulieren. Man kann z. B. Newtons Programm so formulieren: 'die Planeten sind wesentlich gravitierende Kreisel von annähernd kugeliger Form'. Diese Idee wurde niemals *starr* aufrechtgehalten: Die Planeten sind nicht *nur* gravitierende Körper, sie haben z. B. auch elektromagnetische Eigenschaften, die ihre Bewegung beeinflussen können. Eine positive Heuristik ist also im allgemeinen biegsamer als eine negative Heuristik. Es kommt auch gelegentlich vor, daß ein Forschungsprogramm, das in eine degenerative Phase gerät, durch eine kleine Revolution oder eine *schöpferische Verschiebung* in seiner positiven Heuristik wieder gefördert wird.[172] Es ist also besser, wenn man den 'harten Kern' von den biegsameren metaphysischen Prinzipien trennt, die die positive Heuristik zum Ausdruck bringen.

Unsere Überlegungen zeigen, daß die positive Heuristik fast ohne jede Rücksicht auf 'Widerlegungen' vorstößt: Man hat den Eindruck, daß die '*Verifikationen*'[173] und nicht die Widerlegungen die Berührung mit der Wirklichkeit herstellen. Obwohl man hervorheben muß, daß jede 'Verifikation' der $n+1$ten Fassung des Programms eine Widerlegung der $n$ten Fassung ist, kann man doch nicht leugnen, daß *manche* Niederlagen der späteren Fassungen immer vorausgesehen werden: Es sind die 'Verifikationen', die das Programm in Gang halten, trotz aller widerspenstigen Instanzen.

Wir können Forschungsprogramme auch nach ihrer 'Eliminierung', in bezug auf ihr *heuristisches Potential*, bewerten: wie viele neue Tatsachen haben sie produziert, wie groß war 'ihre Fähigkeit, Widerlegungen im Verlauf ihres Wachstums zu erklären'?[174]

(Wir können sie auch nach den Anregungen beurteilen, die sie der Mathematik geben. Für den Theoretiker sind die wirklichen Schwierigkeiten eher *mathematische Schwierigkeiten* des Programms als Anomalien. Die Großartigkeit des Newtonschen Programms

---

[171] Zu diesem Punkt vgl. Truesdell [1960].

[172] Soddys Beitrag zu Prouts Programm oder Paulis Beitrag zu Bohrs Programm (alte Quantentheorie) sind typische Beispiele für solche schöpferischen Verschiebungen.

[173] Eine 'Verifikation' ist die Bewährung des Gehaltsüberschusses im sich ausdehnenden Programm. Aber eine 'Verifikation' kann natürlich ein Programm nicht *verifizieren:* sie zeigt nur sein heuristisches Potential.

[174] Vgl. Lakatos [1963–1964], S. 324–330. Leider habe ich in den Jahren 1963–1964 Theorien und Forschungsprogramme terminologisch noch nicht klar unterschieden, und das hat meiner Darstellung eines Forschungsprogramms in der nichtformalen, quasi-empirischen Mathematik geschadet. Solche Fehler kommen in [1975] seltener vor.

kommt teilweise auch daher, daß Newtons Anhänger die klassische Infinitesimalanalyse entwickelt haben, die eine entscheidende Vorbedingung seines Erfolges wurde.)

So erklärt die Methodologie wissenschaftlicher Forschungsprogramme die *relative Autonomie der theoretischen Wissenschaft:* eine historische Tatsache, deren Rationalität die früheren Falsifikationisten nicht zu erklären vermochten. Die Probleme, die Wissenschaftler, welche rational an mächtigen Forschungsprogrammen arbeiten, zur Behandlung auswählen, werden bestimmt durch die positive Heuristik des Programms und nicht durch psychologisch beunruhigende (oder technologisch dringende) Anomalien. Die Anomalien werden zwar registriert, aber beiseitegeschoben in der Hoffnung, daß sie sich nach einer Weile in Bewährungen des Programms verwandeln werden. Nur jene Wissenschaftler, die sich entweder in Trial-and-error-Übungen ergehen[175]) oder die in einer degenerierenden Phase des Programms arbeiten, wenn der positiven Heuristik der Atem ausgeht, sind gezwungen, ihre Aufmerksamkeit auf Anomalien festzulegen. (Für naive Falsifikationisten klingt das alles abscheulich; für sie ist es ja irrational [oder unredlich], eine [nach *ihren* Regeln] experimentell 'widerlegte' Theorie weiter zu entwickeln: man muß die alte, 'widerlegte' Theorie durch eine neue, nicht widerlegte ersetzen.)

c) Zwei Illustrationen: Prout und Bohr

Die Dialektik der positiven und negativen Heuristik eines Forschungsprogramms läßt sich am besten durch Beispiele beleuchten. Darum will ich nun einige Aspekte von zwei auffallend erfolgreichen Forschungsprogrammen skizzieren: Prouts Programm,[176]) das von der Idee ausgeht, daß alle Atome aus Wasserstoffatomen zusammengesetzt sind, und Bohrs Programm, das von der Idee ausgeht, daß die Lichtemission auf Elektronensprüngen zwischen verschiedenen Bahnen im Atom beruht.

(Die Abfassung einer historischen Fallstudie sollte meiner Ansicht nach so verlaufen: 1) man gibt eine rationale Rekonstruktion; 2) man versucht, diese rationale Rekonstruktion mit der wirklichen Geschichte zu vergleichen, indem man sowohl die rationale Rekonstruktion wegen Mangels an Historizität als auch die wirkliche Geschichte wegen Mangels an Rationalität kritisiert. Jeder historischen Studie muß also eine heuristische Studie vorangehen: Wissenschaftsgeschichte ohne Wissenschaftsphilosophie ist blind. In der vorliegenden Untersuchung habe ich nicht die Absicht, ernstlich auf das zweite Stadium einzugehen.)

c1) Prout: Fortschritt eines Forschungsprogramms inmitten eines Ozeans von Anomalien

Prout hat 1815 in einer anonymen Untersuchung behauptet, daß die Atomgewichte aller reinen chemischen Elemente ganze Zahlen seien. Die Fülle der Anomalien war ihm wohlbekannt, aber er sagte, daß diese in der *Unreinheit* der chemischen Substanzen in ihrem

---

[175]) Vgl. unten, S. 87.
[176]) Schon oben erwähnt, S. 42 f.

natürlichen Zustand ihren Ursprung hätten: die relevanten zeitgenössischen 'experimentellen Techniken' seien unzuverlässig, oder, in unserer Terminologie, die zeitgenössischen 'Beobachtungs'theorien, in deren Licht die Wahrheitswerte der Basissätze seiner Theorie etabliert wurden, seien falsch.[177]) Die Verfechter der Proutschen Theorie begannen daher ein weitreichendes Unternehmen: Sie versuchten, jene Theorien zu stürzen, die die Gegenevidenz für ihre These lieferten. Dazu mußten sie die orthodoxe analytische Chemie revolutionieren, und sie mußten die experimentellen Techniken revidieren, mit denen reine Elemente abgeschieden werden konnten.[178]) In der Tat hat Prouts Theorie der Reihe nach alle Theorien geschlagen, die früher bei der Reinigung chemischer Substanzen verwendet wurden. Trotzdem wurden einige Chemiker des Forschungsprogramms müde und gaben es auf, denn die Erfolge waren immer weit davon entfernt, sich zu einem endgültigen Sieg zusammenzufügen. So schloß z.B. Stas im Jahre 1860, enttäuscht durch einige störrische, widerspenstige Fälle, daß Prouts Theorie 'unbegründet' sei.[179]) Andere Forscher wurden mehr vom Fortschritt ermutigt, als vom Mangel eines völligen Erfolgs entmutigt. Marignac z.B. erwiderte sofort, er sei von der „Exaktheit der Experimente von Monsieur Stas [überzeugt, sehe aber keinen Beweis dafür], daß die beobachteten Unterschiede zwischen seinen Ergebnissen und den von Prouts Gesetz geforderten nicht durch die Unvollkommenheit der experimentellen Methoden erklärt werden könnten".[180]) Crookes hat die Situation im Jahre 1886 so dargestellt: „Nicht wenige Chemiker von zugestandener Eminenz sind der Ansicht, daß wir hier [in Prouts Theorie] einen Ausdruck der Wahrheit vor uns haben, verhüllt durch Rest- oder Randphänomene, deren Beseitigung uns noch nicht gelungen ist."[181]) Das heißt: es müssen noch *weitere* falsche Annahmen in den 'Beobachtungs'theorien verborgen sein, auf denen die experimentellen Techniken für die Abscheidung chemisch reiner Substanzen beruhen und mit deren Hilfe Atomgewichte berechnet werden: Crookes glaubte noch im Jahre 1886, daß „manche... Atomgewichte bloß einen Mittelwert darstellten".[182]) Ja, er ging dazu über, diesen Gedanken in eine wissenschaftliche (gehaltvermehrende) Form zu bringen: Er schlug konkrete neue Theorien der 'Fraktionierung' und einen neuen 'Sortierungsdämon' vor.[183]) Aber seine neuen Beobach-

---

[177]) Das ist leider eine rationale Rekonstruktion und nicht wirkliche Geschichte. Prout hat die Existenz von Anomalien geleugnet. Er behauptete z.B., das Atomgewicht des Chlors sei genau 36.

[178]) Prout bemerkte einige grundlegende methodologische Züge seines Programms. Zitieren wir die ersten Zeilen seines Werkes [1815]: „Der Verfasser legt die folgende Untersuchung der Öffentlichkeit mit der größten Skepsis vor... Er vertraut jedoch darauf, daß ihre Wichtigkeit gesehen werden wird und daß jemand die Aufgabe auf sich nehmen wird, sie zu überprüfen und so ihre Konklusionen zu verifizieren oder zu widerlegen. Stellen sich diese als irrtümlich heraus, so können doch neue Tatsachen ans Licht kommen oder alte durch die Untersuchung besser bestätigt werden; sollten sie aber verifiziert werden, dann würde dies ein neues und interessantes Licht auf die ganze Wissenschaft der Chemie werfen."

[179]) Clerk Maxwell war auf der Seite von Stas: er hielt die Existenz von zwei Arten von Wasserstoff für unmöglich, „denn wenn einige [Moleküle] von etwas größerer Masse wären als die anderen, dann haben wir die Mittel, eine Trennung von Molekülen verschiedener Masse herbeizuführen, wobei die eine etwas dichter sein würde als die andere. Dies kann nicht getan werden, also müssen wir zugeben [, daß alle gleich sind]" (Maxwell [1871]).

[180]) Marignac [1860].

[181]) Crookes [1886].

[182]) Ebenda.

[183]) Crookes [1886], S. 491.

tungstheorien waren leider ebenso falsch wie kühn, sie konnten keine neuen Tatsachen antizipieren und wurden also aus der (rational rekonstruierten) Wissenschaftsgeschichte eliminiert. Eine Generation später fand man, daß alle diese Forscher an einer sehr tiefliegenden verborgenen Annahme scheiterten, nämlich, daß es immer möglich sein müsse, zwei reine Elemente mit *chemischen* Methoden zu trennen. Die Idee, daß sich zwei verschiedene reine Elemente in allen *chemischen* Reaktionen gleich verhalten könnten, daß es aber möglich sei, sie mit *physikalischen* Methoden zu trennen, erforderte eine Änderung, eine *'Dehnung'* des Begriffs 'reines Element', die eine Veränderung — eine *begriffsdehnende Expansion* — des Forschungsprogramms selbst darstellte.[184]) Diese revolutionäre und in höchstem Grade *schöpferische Verschiebung* wurde erst von Rutherfords Schule durchgeführt[185]) und so wurde 'die Hypothese, die Prout, ein Edinburger Arzt, im Jahre 1815 mit so leichter Hand formuliert hatte, nach vielen Wechselfällen und den überzeugendsten scheinbaren Widerlegungen schließlich zum Eckpfeiler moderner Theorien der Atomstruktur.'[186]) Doch war dieser schöpferische Schritt in Wirklichkeit bloß ein Nebenergebnis des Fortschritts in einem anderen und entfernten Forschungsprogramm; ohne diesen *äußeren* Stimulus hätten die Anhänger von Prout nicht einmal im Traum versucht, zum Beispiel mächtige Zentrifugalmaschinen zur Trennung von Elementen zu bauen.

(Wenn eine 'Beobachtungs'theorie oder eine 'interpretative' Theorie schließlich eliminiert wird, dann erscheinen die 'präzisen' Messungen, die im Rahmen des verworfenen Programms ausgeführt wurden, nachträglich oft ziemlich albern. Soddy verspottete die um ihrer selbst willen erstrebte 'experimentelle Genauigkeit': „Das Schicksal, das das Lebenswerk jener glänzenden Versammlung von Chemikern des 19. Jahrhunderts überholt hat — ein Werk, das die Zeitgenossen mit Recht als den Gipfel präziser wissenschaftlicher Messung verehrten, ist sicher der Tragödie verwandt, wenn es sie auch nicht transzendiert. Ihre in harter Arbeit gewonnenen Ergebnisse erscheinen uns, zumindest im gegenwärtigen Augenblick, ebenso uninteressant und unwichtig wie die Bestimmung des Durchschnittsgewichts einer Sammlung von Flaschen, einige voll, einige mehr oder weniger leer."[187])

Es sei hervorgehoben, daß es im Lichte der hier vorgeschlagenen Methodologie von Forschungsprogrammen nie einen rationalen Grund gab, Prouts Programm zu *eliminieren*. Im Gegenteil, das Programm produzierte eine schöne, progressive Verschiebung, auch wenn es zwischendurch beträchtliche Schwierigkeiten[188]) gab. Unsere Skizze zeigt, wie ein Forschungsprogramm eine beträchtliche Masse akzeptierter wissenschaftlicher Kenntnisse in Frage stellen kann; es ist gleichsam in eine feindliche Umgebung verpflanzt, die es Schritt für Schritt überwuchern und umformen kann.

---

[184]) Zur 'Begriffsdehnung' vgl. Lakatos [1963–1964], Teil IV.

[185]) Vorweggenommen wurde diese Verschiebung in der reizvollen Arbeit von Crookes [1888], wo er andeutet, daß die Lösung in einer neuen Abgrenzung zwischen 'physikalisch' und 'chemisch' gesucht werden soll. Aber die Vorwegnahme blieb philosophisch; erst Rutherford und Soddy haben sie nach 1910 zu einer wissenschaftlichen Theorie entwickelt.

[186]) Soddy [1932], S. 50.

[187]) Ebenda.

[188]) Diese Schwierigkeiten führen viele individuelle Forscher unvermeidlich dazu, daß sie das Programm beiseite schieben oder auch völlig aufgeben und andere Programme wählen, deren positive Heuristik zur Zeit zufällig billigere Erfolge verspricht: ohne Mobpsychologie kann die Wissenschaftsgeschichte nicht *ganz* verstanden werden. (Vgl. unten, S. 89–92.)

Die tatsächliche Geschichte des Programms von Prout illustriert auch nur zu gut, wie sehr der Fortschritt der Wissenschaft durch das Rechtfertigungsdenken und durch den naiven Falsifikationismus behindert und verlangsamt wurde. (Die Opposition gegen die Atomtheorie im 19. Jahrhundert wurde von beiden genährt.) Eine Bearbeitung dieses besonderen Einflusses schlechter Methodologie auf die Wissenschaft wäre ein lohnendes Forschungsprogramm für einen Historiker der Wissenschaften.

c2) Bohr: Fortschritt eines Forschungsprogramms auf kontradiktorischer Grundlage

Eine kurze Skizze von Bohrs Forschungsprogramm der Lichtemission (in der älteren Quantenphysik) wird unsere These weiter illustrieren und ausarbeiten.[189]

Die Story von Bohrs Forschungsprogramm läßt sich charakterisieren durch: 1) sein Ausgangsproblem; 2) seine negative und positive Heuristik; 3) die Probleme, die es im Laufe seiner Entwicklung zu lösen versuchte; 4) seinen Entartungspunkt (oder wenn man will: seinen 'Sättigungspunkt') und schließlich 5) durch das Programm, das es am Ende überholte.

Das Hintergrundproblem war das Rätsel der Stabilität von Rutherfords Atomen (d. h. winzigen Planetensystemen mit Elektronen, die einen positiven Kern umkreisen): Nach der wohlbewährten Theorie des Elektromagnetismus von Maxwell/Lorentz sollten diese Systeme in sich zusammenfallen. Aber auch Rutherfords Theorie war wohlbewährt. Bohr schlug vor, den Widerspruch vorläufig zu ignorieren und ganz bewußt ein Forschungsprogramm zu entwickeln, dessen 'widerlegbare' Fassungen der Theorie von Maxwell/Lorentz widersprachen.[190] Er schlug fünf Postulate als den *harten Kern* seines Programms vor: „1) Daß die Energiestrahlung [innerhalb des Atoms] nicht kontinuierlich emittiert (oder absorbiert) wird, wie man es in der gewöhnlichen Elektrodynamik annimmt, sondern nur während der Übergänge des Systems zwischen verschiedenen 'stationären' Zuständen. 2) Daß das dynamische Gleichgewicht des Systems in den stationären Zuständen den gewöhnlichen Gesetzen der Mechanik gehorcht, während diese Gesetze nicht für die Übergänge des Systems zwischen den verschiedenen Zuständen gelten. 3) Daß die während des Übergangs eines Systems zwischen zwei stationären Zuständen emittierte Strahlung homogen ist und daß das Verhältnis zwischen der Frequenz v und der Gesamtsumme der ausgestrahlten Energie E durch die Formel $E = hv$ gegeben wird, wobei h die Plancksche Konstante ist. 4) Daß die verschiedenen stationären Zustände eines einfachen Systems, das aus einem um einen positiven Kern kreisenden Elektron besteht, durch die Bedingung bestimmt wird, daß das Verhältnis zwischen der Gesamtenergie, die während des Zustandekommens der Konfiguration emittiert wird, und der Umlaufsfrequenz des Elektrons ein ganzzahliges Mehrfaches von $\frac{1}{2} h$ ist. Nimmt man an, daß die Bahn des Elektrons kreisförmig ist, dann ist diese Annahme damit gleichbedeutend,

---

[189] Dieser Abschnitt wird dem Historiker wieder mehr als eine Karikatur denn als eine Skizze erscheinen, aber ich hoffe, er erfüllt seinen Zweck. (Vgl. oben, S. 52.) Einige Behauptungen sind nicht *cum grano salis*, sondern eher *cum mole salis* zu verstehen.

[190] Dies ist natürlich ein weiteres Argument gegen die These von J. O. Wisdom, daß sich metaphysische Theorien durch widersprechende wohlbewährte wissenschaftliche Theorien widerlegen lassen. (Wisdom [1963]. Vgl. auch oben, S. 27, Text zur Anm. 79, und S. 41 f.

daß der Drehimpuls des Elektrons um den Kern ein ganzzahliges Vielfaches von $h/2\pi$ ist. 5) Daß der 'permanente' Zustand eines Atomsystems, d. h. der Zustand, in dem die ausgestrahlte Energie maximal ist, durch die Bedingung festgelegt ist, daß der Drehimpuls jedes Elektrons um das Zentrum seiner Bahn gleich $h/2\pi$ ist."[191])

Übersehen wir nicht den entscheidenden methodologischen Unterschied zwischen der Inkonsistenz von Prouts Programm und der Inkonsistenz, die von Bohrs Programm eingeführt wird! Prouts Forschungsprogramm war eine Kriegserklärung an die analytische Chemie seiner Zeit: Seine positive Heuristik wurde gebaut, um sie zu verwerfen und zu ersetzen. Aber Bohrs Forschungsprogramm enthielt keinen analogen Plan; selbst im Fall eines vollständigen Erfolges wäre der Widerspruch mit der Maxwell-Lorentz-Theorie in seiner positiven Heuristik ungelöst geblieben.[192]) Ein solcher Gedanke erforderte größeren Mut als selbst der Gedanke Prouts; Einstein zog ihn vorübergehend in Betracht, fand ihn aber unannehmbar und verwarf ihn.[193]) In der Tat — *einige der wichtigsten Forschungsprogramme in der Geschichte der Wissenschaften wurden älteren Programmen aufgepfropft, denen sie ganz offenkundig widersprachen.* So wurde z.B. die Kopernikanische Astronomie der Aristotelischen Physik 'aufgepfropft' und Bohrs Programm dem von Maxwell. Solche 'Aufpfropfungen' sind sowohl für den Rechtfertigungsdenker wie auch für den naiven Falsifikationisten irrational; keiner von beiden kann einen Fortschritt auf kontradiktorischer Grundlage dulden. Sie werden darum gewöhnlich durch Ad-hoc-Strategeme (wie z.B. Galileos Theorie der zirkulären Trägheit, Bohrs Korrespondenzprinzip und, später, Bohrs Komplementaritätsprinzip) verhüllt, die allein den Zweck haben, die 'Mängel' unsichtbar zu machen.[194]) Später, wenn das junge aufgepfropfte Programm an Kraft gewinnt, hört das friedliche Nebeneinander auf, aus der Symbiose wird ein Wettstreit, und die Vorkämpfer des neuen Programms versuchen, das alte Programm völlig zu ersetzen.

Es ist sehr gut möglich, daß Bohr später durch den Erfolg seines 'aufgepfropften Programmes' zur Ansicht verführt wurde, daß solche tiefliegenden Widersprüche in Forschungsprogrammen *im Prinzip* geduldet werden können und müssen, daß sie kein ernstes Problem darstellen und daß man sich nur an sie zu gewöhnen braucht. Im Jahre 1922 versuchte Bohr, die Ansprüche an eine wissenschaftliche Kritik zu vermindern; er schrieb: „Von einer Theorie [d. h. einem Programm] kann man *höchstens* verlangen, daß die [von ihr eingeführte] Klassifikation weit genug getrieben werden kann, um durch Vorhersage *neuer* Phänomene zur Entwicklung des Beobachtungsfeldes beizutragen."[195])

(Diese Behauptung von Bohr gleicht der d'Alemberts angesichts des Widerspruchs in den Grundlagen der Infinitesimaltheorie: *'Allez en avant et la foi vous viendra'.* Nach Margenau „ist es verständlich, daß man in der Aufregung über ihren Erfolg eine Mißbildung in der Architektur der Theorie übersah; denn Bohrs Atom saß wie ein Barockturm auf

---

[191]) Bohr [1913*a*], S. 874.

[192]) Bohr glaubte zu dieser Zeit, daß die Maxwell-Lorentz-Theorie *am Ende* werde ersetzt werden müssen (Einsteins Photonentheorie hatte bereits diese Notwendigkeit angedeutet).

[193]) Hevesy [1913]; vgl. auch oben, S. 50, Text zur Anm. 169.

[194]) In unserer Methodologie besteht kein Bedürfnis für solche Ad-hoc-Verfahren. Andrerseits sind sie harmlos, solange man sie klar als Probleme und nicht als Lösungen ansieht.

[195]) Bohr [1922]; Hervorhebungen von mir.

der gotischen Basis der klassischen Elektrodynamik".[196]) In Wirklichkeit hat man jedoch die 'Mißbildung' nicht übersehen: Man kannte sie, aber man ignorierte sie – mehr oder weniger – während der progressiven Phase des Programmes.[197]) Unsere Methodologie der Forschungsprogramme zeigt die Rationalität dieses Verhaltens, aber sie zeigt auch die Irrationalität der Verteidigung solcher 'Mißbildungen' nach dem Abklingen der progressiven Phase des Programmes.

Es sollte hier erwähnt werden, daß Bohr in den dreißiger und vierziger Jahren seine Forderung nach 'neuen Phänomenen' fallen ließ und bereit war, „mit der unmittelbaren Aufgabe des Koordinierens der mannigfaltigen Evidenz betreffs atomarer Erscheinungen fortzufahren, die sich von Tag zu Tag in der Erforschung dieses neuen Wissensgebietes angehäuft hat".[198]) Das zeigt, daß Bohr zu dieser Zeit auf das bloße 'Retten der Phänomene' zurückgefallen war, während Einstein sarkastisch betonte, daß „jede Theorie wahr ist, vorausgesetzt, man verbindet ihre Symbole auf passende Weise mit beobachteten Quantitäten".[199])

Aber *Widerspruchsfreiheit* – in einem strengen Sinne dieses Wortes[200]) – *muß* (neben der Forderung progressiver Problemverschiebungen) *ein wichtiges regulatives Prinzip bleiben;* und Widersprüche (und Anomalien) *müssen* als Probleme angesehen werden. Der Grund ist einfach. Erstrebt die Wissenschaft die Wahrheit, dann muß sie die Widerspruchsfreiheit erstreben; verzichtet sie auf die Widerspruchsfreiheit, so verzichtet sie auch auf die Wahrheit. Die Behauptung, „daß wir in unseren Ansprüchen bescheiden sein müssen",[201]) daß wir uns mit – schwachen oder starken – Widersprüchen abfinden müssen, ist nach wie vor ein methodologisches Laster. Andrerseits heißt das nicht, daß die Entdeckung eines Widerspruchs – oder einer Anomalie – die Entwicklung eines Programmes *sofort* zum Stillstand bringen muß: Es kann rational sein, den Widerspruch einstweilen unter eine vorübergehende Ad-hoc-Quarantäne zu stellen und an der positiven Heuristik des Programms weiterzuarbei-

---

[196]) Margenau [1950], S. 311.

[197]) Sommerfeld hat dies mehr als Bohr ignoriert: vgl. unten, Anm. 227.

[198]) Bohr [1949], S. 206.

[199]) Zitiert in Schrödinger [1958], S. 170.

[200]) Zwei Sätze sind inkonsistent, wenn ihre Konjunktion kein Modell besitzt, d. h. wenn es keine Interpretation ihrer deskriptiven Termini gibt, in der die Konjunktion wahr ist. Aber in nicht-formaler Rede verwenden wir eine größere Zahl von formativen Begriffen als in formalem Diskurs: einige deskriptive Begriffe erhalten eine feste Interpretation. In diesem nicht-formalen Sinne können zwei Sätze in der Standardinterpretation einiger charakteristischer Termini einander (schwach) widersprechen, obwohl es formell eine nicht intendierte Interpretation gibt, in der sie miteinander vereinbar sind. So widersprachen z. B. die ersten Theorien des Elektron-Spins der speziellen Relativitätstheorie, vorausgesetzt, 'Spin' erhielt seine ('strenge') Standardinterpretation und wurde also als ein formativer Begriff verwendet; aber der Widerspruch verschwindet, wenn man 'Spin' als einen uninterpretierten, deskriptiven Begriff behandelt. Der Grund, warum wir Standardinterpretationen nicht allzu leicht aufgeben sollten, liegt darin, daß eine solche Kastration des Sinnes auch die positive Heuristik des Programmes kastrieren kann. (Andrerseits können derartige Bedeutungsverschiebungen in einigen Fällen auch progressiv sein: vgl. oben, S.40.)
Zur wechselnden Abgrenzung zwischen formativen und deskriptiven Begriffen in informaler Rede vgl. Lakatos [1963–1964], 9*(b)*, insbesondere S. 335, Anm. 1.

[201]) Bohr [1922], letzter Paragraph.

ten. So hat man es selbst in der Mathematik gemacht, wie die Beispiele des frühen Infinitesimalkalküls und der naiven Mengenlehre zeigen.[202])

(So gesehen spielte Bohrs 'Korrespondenzprinzip' eine interessante Doppelrolle in seinem Programm. Auf der einen Seite funktionierte es als ein wichtiges heuristisches Prinzip, das zu vielen neuen wissenschaftlichen Hypothesen anregte, die dann ihrerseits zu neuen Tatsachen führten, insbesondere auf dem Gebiet der Intensität von Spektrallinien.[203]) Auf der anderen Seite funktionierte es auch als ein Schutzmechanismus, der „die weitgehendste Ausnützung der Begriffe der klassischen Theorien der Mechanik und der Elektrodynamik anstrebte, trotz des Kontrastes zwischen diesen Theorien und dem Wirkungsquantum",[204]) statt die Dringlichkeit eines einheitlichen Programmes zu betonen. In dieser zweiten Rolle hat das Korrespondenzprinzip den Problemgehalt des Programmes reduziert.[205])

Natürlich war das Forschungsprogramm der Quantentheorie als ein Ganzes ein 'aufgepfropftes Programm' und stieß daher Physiker mit tief-konservativen Ansichten wie Planck ab. Bezüglich aufgepfropfter Programme gibt es zwei extreme und gleich irrationale Positionen.

Die *konservative Position* stoppt das neue Programm, bis der grundlegende Widerspruch mit dem alten Programm irgendwie in Ordnung gebracht ist: es ist irrational, auf kontradiktorischer Grundlage zu arbeiten. Die 'Konservativen' lenken ihre Kräfte auf das Eliminieren des Widerspruchs, indem sie die Postulate des neuen Programms (approximativ) mit Hilfe des alten Programms erklären: sie halten es für irrational, das neue Programm ohne eine erfolgreiche *Reduktion* dieser Art weiterzuentwickeln. Planck selber hat diesen Weg gewählt. Der Erfolg blieb ihm trotz zehnjähriger harter Arbeit verwehrt.[206]) Darum ist Laues Bemerkung, daß der Vortrag von Planck am 14. Dezember 1900 'der Geburtstag der Quantentheorie' gewesen sei, nicht ganz wahr: dieser Tag war der Geburtstag von Plancks Reduktionspro-

---

[202]) Naive Falsifikationisten sind geneigt, in diesem Liberalismus eine *Sünde gegen die Vernunft* zu erblikken. Ihr Hauptargument lautet etwa so: „Wenn man Widersprüche in Kauf nimmt, dann muß man jede Art von wissenschaftlicher Tätigkeit aufgeben: dies würde den völligen Zusammenbruch der Wissenschaft bedeuten. Das läßt sich zeigen, indem man beweist, daß die *Zulassung von zwei widersprechenden Sätzen die Zulassung jeder Behauptung nach sich zieht;* denn aus einem Paar einander widersprechender Behauptungen läßt sich jede Behauptung gültig herleiten... Eine Theorie, die einen Widerspruch involviert, ist somit *als Theorie* völlig unbrauchbar" (Popper [1940]). Um Popper gerecht zu werden, muß man betonen, daß er hier gegen die Hegelsche Dialektik argumentiert, in der der Widerspruch zu einer *Tugend* wird; und er hat völlig recht, wenn er ihre Gefahren aufzeigt. Aber Popper hat niemals Modelle empirischen (oder nichtempirischen) Fortschritts auf inkonsistenter Grundlage analysiert; in der Tat, in Abschnitt 24 seiner [1934] macht er Konsistenz und Falsifizierbarkeit zu unabdinglichen Forderungen jeder wissenschaftlichen Theorie.

[203]) Vgl. z.B. Kramers [1923].

[204]) Bohr [1923].

[205]) Born gibt in [1954] eine lebendige Darstellung des Korrespondenzprinzips, die diese doppelte Bewertung nachdrücklich unterstützt. „Die Kunst, richtige Formeln zu erraten, die von den klassischen abweichen, doch diese als Grenzfälle enthalten, ... wurde zu großer Vollkommenheit entwickelt."

[206]) Fesselnd beschrieben wird diese lange Reihe frustrierender Mißerfolge bei Whittaker [1953], S. 103–104. Planck selbst gibt eine dramatische Schilderung dieser Jahre: „Meine vergeblichen Versuche, das Wirkungsquantum irgendwie in die klassische Theorie einzugliedern, erstreckte sich auf eine Reihe von Jahren und kosteten mich viel Arbeit. Manche Fachgenossen haben darin eine Art Tragik erblickt." (Planck [1947, S. 30]).

gramm. Den Entschluß, *neue* Schritte auf vorläufig inkonsistenter Grundlage zu unternehmen, hat Einstein im Jahre 1905 gefaßt, aber selbst er schwankte im Jahre 1913, als Bohr wieder vorwärtsstrebte.

Die *anarchistische Position* hinsichtlich aufgepfropfter Programme verherrlicht eine Anarchie in den Grundlagen als eine Tugend und erblickt in (schwachen) Widersprüchen entweder eine fundamentale Eigenschaft der Natur oder eine letzte Beschränkung des menschlichen Wissens, wie das einige Anhänger von Bohr taten.

Die *rationale Position* wird am besten von Newton verkörpert, der sich in gewisser Hinsicht in einer ähnlichen Situation befand. Die Cartesianische Stoßmechanik, der Newtons Programm ursprünglich aufgepfropft wurde, befand sich in (schwachem) Widerspruch mit Newtons Gravitationstheorie. Newton arbeitete sowohl an seiner positiven Heuristik (mit Erfolg) *als auch* an einem reduktionistischen Programm (ohne Erfolg), und er tadelte sowohl Cartesianer, die wie Huyghens ihre Zeit nicht an 'unverständliche' Programme verschwenden wollten, als auch einige seiner voreiligen Schüler, die wie Cotes die Widersprüche für kein Problem hielten.[207]

Die rationale Position in bezug auf 'aufgepfropfte' Programme besteht also darin, daß man ihr heuristisches Potential ausbeutet, ohne sich mit dem fundamentalen Chaos abzufinden, auf dem es wächst. Im großen und ganzen beherrschte diese Einstellung die ältere Quantentheorie vor 1925. In der neuen Quantentheorie nach 1925 wurde die 'anarchistische' Position vorherrschend, und die moderne Quantentheorie ist in ihrer 'Kopenhagener Deutung' zum Bannerträger des philosophischen Obskurantismus geworden. In der *neuen* Theorie inthronisierte Bohrs berüchtigtes 'Komplementaritätsprinzip' (schwache) Widersprüche als einen grundlegenden, faktisch endgültigen Zug der Natur und verschmolz einen subjektivistischen Positivismus, eine antilogische Dialektik und selbst die Philosophie der Alltagssprache zu einer unheiligen Allianz. Nach 1925 haben Bohr und seine Verbündeten eine neue beispiellose Niveausenkung kritischer Maßstäbe für wissenschaftliche Theorien herbeigeführt. Dies führte zu einer Niederlage der Vernunft in der modernen Physik und zu einer anarchistischen Kultivierung von unverständlichem Chaos. Einstein protestierte: „Die Heisenberg-Bohrsche Beruhigungsphilosophie – oder Religion? – ist so fein ausgeheckt, daß sie dem Gläubigen einstweilen ein sanftes Ruhekissen liefert, von dem er nicht so leicht sich aufscheuchen läßt."[208] Auf der anderen Seite waren es wohl Einsteins *allzu hohe* Maßstäbe, die ihn

---

[207] Natürlich ist ein reduktionistisches Programm nur dann wissenschaftlich, wenn es mehr erklärt, als es ursprünglich erklären wollte; sonst ist die Reduktion *nicht* wissenschaftlich (vgl. Popper [1969]). Produziert die Reduktion keinen neuen empirischen Gehalt, um von neuen Tatsachen gar nicht zu sprechen, dann ist sie eine degenerierende Problemverschiebung, eine rein sprachliche Übung. Die Bestrebungen der Cartesianer, ihre Metaphysik aufzubauschen, um Newtons Gravitation in ihren Begriffen interpretieren zu können, ist ein hervorragendes Beispiel für eine solche rein sprachliche Reduktion. Vgl. oben, Anm. 138.

[208] Einstein [1928]. Unter den Kritikern der Kopenhagener 'Anarchie' müssen wir – außer Einstein – Popper, Landé, Schrödinger, Margenau, Blokhinzev, Bohm, Fényes und Jánossy erwähnen. Eine Verteidigung der Kopenhagener Interpretation liefert Heisenberg [1955]; eine schlagende neue Kritik findet sich bei Popper [1967]. Feyerabend benutzt in [1968–1969] einige Inkonsequenzen und Schwankungen in Bohrs Position zu einer rohen apologetischen Falsifikation von Bohrs Philosophie. Feyerabend verdreht Poppers, Landés und Margenaus kritische Einstellung zu Bohr, betont nur ungenügend die Opposition von Einstein und scheint völlig vergessen zu haben, daß er in einigen früheren Schriften in diesen Dingen Popper selbst überpoppert hat.

hinderten, das Bohr-Modell und die Wellenmechanik zu entdecken (oder vielleicht nur zu veröffentlichen).

Einstein und seine Verbündeten haben die Schlacht nicht gewonnen. Textbücher der Physik sind heutzutage voll von Behauptungen wie dieser: „Die beiden Gesichtspunkte, Quanten und elektromagnetische Feldstärken, sind komplementär im Sinne von Bohr. Diese Komplementarität ist eine der großen Errungenschaften der Naturphilosophie, durch die die Kopenhagener Interpretation der Epistemologie der Quantentheorie den uralten Konflikt zwischen der korpuskularen und der Wellentheorie des Lichts gelöst hat. Beginnend mit den Eigenschaften der Reflexion und geradlinigen Ausbreitung Herons von Alexandrien im ersten Jahrhundert unserer Zeitrechnung tobte dieser Streit bis zu den Interferenz- und Welleneigenschaften von Young und Maxwell im neunzehnten Jahrhundert. Die Quantentheorie der Strahlung der letzten fünfzig Jahre hat die Dichotomie in auffallend Hegelscher Weise *völlig* gelöst."[209])

Kehren wir nun zur Logik der Forschung der *alten* Quantentheorie zurück, und wenden wir unsere Aufmerksamkeit vor allem auf ihre *positive Heuristik*. Bohr plante zunächst, die Theorie des Wasserstoffatoms auszuarbeiten. Sein erstes Modell sollte auf einem festen Protonkern mit einem einzigen Elektron in kreisförmiger Bahn beruhen; in seinem zweiten Modell wollte er eine elliptische Bahn in einer festen Ebene berechnen; dann beabsichtigte er, die offenbar künstlichen Einschränkungen eines festen Kerns und einer festen Ebene zu beseitigen; hierauf wollte er den möglichen 'Spin' des Elektrons in Betracht ziehen,[210]) und noch später hoffte er, sein Programm auf die Struktur komplizierter Atome und Moleküle sowie auf den Effekt elektromagnetischer Felder auszudehnen usw. usw. All dies war von Anfang an geplant: Die Idee einer Analogie zwischen Atomen und Planetensystemen umschrieb ein langes, schweres, aber optimistisches Programm und zeigte deutlich die zu verwendende Forschungsstrategie.[211]) „Es schien zu dieser Zeit – im Jahre 1913 –, als sei der

---

[209]) Power [1964], S. 31 (meine Hervorhebungen). '*Völlig*' ist hier wörtlich gemeint. Wie man in *Nature* (**222**, 1969, S. 1034–1035) liest: „Es ist undenkbar, daß ein grundlegendes Element der [Quanten]theorie falsch sein könnte… Das Argument, daß wissenschaftliche Ergebnisse immer provisorisch sind, läßt sich nicht halten. Es sind die Gedankengänge der *Philosophen* über die moderne Physik, die provisorisch sind, denn sie haben noch nicht eingesehen, wie tief die Entdeckungen der Quantenphysik die ganze Erkenntnistheorie affizieren… Die Behauptung, daß die Alltagssprache die allerletzte Quelle der Unzweideutigkeit physikalischer Beschreibungen sei, wird durch die Beobachtungsbedingungen in der Quantenphysik auf höchst überzeugende Weise verifiziert."

[210]) Dies ist eine rationale Rekonstruktion. In Wirklichkeit akzeptierte Bohr diesen Gedanken erst in [1926].

[211]) Es gab außer dieser Analogie noch einen anderen grundlegenden Gedanken in Bohrs positiver Heuristik: 'das Korrespondenzprinzip'. Dieses wurde von ihm schon 1913 angedeutet (vgl. das zweite seiner fünf Postulate, zitiert oben, S. 56), aber er entwickelte es erst später, als er es als ein Leitprinzip zur Lösung einiger Probleme der späteren raffinierten Modelle (Intensitäten und Polarisationszustände) benutzte. Die Eigentümlichkeit dieses zweiten Teils seiner positiven Heuristik liegt darin, daß Bohr nicht an seine metaphysische Fassung glaubte: er hielt das Prinzip für eine provisorische Regel bis zum Ersetzen der klassischen Elektromagnetik (und möglicherweise der klassischen Mechanik).

richtige Schlüssel zu den Spektren bereits gefunden, als seien nur noch Zeit und Geduld nötig, um ihre Rätsel vollständig zu lösen."[212])

Bohrs berühmte erste Abhandlung von 1913 enthielt den Anfang seines Forschungsprogramms. Sie enthielt sein erstes Modell (ich nenne es M_1), und dieses sagte bereits Tatsachen voraus, die keine frühere Theorie vorausgesagt hatte: die Wellenlängen im Emissionsspektrum des Wasserstoffs. Wohl waren einige dieser Wellenlängen vor 1913 bekannt – Beispiele sind die Balmer-Serie (1885) und die Paschen-Serie (1908) –, aber Bohrs Theorie sagte viel mehr voraus als diese beiden bekannten Serien. Und Prüfungen bestätigten bald den neuen Gehalt: eine weitere Bohr-Serie wurde im Jahre 1914 von Lyman, eine andere von Brackett im Jahre 1922 und noch eine dritte von Pfund im Jahre 1924 entdeckt.

Da die Balmer- und Paschen-Serien schon vor 1913 bekannt waren, stellen einige Historiker diese Story als ein Beispiel eines Baconschen 'induktiven Aufstiegs' dar: *1)* das Chaos der Spektrallinien, *2)* ein 'empirisches Gesetz' (Balmer), *3)* die theoretische Erklärung (Bohr). Dies sieht in der Tat den drei 'Stockwerken' von Whewell sehr ähnlich. Aber der Fortschritt der Wissenschaft wäre ohne die lobenswerten Versuche und Irrtümer des erfinderischen Schweizer Schullehrers kaum verzögert worden: die spekulative Hauptlinie der Wissenschaft, vorwärtsgetrieben von den kühnen Gedanken Plancks, Rutherfords, Einsteins und Bohrs, hätte Balmers Ergebnisse auch ohne seine sogenannte 'Pionier-Arbeit' rein deduktiv und als Prüfungssätze ihrer Theorien gezeitigt. In der rationalen Rekonstruktion der Wissenschaft erhalten die Bemühungen der Entdecker 'naiver Konjekturen'[213]) nur geringen Lohn.

In Wirklichkeit war Bohrs Problem nicht die Erklärung der Serien von Balmer und Paschen, sondern die Erklärung der paradoxen Stabilität des Rutherfordschen Atoms. Außerdem schrieb Bohr die erste Fassung seiner Arbeit, ohne von diesen Formeln auch nur gehört zu haben.[214])

Nicht der ganze neue Gehalt von Bohrs erstem Modell M_1 wurde bestätigt. Bohrs M_1 wollte zum Beispiel alle Linien im Emissionsspektrum des Wasserstoffs vorhersagen. Aber es gab experimentelle Evidenz für eine Wasserstoffserie an Stellen, an denen nach Bohrs M_1 keine solche Serie hätte auftreten dürfen. Die anomale Serie war die Ultraviolettserie von Pickering-Fowler.

Pickering entdeckte diese Serie im Jahre 1896 im Spektrum des Stern ζ Puppis. Fowler entdeckte die erste Linie der Serie im Jahre 1898 auch in der Sonne und produzierte

---

[212]) Davisson [1937]. Eine ähnliche Euphorie erlebte auch MacLaurin 1748 anläßlich von Newtons Programm: „Da [Newtons] Philosophie auf Experiment und Beweis beruht, kann sie nicht scheitern, solange sich weder die Vernunft noch die Natur der Dinge ändert... [Newton] überließ der Nachwelt wenig mehr als die Beobachtung des Himmels und die Berechnung nach seinen Modellen" (MacLaurin [1748], S. 8).

[213]) Ich benutze hier den Ausdruck 'naive Konjektur' als einen Fachausdruck im Sinne von Lakatos [1963–1964]. Eine Fallstudie und eine eingehende Kritik des Mythos der 'induktiven Basis' der Wissenschaft (der Naturwissenschaft wie auch mathematischen Wissenschaft) findet man ebenda, Abschnitt 7, besonders S. 298–307. Ich zeige, daß die 'naive Vermutung' von Descartes und Euler, wonach für alle Polyeder $V - E + F = 2$ für die spätere Entwicklung irrelevant und überflüssig war; man könnte auch erwähnen, daß die Anstrengungen Boyles und seiner Nachfolger, $pv = RT$ zu begründen, für die spätere theoretische Entwicklung (abgesehen von der Entwicklung einiger experimenteller Techniken) irrelevant waren, wie auch Keplers drei Gesetze für Newtons Theorie der Gravitation überflüssig gewesen sein mögen. Eine weitere Diskussion dieser Frage findet sich unten, S. 87.

[214]) Vgl. Jammer [1966], S. 77 ff.

dann die ganze Serie in einer Entladungsröhre, die Wasserstoff und Helium enthielt. Man konnte natürlich einwenden, daß die Monsterlinie mit Wasserstoff nichts zu tun hätte, denn die Sonne und ζ Puppis enthalten schließlich viele Gase, und die Entladungsröhre enthielt auch Helium. Es stellte sich auch heraus, daß die Linie in einer reinen Wasserstoffröhre *nicht* erzeugt werden konnte. Aber Pickerings und Fowlers 'experimentelle Technik', die zu einer falsifizierenden Hypothese des Balmerschen Gesetzes führte, hatte einen plausiblen, wenn auch nie streng geprüften theoretischen Hintergrund: *a)* ihre Serie hatte dieselbe Konvergenz-Zahl wie die Balmer-Serie und wurde daher für eine Wasserstoffserie gehalten; und *b)* Fowler gab eine plausible Erklärung, warum Helium sicher nicht für die Serie verantwortlich sein könnte.[215]

Bohr war jedoch von den 'autoritativen' experimentellen Physikern nicht sehr beeindruckt. Er bezweifelte nicht ihre 'experimentelle Präzision' oder die 'Zuverlässigkeit ihrer Beobachtungen'; er bezweifelte ihre Beobachtungstheorie. Ja, er schlug eine Alternative vor. Er entwickelte zunächst ein neues Modell (M_2) seines Forschungsprogramms: das Modell des ionisierten Heliums mit einem doppelten Protonkern, umkreist von einem Elektron. Dieses Modell sagt eine Ultraviolettserie im Spektrum des ionisierten Heliums voraus, die mit der Pickering-Fowler-Serie zusammenfällt. Damit war eine konkurrierende Theorie gegeben. Hierauf schlug er ein 'entscheidendes Experiment' vor: er sagte voraus, daß Fowlers Serie, möglicherweise mit noch stärkeren Linien, auch in einer mit einer Mischung von Chlor und Helium gefüllten Röhre produziert werden könne. Außerdem erklärte Bohr den Experimentatoren die katalysierende Rolle des Wasserstoffs in Fowlers Experiment und des Chlors in seinem eigenen, ohne auch nur einen Blick auf ihren Apparat zu werfen.[216] Und er hatte recht.[217] So verwandelte sich die erste scheinbare Niederlage des Forschungsprogrammes in einen glänzenden Sieg.

Der Sieg wurde jedoch sofort in Frage gestellt. Fowler gab zu, daß seine Serie keine Wasserstoff-, sondern eine Helium-Serie war. Aber er zeigte, daß Bohrs Monsteradjustierung[218] noch immer versagte: die Wellenlängen der Fowler-Serie unterschieden sich si-

---

[215] Fowler [1912]. Seine 'Beobachtungstheorie' wurde übrigens von 'Rydbergs theoretischen Untersuchungen' bereitgestellt, die er „mangels streng experimenteller Beweise als eine Begründung [seiner experimentellen] Konklusion ansah" (S. 65). Aber sein theoretischer Kollege, Professor Nicholson, beschrieb drei Monate später Fowlers Resultate als 'Laboratoriumsbestätigungen von Rydbergs theoretischer Deduktion' (Nicholson [1913]). Diese kleine Story, glaube ich, spricht für meine Lieblingsthese, daß die meisten Wissenschaftler die Wissenschaft kaum besser verstehen als Fische die Hydrodynamik. Im Bericht des Rates der 93. Jährlichen Generalversammlung der Royal Astronomical Society wird Fowlers „Beobachtung in Laboratoriumsexperimenten [von neuen] Wasserstofflinien, die den Bemühungen der Physiker solange entgangen sind", als ein 'höchst interessanter Fortschritt' und als ein 'Triumph wohlgelenkter experimenteller Arbeit' beschrieben.

[216] Bohr [1913*b*].

[217] Evans [1913]. Ein anderes Beispiel eines theoretischen Physikers, der einen auf Widerlegung erpichten Experimentator belehrt, was er – der Experimentator – wirklich gesehen hat, ist bereits angegeben worden; vgl. oben, Anm. 151.

[218] 'Monsteradjustierung': das Verwandeln eines Gegenbeispiels im Lichte einer neuen Theorie in ein Beispiel. Vgl. Lakatos [1963–1964], S. 127 ff. Aber Bohrs 'Monsteradjustierung' war empirisch 'progressiv': sie sagte eine neue Tatsache voraus (das Erscheinen der Linie 4686 in Röhren, die keinen Wasserstoff enthielten).

gnifikant von den in Bohrs M_2 vorausgesagten Werten. So widerlegt die Serie zwar nicht M_1, aber doch M_2, und sie unterminiert M_1 infolge der nahen Verbindung zwischen M_1 und M_2![219]

Bohr schob Fowlers Argument ab: *selbstverständlich* hatte er M_2 nie allzu ernst genommen. Seine Werte beruhten auf einer rohen Berechnung, bei der das Elektron einen fixen Kern umkreiste; aber *selbstverständlich* bewegt es sich um den gemeinsamen Schwerpunkt und *selbstverständlich* muß man, wie im Falle eines Zwei-Körper-Problems, die Masse durch die reduzierte Masse ersetzen: $m'_e = m^e/[1 + (m_e/m_n)]$.[220] Dieses modifizierte Modell war Bohrs M_3. Und selbst Fowler mußte zugeben, daß Bohr wieder recht hatte.[221]

Die scheinbare Widerlegung von M_2 wurde zu einem Sieg für M_3; und es war klar, daß M_2 und M_3 – ja vielleicht auch M_{17} und M_{20} – innerhalb des Forschungsprogramms und *ohne jede* Anregung durch Beobachtung und Experiment entstanden sein würden. Einstein meinte dieses Stadium, als er von Bohrs Theorie sagte: „Das ist eine der größten Entdeckungen."[222]

Bohrs Forschungsprogramm entwickelte sich dann wie geplant. Der nächste Schritt war die Berechnung elliptischer Bahnen. Dies geschah durch Sommerfeld im Jahre 1915, doch mit dem (unerwarteten) Ergebnis, daß die erhöhte Anzahl der möglichen stabilen Bahnen die Anzahl der möglichen Energiestufen *nicht* vermehrte; ein entscheidendes Experiment zwischen der elliptischen Theorie und der Kreistheorie schien also nicht möglich zu sein. Doch Elektronen umkreisen den Kern mit sehr großer Geschwindigkeit, und wenn die Einsteinsche Mechanik wahr ist, dann muß sich eine Massenänderung bei Beschleunigung beobachten lassen. Sommerfeld berechnete die relativistischen Korrekturen und erhielt in der Tat eine neue Reihe von Energiestufen und damit auch die 'Feinstruktur' des Spektrums.

Der Übergang zu diesem neuen relativistischen Modell verlangte weitaus mehr an mathematischer Geschicklichkeit und mathematischem Talent als die Entwicklung der ersten wenigen Modelle. Sommerfelds Leistung war vorwiegend mathematischer Art.[223]

Merkwürdigerweise waren die Dubletten des Wasserstoffspektrums schon im Jahre 1891 von Michelson entdeckt worden.[224] Moseley bemerkte sogleich nach Bohrs erster Veröffentlichung, daß „sie die zweite schwächere Linie, die man in jedem Spektrum findet, nicht zu erklären vermag".[225] Bohr war nicht beunruhigt: er war überzeugt, daß die positive Heuristik seines Forschungsprogramms Michelsons Beobachtungen *am Ende* doch erklären, ja auch noch korrigieren würde.[226] Und das war auch in der Tat der Fall. Natürlich widersprach

---

[219] Fowler [1913*a*].

[220] Bohr [1913*c*]. Auch diese Monsteradjustierung war 'progressiv': Bohr sagte eine leichte Ungenauigkeit von Fowlers Beobachtungen und eine Feinstruktur der Rydberg-'Konstante' voraus.

[221] Fowler [1913*b*]. Doch er bemerkte skeptisch, daß Bohrs Programm die Spektrallinien des *nicht-ionisierten*, gewöhnlichen Heliums noch nicht erklärt hätte. Seine Skepsis gab er aber bald auf, und er schloß sich dem Forschungsprogramm von Bohr an (Fowler [1914]).

[222] Vgl. Hevesy [1913]: „Als ich ihm vom Fowler-Spektrum erzählte, da wurden Einsteins große Augen noch größer, und er sagte zu mir: 'Dann ist es eine der größten Entdeckungen.'"

[223] Für die wichtigen mathematischen Aspekte von Forschungsprogrammen siehe oben, S. 51f.

[224] Michelson [1891–1892], besonders S. 287–289. Michelson erwähnt Balmer überhaupt nicht.

[225] Moseley [1914].

[226] Sommerfeld [1916], S. 68.

Sommerfelds Theorie den ersten Fassungen Bohrs; die Feinstruktur-Experimente – verbunden mit den alten Beobachtungen in korrigierter Form! – brachten die entscheidende Evidenz zu ihren Gunsten. Viele Niederlagen der ersten Modelle Bohrs wurden von Sommerfeld und seiner Münchener Schule in Siege für Bohrs Forschungsprogramm verwandelt.

Es ist interessant zu sehen, daß Bohr im Jahre 1916 besorgt wurde und sein Tempo verlangsamte, wie auch Einstein im Jahre 1913 inmitten des glänzenden Fortschritts der Quantenphysik besorgt geworden war und sein Tempo verlangsamt hatte; und wie Bohr 1913 die Initiative von Einstein übernommen hatte, so übernahm 1916 Sommerfeld die Initiative von Bohr. Der Unterschied zwischen der Atmosphäre der Bohr-Schule in Kopenhagen und der Sommerfeld-Schule in München war offenkundig: „In München formulierte man konkreter und war damit verständlicher; man hatte mit der Systematik der Spektren und mit dem Vektormodell Erfolge gehabt. In Kopenhagen glaubte man überhaupt noch keine angemessene Sprache für das Neue zu haben, war man zurückhaltend gegen zu bestimmte Formulierungen, drückte man sich sehr allgemein und vorsichtig aus und war damit schwerer verständlich!"[227])

Unsere Skizze zeigt, wie eine progressive Verschiebung einem inkonsistenten Programm Glaubwürdigkeit – und einen *Vernunftgrund* – geben kann. Born hat diesen Prozeß in seinem Nachruf auf Planck eindrucksvoll geschildert: „Natürlich bedeutet das bloße Einführen des Wirkungsquantums noch keineswegs, daß eine *wahre* Quantentheorie aufgestellt worden ist... Die Schwierigkeiten, denen die Einführung des Wirkungsquantums in die wohlbegründete klassische Theorie von Anfang an begegnete, sind bereits angedeutet worden. Sie haben allmählich zugenommen, anstatt sich zu vermindern; und obwohl die Forschung in ihrem Marsch nach vorne in der Zwischenzeit manche von ihnen übergangen hat, sind die verbleibenden Lücken in der Theorie für den gewissenhaften theoretischen Physiker nur um so schlimmer. In der Tat, was in Bohrs Theorie als Grundlage der Wirkungsgesetze diente, besteht aus gewissen Hypothesen, die eine Generation früher zweifellos jeder Physiker glatt verworfen hätte. Daß im Atom gewisse quantisierte Bahnen (d. h. Bahnen, die vom Quantum-Prinzip ausgewählt sind) eine besondere Rolle spielen sollen, konnte wohl zugestanden werden; etwas weniger leicht annehmbar ist die weitere Annahme, daß die Elektronen, die sich auf diesen krummlinigen Bahnen, und darum beschleunigt, bewegen, keine Energie ausstrahlen. Daß jedoch die scharf definierte Frequenz eines emittierten Lichtquantums sich von der Frequenz des emittierenden Elektrons unterscheiden sollte, das würde jeder in der klassischen Schule aufgewachsene Theoretiker für monströs und fast unbegreiflich halten. Aber Zahlen [oder, eher, *progressive Problemverschiebungen*] entscheiden, und so hat sich das Blatt gewendet. Während das Problem ursprünglich darin bestand, ein neues und seltsames Element mit so wenig Spannung wie nur möglich in ein vorhandenes System einzufügen, das allgemein als entschieden galt, *hat der Eindringling nach Gewinnen einer gesicherten*

---

[227]) Hund [1961]. Dies wird einigermaßen ausführlich in Feyerabend [1968–1969], S. 83–87, besprochen. Aber Feyerabends Arbeit ist sehr voreingenommen. Hauptziel seiner Abhandlung ist, Bohrs methodologischen Anarchismus zu unterspielen und zu zeigen, daß Bohr die Kopenhagener Deutung des *neuen* Quantum-Programms (nach 1925) *bekämpfte*. Zu diesem Zweck hebt Feyerabend einerseits Bohrs Unbehagen mit der Inkonsistenz des *alten* Quanten-Programms (vor 1925) übermäßig hervor, während er andrerseits zu großes Gewicht auf die Tatsache legt, daß Sommerfeld den Problemcharakter der Widersprüche in den Grundlagen des alten Programms weniger ernst nahm als Bohr.

Position nunmehr die Offensive übernommen; und es scheint nun sicher, daß er nahe daran ist, das alte System an einem Punkte zu sprengen. Die einzige Frage ist, wo und in welchem Ausmaße dies eintreffen wird."[228])

Eine der wichtigsten Lehren, die man aus einem Studium von Forschungsprogrammen ziehen kann, ist, daß nur wenige Experimente wirklich wichtig sind. Die heuristische Führung, die der theoretische Physiker aus Tests und 'Widerlegungen' erhält, ist gewöhnlich so trivial, daß Überprüfungen im großen Maßstab – und selbst zu große Beachtung vorhandener Daten – wohl bloßer Zeitverlust sind. In den meisten Fällen brauchen wir keine Widerlegungen, um zu wissen, daß die Theorie dringend ersetzt werden muß: Die positive Heuristik des Programmes treibt uns ohnehin weiter. Auch ist es gefährliche methodologische Grausamkeit, wenn man einer noch kaum flüggen Fassung eines Programms eine strenge 'widerlegbare Interpretation' aufzwingt. Die ersten Fassungen 'gelten' vielleicht nur für nichtexistente 'ideale' Fälle; dann braucht es vielleicht Jahrzehnte an theoretischer Arbeit, um die ersten neuartigen Tatsachen zu gewinnen, und noch mehr Zeit, um *interessant prüfbare* Fassungen des Forschungsprogramms zu erhalten, und das auf einer Stufe, wenn Widerlegungen nicht mehr im Lichte des Programms selbst vorhergesehen werden können.

Die Dialektik von Forschungsprogrammen ist also nicht unbedingt eine alternierende Reihe von spekulativen Konjekturen und empirischen Widerlegungen. Die Wechselwirkung zwischen der Entwicklung des Programms und den empirischen Kontrollen kann sehr verschiedene Gestalt annehmen; welches Pattern dabei verwirklicht wird, hängt nur vom historischen Zufall ab. Betrachten wir drei typische Möglichkeiten.

1) Stellen wir uns vor, daß jede der ersten drei aufeinanderfolgenden Fassungen H_1, H_2, H_3 einige neue Tatsachen erfolgreich, aber andere erfolglos voraussagt, d. h., jede Fassung wird sowohl bestätigt *als auch* widerlegt. Schließlich schlägt man H_4 vor, und H_4 sagt neue Tatsachen voraus, hält aber auch den strengsten Überprüfungen stand. Die Problemverschiebung ist progressiv, und wir haben auch einen schönen Popperschen Wechsel von Konjekturen und Widerlegungen.[229]) Man wird dies als ein klassisches Beispiel der Zusammenarbeit von Theorie und Experiment bewundern.

2) Ein anderes Pattern wäre ein einsamer Bohr (womöglich ohne Balmer als Vorläufer), der H_1, H_2, H_3 und H_4 ausarbeitet, aber selbstkritisch erst H_4 publiziert. Dann wird H_4 überprüft: die ganze Evidenz erscheint nun in der Form von Bestätigungen für H_4, der ersten und einzigen veröffentlichten Hypothese. Man sieht hier, wie der Theoretiker an seinem Arbeitstisch dem Experimentator weit voranarbeitet: wir haben eine Periode relativer Autonomie des theoretischen Fortschritts.

3) Stellen wir uns nun vor, daß die *gesamte* empirische Evidenz, die in diesen drei Pattern genannt wird, bereits zur Zeit der Erfindung von H_1, H_2, H_3 und H_4 vorliegt. In diesem Fall stellen H_1, H_2, H_3 und H_4 keine empirisch progressive Problemverschiebung dar, und der Wissenschaftler muß weiterarbeiten, um den wissenschaftlichen Wert seines Programmes nachzuweisen, obwohl alle Evidenz seine Theorien unterstützt.[230]) Eine solche Situation ent-

---

[228]) Born [1948], S. 180; meine Hervorhebung.

[229]) In den ersten drei Modellen vermeiden wir Komplikationen wie z. B. erfolgreiche Berufungen gegen das Urteil der Experimentalwissenschaftler.

[230]) Dies zeigt, daß genau dieselben Theorien und dieselbe Evidenz, in verschiedener Zeitordnung rekonstruiert, ebensogut eine progressive wie eine degenerative Verschiebung darstellen können. Vgl. auch Lakatos [1968a], S. 387.

steht entweder, wenn ein älteres Forschungsprogramm (das dem zu H_1, H_2, H_3 und H_4 führenden Forschungsprogramm entgegentritt) schon alle diese Tatsachen produziert hat oder wenn zuviel Regierungsgeld zur Datensammlung über Spektrallinien zur Verfügung steht, so daß zweitrangige Wissenschaftler rein zufällig über alle erwähnten Daten stolpern können. Der letzte Fall ist aber sehr unwahrscheinlich, denn, wie Cullen zu sagen pflegte: „die Anzahl der falschen Tatsachen, die sich in der Welt herumtreiben, übertrifft unendlich diejenige der falschen Theorien"; [231]) in den meisten Fällen dieser Art wird das Forschungsprogramm mit den erreichbaren 'Tatsachen' kollidieren, der Theoretiker wird die 'experimentellen Techniken' des Experimentators überprüfen, wird seine Beobachtungstheorien stürzen und ersetzen und wird dann seine Tatsachen korrigieren und damit *neue* produzieren. [232])

Kehren wir nach diesem methodologischen Exkurs zu Bohrs Programm zurück! Nicht alle Entwicklungen im Programm wurden vorausgesehen und geplant, als die Skizze der positiven Heuristik zuerst ausgearbeitet wurde. Als sich einige merkwürdige Lücken in Sommerfelds komplizierten Modellen meldeten (einige der vorausgesagten Linien traten niemals auf), schlug Pauli eine tiefgreifende Hilfshypothese vor (sein 'Ausschließungsprinzip'), das nicht nur die bekannten Lücken erklärte, sondern auch der Schalentheorie des periodischen Systems der Elemente eine neue Form gab und bis dahin nicht bekannte Tatsachen vorwegnahm.

Ich will hier keine ausführliche Darstellung der Entwicklung von Bohrs Programm geben. Aber eine eingehende Untersuchung dieses Programms ist von einem methodologischen Gesichtspunkt aus betrachtet eine wahre Goldgrube: sein wunderbar rascher Fortschritt – auf inkonsistenter Grundlage! – war atemberaubend; die Schönheit, Originalität und der empirische Erfolg seiner Hilfshypothesen, vorgeschlagen von Wissenschaftlern von Brillanz, ja Genius, war beispiellos in der Geschichte der Physik. [233]) Gelegentlich verlangte eine spätere Fassung des Programms eine bloß triviale Verbesserung wie das Ersetzen der Masse durch die reduzierte Masse. Gelegentlich brauchte man jedoch eine neue raffinierte Mathematik, wie die Mathematik des Viel-Körper-Problems, oder neue raffinierte physikalische Hilfshypothesen. Die zusätzliche Mathematik oder Physik wurde entweder aus schon früher vorhandenen Kenntnissen (wie z. B. der Relativitätstheorie) in die Theorie hineingezogen, oder sie wurde erfunden (wie Paulis Ausschließungsprinzip). Im letzten Fall haben wir eine 'schöpferische Verschiebung' in der positiven Heuristik.

[231]) Vgl. McCulloch [1825], S. 21. Ein kräftiges Argument für die extreme Unwahrscheinlichkeit eines solchen Patterns findet sich unten, S. 69 f.

[232]) Es sollte vielleicht erwähnt werden, daß manisches Datensammeln – und 'allzu große' Genauigkeit – das Formulieren selbst naiver 'empirischer' Hypothesen, wie der von Balmer, verhindert. Hätte Balmer auch dann seine Formel gefunden, wenn er die Feinstruktur von Michelson gekannt hätte? Oder wäre es jemals möglich gewesen, Keplers elliptisches Gesetz aufzustellen, wenn Tycho Brahes Angaben genauer gewesen wären? Dasselbe gilt auch für die naive erste Fassung des allgemeinen Gasgesetzes u. ä. m. Die Descartes-Euler-Konjektur über Polyeder war nur wegen der Knappheit von Daten möglich; vgl. Lakatos [1963–1964], S. 298 ff.

[233]) „Zwischen dem Erscheinen von Bohrs großer Trilogie von 1913 und dem Advent der Wellenmechanik von 1925 erschien eine große Anzahl von Arbeiten, die Bohrs Gedanken zu einer eindrucksvollen Theorie atomischer Erscheinungen entwickelten. Es war eine kollektive Bemühung, und die Namen der Physiker, die dazu beitrugen, machen eine imponierende Liste aus: Bohr, Born, Klein, Rosseland, Kramers, Pauli, Sommerfeld, Planck, Einstein, Ehrenfest, Epstein, Debye, Schwarzschild, Wilson..." (Ter Haar [1967], S. 43).

Aber selbst dieses großartige Programm kam zu einem Punkt, an dem sich sein heuristisches Potential erschöpfte. Die Zahl der Ad-hoc-Hypothesen nahm zu, und sie konnten nicht durch gehaltvermehrende Erklärungen ersetzt werden. Bohrs Theorie der molekularen (Banden) Spektra sagte z. B. die folgende Formel für zweiatomige Moleküle voraus:

$$\nu = \frac{h}{8\,\pi^2 I}\,[(m+1)^2 - m^2]$$

Aber die Formel wurde widerlegt. Bohrs Anhänger ersetzten m^2 durch $m(m+1)$. Das paßte auf die Tatsachen, war aber in betrüblichem Ausmaß ad hoc.

Dann kam das Problem unerklärter Dubletten in den Alkali-Spektren. Landé erklärte sie im Jahre 1924 durch eine ad hoc 'relativistische Aufspaltungsregel', Goudsmit und Uhlenbeck im Jahre 1925 durch den Elektron-Spin. Landés Erklärung war ad hoc, die Erklärung von Goudsmit und Uhlenbeck war außerdem auch noch inkonsistent mit der speziellen Relativitätstheorie: Oberflächenpunkte des ziemlich großen Elektrons mußten sich schneller bewegen als das Licht, und das Elektron mußte größer sein als das ganze Atom.[234] Es bedurfte großen Mutes, um einen solchen Vorschlag zu machen. (Kronig hatte die Idee vorher, aber er veröffentlichte sie nicht, denn er hielt sie für unzulässig.[235]))

Aber Verwegenheit im Vorschlagen wilder Widersprüche führte nicht mehr zu lohnenden Ergebnissen. Das Programm blieb hinter dem Entdecken neuer 'Tatsachen' zurück. Unverdaute Anomalien überschwemmten das Feld. Mit den immer sterileren Inkonsistenzen und mit den immer leereren Ad-hoc-Hypothesen setzte die degenerative Phase des Forschungsprogramms ein; das Programm begann – um einen Lieblingsausdruck Poppers zu gebrauchen – 'seinen empirischen Charakter zu verlieren'.[236] Es war auch hoffnungslos, die Lösung gewisser Probleme (wie der Störungstheorie) im Rahmen des Programms zu erwarten. Bald erschien ein konkurrierendes Forschungsprogramm: die Wellenmechanik. Das neue Programm hat – schon in seiner allerersten Fassung (de Broglie, 1924) – nicht nur Plancks und Bohrs Quantenbedingungen erklärt, es führte auch zu einer aufregenden neuen Tatsache, dem Davisson-Germer-Experiment. In seinen späteren, noch raffinierteren Fassungen bot es Lösungen für Probleme, die für Bohrs Forschungsprogramm unerreichbar gewesen waren, und es erklärte die späteren Ad-hoc-Theorien des Programms mit Hilfe von Theorien, die hohen methodologischen Maßstäben genügten. Die Wellenmechanik hat das Programm von Bohr bald eingeholt, besiegt und ersetzt.

Die Arbeit von de Broglie erschien, als Bohrs Programm degenerierte. Aber dies war bloße Koinzidenz. Man fragt sich, was geschehen wäre, wenn de Broglie seine Arbeit schon 1914 und nicht erst im Jahre 1924 geschrieben und veröffentlicht hätte.

[234] Eine Anmerkung ihrer Abhandlung lautet: „Man beachte, daß [nach unserer Theorie] die peripherische Geschwindigkeit des Elektrons die Lichtgeschwindigkeit bedeutend übertreffen würde" (Uhlenbeck und Goudsmit [1925]).

[235] Jammer.[1966], S. 146–148 und 151.

[236] Eine lebhafte Schilderung dieser degenerativen Phase von Bohrs Programm findet sich bei Margenau [1950], S. 311–313.
In der progressiven Phase eines Programms kommt der größte heuristische Stimulus von der positiven Heuristik: die Anomalien werden weitgehend ignoriert. In der degenerativen Phase versickert das heuristische Potential des Programms. In der Abwesenheit eines konkurrierenden Programms kann sich diese Situation in der Psychologie der Wissenschaftler als eine ungewöhnliche Hypersensitivität gegenüber Anomalien und als das Gefühl einer Kuhnschen 'Krise' spiegeln.

d) Ein neuer Blick auf entscheidende Experimente: das Ende der Sofortrationalität

Es wäre falsch anzunehmen, daß man an einem Forschungsprogramm festhalten muß, bis sein gesamtes heuristisches Potential erschöpft ist, und daß man ein konkurrierendes Programm erst dann einführen darf, wenn alle Beteiligten zugeben, daß der Degenerationspunkt wahrscheinlich schon erreicht ist. (Man kann aber den Ärger eines Physikers verstehen, dem inmitten der progressiven Phase eines Forschungsprogramms das Proliferieren vager, metaphysischer Theorien begegnet, die keine Anregung zu empirischem Fortschritt bieten.[237])) Ein Forschungsprogramm darf niemals zu einer *Weltanschauung* werden, die sich als Schiedsrichter aufspielt in der Frage, was eine Erklärung und was keine Erklärung ist, wie die mathematische Strenge sich als Schiedsrichter aufspielt in der Frage, was man als Beweis und was man nicht als Beweis gelten lassen darf. Leider neigt Kuhn dazu, gerade diesen Standpunkt zu empfehlen: Seine 'Normalwissenschaft' ist ja in der Tat nichts anderes als ein Forschungsprogramm, das eine Monopolstellung erlangt hat. Aber in Wirklichkeit haben Forschungsprogramme eine völlige Monopolstellung nur selten erreicht und auch dann nur für verhältnismäßig kurze Perioden – trotz der Anstrengungen gewisser Cartesianer, Newtonianer und Bohrianer. *Die Geschichte der Wissenschaften war und sollte eine Geschichte des Wettstreits von Forschungsprogrammen (oder, wenn man will, 'Paradigmen') sein; aber sie war nicht eine Aufeinanderfolge von Perioden normaler Wissenschaft, und sie darf auch nicht zu einer solchen Aufeinanderfolge werden: Je früher der Wettstreit beginnt, desto besser ist es für den Fortschritt.* Ein 'theoretischer Pluralismus' ist besser als ein 'theoretischer Monismus': An diesem Punkt haben Popper und Feyerabend recht, und Kuhn hat unrecht.[238])

Die Idee eines Wettstreits wissenschaftlicher Forschungsprogramme führt uns zum Problem: *wie werden Forschungsprogramme eliminiert?* Aus unseren bisherigen Überlegungen geht hervor, daß eine degenerative Problemverschiebung zur Eliminierung eines Forschungsprogramms nicht mehr hinreicht als eine altmodische 'Widerlegung' oder eine Kuhnsche 'Krise'. *Ist es möglich, einen objektiven* (im Gegensatz zu einem sozio-psychologischen) *Grund für die Beseitigung eines Programms anzugeben, d. h. für die Elimination seines harten Kerns und seines Programms zur Konstruktion von Schutzgürteln?* In großen Zügen ist unsere Antwort, daß ein solcher objektiver Grund in einem konkurrierenden Forschungsprogramm besteht, das den früheren Erfolg des Rivalen erklärt und ihn durch eine weitere Schaustellung von *heuristischem Potential*[239]) überholt.

---

[237]) Dies ist es, was Newton am 'skeptischen Proliferieren von Theorien' der Cartesianer besonders irritiert haben muß.

[238]) Nichtsdestoweniger ist es nicht unangebracht, wenn zumindest *einige* Leute an einem Forschungsprogramm festhalten, bis es seinen 'Sättigungspunkt' erreicht; ein neues Programm muß dann den vollen Erfolg des alten erklären. Man kann dagegen nicht einwenden, daß der Rivale schon am Anfang den ganzen Erfolg des ersten Programms erklärt haben mag; das Wachstum eines Forschungsprogramms läßt sich nicht voraussagen – es kann zu wichtigen, unvorhersehbaren Hilfshypothesen eigener Prägung anregen. Weiterhin, wenn eine Fassung A_n eines Forschungsprogramms P_1 mathematisch äquivalent ist mit einer Version A_m des Rivalen P_2, dann sollte man beide entwickeln: ihr heuristisches Potential kann immer noch sehr verschieden sein.

[239]) Ich gebrauche hier den Ausdruck *'heuristisches Potential'* als einen Fachausdruck, um die Fähigkeit des Forschungsprogramms zur Antizipation theoretisch neuartiger Tatsachen im Verlauf seines Wachstums zu charakterisieren. Natürlich könnte ich ebensogut den Ausdruck *'explanatorisches Potential'* verwenden: vgl. oben, Anm. 111.

Aber das Kriterium des 'heuristischen Potentials' hängt weitgehend davon ab, wie wir die *Neuartigkeit von Tatsachen* auslegen. Wir haben bisher angenommen, daß die Neuartigkeit der von einer neuen Theorie vorausgesagten Tatsachen sich sofort feststellen läßt.[240] Aber die *Neuartigkeit eines Tatsachensatzes kann oft erst nach einer langen Zeitspanne gesehen werden.* Um dies zu zeigen, beginne ich mit einem Beispiel.

Die Balmer-Formel für Wasserstofflinien war eine logische Folge von Bohrs Theorie.[241] War dies eine neue Tatsache? Man hätte versucht sein können, dies zu bestreiten, denn Balmers Formel war schließlich wohlbekannt. Aber das ist nur die halbe Wahrheit. Balmer 'beobachtete' bloß B_1: daß *die Wasserstoff-Linien der Balmer-Formel gehorchen.* Bohr sagte B_2 voraus: daß *die Unterschiede der Energiestufen verschiedener Bahnen des Wasserstoff-Elektrons der Balmer-Formel gehorchen.* Man könnte nun sagen, daß B_1 schon den ganzen 'Beobachtungs'gehalt von B_2 enthält. Aber eine solche Behauptung setzt voraus, daß es eine reine 'Beobachtungsstufe' gibt, unbefleckt von jeder Theorie und unempfindlich für jede theoretische Veränderung. In Wirklichkeit wurde B_1 nur darum akzeptiert, weil die optischen, chemischen und anderen Theorien, die Balmer *angewandt* hatte, wohlbestätigt und als interpretative Theorien akzeptiert waren; und diese Theorien konnten immer in Frage gestellt werden. Man könnte geltend machen, daß wir selbst B_1 von seinen theoretischen Voraussetzungen 'reinigen' können, daß wir dann erhalten, was Balmer wirklich 'beobachtet' hat und daß sich dieser Sachverhalt durch den mehr bescheidenen Satz B_0 ausdrücken läßt: *daß die Linien, die in gewissen Röhren unter gewissen wohlbestimmten Umständen (oder im Verlauf eines 'kontrollierten Experiments'[242]) ausgestrahlt werden, der Balmerschen Formel gehorchen.* Nun zeigen einige der Argumente Poppers, daß wir auf diese Weise niemals auf einen harten 'Beobachtungs'grund stoßen; es läßt sich leicht zeigen, daß B_0 Beobachtungstheorien involviert.[243] Andrerseits würde eine lange progressive Entwicklung von Bohrs Programm, die sein heuristisches Potential im besten Licht zeigt, den harten Kern dieses Programms in hohem Grade bestätigt[244] und seine Brauchbarkeit als 'Beobachtungs'theorie oder interpretative Theorie erwiesen haben. Aber in diesem Fall gilt B_2 nicht als eine bloß theoretische Umdeutung von B_1, sondern als eine selbständige *neue Tatsache.*

Diese Überlegungen machen aufs neue klar, daß viele unserer Bewertungen erst im nachhinein gegeben werden können, und sie führen zu einer weiteren Liberalisierung unse-

---

[240] Vgl. oben, S. 31, Text zu Anm. 97, und S. 48, Text zu Anm. 165.

[241] Vgl. oben, S. 61.

[242] Vgl. oben, S. 26, Anm. 76.

[243] Eines von Poppers Argumenten ist besonders wichtig: „Es ist ein verbreitetes Vorurteil, daß der Satz: 'Ich sehe, daß der Tisch hier weiß ist' gegenüber dem Satz: 'Der Tisch hier ist weiß' irgendwelche erkenntnistheoretischen Vorzüge aufweist; aber deshalb, weil er etwas über 'mich' behauptet, kann der erste Satz vom Standpunkt einer objektiven Prüfung aus nicht als sicherer angesehen werden als der zweite Satz, der etwas über den 'Tisch hier' behauptet" ([1934], Abschnitt 27). Diese Stelle veranlaßt Neurath zu einer charakteristisch dickköpfigen Bemerkung: „Für uns haben solche Protokollsätze den Vorteil *größerer Stabilität.* Man kann den Satz: 'Die Menschen sahen im 16. Jahrhundert feurige Schwerter am Himmel' beibehalten, während man den Satz 'Am Himmel waren feurige Schwerter' schon streichen würde" (Neurath [1935], S. 362).

[244] *Diese Bemerkung definiert übrigens einen 'Bewährungsgrad' für die 'unwiderlegbaren' harten Kerne von Forschungsprogrammen. Newtons Theorie hatte (isoliert) keinen empirischen Gehalt, doch sie war, in diesem Sinne, in hohem Grade bewährt.*

rer Maßstäbe. Ein neues Forschungsprogramm, das eben erst in den Wettstreit eingetreten ist, mag damit beginnen, daß es 'alte Tatsachen' auf neue Weise erklärt, aber es kann lange Zeit in Anspruch nehmen, bevor man ihm die Produktion 'wirklich neuer' Tatsachen zugesteht. Zum Beispiel *schien* die kinetische Theorie der Wärme Jahrzehnte hindurch hinter den Ergebnissen der phänomenologischen Theorie herzuhinken, bis sie sie mit der Einstein-Smoluchowski-Theorie der Brownschen Bewegung im Jahre 1905 schließlich überholte. Was früher als eine spekulative Umdeutung alter Tatsachen (über die Wärme etc.) erschien, erwies sich jetzt als eine Entdeckung neuartiger Tatsachen (über Atome).

Es ist darum nicht ratsam, ein in frühem Wachstum begriffenes Forschungsprogramm schon darum beiseite zu schieben, weil es ihm nicht gelungen ist, einen mächtigen Rivalen zu überholen. Wir dürfen es nicht aufgeben, wenn es in Abwesenheit seines Rivalen eine progressive Problemverschiebung dargestellt hätte. [245] *Und eine neu interpretierte Tatsache muß ganz sicher als eine neue Tatsache gelten, ohne Rücksicht auf die unverschämten Prioritätsansprüche amateurhafter Tatsachensammler. Ein junges Forschungsprogramm, das sich rational als eine progressive Problemverschiebung rekonstruieren läßt, sollte für eine Weile vor einem mächtigen etablierten Rivalen geschützt werden.* [246]

Diese Überlegungen betonen im großen und ganzen die Wichtigkeit methodologischer Toleranz; sie lassen die Frage der Beseitigung von Forschungsprogrammen noch immer unbeantwortet. Ja, der Leser mag den Verdacht schöpfen, daß diese starke Betonung der Fallibilität unsere Maßstäbe so weitgehend liberalisiert oder vielmehr aufweicht, daß wir bei einem radikalen Skeptizismus landen. Selbst die berühmten 'entscheidenden Experimente' haben dann keine Kraft, ein Forschungsprogramm umzustürzen; *anything goes.* [247]

Aber dieser Verdacht ist unbegründet. *Innerhalb* eines Forschungsprogramms sind *'kleinere Entscheidungsexperimente'* zwischen aufeinanderfolgenden Fassungen an der Tagesordnung. Experimente 'entscheiden' leicht zwischen der $n$ten und der $n+1$ten wissenschaftlichen Fassung, denn die $n+1$te Fassung ist nicht nur inkonsistent mit der $n$ten, sondern sie überholt sie auch. Wenn die $n+1$te Variante im Lichte *desselben* Programms und im Lichte *derselben* wohlbewährten Beobachtungstheorien höheren bewährten Gehalt besitzt, dann ist die Eliminierung der $n$ten Variante eine relative Routineangelegenheit (relativ, denn selbst hier kann gegen die Entscheidung Berufung eingelegt werden). Auch Berufungsverfahren lassen sich gelegentlich leicht durchführen: In vielen Fällen ist die angegriffene Beobachtungstheorie überhaupt nicht wohlbewährt, sondern unartikuliert, naiv und 'verborgen'; erst der Angriff enthüllt die Existenz dieser verborgenen Annahme und führt zu ihrer Artikulation, Prüfung und zu ihrem Sturz. Es kommt aber wiederholt vor, daß die Beobachtungstheorien selber in einem Forschungsprogramm eingebettet sind, und dann führt das Berufungsverfahren zu einem Zusammenstoß zwischen zwei Forschungsprogrammen: In solchen Fällen mag ein *'größeres Entscheidungsexperiment'* nötig sein.

[245] In der Methodologie von Forschungsprogrammen wird übrigens der pragmatische Sinn einer 'Verwerfung' [eines Programms] kristallklar: es ist *die Entscheidung, nicht mehr an ihm weiterzuarbeiten.*
[246] Man könnte – mit Vorsicht – diese geschützte Periode der Entwicklung als *'vorwissenschaftlich'* (oder 'theoretisch') ansehen und erst dann bereit sein, seinen wahrhaft *wissenschaftlichen* (oder 'empirischen') Charakter anzuerkennen, wenn es beginnt, 'wirklich neue' Tatsachen zu produzieren; aber in diesem Fall muß die Anerkennung rückwirkend geschehen.
[247] *Dieser Konflikt zwischen Fehlbarkeit und Kritik kann übrigens mit Recht als das Hauptproblem – und die Triebkraft – des Popperschen Forschungsprogramms in der Erkenntnistheorie bezeichnet werden.*

Wenn zwei Forschungsprogramme miteinander in Wettstreit treten, dann befassen sich ihre ersten 'idealen' Modelle gewöhnlich mit verschiedenen Aspekten des Anwendungsbereichs (z. B. beschrieb das erste Modell von Newtons semi-korpuskularer Optik die Lichtbrechung, das erste Modell von Huyghens Wellenoptik die Interferenz des Lichtes). Die Expansion der Programme bringt es dann mit sich, daß sie allmählich ihre Grenzen überschreiten, und die $n$te Version des ersten Programms wird der $m$ten Version des zweiten ganz offenkundig und dramatisch widersprechen.[248] Ein Experiment wird wiederholt ausgeführt mit dem Ergebnis, daß das erste Programm *diese Schlacht* verliert, während das zweite gewinnt. Aber *der Krieg* ist noch nicht vorbei: Jedem Forschungsprogramm sind einige solche Niederlagen erlaubt. Für ein Comeback braucht man nur eine $n+1$te oder $n+k$te gehaltsvermehrende Fassung zu konstruieren und die Verifikation eines Teils von diesem neuen Gehalt.

Tritt ein solches Comeback selbst nach standhafter Bemühung nicht ein, dann ist der Krieg verloren, und das ursprüngliche Experiment wird *im nachhinein* als 'entscheidend' angesehen. Wenn aber das geschlagene Programm ein junges, sich schnell entfaltendes Programm ist und wenn wir beschließen, seine 'vorwissenschaftlichen' Erfolge hinreichend in Betracht zu ziehen, dann lösen sich angeblich entscheidende Experimente der Reihe nach im Verlauf seines stürmischen Fortschritts auf. Ja, selbst ein altes, etabliertes und 'müdes' Programm, nahe an seinem 'natürlichen Sättigungspunkt',[249] kann doch lange Zeit hindurch Widerstand leisten und mit ingeniösen, gehaltvermehrenden Neuerungen aushalten, auch wenn diese nicht mit empirischem Erfolg belohnt werden. Es ist sehr schwer, ein Forschungsprogramm zu schlagen, das von begabten und einfallsreichen Wissenschaftlern unterstützt wird. Auch können die hartnäckigen Verteidiger des geschlagenen Programms Ad-hoc-Erklärungen für die Experimente oder eine schlaue Ad-hoc-'Reduktion' des siegreichen Programms auf das geschlagene vorschlagen. Aber solche Versuche sollte man als unwissenschaftlich verwerfen.[250]

Unsere Überlegungen erklären, warum der entscheidende Charakter von entscheidenden Experimenten erst nach Jahrzehnten erkannt wird. Nach Newton waren Keplers Ellipsen entscheidende Evidenz für ihn und gegen Descartes; aber es dauerte etwa hundert Jahre, bevor diese Behauptung allgemein akzeptiert wurde. Die Anomalie des Merkur-Perihels war jahrzehntelang als eine der vielen noch ungelösten Schwierigkeiten in Newtons Programm bekannt; aber erst die Tatsache, daß Einsteins Theorie sie besser erklärte, verwandelte eine trübe Anomalie in eine glänzende 'Widerlegung' des Newtonschen Forschungspro-

---

[248] Ein besonders interessanter Fall eines solchen Wettstreits ist die *kompetitive Symbiose*, die dann eintritt, wenn ein neues Programm einem ihm widersprechenden alten Programm aufgepfropft wird; vgl. oben, S. 56.

[249] Es gibt keinen *natürlichen* 'Sättigungspunkt'; in meiner Abhandlung [1963–1964], besonders auf S. 327–328, war ich mehr Hegelianer, und ich dachte damals, daß es einen solchen gäbe. Heute gebrauche ich den Ausdruck mit ironischer Emphase. Es gibt keine voraussagbare oder feststellbare Begrenzung der menschlichen Einbildungskraft, neue gehaltvermehrende Theorien zu erfinden, oder der *List der Vernunft*, sie mit empirischem Erfolg zu belohnen, und das selbst dann, wenn die Theorien falsch sind oder wenn eine neue Theorie weniger Wahrheitsnähe – in Poppers Sinn – besitzt als ihr Vorgänger.

[250] Für ein Beispiel siehe oben, Anm. 138.

gramms.[251]) Young hielt sein Zweispaltenexperiment des Jahres 1802 für ein entscheidendes Experiment zwischen dem korpuskularen Programm und dem Wellenprogramm der Optik; aber sein Anspruch wurde erst viel später anerkannt, als Fresnel das Wellenprogramm auf 'progressive' Weise weiterentwickelt hatte und als es klar wurde, daß die Newtonianer dem heuristischen Potential dieses Programms nichts Vergleichbares an die Seite stellen konnten. Die seit Jahrzehnten bekannte Anomalie erhielt den Ehrentitel einer Widerlegung, das Experiment erhielt den Ehrentitel eines *entscheidenden Experiments*' erst nach einer langen Periode wechselnder Entwicklung der beiden konkurrierenden Programme. Die Brownsche Bewegung stand fast ein Jahrhundert lang im Zentrum des Schlachtfeldes, bis man dann *sah*, daß sie das phänomenologische Forschungsprogramm besiegte und den Krieg zugunsten der Atomisten entschied. Michelsons 'Widerlegung' der Balmer-Reihe wurde eine Generation lang ignoriert, bis sie dann in Bohrs triumphierendem Forschungsprogramm Unterstützung fand.

Es mag sich lohnen, im Detail einige Beispiele von Experimenten zu diskutieren, deren 'entscheidender' Charakter erst im nachhinein klar wurde. Als erstes Beispiel erörtere ich das berühmte Michelson-Morley-Experiment aus dem Jahre 1887, das angeblich die Äther-Theorie falsifiziert und 'zur Relativitätstheorie geführt' hat; dann kommen die Experimente von Lummer-Pringsheim, die angeblich die klassische Theorie der Strahlung falsifiziert und 'zur Quantentheorie geführt' haben.[252]) Und zum Schluß bespreche ich ein Experiment, von dem viele Physiker glaubten, es würde eine Entscheidung gegen die Erhaltungsgesetze herbeiführen, das aber schließlich in ihrer triumphierendsten Bestätigung endete.

d1) Das Michelson-Morley-Experiment

Während seines Besuchs am Institut von Helmholtz in Berlin im Jahre 1881 ersann Michelson ein Experiment, das den Zweck hatte, Fresnels und Stokes widersprechende Theorien über den Einfluß der Erdbewegung auf den Äther zu überprüfen.[253]) Nach Fresnels Theorie bewegt sich die Erde durch einen ruhenden Äther, aber der Äther innerhalb der Erde wird von ihr *teilweise* mitgeschleppt; die Geschwindigkeit des Äthers außerhalb der Erde relativ zu ihr ist also positiv (Fresnels Theorie impliziert die Existenz eines 'Ätherwindes'). Nach der Theorie von Stokes wird der Äther von der Erde mitgeschleppt, und die Geschwindigkeit des Äthers an der Oberfläche der Erde ist der der Erde gleich: die relative Geschwindigkeit ist also gleich Null (kein Ätherwind an der Oberfläche). Stokes hielt beide Theorien ursprünglich für äquivalent, was Beobachtungen betrifft: Zum Beispiel erklärten beide Theorien mit geeigneten Hilfsannahmen die Aberration des Lichtes. Michelson dagegen behauptete, daß sein Experiment von 1881 ein entscheidendes Experiment in bezug auf beide Theorien sei und daß

---

[251]) *Eine Anomalie in einem Forschungsprogramm ist also ein Phänomen, das wir mit Hilfe des Programms zu erklären wünschen. Allgemeiner können wir, nach Kuhn, von 'Rätseln' sprechen: ein 'Rätsel' eines Programms ist ein Problem, das wir als eine Herausforderung an dieses bestimmte Programm ansehen. Ein 'Rätsel' kann auf dreifache Weise gelöst werden: man löst es innerhalb des ursprünglichen Programms (aus der Anomalie wird ein Beispiel); man neutralisiert es, d. h. man löst es in einem unabhängigen, anderen Programm (die Anomalie verschwindet); oder schließlich, man löst es innerhalb eines konkurrierenden Programms (aus der Anomalie wird ein Gegenbeispiel).*

[252]) Vgl. Popper [1934], Abschnitt 30.

[253]) Vgl. Fresnel [1818], Stokes [1845] und [1846]. Für eine hervorragende kurze Darstellung vgl. Lorentz [1895].

es die Theorie von Stokes *beweise*.[254]) Er behauptete, daß die Geschwindigkeit der Erde relativ zum Äther weit unter dem Fresnelschen Wert liege. In der Tat, er schloß, daß sich aus seinem Experiment „die *notwendige Konklusion* ergibt, daß die Hypothese [eines stationären Äthers] irrtümlich ist. Diese Konklusion steht in direktem Widerspruch mit der Erklärung des Phänomens der Aberration, die voraussetzt, daß sich die Erde durch den Äther bewegt, wobei der letztere in Ruhe bleibt".[255]) Wie so oft wurde dann Michelson, der Experimentator, von einem Theoretiker eines Besseren belehrt. Lorentz, der führende theoretische Physiker der Zeit, zeigte 'in einer tiefschürfenden Analyse … des ganzen Experimentes'[256]), daß Michelson die Fakten 'falsch interpretiert' hatte und daß seine Beobachtungen der Hypothese des stationären Äthers in Wirklichkeit *nicht* widersprachen. Lorentz zeigte, daß Michelsons Berechnungen verfehlt waren; Fresnels Theorie sagte nur die Hälfte des Effektes voraus, den Michelson berechnet hatte. Lorentz kam zu dem Schluß, daß Michelsons Experiment Fresnels Theorie *nicht* widerlegte und daß es sicherlich auch die Theorie von Stokes nicht bewies. Lorentz zeigte weiterhin die Inkonsistenz von Stokes Theorie: Die Theorie behauptete, daß der Äther an der Erdoberfläche relativ zu dieser ruhe, verlangte aber auch, daß die relative Geschwindigkeit ein Potential besitze; diese beiden Bedingungen sind unvereinbar. Aber selbst wenn Michelson *eine* Theorie des stationären Äthers widerlegt *hätte*, wäre das Programm noch immer unberührt: Varianten des Ätherprogramms, die sehr kleine Werte für den Ätherwind voraussagen, lassen sich leicht konstruieren, und Lorentz produzierte sofort eine. Die Theorie war prüfbar, und Lorentz unterwarf sie stolz dem Verdikt des Experimentes.[257]) Michelson, zusammen mit Morley, nahm die Herausforderung an. Die relative Geschwindigkeit von Erde und Äther schien wieder gleich Null zu sein, im Gegensatz zur Theorie von Lorentz. Aber diesmal war Michelson schon viel vorsichtiger in der Auslegung seiner Daten und dachte sogar an die Möglichkeit, daß sich das Sonnensystem als Ganzes in einer zur Erde entgegengesetzten Richtung bewegt haben könnte; darum beschloß er, das Experiment „in Abständen von je drei Monaten zu wiederholen und so alle Ungewißheit zu vermeiden".[258]) In seiner zweiten Arbeit ist nicht mehr die Rede von 'notwendigen Konklusionen' und 'direkten Widersprüchen'. Statt dessen „scheint es nach dem Vorhergehenden *ziemlich sicher* zu sein, daß eine relative Bewegung zwischen der Erde und dem lichttragenden Äther nur *klein* sein kann; klein genug, um *Fresnels* Erklärung der Aberration völlig zu widerlegen".[259]) Michelson behauptet also in dieser Abhandlung noch immer, Fresnels Theorie (und auch die neue Theorie von Lorentz) widerlegt zu haben; aber wir hören kein Wort von seiner alten (1881) Behauptung, er hätte 'die Theorie des stationären Äthers' im allgemeinen widerlegt. (In der Tat, er glaubte, daß eine solche Widerlegung eine Prüfung des Ätherwindes auch in großen Höhen erfordern würde, „zum Beispiel auf der Spitze eines isolierten Berges"[260]).)

[254]) Dies geht indirekt aus dem letzten Abschnitt seiner [1881] hervor.

[255]) Michelson [1881], S. 128. Meine Hervorhebung.

[256]) Michelson und Morley [1887], S. 335.

[257]) Lorentz [1886]. Zur Inkonsistenz der Theorie von Stokes vgl. auch Lorentz [1892b].

[258]) Michelson und Morley [1887], S. 341. Aber Pearce Williams bemerkt, daß er es nie getan hatte (Pearce Williams [1968], S. 34).

[259]) Ebenda, S. 341. Meine Hervorhebung.

[260]) Michelson und Morley [1887]. Diese Bemerkung zeigt, daß Michelson die Übereinstimmung seines Experiments von 1887 mit der Vorstellung eines Ätherwindes in größerer Höhe bemerkte. Max Born behauptet 33 Jahre später, „wir *müssen* [aus dem Experiment von 1887] schließen, daß es den Äther-Wind nicht gibt". (Hervorhebung von mir)

Während einige Äther-Theoretiker – wie Kelvin – die 'experimentelle Geschicklichkeit' von Michelson bezweifelten,[261]) wies Lorentz darauf hin, daß selbst das *neue* Experiment trotz Michelsons naiver Behauptung „keine Evidenz für die Frage liefert, um derentwillen es unternommen wurde".[262]) Man kann in Fresnels Theorie mit vollem Recht eine *interpretative* Theorie erblicken, die die Tatsachen deutet, aber nicht von ihnen widerlegt werden kann; in diesem Fall liegt nach Lorentz „die Bedeutung des Michelson-Morley-Experiments eher in dem Umstand, daß es uns über *Veränderungen in den Dimensionen* belehren kann":[263]) Die Dimensionen der Körper werden von ihrer Bewegung durch den Äther beeinflußt. Lorentz hat diese 'schöpferische Verschiebung' innerhalb des Fresnelschen Programms mit großer Erfindungskraft ausgearbeitet, und er behauptete, damit „den Widerspruch zwischen Fresnels Theorie und Michelsons Ergebnis entfernt" zu haben.[264]) Aber er gab zu, daß „wir die Natur der molekularen Kräfte überhaupt nicht kennen, so daß es unmöglich ist, die Hypothese zu testen";[265]) *zumindest vorläufig* vermochte diese Hypothese keine neuen Tatsachen vorauszusagen.[266])

Mittlerweile, im Jahre 1897, führte Michelson sein langgeplantes Experiment aus, die Geschwindigkeit des Ätherwindes auf Bergspitzen zu messen. Er fand keine. Da er früher gedacht hatte, daß er Stokes Theorie eines Ätherwindes in großer Höhe bewiesen hätte, war er nun sprachlos. War Stokes Theorie noch immer richtig, dann mußte der Gradient der Äthergeschwindigkeit sehr klein sein. Michelson war gezwungen zu schließen, daß „der Einfluß der Erde auf den Äther sich bis zu Entfernungen von der Größenordnung des Erddurchmessers erstrecke".[267]) Er hielt dies für ein 'unwahrscheinliches' Ergebnis und entschied, daß er im Jahre 1887 den falschen Schluß aus seinem Experiment gezogen hatte: Es

[261]) Kelvin sagte am Internationalen Physikalischen Kongreß von 1900, daß „die einzige Wolke am klaren Himmel der [Äther]theorie das Nullergebnis des Michelson-Morley-Experiments" wäre (vgl. Miller [1925]) und überredete sogleich Morley und Miller, die anwesend waren, das Experiment zu wiederholen.

[262]) Lorentz [1892*a*].

[263]) Ebenda. Meine Hervorhebung.

[264]) Lorentz [1895].

[265]) Lorentz [1892*b*].

[266]) Zur gleichen Zeit produzierte Fitzgerald, unabhängig von Lorentz, eine prüfbare Version dieser 'schöpferischen Verschiebung', die durch die Experimente von Trouton, Rayleigh und Brace schnell widerlegt wurde: sie war theoretisch, aber nicht empirisch progressiv. Vgl. Whittaker [1947], S. 53, und Whittaker [1953], S. 28–30.
Es ist eine verbreitete Ansicht, daß Fitzgeralds Theorie ad hoc war. Was zeitgenössische Physiker meinten, war, daß sie ad hoc$_2$ war (vgl. oben, S. 39, Anm. 135): es gab '*keine unabhängige [positive] Evidenz*' für die Theorie. (Vgl. z.B. Larmor [1904], S. 624.) Später wurde der Terminus 'ad hoc' unter Poppers Einfluß hauptsächlich im Sinne von 'ad hoc$_1$' benutzt, d. h. *kein unabhängiger Test* war möglich. Aber die widerlegenden Experimente zeigen, daß es ein Irrtum ist, zu behaupten – wie dies Popper tut –, Fitzgeralds Theorie sei ad hoc$_1$ (vgl. Popper [1934], Abschnitt 20). Dies zeigt wieder, wie wichtig es ist, 'ad hoc$_1$' und 'ad hoc$_2$' zu unterscheiden.
Als Grünbaum in [1959*a*] auf Poppers Irrtum hinwies, hat Popper den Irrtum zugegeben, aber entgegnet, Fitzgeralds Theorie sei sicher mehr ad hoc als die Theorie Einsteins (Popper [1959*b*]), was ein weiteres „… ausgezeichnetes Beispiel für 'Grade der Ad-hoc-heit' wäre und [damit] für eine der Hauptthesen [seines] Buches, daß Grade von Ad-hoc-heit in umgekehrtem Verhältnis zu Graden der Testbarkeit und Signifikanz stehen". Aber der Unterschied ist *nicht* einfach eine Sache von Graden einer einzigartigen Ad-hoc-heit, die durch Prüfbarkeit gemessen werden kann. Siehe auch unten, S. 87.

[267]) Michelson [1897], S. 478.

war Stokes Theorie, die man verwerfen, und Fresnels Theorie, die man akzeptieren mußte; und er beschloß, *jede* vernünftige Hilfshypothese zu akzeptieren, die sie retten konnte, eingeschlossen Lorentz' Theorie von 1892.[268]) *Jetzt* schien er die Fitzgerald-Lorentz-Kontraktion vorzuziehen, und seine Kollegen in Case begannen um 1904, die Materialabhängigkeit dieser Kontraktion zu untersuchen.[269])

Während die meisten Physiker versuchten, Michelsons Experimente im Rahmen des Ätherprogramms zu interpretieren, kam Einstein, ohne Kenntnis von Michelson, Fitzgerald und Lorentz, aber angeregt vor allem von Machs Kritik an Newtons Mechanik, auf ein neues, progressives Forschungsprogramm.[270]) Dieses neue Programm hat nicht nur das Ergebnis des Michelson-Morley-Experimentes 'vorhergesagt' und erklärt, es hat auch eine beträchtliche Reihe von Tatsachen vorhergesagt, die man sich früher nicht einmal erträumt hätte, und alle diese Tatsachen wurden dramatisch bestätigt. *Erst jetzt*, 25 Jahre später, sah man im Michelson-Morley-Experiment 'das größte negative Experiment der Wissenschaftsgeschichte'.[271]) Das war nicht sofort möglich. Das Experiment war zwar negativ – aber negativ *wofür*? Außerdem dachte Michelson 1881, daß es auch *positiv* sei: Er war der Ansicht, daß er Fresnels Theorie *widerlegt*, aber Stokes Theorie *verifiziert* hätte. Michelson selber und dann Fitzgerald und Lorentz erklärten das Ergebnis auch *positiv* im Rahmen des Ätherprogrammes.[272]) Wie bei allen experimentellen Ergebnissen wurde seine negative Rolle für das alte Programm *erst später* festgestellt, und zwar durch die allmähliche Anhäufung von Ad-hoc-Versuchen, es im Rahmen des degenerierenden alten Programms zu erklären, und durch die allmähliche Etablierung eines neuen *progressiven* und siegreichen Programms, in dem es dann die Rolle einer positiven Instanz spielte. Aber die Möglichkeit der Rehabilitation eines Teils des 'degenerierenden' alten Programms konnte rational nie ausgeschlossen werden.

Nur ein äußerst schwerer und (unbestimmt) langer Prozeß kann entscheiden, daß ein Forschungsprogramm seinen Rivalen überholt hat; und es ist unklug, den Ausdruck 'entscheidendes Experiment' *(experimentum crucis)* allzu voreilig zu verwenden. Selbst wenn ein Forschungsprogramm ganz offenkundig von seinem Vorgänger verdrängt wird, wird es nicht durch ein 'entscheidendes Experiment' verdrängt; und selbst wenn ein solches entscheidendes Experiment später in Zweifel gezogen wird, kann das neue Forschungsprogramm doch nicht ohne einen kräftigen progressiven Aufschwung des alten Programms aufgehalten werden.[273])

[268]) Lorentz bemerkte sogleich: „Während [Michelson] einen so weitreichenden Einfluß der Erde für unwahrscheinlich hält, würde ich ihn im Gegenteil *erwarten*" (Lorentz [1897]; meine Hervorhebung).

[269]) Morley und Miller [1904].

[270]) Es gibt eine umfangreiche Kontroverse über den historisch-heuristischen Hintergrund von Einsteins Theorie, in deren Licht sich diese Behauptung als falsch erweisen mag.

[271]) Bernal [1965], S. 530. Es war für Kelvin i.J. 1905 'nur eine Wolke am klaren Himmel', vgl. oben, Anm. 261.

[272]) In der Tat, Chwolsons ausgezeichnetes Textbuch der Physik behauptete i.J. 1902, daß die Wahrscheinlichkeit der Äther-Hypothese an Sicherheit grenze. (Vgl. Einstein [1909], S. 817.)

[273]) Polanyi erzählt uns mit Vergnügen, wie Miller i.J. 1925 in seiner Präsidentenrede vor der Amerikanischen Physikalischen Gesellschaft verkündete, er hätte trotz der Berichte von Michelson und Morley 'überwältigende Evidenz' für einen Ätherwind; und doch hielten die Zuhörer an Einsteins Theorie fest. Polanyi zieht den Schluß, daß kein 'objektivistischer Rahmen' die Annahme oder Ablehnung von Theorien durch Wissenschaftler erklären kann (Polanyi [1958], S. 12–14). Aber meine Rekonstruktion macht die Zähigkeit des Einsteinschen Forschungsprogramms angesichts angeblich widersprechender Evidenz zu einem völlig *rationalen* Phänomen und untergräbt damit die 'postkritisch'-mystische Botschaft von Polanyi.

Die Negativität – und die Wichtigkeit – des Michelson-Morley-Experimentes liegt vor allem in der progressiven Verschiebung des *neuen* Forschungsprogramms, das es kräftig unterstützt, und seine 'Größe' ist bloß der Reflex der Größe der zwei involvierten *Programme*.

Es wäre interessant, jene konkurrierenden Verschiebungen eingehend zu analysieren, die mit dem schwindenden Glück der Äther-Theorie verbunden waren. Aber unter dem Einfluß des naiven Falsifikationismus wird die interessanteste degenerative Phase der Äther-Theorie nach Michelsons 'entscheidendem Experiment' von den meisten Anhängern Einsteins einfach vernachlässigt. Für sie hat das Michelson-Morley-Experiment die Äther-Theorie ganz allein gestürzt, und die Zähigkeit dieser Theorie beruhte einzig auf dem Konservativismus von Dunkelmännern. Auf der anderen Seite wird diese Periode der Äther-Theorie nach Michelson von den Gegnern Einsteins nicht *kritisch* untersucht, denn sie glauben, daß die Äther-Theorie überhaupt keinen Rückschlag erlitten hat: Was an Einsteins Theorie gut ist, war auch schon in der Äther-Theorie von Lorentz vorhanden, und Einsteins Sieg ist einzig das Resultat positivistischer Mode. In Wirklichkeit bietet aber Michelsons lange Reihe von Experimenten zwischen 1881 und 1935, die er ausführte, um aufeinanderfolgende Fassungen des Ätherprogramms zu prüfen, ein faszinierendes Beispiel für eine degenerative Problemverschiebung.[274] (Aber Forschungsprogramme können aus Entartungstälern entkommen. Bekanntlich läßt sich die Äther-Theorie von Lorentz so verstärken, daß sie in einem interessanten Sinn der Nicht-Äther-Theorie von Einstein äquivalent wird.[275] Der Äther kann im Zusammenhang mit einer größeren 'schöpferischen Verschiebung' noch immer wiederkehren.[276])

Die Tatsache, daß wir Experimente nur im nachhinein bewerten können, erklärt, warum Michelsons Experiment zwischen 1881 und 1886 in der Literatur überhaupt nicht erwähnt wurde. In der Tat, als ein französischer Physiker, Potier, Michelson auf seinen Irrtum von 1881 aufmerksam machte, beschloß Michelson, keine Korrektur zu veröffentlichen. Den Grund dafür erklärt er in einem Brief an Rayleigh vom März 1887: „Ich habe mehrmals ohne

---

[274] *Ein typisches Zeichen für die Entartung eines Programms, das in dieser Arbeit nicht behandelt wird, ist das Proliferieren widersprechender 'Tatsachen'. Wenn man eine falsche Theorie als interpretative Theorie benutzt, so bekommt man – ohne jeden 'experimentellen Irrtum' – widersprechende Tatsachensätze, widersprechende experimentelle Ergebnisse.* Michelson, der bis zum bitteren Ende am Äther festhielt, wurde vor allem durch die Widersprüchlichkeit der 'Tatsachen' frustriert, die aus seinen ultra-präzisen Messungen hervorgingen. Sein Experiment von 1887 'zeigte', daß es keinen Ätherwind auf der Erdoberfläche gibt. Aber die Aberration 'zeigte', daß es ihn doch gab. Außerdem 'bewies' auch sein eigenes Experiment von 1925 (das entweder nie erwähnt oder wie in Jaffe [1960] falsch dargestellt wird) die Existenz eines Ätherwindes (vgl. Michelson und Gale [1925] und, für eine scharfe Kritik, Runge [1925]).

[275] Vgl. z. B. Ehrenfest [1913], S. 17–18, zitiert und besprochen bei Dorling in [1968]. Man darf jedoch nicht vergessen, daß *zwei spezifische Theorien, die mathematisch (und auch beobachtungsmäßig) äquivalent sind, in verschiedene konkurrierende Forschungsprogramme eingebettet sein können, und das Potential der positiven Heuristik dieser Programme kann sehr wohl verschieden sein.* Dieser Punkt wurde von den Erfindern solcher Äquivalenzbeweise übersehen (ein gutes Beispiel ist der Äquivalenz-Beweis für Schrödingers und Heisenbergs Methode in der Quantenphysik). Siehe auch oben, Anm. 238.

[276] Vgl. z. B. Dirac [1951]: „Untersucht man die Frage wieder im Lichte der heutigen Kenntnisse, dann findet man, daß der Äther von der Relativitätstheorie nicht mehr ausgeschlossen wird und daß man nunmehr gute Gründe namhaft machen kann, um einen Äther zu postulieren." Vgl. auch den abschließenden Absatz in Rabi [1961] und Prokhovnik [1967].

Erfolg versucht, meine wissenschaftlichen Freunde für dieses Experiment zu interessieren, und ich habe die Korrektur nie veröffentlicht, weil – ich schäme mich, es zu gestehen – ich durch die geringe Beachtung, die der Arbeit zuteil wurde, entmutigt war und glaubte, es würde sich nicht lohnen.‟[277]) Nebenbei: Dieser Brief war eine Antwort auf einen Brief von Rayleigh, in dem er Michelson auf die Arbeit von Lorentz aufmerksam machte. Dieser Brief hat das Experiment von 1887 ausgelöst. Aber auch nach 1887, und selbst nach 1905, galt das Michelson-Morley-Experiment noch nicht allgemein als ein Beweis gegen die Existenz des Äthers, und mit gutem Grund. Dies erklärt vielleicht, warum Michelson seinen Nobelpreis im Jahre 1907 nicht 'für die Widerlegung der Äther-Theorie', sondern 'für seine optischen Präzisions*instrumente* und für die mit ihrer Hilfe ausgeführten spektroskopischen und methodologischen Untersuchungen'[278]) erhielt; und warum das Michelson-Morley-Experiment in den Übergabereden nicht einmal erwähnt wurde. Michelson erwähnte es nicht in seiner *Nobelpreisvorlesung*; und er hat sich über den Umstand ausgeschwiegen, daß er seine Instrumente zwar ursprünglich zur genauen Messung der Lichtgeschwindigkeit konstruiert haben könnte, daß er aber gezwungen war, sie zur Überprüfung gewisser spezifischer Äther-Theorien zu verbessern und daß die 'Präzision' seines Experiments im Jahre 1887 hauptsächlich der theoretischen Kritik von Lorentz zu verdanken war; ein Umstand, den die zeitgenössische Standardliteratur nie erwähnt.[279])

Und schließlich ist man geneigt zu vergessen, daß Einsteins Programm auch dann hätte triumphieren können, wenn das Michelson-Morley-Experiment einen Ätherwind nachgewiesen hätte. Als Miller, ein eifriger Vorkämpfer des klassischen Äther-Programms, seine sensationelle Behauptung veröffentlichte, daß das Michelson-Morley-Experiment oberflächlich ausgeführt worden sei und daß es in Wirklichkeit doch einen Ätherwind gäbe, da krähte der Berichterstatter von *Science*, daß „Professor Millers Ergebnisse die Relativitätstheorie radikal zu Boden schlagen‟.[280]) Nach Einsteins Ansicht würde jedoch, auch wenn Miller den Stand der Dinge richtig beschriebe, '[nur] die *gegenwärtige Form* der Relativitätstheorie' aufzugeben sein.[281]) In der Tat, Synge hat gezeigt, daß Millers Resultate auch dann der Einsteinschen Theorie nicht widersprechen, wenn man sie für bare Münze nimmt: Es ist einzig Millers *Erklärung* der Resultate, die den Widerspruch hervorruft. Man kann leicht die vorhandene Hilfstheorie starrer Körper durch eine neue Gardner-Synge-Theorie ersetzen, und dann werden Millers Resultate in Einsteins Programm völlig verdaut.[282])

---

[277]) Shankland [1964], S. 29.

[278]) Meine Hervorhebung.

[279]) Einstein selbst neigte zur Annahme, daß Michelson sein Interferometer erfand, um Fresnels Theorie zu überprüfen (vgl. Einstein [1931]). Michelsons frühe Experimente über die Spektrallinien – wie [1891–1892] – waren übrigens auch für die Äther-Theorien seiner Zeit relevant. Michelson legte erst dann großen Wert auf seinen Erfolg in 'präzisen Messungen', als es ihm nicht gelang, ihre Relevanz für Theorien zu bewerten. Einstein, der die Präzision um ihrer selbst willen mißbilligte, fragte ihn einmal, warum er ihr so viel Mühe widmete. Michelson antwortete, „weil es ihm Spaß mache‟. (Vgl. Einstein [1931].)

[280]) *Science* [1925].

[281]) Einstein [1927]. Meine Hervorhebung.

[282]) Synge [1952–1954].

d2) Die Lummer-Pringsheim-Experimente

Diskutieren wir nun ein anderes, angeblich entscheidendes Experiment! Planck behauptete, daß die Experimente von Lummer und Pringsheim, die die Strahlungsgesetze von Wien, Rayleigh und Jeans um die Jahrhundertwende 'widerlegten', den Fortschritt zur Quantentheorie 'erzwungen' – oder diese sogar 'herbeigeführt' hätten.[283]) Aber die Rolle dieser Experimente ist wiederum viel komplizierter und entspricht ganz unserer Auffassung. Es ist nicht einfach so, daß die Experimente von Lummer und Pringsheim der klassischen Auffassung ein Ende bereiten, während die Quantentheorie sie auf elegante Weise erklärt. Auf der einen Seite *folgt* das Wiensche Gesetz aus gewissen früheren Fassungen der Quantentheorie von Einstein, und diese Fassungen wurden also von Lummers und Pringsheims Experimenten nicht weniger widerlegt als die klassische Theorie.[284]) Andrerseits gab es verschiedene klassische Erklärungen für die Plancksche Formel. Zum Beispiel hatte die Versammlung der 'British Association for the Advancement of Science' im Jahre 1913 eine spezielle Sitzung über die Strahlung, an der u. a. Jeans, Rayleigh, J.J. Thomson, Larmor, Rutherford, Bragg, Poynting, Lorentz, Pringsheim und Bohr teilnahmen. Pringsheim und Rayleigh waren absichtlich neutral in bezug auf quantentheoretische Spekulationen, aber Professor Love „vertrat die älteren Ansichten und behauptete die Möglichkeit einer Erklärung der Tatsachen über die Strahlung ohne Quantentheorie. Er kritisierte die Anwendung des Gleichverteilungssatzes, auf dem ein Teil der Quantentheorie beruht. Die schwerwiegendste Evidenz für die Quantentheorie ist die Übereinstimmung der Planckschen Formel für die Ausstrahlung des schwarzen Körpers mit dem Experiment. Vom mathematischen Gesichtspunkt sind viele andere Formeln möglich, die mit den Experimenten ebensogut übereinstimmen. Eine Formel von A. Korn wurde behandelt, die Resultate in einem weiten Bereich ergab und die mit dem Experiment ungefähr gleich gut übereinstimmte wie Plancks Formel. In weiterer Verfolgung der Behauptung, daß *die Quellen der gewöhnlichen Theorie noch nicht erschöpft seien*, machte er geltend, daß die Möglichkeit bestünde, die Kalkulation der Ausstrahlungsfähigkeit einer dünnen Platte nach Lorentz auch auf andere Fälle zu erweitern. Kein einfacher analytischer Ausdruck repräsentiert die Ergebnisse dieser Kalkulation für alle Wellenlängen, und es sei wohl möglich, daß es im allgemeinen Fall keine einfache Formel gibt, die auf alle Wellenlängen anwendbar ist. Die Plancksche Formel ist vielleicht de facto nicht mehr als eine empirische Formel.“[285]) Ein Beispiel klassischer Erklärungen bot Callendar: „Der Widerspruch zwischen Wiens wohlbekannter Formel für die Verteilung der Energie in voller Strahlung und dem Experiment erklärt sich ohne Schwierigkeit, wenn man annimmt, daß die Formel nur die innere Energie darstellt. Der entsprechende Wert des Druckes läßt sich unter Hinweis auf Carnots Prinzip leicht ableiten, wie Lord Rayleigh angedeutet hat. Die Formel, die ich vorgeschlagen habe (*Phil. Mag.*, Oktober 1913), ist einfach die Summe des so erhaltenen Drucks und der Energiedichte, und sie stimmt sehr befriedigend mit dem Experiment überein, sowohl, was die

---

[283]) Planck [1929]. Popper in [1934], Abschnitt 30, und Gamow in [1966] (S. 37) übernehmen diese Redeweise. Selbstverständlich 'führen' Beobachtungsaussagen nicht zu eindeutig bestimmten Theorien.
[284]) Ter Haar [1967], S. 18. Ein aufsprießendes Forschungsprogramm beginnt gewöhnlich mit der Erklärung schon widerlegter 'empirischer Gesetze'; dies kann man, im Lichte meines Standpunktes, *rational* als Erfolg gelten lassen.
[285]) *Nature* [1913–14], S. 306; meine Hervorhebung.

Strahlung, als auch, was die spezifische Wärme betrifft. Ich ziehe diese Formel der Planckschen unter anderem darum vor, weil sich die letztere mit der klassischen Thermodynamik nicht vereinbaren läßt und den Begriff eines *Quantums* involviert, einer unteilbaren Einheit der Wirkung, was undenkbar ist. Die entsprechende physikalische Größe meiner Theorie, die ich an anderer Stelle ein Molekül der Wärme [*molecule of caloric*] genannt habe, ist nicht notwendigerweise unteilbar, sondern steht in sehr einfacher Beziehung zur inneren Energie eines Atoms, was völlig ausreicht zur Erklärung der Tatsache, daß die Strahlung in speziellen Fällen in atomaren Einheiten emittiert werden kann, die Mehrfache einer besonderen Größe sind."[286])

Diese Zitate sind vielleicht von ermüdender Länge, aber sie liefern zumindest wieder den überzeugenden Beweis der Abwesenheit instantaner Entscheidungsexperimente. Die Widerlegungen von Lummer und Pringsheim haben die klassische Prozedur der Lösung des Strahlungsproblems nicht eliminiert. Man beschreibt die Situation besser, wenn man darauf verweist, daß Plancks ursprüngliche Ad-hoc-Formel[287]), die den Daten von Lummer und Pringsheim angepaßt war (und sie korrigierte), innerhalb des neuen quantentheoretischen Programmes[288]) *progressiv* erklärt werden konnte, während seine Ad-hoc-Formel und ihre 'semi-empirischen' Rivalen innerhalb des klassischen Programmes nur um den Preis einer degenerativen Problemverschiebung erklärt werden konnten. Die 'progressive' Entwicklung hing übrigens mit einer 'schöpferischen Verschiebung' zusammen, nämlich mit der Einsteinschen Ersetzung der Boltzmann-Maxwell-Statistik durch die Bose-Einstein-Statistik.[289]) Der progressive Charakter der neuen Entwicklung war reichlich klar: In Plancks Fassung sagte sie den Wert der Boltzmann-Planckschen Konstante richtig voraus, und in Einsteins Fassung hat

---

[286]) Callendar [1914].

[287]) Ich denke an Plancks Formel, wie sie in [1900*a*] gegeben ist, wo er zugab, daß Wiens 'Gesetz' widerlegt wurde, nachdem er lange versucht hatte zu beweisen, daß „Wiens Gesetz *notwendig* wahr sein müßte". Darum schaltete er vom Beweis erhabener und ewiger Gesetze zur 'Konstruktion völlig willkürlicher Ausdrücke' um. Aber natürlich ist jede physikalische Theorie vom Rechtfertigungsstandpunkt aus gesehen völlig willkürlich. Plancks willkürliche Formel widersprach der zeitgenössischen empirischen Evidenz und korrigierte sie mit Erfolg (Planck erzählt diesen Teil der Geschichte in seiner wissenschaftlichen Autobiographie). Natürlich war Plancks *ursprüngliche* Formel in einem wichtigen Sinne 'willkürlich', 'formal', 'ad hoc': sie war ziemlich isoliert und gehörte keinem Forschungsprogramm an (vgl. unten, S. 87, Anm. 323). Wie er selber sagte: „Aber selbst wenn man ihre absolut genaue Gültigkeit voraussetzt, würde die Strahlungsformel lediglich in der Bedeutung eines glücklich erratenen Gesetzes doch nur eine formale Bedeutung besitzen. Darum war ich von dem Tage ihrer Aufstellung an mit der Aufgabe beschäftigt, ihr einen wirklichen physikalischen Sinn zu verleihen..." ([1947], S. 27). Aber die hervorragende Bedeutung dessen, daß man „einer Formel einen physikalischen Sinn gibt" – was nicht unbedingt auch ein '*wirklicher* physikalischer Sinn' ist –, besteht gerade darin, daß eine solche Interpretation oft zu einem suggestiven Forschungsprogramm und zum *Wachstum* führt.

[288]) Zuerst von Planck selbst, in [1900*b*], wo er das Forschungsprogramm der Quantentheorie 'begründet'.

[289]) Dies hat schon Planck getan, aber unabsichtlich, gleichsam aus Versehen. Vgl. Ter Haar [1967], S. 18. In der Tat bestand eine Funktion von Pringsheims und Lummers Ergebnissen darin, daß sie die kritische Analyse informaler Deduktionen in der Quantentheorie der Strahlung förderten, Deduktionen, die voll waren von lebenswichtigen 'versteckten Lemmas' und die erst im Laufe der späteren Entwicklung artikuliert wurden. Ein sehr wichtiger Schritt in diesem 'Artikulierungsprozeß' war die Arbeit von Ehrenfest [1911].

sie eine erstaunliche Reihe weiterer neuer Tatsachen vorausgesagt.[290]) Aber vor der Erfindung der neuen Hilfshypothesen des alten Programms, vor der Entfaltung des neuen Programms und vor der Entdeckung der neuen Tatsachen, die eine progressive Problemverschiebung in ihm andeuteten, war die objektive Relevanz der Experimente von Lummer-Pringsheim sehr beschränkt.

d3) Beta-Zerfall versus Erhaltungssätze

Schließlich sei die Story eines Experimentes erzählt, das beinahe (aber auch nur beinahe) zum 'größten negativen Experiment in der Wissenschaftsgeschichte' wurde. Die Story illustriert wieder, wie schwer es ist zu entscheiden, *was* man eigentlich aus der Erfahrung lernt, was sie 'beweist' und was sie 'widerlegt'. Das Stück Erfahrung, das ich untersuchen will, ist Chadwicks 'Beobachtung' des Beta-Zerfalls im Jahre 1914. Die Story zeigt, wie ein Experiment zuerst als ein Routinerätsel innerhalb eines Forschungsprogramms aufgefaßt wird, wie es dann fast zum Rang eines 'entscheidenden Experiments' vorrückt, um dann wieder zu einem *(neuen)* Routine-Rätsel degradiert zu werden, und wie alle diese Dinge von der *gesamten* wechselnden theoretischen und empirischen Landschaft abhängen. Die meisten konventionellen Darstellungen sind von diesen Veränderungen verwirrt und ziehen eine Geschichtsfälschung vor.[291])

Als Chadwick im Jahre 1914 das kontinuierliche Spektrum der radioaktiven Beta-Emission entdeckte, brachte niemand dieses kuriose Phänomen mit den Erhaltungssätzen in Beziehung. 1922 schlug man zwei ingeniöse konkurrierende Erklärungen vor, beide innerhalb des Rahmens der Atomphysik jener Tage; die eine stammte von L. Meitner, die andere von C. D. Ellis. Nach Meitner waren die Elektronen teils primäre Kernelektronen, teils sekundäre Elektronen aus der Elektronenhülle. Nach Ellis waren alle Elektronen primär. Beide Theorien enthielten spitzfindige Hilfshypothesen, aber beide sagten neue Tatsachen voraus. Die vorausgesagten Tatsachen widersprachen einander, und das Zeugnis des Experiments unterstützte Ellis gegen Meitner.[292]) Meitner legte Berufung ein; die experimentelle 'Berufungsinstanz' verweigerte ihr die Unterstützung, verfügte aber, daß eine entscheidende Hilfshypothese in der Theorie von Ellis zu verwerfen sei.[293]) Das Ergebnis des Streites war ein Unentschieden.

Dennoch hätte niemand gedacht, daß Chadwicks Experiment das Erhaltungsgesetz der Energie verletzt, wären nicht Bohr und Kramers genau zur Zeit der Ellis-Meitner-Kontroverse auf den Gedanken verfallen, daß eine konsistente Theorie nur um den Preis einer Aufgabe des Prinzips der Erhaltung der Energie in einzelnen Prozessen entwickelt werden könne. Einer der wichtigsten Züge der faszinierenden Theorie von Bohr-Kramers-Slater aus dem Jahre 1924 war die Ersetzung der klassischen Erhaltungssätze für Energie und Impuls

---

[290]) Vgl. z.B. Joffé [1911], S. 547.

[291]) Eine bemerkenswerte partielle Ausnahme ist Paulis Bericht (Pauli [1958]). Im folgenden versuche ich, Paulis Bericht zu korrigieren und zu zeigen, daß seine Rationalität im Lichte unseres Standpunktes leicht gesehen werden kann.

[292]) Ellis und Wooster [1927].

[293]) Meitner und Orthmann [1930].

durch statistische Gesetze.[294]) Diese Theorie (oder vielmehr, dieses 'Programm') wurde sofort 'widerlegt', und keine ihrer Konsequenzen bewährte sich; in der Tat, es wurde niemals hinlänglich entwickelt, um den Beta-Zerfall zu erklären. Aber obgleich dieses Programm sofort aufgegeben wurde (der Grund war nicht nur die 'Widerlegung' durch die Experimente von Compton-Simon und Bothe-Geiger, sondern der Auftritt eines mächtigen Rivalen, nämlich des Programms von Heisenberg und Schrödinger[295]), hielt Bohr an seiner Überzeugung fest, daß die nicht-statistischen Erhaltungssätze am Ende doch aufgegeben werden müßten und daß die Anomalie des Beta-Zerfalls erst nach ihrer Ersetzung einer Erklärung zugänglich sein würde; dann auch würde man im Beta-Zerfall ein entscheidendes Experiment gegen die Erhaltungssätze sehen. Gamow erzählt uns, wie Bohr den Gedanken der Nicht-Erhaltung der Energie im Beta-Zerfall für eine ingeniöse Erklärung der scheinbar ewigen Energieproduktion in Sternen zu benutzen versuchte.[296]) Nur Pauli blieb in seinem mephistophelischen Drang, dem Herrn zu widerstehen,[297]) konservativ, und er konstruierte im Jahre 1930 seine Neutrino-Theorie mit dem doppelten Zweck, den Beta-Zerfall zu erklären und das Erhaltungsprinzip der Energie zu retten. Er sandte seine Idee in einem scherzhaften Brief an eine Konferenz in Tübingen, während er selbst es vorzog, an einem Ball in Zürich teilzunehmen.[298]) Zum ersten Male erwähnte er sie in einem öffentlichen Vortrag in Pasadena im Jahre 1931, aber er ließ die Publikation des Vortrages nicht zu, denn er fühlte sich der Sache 'unsicher'. Bohr glaubte zu dieser Zeit (1932) immer noch, daß man – mindestens in der Kernphysik – „die Idee der Energiebalance selbst werde aufgeben" müssen.[299]) Pauli beschloß schließlich, seinen Vortrag über das Neutrino, den er auf der Solvay-Konferenz von 1933 hielt, zu veröffentlichen, obwohl „der Empfang auf dem Kongreß mit Ausnahme von zwei jungen Physikern skeptisch war".[300]) Aber Paulis Theorie hatte methodologische Verdienste. Sie rettete nicht nur das Prinzip der Energieerhaltung, sondern auch das Prinzip der Erhaltung von Spin und Statistik: sie erklärte nicht nur das Spektrum des Beta-Zerfalls, sondern auch die 'Stick-

[294]) Slater arbeitete nur zögernd an der Aufgabe des Erhaltungsprinzips mit. Er schrieb 1964 an van der Waerden: „Wie Sie vermutet hatten, kam die Idee der statistischen Erhaltung der Energie und des Impulses durch Bohr und Kramers in die Theorie, ganz gegen mein besseres Urteil." Van der Waerden bemüht sich auf recht amüsante Weise, Slater von der entsetzlichen Sünde der Verantwortlichkeit für eine falsche Theorie zu entlasten. (Van der Waerden [1967], S. 13.)

[295]) Popper irrt, wenn er behauptet, daß diese 'Widerlegungen' genügten, um die Theorie zu stürzen (Popper [1963], S. 242).

[296]) Gamow [1966], S. 72–74. Bohr hat diese Theorie nie veröffentlicht (so wie sie vorlag, war sie einer Prüfung unzugänglich). „Aber es schien", schreibt Gamow, „daß ihre Wahrheit ihn nicht allzusehr überraschen würde". Gamow gibt kein Datum für diese unveröffentlichte Theorie, aber es scheint, daß Bohr sie in den Jahren 1928/29 in Erwägung zog, als Gamow in Kopenhagen arbeitete.

[297]) Vgl. das amüsante Stück 'Faust', das in Bohrs Institut i.J. 1932 entstand; veröffentlicht von Gamow als Anhang zu [1966].

[298]) Vgl. Pauli [1958], S. 160.

[299]) Auch Ehrenfest stand fest auf Bohrs Seite gegen das Neutrino. Die Entdeckung des Neutrons durch Chadwick i.J. 1932 hat ihre Opposition nur leicht erschüttert: sie scheuten sich noch immer vor der Idee eines Teilchens, das weder Ladung noch eine (Ruhe)masse, sondern nur einen ‚körperlosen' Spin besitzen sollte.

[300]) Wu [1966].

stoff-Anomalie'.[301]) Nach den Maßstäben Whewells hätte schon dieser 'Einklang der Induktionen' genügen müssen, um die Respektabilität von Paulis Theorie zu sichern. Aber nach unseren Kriterien war die erfolgreiche Vorhersage einer *neuen* Tatsache nötig. Auch dies wurde von Paulis Theorie geleistet. Denn Paulis Theorie hatte eine interessante beobachtbare Konsequenz: war sie richtig, dann mußten Beta-Spektren eine klare obere Grenze besitzen. Diese Frage war *damals* noch nicht entschieden, aber Ellis und Mott wurden am Problem interessiert,[302]) und ein Student von Ellis, Henderson, zeigte bald, daß die Experimente das Programm von Pauli unterstützten.[303]) Bohr war nicht beeindruckt. Er wußte, daß der wachsende Schutzgürtel der Hilfshypothesen eines in Schwung geratenen *statistischen* Programms auch mit sehr negativ aussehender Evidenz fertig werden würde.

In der Tat glaubten in diesen Jahren die meisten führenden Physiker, daß die Erhaltungsgesetze für Energie und Impuls in der Kernphysik zusammenbrechen.[304]) Den Grund hat Lise Meitner klar ausgesprochen, die sich erst im Jahre 1933 geschlagen gab: „... alle diese Versuche verlangen einen die Energiedifferenz kompensierenden zweiten Prozeß, wenn man an der Gültigkeit des Energiegesetzes auch für den Einzelprozeß festhalten will. [Aber] ein solcher Prozeß [war] nicht nachweisbar...";[305]) das heißt, das Erhaltungsprogramm für den Kern zeigte eine empirische degenerierende Problemverschiebung. Es gab mehrere ingeniöse Versuche, das kontinuierliche Beta-Emissionsspektrum ohne die Annahme eines 'Diebsteilchens' zu erklären.[306]) Diese Versuche wurden mit großem Interesse diskutiert,[307]) aber man gab sie auf, da es ihnen nicht gelang, eine progressive Verschiebung herbeizuführen.

Hier betrat Fermi die Bühne. In den Jahren 1933–1934 reinterpretierte er das Problem der Beta-Emission im Rahmen des Forschungsprogramms der neuen Quantentheorie. Er leitete auf diese Weise ein kleines neues Forschungsprogramm des Neutrinos in die Wege (das sich später zum Programm schwacher Wechselwirkungen entwickelte). Er berechnete die ersten rohen Modelle.[308]) Obwohl seine Theorie noch keine neuen Tatsachen voraussagte, machte er klar, daß dies bloß Sache weiterer Arbeit war.

Zwei Jahre vergingen, und Fermis Versprechen war noch immer nicht erfüllt. Aber das neue Programm der Quantenphysik entwickelte sich schnell, zumindest was die nicht-nuklearen Phänomene betraf. Bohr gewann die Überzeugung, daß einige grundlegende Ideen des Bohr-Kramers-Slater-Programms nun fest im neuen Quantenprogramm eingebettet waren und daß die neuen Programme die inneren theoretischen Probleme des alten Quan-

---

[301]) Eine faszinierende Diskussion der offenen Probleme des Beta-Zerfalls und der Stickstoff-Anomalie findet sich in Bohrs Faraday-Lecture von 1930, die vor Paulis Lösung gehalten, aber erst nachher veröffentlicht wurde (Bohr [1930], besonders S. 380–383).

[302]) Ellis und Mott [1933].

[303]) Henderson [1934].

[304]) Mott [1933], S. 823. In seiner berühmten Arbeit [1932], in der er das Proton-Neutron-Modell des Kerns einführte, bemerkte Heisenberg, daß „man wegen des Zusammenbruchs der Energieerhaltung im Beta-Zerfall keine eindeutige Definition der Bindungsenergie des Elektrons im Neutron geben könne" (S. 164).

[305]) Meitner [1933], S. 132.

[306]) Zum Beispiel Thomson [1929] und Kudar [1929–1930].

[307]) Eine sehr interessante Diskussion findet sich bei Rutherford, Chadwick und Ellis [1930].

[308]) Fermi [1933] und [1934].

tenprogramms lösten, ohne die Erhaltungssätze anzutasten. Darum folgte Bohr mit Sympathie Fermis Arbeit und gab ihr im Jahre 1936 in einer ungewöhnlichen Reihe von Ereignissen eine nach unseren Maßstäben allzu frühe öffentliche Unterstützung.

In diesem Jahr erdachte Shankland einen neuen Test für die konkurrierenden Theorien der Photonenstreuung. Es schien, daß seine Ergebnisse die aufgegebene Bohr-Kramers-Slater-Theorie unterstützten und die Zuverlässigkeit jener Experimente unterminierten, die die Theorie vor mehr als einem Jahrzehnt widerlegt hatten.[309] Shanklands Abhandlung war eine Sensation. Jene Physiker, die die neuen Bestrebungen verabscheuten, beeilten sich, das Experiment mit Lob zu überhäufen. Dirac z. B. begrüßte aufs neue das 'widerlegte' Bohr-Kramers-Slater-Programm, schrieb einen sehr scharfen Artikel gegen die 'sogenannte Quanten-Elektrodynamik' und verlangte „eine tiefgehende Änderung in den gängigen theoretischen Ideen, ein Abgehen von den Erhaltungssätzen eingeschlossen, [um] eine befriedigende relativistische Quantenmechanik zu erhalten".[310] Im gleichen Artikel nahm Dirac aufs neue an, daß der Beta-Zerfall wohl zur entscheidenden Evidenz gegen die Erhaltungssätze werden könnte, und er verspottete das „neue, nicht beobachtbare Teilchen, das Neutrino, das von einigen Forschern extra postuliert wird in einem Versuch, die Erhaltung der Energie formell zu bewahren, wobei man annimmt, daß das unbeobachtbare Teilchen die Differenz hinwegträgt".[311] Sogleich ergriff auch Peierls das Wort in der Diskussion. Seiner Ansicht nach könnte Shanklands Experiment am Ende selbst die statistische Erhaltung der Energie widerlegen. Er fügte hinzu: „Auch das scheint zufriedenstellend, sobald die detaillierte Erhaltung aufgegeben ist."[312]

In Bohrs Institut in Kopenhagen wurden Shanklands Experimente sofort wiederholt und verworfen. Jacobsen, ein Kollege von Bohr, berichtete darüber in einem Brief an *Nature*. Jacobsens Ergebnisse erschienen mit einem Begleitbrief von Bohr selbst, der sich energisch gegen die Rebellen wandte und das neue Quantenprogramm von Heisenberg verteidigte. Insbesondere verteidigte er das Neutrino gegen Dirac: „Es sei bemerkt, daß die Gründe für einen ernsthaften Zweifel an der strengen Gültigkeit der Erhaltungsgesetze im Problem der Emission der Beta-Strahlen aus Atomkernen jetzt weitgehend beseitigt sind durch die suggestive Übereinstimmung zwischen der rasch zunehmenden experimentellen Evidenz betreffend die Phänomene der Beta-Strahlung auf der einen Seite und die Konsequenzen der Neutrino-Hypothesen von Pauli andrerseits, die in Fermis Theorie auf so beachtenswerte Weise weiterentwickelt worden sind."[313]

Die Theorie von Fermi hatte in ihren ersten Fassungen keinen schlagenden empirischen Erfolg. Ja, selbst die vorhandenen Daten widersprachen scharf der Theorie Fermis aus dem Jahr 1933/1934, und zwar insbesondere im Fall von RaE, auf das sich die Erforschung der Beta-Emission damals konzentrierte. Fermi wollte diese Erscheinungen im zweiten Teil seiner Arbeit behandeln, der jedoch niemals veröffentlicht wurde. Selbst wenn man die Fermi-Theorie, so wie sie im Jahre 1933/1934 vorlag, als die erste Fassung eines biegsamen Programms auslegt, konnte man doch um 1936 kaum ein ernstes Zeichen einer progressiven Ver-

---

[309] Shankland [1936].
[310] Dirac [1936].
[311] Dirac [1936].
[312] Peierls [1936].
[313] Bohr [1936].

schiebung entdecken.[314]) Aber Bohr wollte Fermis kühne Anwendung des neuen großen Programms von Heisenberg auf den Kern mit seiner *Autorität* unterstützen; und da Shanklands Experiment sowie der Angriff von Dirac und Peierls den Beta-Zerfall ins Zentrum der Kritik des neuen großen Programms rückten, übertrieb er sein Lob des Neutrino-Programms von Fermi, das eine empfindliche Lücke auszufüllen versprach. Zweifellos hat die spätere Entwicklung Bohr vor einer dramatischen Demütigung bewahrt: die Programme, die auf den Erhaltungsprinzipien beruhten, schritten fort, während es im Lager der Konkurrenz keinen Fortschritt gab.[315])

Die Moral der Geschichte ist wieder, daß die Frage des 'entscheidenden' Charakters eines Experiments je nach dem Stand des theoretischen Wettstreits beantwortet wird, in den es eingebettet ist. Die Deutung und die Einschätzung des Experiments ändern sich mit dem wechselnden Schicksal der streitenden Lager.

Und doch ist unsere wissenschaftliche Folklore voll von Theorien instantaner Rationalität. Die Story, die ich eben erzählt habe, wird in den meisten Berichten verfälscht und auf Grund einer falschen Theorie der Rationalität rekonstruiert. Sogar die allerbesten populären Darstellungen wimmeln von solchen Fälschungen. Ich erwähne hier nur zwei Beispiele.

In einem Aufsatz über den Beta-Zerfall liest man wie folgt: „Als diese Situation zum ersten Male erkannt wurde, sahen die Alternativen sehr schlimm aus. Die Physiker mußten *entweder* ein Versagen des Energieerhaltungsgesetzes akzeptieren, *oder* sie mußten die Existenz eines neuen und ungesehenen Teilchens annehmen. Ein solches Teilchen, das beim Neutronenzerfall zusammen mit dem Proton und dem Elektron emittiert werden sollte, konnte die zentrale Stütze der Physik retten, indem es die fehlende Energie davontrug. Das geschah in den frühen dreißiger Jahren, als man neue Teilchen noch nicht so nebenher einführte, wie das heute geschieht. Nichtsdestoweniger wählten die Physiker *nach einer nur sehr kurzen Periode der Unentschlossenheit* die zweite Alternative."[316]) Natürlich waren selbst die *diskutierten* Alternativen viel mehr als bloß zwei, und die 'Periode der Unentschlossenheit' war sicher nicht 'sehr kurz'.

[314]) Verschiedene Physiker boten zwischen 1933 und 1936 Alternativen an oder schlugen Ad-hoc-Änderungen zur Theorie von Fermi vor; vgl. z.B. Becke und Sitte [1933], Bethe und Peierls [1934], Konopinski und Uhlenbeck [1934]. Wu und Moszkowski schreiben i. J. 1966, daß „die Fermi-Theorie (d. h. das Fermi-Programm) des Beta-Zerfalls *jetzt* als eine Theorie bekannt ist, die sowohl die Beziehung zwischen der Rate des Beta-Zerfalls und der Zerfallsenergie als auch die Gestalt der Beta-Spektren mit bemerkenswerter Genauigkeit voraussagt". Aber sie betonen, daß „die Fermi-Theorie zu Beginn leider einem unbilligen Test verfiel. Solange künstlich-radioaktive Kerne nicht reichlich produziert werden konnten, war *RaE* der einzige Kandidat, der zahlreiche experimentelle Forderungen als Beta-Quelle zur Untersuchung der Gestalt seines Spektrums schön erfüllte. Woher hätten wir damals wissen sollen, daß das Beta-Spektrum von *RaE* sich als ein sehr spezieller Fall entpuppen würde, das erst in jüngster Zeit dem Verständnis zugänglich wurde? Seine besondere Energieabhängigkeit widerstand den Erwartungen, die man mit der einfachen Fermi-Theorie des Beta-Zerfalls verband und verzögerte beträchtlich den Gang des ursprünglichen Fortschritts der Theorie (d. h. des Forschungsprogramms)" (Wu and Moszkowski [1966], S. 6).

[315]) Es ist sehr zweifelhaft, ob Fermis Neutrino-Programm selbst zwischen 1936 und 1950 progressiv oder degenerativ war; und was die Zeit nach 1950 betrifft, ist das Verdikt noch immer nicht kristallklar. Aber diese Frage möchte ich bei einer anderen Gelegenheit besprechen. (Nebenbei: Schrödinger verteidigte die statistische Interpretation der Erhaltungssätze – trotz der entscheidenden Rolle, die er in der Entwicklung der neuen Quantenphysik spielte; vgl. [1958].)

[316]) Treiman [1959]; meine Hervorhebung.

In einem bekannten Textbuch der Wissenschaftstheorie liest man, daß 1) „das Gesetz (oder Prinzip) der Energieerhaltung ernstlich durch Experimente über den Beta-Zerfall gefährdet wurde, deren Resultat nicht bestritten werden konnte"; daß 2) „das Gesetz dennoch nicht aufgegeben wurde und die Existenz einer neuen Entität (genannt 'Neutrino') angenommen wurde, um das Gesetz mit den experimentellen Angaben in Einklang zu bringen"; und daß 3) „der rationale Grund für diese Annahme darin bestand, daß das Aufgeben des Erhaltungsgesetzes einen großen Teil unseres physikalischen Wissens seines systematischen Zusammenhangs berauben würde".[317]) Alle die drei Punkte sind falsch. 1) ist falsch, weil kein Gesetz einfach durch Experimente 'ernstlich gefährdet werden kann'; 2) ist falsch, weil neue *wissenschaftliche* Hypothesen nicht einfach angenommen werden, um Lücken zwischen Daten und Theorie auszufüllen, sondern um neue Tatsachen vorherzusagen; und 3) ist falsch, weil es zu der Zeit schien, daß *nur* das Aufgeben des Erhaltungssatzes 'den systematischen Zusammenhang' unseres physikalischen Wissens sichern würde.

d4) Schluß. Die Bedingung ständigen Wachstums

Es gibt keine entscheidenden Experimente, zumindest nicht, wenn man darunter Experimente versteht, die ein Forschungsprogramm mit *sofortiger Wirkung* stürzen können. Wenn ein Forschungsprogramm eine Niederlage erleidet und von einem anderen überholt wird, dann kann man ein Experiment *im nachhinein* entscheidend nennen, wenn es sich herausstellt, daß es dem siegreichen Programm eine auffallende bewährende Instanz und dem geschlagenen Programm eine Niederlage geliefert hat (in dem Sinn, daß es im geschlagenen Programm niemals 'progressiv erklärt' – oder, kurz, 'erklärt'[318]) – wurde). Aber natürlich beurteilen Wissenschaftler heuristische Situationen nicht immer richtig. Ein voreiliger Wissenschaftler kann *behaupten*, daß sein Experiment ein Programm geschlagen hat, und ein Teil der Gemeinschaft der Wissenschaftler kann dieser Behauptung vorschnell beipflichten. Aber wenn ein Wissenschaftler im Lager der 'Unterlegenen' einige Jahre später eine wissenschaftliche Erklärung für das angeblich 'entscheidende Experiment' vorschlägt, die im angeblich geschlagenen Programm entwickelt wurde oder die ihm doch nicht widerspricht, dann kann es geschehen, *daß der Ehrentitel zurückgenommen wird, und das 'entscheidende Experiment' verwandelt sich aus einer Niederlage in einen neuen Sieg für das Programm.*

Beispiele gibt es in Hülle und Fülle. Es ist eine historisch-soziologische Tatsache, daß es im 18. Jahrhundert viele Experimente gab, die weithin als 'entscheidende' Evidenz gegen Galileos Gesetz des freien Falls und Newtons Theorie der Gravitation akzeptiert wurden. Im 19. Jahrhundert haben mehrere 'entscheidende Experimente' die korpuskulare Theorie auf Grund von Messungen der Lichtgeschwindigkeit 'widerlegt', aber sie erwiesen sich später im Licht der Relativitätstheorie als irrtümlich. Diese 'entscheidenden Experimente' wurden später aus den Textbüchern der Rechtfertigungsdenker als Manifestationen beschämender Kurzsichtigkeit oder sogar des Neides entfernt. (Neuerdings erscheinen sie wieder in einigen neuen Textbüchern, diesmal, um die unentrinnbare Irrationalität wissenschaftlicher Moden zu illustrieren.) In jenen Fällen aber, in denen offenkundig 'entscheidende Experimente' sich

---

[317]) Nagel [1961], S. 65–66.
[318]) Vgl. oben, Anm. 111.

später, infolge der Niederlage des Programms, wirklich als solche erwiesen, beschuldigten die Historiker die Opponenten der Stupidität, Eifersucht oder unberechtigter Hochachtung für den Vater des fraglichen Forschungsprogramms. (Fashionable 'Wissenssoziologen' – oder 'Wissenspsychologen' – pflegen Positionen rein sozial oder psychologisch zu erklären, die in Wirklichkeit durch Rationalitätsprinzipien bestimmt sind. Ein typisches Beispiel ist die Erklärung von Einsteins Opposition zu Bohrs Komplementaritätsprinzip auf Grund der Bemerkung, daß „Einstein im Jahre 1926 47 Jahre alt war. Siebenundvierzig mag die Blüte des Lebens sein, aber nicht für Physiker."[319]))

Im Lichte dieses Aufsatzes wird die utopische Idee einer sofort wirkenden Rationalität das hervorstechende Merkmal der meisten Erkenntnistheorien. Rechtfertigungsdenker wollten wissenschaftliche Theorien bewiesen sehen, selbst noch vor ihrer Veröffentlichung; Probabilisten hofften, daß eine Maschine den Wert einer Theorie auf Grund der Evidenz (ihren Bewährungsgrad) sofort anzeigen könnte; naive Falsifikationisten hofften, daß zumindest die Elimination einer Theorie dem Schiedsspruch des *Experiments* sofort nachfolgt.[320] Ich hoffe gezeigt zu haben, daß *alle diese Theorien instantaner Rationalität – und instantanen Lernens – versagen*. Die Fallstudien in diesem Abschnitt zeigen, daß die Rationalität viel langsamer arbeitet, als die meisten Leute glauben wollen, und daß sie selbst dann fehlbar ist. Die Eule der Minerva fliegt in der Dämmerung. Ich hoffe auch gezeigt zu haben, daß die *Kontinuität* der Wissenschaft, die *Zähigkeit* gewisser Theorien, die Rationalität eines gewissen Ausmaßes an Dogmatismus, sich nur dann erklären lassen, wenn wir die Wissenschaft als ein Schlachtfeld von Forschungsprogrammen und nicht von isolierten Theorien auffassen. Man versteht nur sehr wenig vom Wachstum der Wissenschaft, wenn unser Paradigma eines Brokkens wissenschaftlicher Erkenntnis eine isolierte Theorie ist, wie z. B. 'Alle Schwäne sind weiß', die allein dasteht, ohne in ein größeres Forschungsprogramm eingebettet zu sein. *Meine Darstellung impliziert ein neues Abgrenzungskriterium zwischen 'reifer Wissenschaft', die aus Forschungsprogrammen besteht, und 'unreifer Wissenschaft', die aus einem geflickten Pattern*

---

[319]) Bernstein [1961], S. 129. Um die progressiven und degenerativen Elemente konkurrierender Problemverschiebungen bewerten zu können, muß man die relevanten *Ideen* verstehen. Aber die Wissenssoziologie dient häufig als ein erfolgreicher Deckmantel für Bildungsmangel: die meisten Wissenssoziologen verstehen Ideen nicht und machen sich nur wenig aus ihnen. Popper pflegte eine Geschichte über einen Sozialpsychologen, Dr. X., zu erzählen, der das Gruppenverhalten von Wissenschaftlern untersuchte. Er begab sich in ein physikalisches Seminar, um die Psychologie der Wissenschaft zu studieren. Er bemerkte das 'Auftauchen einer Führerpersönlichkeit', 'Gruppenbildung' bei den einen, 'Abwehrreaktionen' bei anderen, den Zusammenhang von aggressivem Benehmen, Alter, Geschlecht usw. (Dr. X. behauptete, spitzfindige Techniken kleiner Stichproben der modernen Statistik benutzt zu haben.) Am Ende des begeisterten Berichtes stellte Popper an Dr. X. die Frage: „Und was war das *Problem*, das die Gruppe diskutierte?" – Dr. X. war überrascht: „Warum interessiert Sie das? Ich habe nicht auf die *Worte* geachtet! Und was hat *das* mit der Psychologie des Wissens zu tun?"

[320]) Es kann selbstverständlich einige Zeit in Anspruch nehmen, bis naive Falsifikationisten beim 'Verdikt des Experimentes' ankommen: das Experiment muß wiederholt und kritisch betrachtet werden. Aber wenn die Diskussion in eine Übereinstimmung zwischen den Fachleuten ausläuft, so daß dann ein 'Basissatz' 'akzeptiert' wird, und wenn es entschieden ist, welche spezifische Theorie von ihm getroffen wurde, dann hat der naive Falsifikationist nur noch wenig Geduld mit jenen, die noch immer 'Ausflüchte gebrauchen'.

von Versuch und Irrtum besteht. [321]) Wir können ja eine Vermutung haben, wir können sie widerlegen und dann mit einer Hilfshypothese retten, die nicht ad hoc ist in den früher diskutierten Bedeutungen dieses Wortes. Die Vermutung kann neue Tatsachen voraussagen, von denen einige vielleicht sogar bestätigt werden. [322]) Aber man kann einen solchen 'Fortschritt' mit einer zusammengeflickten, willkürlichen Reihe von unzusammenhängenden Theorien erzielen. Gute Wissenschaftler finden solchen Flickfortschritt wenig zufriedenstellend; es kann sogar geschehen, daß sie ihn als nicht wirklich wissenschaftlich ablehnen. Und Hilfshypothesen der erwähnten Art nennen sie bloß 'formal', 'willkürlich', 'empirisch', 'halbempirisch' oder sogar 'ad hoc'. [323])

Die reife Wissenschaft besteht aus Forschungsprogrammen, in denen nicht nur neue Tatsachen, sondern in einem wichtigen Sinne auch neue Hilfstheorien antizipiert werden; im Gegensatz zum prosaischen Wechselspiel von Versuch und Irrtum hat die reife Wissenschaft 'heuristisches Potential'. Man vergesse nicht, daß die positive Heuristik eines mächtigen Programms von allem Anfang an eine allgemeine Skizze für den Bau der Schutzgürtel enthält: dieses heuristische Potential erzeugt *die Autonomie der theoretischen Wissenschaft.* [324])

Diese *Bedingung ständigen Wachstums* ist meine rationale Rekonstruktion der allgemein anerkannten Forderung der 'Einheit' oder 'Schönheit' der Wissenschaft. Sie beleuchtet die Schwächen von *zwei* – scheinbar sehr verschiedenen – Typen des Theoretisierens. Erstens demonstriert sie die Schwäche von Programmen, die – wie z. B. der Marxismus oder die Lehre Freuds – zweifellos 'einheitlich' sind, die eine größere Skizze der Art von Hilfstheorien geben, wie sie zur Absorption von Anomalien benützen werden, die aber die wirklich verwendeten Hilfstheorien ohne Fehl im Kielwasser von Tatsachen erfinden, ohne zur gleichen Zeit andere Tatsachen zu antizipieren. (Welche *neue* Tatsache hat der Marxismus, sagen wir, seit 1917 *vorausgesagt?*) Zweitens trifft sie zusammengeflickte, phantasielose Serien von prosaischen, 'empirischen' Adjustierungen, wie sie z. B. in der modernen Sozialpsychologie so häufig sind. Solche Adjustierungen können mit Hilfe von sogenannten 'statistischen Techniken' manche 'neuen' Voraussagen erzielen, ja sie vermögen hie und da sogar auch ein irrelevantes Körnchen von Wahrheit hervorzuzaubern. Aber es ist in diesem Theoretisieren keine

---

[321]) Die Ausarbeitung dieser Abgrenzung in den beiden folgenden Paragraphen wurde während des Druckes verbessert – infolge sehr wertvoller Gespräche mit Paul Meehl in Minneapolis i. J. 1969.

[322]) Früher (in [1968*a*]) habe ich, Popper folgend, zwei Kriterien der Ad-hoc-heit unterschieden. Ich nannte Theorien 'ad-hoc$_1$', die keinen Überschußgehalt über ihre Vorläufer (oder Rivalen) besitzen, d. h. die keine *neuen* Tatsachen voraussagen; ich nannte Theorien 'ad hoc$_2$', die zwar neue Tatsachen voraussagen, aber völlig fehlschlagen: kein Teil des Gehaltsüberschusses wird bestätigt (vgl. auch oben, Anm. 134 und 135).

[323]) Die Strahlungsformel von Planck – in Plancks [1900*a*] – ist ein gutes Beispiel: vgl. oben, S. 79, Anm. 287. Hypothesen, die nicht ad hoc$_1$, nicht ad hoc$_2$, aber doch unbefriedigend sind in dem im Text spezifizierten Sinne, können wir 'ad hoc$_3$' nennen. Diese drei – unfehlbar pejorativen – Verwendungsweisen von 'ad hoc' könnten eine brauchbare Eintragung im *Oxford English Dictionary* darstellen.
Es ist aufschlußreich zu bemerken, daß sowohl 'empirisch' als auch 'formal' als Synonyme für unser 'ad hoc$_3$' verwendet werden.
Meehl berichtet in seinem glänzenden Aufsatz [1967], daß in der heutigen Psychologie und besonders in der Sozialpsychologie viele angebliche 'Forschungsprogramme' in Wirklichkeit nur Ketten von solchen Ad-hoc$_3$-Strategemen sind.

[324]) Vgl. oben, S. 52.

vereinheitlichende Idee, kein heuristisches Potential und keine Kontinuität. Sie fügen sich zu keinem echten Forschungsprogramm zusammen, sie sind im großen und ganzen wertlos.[325])

Meine Darstellung der wissenschaftlichen Rationalität geht zwar von Popper aus, führt aber hinweg von einigen seiner allgemeinen Ideen. Ich akzeptiere bis zu einem gewissen Grade sowohl den Konventionalismus von Le Roy in bezug auf Theorien als auch Poppers Konventionalismus in bezug auf Basissätze. Nach dieser Ansicht sind Wissenschaftler (und, wie ich gezeigt habe, auch Mathematiker[326])) nicht irrational, wenn sie die Neigung haben, Gegeninstanzen – oder, wie sie sich lieber ausdrücken, 'widerspenstige' Instanzen oder 'Rest'-instanzen – zu ignorieren, wenn sie der von der positiven Heuristik ihres Programms vorge-schriebenen Reihe von Problemen folgen und ihre Theorien ohne Rücksicht auf solche Schwierigkeiten ausarbeiten und anwenden.[327]) Im Gegensatz zu Poppers falsifikatorischer Moral behaupten Wissenschaftler oft und in völlig *rationaler* Weise, daß „die experimentellen Ergebnisse... nicht zuverlässig" sind oder daß „der Widerspruch zwischen diesen und dem System... nur ein scheinbarer" ist und „sich mit Hilfe neuer Einsichten [wird] beheben las-sen".[328]) Dennoch „verfahren sie als empirische Forscher" und brauchen noch nicht „das Gegenteil jener kritischen Haltung anzunehmen, die dem Wissenschaftler eigentümlich ist".[329]) Popper hat recht, wenn er betont, daß „die dogmatische Haltung, die an einer Theorie so lange wie möglich festhält, von großer Wichtigkeit ist. Ohne sie würden wir nie ent-decken, was in einer Theorie steckt; wir würden die Theorie aufgeben, bevor wir Gelegenheit hatten, ihre Kraft zu erproben; als Ergebnis wäre keine Theorie je fähig, ihre Rolle bei der

---

[325]) Eine Lektüre von Meehl [1967] und Lykken [1968] führt zur Frage, ob die Funktion von statistischen Techniken in den Sozialwissenschaften nicht vor allem darin besteht, daß sie einen Mechanismus liefern, der Scheinbestätigungen und den Anschein 'wissenschaftlichen Fortschritts' an Stellen produziert, wo sich in Wirklichkeit nur pseudointellektueller Mist anhäuft. Meehl schreibt, daß „in den Naturwissenschaften eine Verbesserung der experimentellen Apparatur, der Instrumentierung oder der numerischen Daten-menge gewöhnlich die Schwierigkeit der 'Beobachtungshürde' vergrößert, die die physikalische Theorie erfolgreich überwinden muß, während in der Psychologie und in einigen verwandten Verhaltenswissen-schaften solche Verbesserung der experimentellen Präzision eine Verminderung der Hindernisse zur Folge hat, die die Theorie überwinden muß". Oder in der Formulierung von Lykken: „Die statistische Si-gnifikanz ist [in der Psychologie] das vielleicht unwichtigste Attribut eines guten Experimentes; sie reicht nie hin, um behaupten zu können, daß eine Theorie sich in brauchbarer Weise bewährt hat, daß eine sinn-volle empirische Tatsache festgestellt worden ist oder daß ein Experimentalbericht veröffentlicht werden sollte." Es scheint mir, daß der Großteil des Theoretisierens, das Meehl und Lykken verurteilen, ad hoc₃ ist. Die Methodologie der Forschungsprogramme könnte uns also helfen, Gesetze zu formulieren zur Ein-dämmung dieser intellektuellen Pollution, die in unserer kulturellen Umgebung vielleicht noch größeren Schaden anrichten wird, als Industrie und Verkehr in unserer physischen Umgebung je anrichten können.
[326]) Vgl. Lakatos [1963–1964].
[327]) So verschwindet die *methodologische* Asymmetrie zwischen universalen und singulären Sätzen. Wir können beide auf Grund einer Konvention adoptieren: in den 'harten Kern' akzeptieren wir universelle Sätze, in die 'empirische Basis' singuläre Sätze. Fatal ist die *logische* Asymmetrie universeller und singulä-rer Sätze nur für den dogmatischen Induktivisten, der nur aus harter Erfahrung und aus der Logik lernen will. Der Konventionalist kann natürlich diese *logische* Asymmetrie 'akzeptieren': er braucht nicht auch ein Induktivist zu sein – obwohl er einer sein *kann*. Er 'akzeptiert' einige universelle Sätze, aber nicht, weil er behauptet, sie aus singulären zu deduzieren (oder zu induzieren).
[328]) Popper [1934], Abschnitt 9.
[329]) Vgl. Popper ebenda; vgl. auch die englische Übersetzung ([1959], S. 50).

Ordnung der Welt zu spielen, uns auf zukünftige Ereignisse vorzubereiten, unsere Aufmerksamkeit auf Ereignisse zu lenken, die wir ansonsten nie beobachten würden".[330] Der 'Dogmatismus' der 'normalen Wissenschaft' verhindert also das Wachstum nicht, solange wir ihn mit der Popperschen Erkenntnis kombinieren, daß es eine gute, progressive Normalwissenschaft und auch eine schlechte, degenerative Normalwissenschaft gibt, und solange wir *entschlossen* sind, Forschungsprogramme unter gewissen, objektiv definierten Bedingungen zu eliminieren.

Kuhn hat die dogmatische Einstellung in der Wissenschaft – die ihre stabilen Perioden erklären könnte – als ein Hauptmerkmal der 'Normalwissenschaft' hingestellt.[331] Aber Kuhns begrifflicher Rahmen für die Behandlung wissenschaftlicher Kontinuität ist sozialpsychologisch; meiner ist normativ. Ich sehe die Kontinuität in der Wissenschaft durch eine 'Poppersche Brille'. Wo Kuhn 'Paradigmen' sieht, sehe ich *auch* rationale 'Forschungsprogramme'.

4. Poppersches versus Kuhnsches Forschungsprogramm

Fassen wir nun die Kuhn-Popper-Kontroverse zusammen.

Wir haben gezeigt, daß Kuhn recht hat, wenn er sich gegen den naiven Falsifikationismus wendet und wenn er die Kontinuität des wissenschaftlichen Wachstums und die *Zähigkeit* mancher wissenschaftlicher Theorien betont. Aber er hat unrecht, wenn er glaubt, daß die Elimination des naiven Falsifikationismus die Elimination aller Arten von Falsifikationismus bedeutet. Kuhn wendet sich gegen das gesamte Poppersche Forschungsprogramm, und er schließt *jede* Möglichkeit einer rationalen Rekonstruktion des wissenschaftlichen Fortschritts aus. Watkins zeigt in einem kurzen und klaren Vergleich von Hume, Carnap und Popper, daß der Fortschritt der Wissenschaft nach Hume induktiv und irrational, nach Carnap induktiv und rational, nach Popper nicht-induktiv und rational ist.[332] Man kann diesen Vergleich fortsetzen, indem man hinzufügt, daß der Fortschritt der Wissenschaft nach Kuhn nicht-induktiv und irrational ist. *Nach Kuhn kann es keine Logik, sondern nur eine Psychologie der Forschung geben.*[333] Z.B. gibt es nach Kuhns Auffassung *immer* zahlreiche Anomalien und Widersprü-

---

[330] Popper [1940], Anm. 1. Man begegnet einer ähnlichen Bemerkung in seiner [1963], S. 49. Aber diese Bemerkungen widersprechen auf den ersten Blick einigen seiner Bemerkungen in [1934] (zitiert oben, S. 26) und lassen sich daher nur als Zeichen dafür deuten, daß sich Popper in zunehmendem Maße einer unverdauten Anomalie in seinem eigenen Forschungsprogramm bewußt wurde.

[331] In der Tat kann mein Abgrenzungskriterium zwischen reifer und unreifer Wissenschaft als eine Poppersche Absorption des Kuhnschen Gedankens gelten, nach dem die 'Normalität' der Stempel der [reifen] Wissenschaft ist; es verstärkt auch mein früheres Argument gegen die Annahme, daß in hohem Grade falsifizierbare Sätze auch als eminent wissenschaftlich zu gelten hätten (vgl. oben, S. 27f.). Diese Abgrenzung zwischen reifer und unreifer Wissenschaft erscheint übrigens in Lakatos [1961] und 1963–1964], wo ich die erste 'deduktives Vermuten' und die letzte 'naive Versuch-und-Irrtum-Methode' genannt habe. (Siehe z.B. [1963–1964], Abschnitt 7(c): 'Deduktives Vermuten gegen naives Vermuten').

[332] Watkins [1968], S. 281.

[333] Kuhn [1965]. Doch ist diese Position bereits implizit in [1962].

che in der Wissenschaft, aber in 'normalen' Perioden sichert das vorherrschende Paradigma
ein Muster für das Wachstum, das dann am Ende von einer 'Krise' überworfen wird. Es gibt
keinen besonderen, rationalen Grund für das Auftreten einer Kuhnschen 'Krise'. 'Krise' ist
ein psychologischer Begriff; sie ist eine ansteckende Panik. Dann taucht ein neues 'Paradigma'
auf, inkommensurabel mit seinem Vorgänger. Es gibt keine rationalen Maßstäbe für den Vergleich der beiden. Jedes Paradigma enthält seine eigenen Maßstäbe. Die Krise fegt nicht nur
die alten Theorien und Regeln, sondern auch jene Maßstäbe fort, auf deren Grundlage wir sie
respektieren. Das neue Paradigma bringt eine vollkommen neue Rationalität mit sich. Es gibt
keine über-paradigmatischen Maßstäbe. Der Wandel ist eine Sache der Mode. So ist *nach
Kuhns Ansicht die wissenschaftliche Revolution irrational, eine Angelegenheit der Massenpsy-
chologie* [mob psychology].

Die Reduktion der Wissenschaftstheorie auf die Wissenschaftspsychologie hat
nicht mit Kuhn begonnen. Eine frühere Welle des 'Psychologismus' folgte dem Zusammenbruch des Rechtfertigungsdenkens. Für viele Wissenschaftler war das Rechtfertigungsdenken
die einzig mögliche Form der Rationalität: das Ende des Rechtfertigungsdenkens bedeutete
das Ende der Rationalität. Der Zusammenbruch der These, daß wissenschaftliche Theorien
beweisbar sind, daß der Fortschritt der Wissenschaft kumulativ ist, versetzte die Rechtfertigungsdenker in Panikstimmung. Wenn 'entdecken beweisen heißt', aber nichts bewiesen werden kann, dann gibt es keine Entdeckungen, sondern nur Entdeckungs-Behauptungen. Ent-
täuschte Rechtfertigungsdenker – Exjustifikationisten – hielten also die Entwicklung rationaler Maßstäbe für ein hoffnungsloses Unternehmen, und sie glaubten, daß man nur noch den
Geist der Wissenschaft, so wie er in berühmten Wissenschaftlern auftritt, studieren – und
imitieren – könne. Nach dem Zusammenbruch der Newtonschen Physik hat Popper neue,
nicht rechtfertigungsmäßige kritische Maßstäbe entwickelt. Nun lernten einige Denker, die
bereits vom Zusammenbruch der Rechtfertigungsrationalität wußten, Poppers bunte Schlagworte meist nur vom Hörensagen kennen – und diese Schlagworte legten einen naiven Falsifikationismus nahe. Man fand sie unhaltbar und identifizierte den Fall des naiven Falsifikationismus mit dem Ende der Rationalität selbst. Die Entwicklung rationaler Maßstäbe galt wieder als ein hoffnungsloses Unternehmen; das beste, was man tun kann, so dachte man wieder,
ist das Studium des Geistes der Wissenschaft.[334]) Die kritische Philosophie war durch eine
'postkritische' Philosophie (Polanyi) zu ersetzen. Aber das Kuhnsche Forschungsprogramm
enthält einen neuen Zug: man studiert nicht den Geist des individuellen Wissenschaftlers,
sondern den Geist der Wissenschaftlichen Gemeinschaft. Individualpsychologie wird nun
durch Sozialpsychologie ersetzt; die Nachahmung der großen Wissenschaftler weicht der Un-
terwerfung unter die kollektive Weisheit der Gruppe.

Aber Kuhn übersah Poppers raffinierten Falsifikationismus und das Forschungsprogramm, das er in Gang setzte. Popper hat das Zentralproblem der klassischen Rationalität,
das alte Problem der Begründung, durch das *neue Problem des fehlbar-kritischen Wachstums*
ersetzt und hat begonnen, objektive Maßstäbe für dieses Wachstum zu entwickeln. Im vorlie-

---

[334]) Ebenso wie ehemalige Rechtfertigungsdenker die Welle des skeptischen Irrationalismus eingeleitet
haben, so leiten jetzt ehemalige Falsifikationisten die *neue* Welle des skeptischen Irrationalismus und der
Anarchie ein. Das beste Beispiel ist Feyerabend [1970].

genden Aufsatz habe ich versucht, sein Programm einen Schritt weiterzuentwickeln. Ich glaube, diese kleine Entwicklung genügt, um Kuhns Einwänden zu entkommen.[335])

Die Rekonstruktion des wissenschaftlichen Fortschritts als Proliferation von konkurrierenden Forschungsprogrammen und progressiven und degenerativen Problemverschiebungen gibt uns ein Bild der Wissenschaft, das sich in mancher Hinsicht von seiner Rekonstruktion als eine Aufeinanderfolge von kühnen Theorien und ihren dramatischen Verwerfungen unterscheidet. Die wichtigsten Aspekte dieses Bildes wurden aus Poppers Ideen und besonders aus seinem Verbot 'konventionalistischer', d.h. gehaltvermindernder Strateme, entwickelt. Der Hauptunterschied gegenüber Poppers ursprünglicher Fassung besteht meiner Ansicht nach darin, daß die Kritik in meiner Konzeption nicht so schnell tötet und töten darf, wie Popper es sich vorgestellt hat. *Rein negative, destruktive Kritik, wie z. B. 'Widerlegung' oder Nachweis einer Inkonsistenz, eliminiert ein Programm noch nicht. Die Kritik eines Programms ist ein langer und oft frustrierender Prozeß, und man muß knospende Programme mit Geduld und Nachsicht behandeln.*[336]) Man kann natürlich die Entartung eines Forschungsprogramms aufdecken, aber wirklicher Erfolg wird nur durch *konstruktive Kritik* mit Hilfe konkurrierender Forschungsprogramme erzeugt; und dramatische und auffallende Ergebnisse werden sichtbar erst im nachhinein und auf Grund einer rationalen Rekonstruktion.

Kuhn hat zweifellos gezeigt, daß die Wissenspsychologie wichtige und in der Tat traurige Wahrheiten enthüllen kann. Aber die Psychologie der Wissenschaft ist nicht autonom; denn *das − rational rekonstruierte − Wachstum der Wissenschaft findet wesentlich in der Welt der Ideen, in Platos und Poppers 'dritter Welt' statt, in der Welt artikulierten Wissens, die unabhängig ist von den wissenden Subjekten.*[337]) *Poppers Forschungsprogramm* zielt auf eine

---

[335]) In der Tat kann, wie ich schon erwähnt hatte, *meine Konzeption eines 'Forschungsprogrammes' (research programme) als eine objektive Rekonstruktion von Kuhns sozialpsychologischer Konzeption des 'Paradigmas' in der 'dritten Welt' aufgefaßt werden:* so läßt sich der Kuhnsche 'Gestalt-Sprung' (Gestaltswitch) ohne Abnahme der Popperschen Brille vollziehen. (Die Behauptung von Kuhn und Feyerabend, daß sich Theorien wegen der 'Inkommensurabilität' von Rivalen nicht aus objektiven Gründen eliminieren lassen, wird hier nicht behandelt. Inkommensurable Theorien sind weder miteinander inkonsistent noch im Gehalt vergleichbar. Doch wir können sie, auf Grund eines Wörterbuches, inkonsistent und ihrem Gehalt vergleichbar *machen*. Wollen wir ein Programm eliminieren, dann brauchen wir methodologische Entschlossenheit. Diese Entschlossenheit ist das Herz des methodologischen Falsifikationismus: z. B. widerspricht kein Resultat statistischer Stichproben jemals einer statistischen Theorie, außer wir *schaffen* den Widerspruch mit Hilfe Popperscher Verwerfungsregeln; vgl. oben, S. 21−22).

[336]) Die Abneigung, die Ökonomen und andere Sozialwissenschaftler gegenüber Poppers Methodologie an den Tag legten, ging vielleicht zum Teil auf den destruktiven Effekt zurück, den der naive Falsifikationismus auf junge Forschungsprogramme haben muß.

[337]) Die *erste* Welt ist die materielle Welt, die *zweite* ist die Welt des Bewußtseins, die *dritte* ist die Welt von Sätzen, Wahrheiten, Maßstäben: die Welt objektiver Kenntnisse. Die modernen *loci classici* zu diesem Gegenstand sind: Popper [1968a] und Popper [1968b]; vgl. auch Toulmins eindrucksvolles Programm, wie es in [1967] dargelegt wird. Es sei hier erwähnt, daß manche Stellen in Popper [1934] und selbst noch in [1963] sich wie Beschreibungen eines psychologischen Kontrastes zwischen dem Kritischen Geist und dem Induktivistischen Geist anhören. Aber Poppers psychologisierende Termini können weitgehend in Begriffe der 'dritten Welt' umgedeutet werden: siehe Popper [1963], S. 390f.

Beschreibung dieses objektiven wissenschaftlichen *Wachstums*.[338]) *Kuhns Forschungsprogramm* scheint eine Beschreibung des *Wandels* im ('normalen') wissenschaftlichen Geist (im Individuum und in der Gemeinschaft) zum Ziel zu haben.[339]) Aber das Spiegelbild der 'dritten Welt' im Geist des individuellen – und selbst des 'normalen' – Wissenschaftlers ist gewöhnlich eine Karikatur des Originals; und eine Beschreibung dieser Karikatur, ohne Beziehung auf das Original in der dritten Welt, kann leicht zur Karikatur einer Karikatur werden. Man kann die Geschichte der Wissenschaft nicht verstehen, wenn man die Wechselwirkung der drei Welten nicht in Betracht zieht.

Appendix: Popper, der Falsifikationismus und die 'Duhem-Quine-These'

Popper begann seine Laufbahn in den zwanziger Jahren als ein dogmatischer Falsifikationist; aber er wurde sich der Unhaltbarkeit dieser Position bald bewußt, und er veröffentlichte nichts, bis er den *methodologischen Falsifikationismus* erfunden hatte. Dies war ein vollkommen neuer Gedanke in der Wissenschaftstheorie, und er beginnt klar mit Popper, der ihn als eine Lösung für die Schwierigkeiten des dogmatischen Falsifikationismus vorschlug. In der Tat ist der Konflikt der Thesen, daß die Wissenschaft sowohl kritisch wie auch fehlbar ist, ein Zentralproblem der Popperschen Philosophie. Während Popper eine zusammenhängende Formulierung und Kritik des dogmatischen Falsifikationismus gegeben hat, hat er zwischen dem naiven und dem raffinierten Falsifikationismus nie scharf unterschieden. In einer früheren Arbeit habe ich[340]) drei verschiedene Poppers unterschieden: *Popper*$_0$, *Popper*$_1$ und *Popper*$_2$. *Popper*$_0$ ist ein dogmatischer Falsifikationist, der nie ein Wort veröffentlicht hat: er

---

[338]) De facto reicht Poppers Programm über die Wissenschaft hinaus. Die Begriffe 'progressiver' und 'degenerativer' Problemverschiebungen, die Idee der Proliferation von Theorien lassen sich auf jede Art rationaler Diskussion ausdehnen und können so als Instrumente einer allgemeinen Theorie der Kritik dienen; Lakatos [1963–1964] kann als die Geschichte eines nicht-empirischen progressiven Forschungsprogramms gelesen werden; [1968*a*] enthält die Geschichte des nicht-empirischen degenerierenden Programms der induktiven Logik.)

[339]) *Wirkliche* Geisteszustände, Glaubenszustände u. a. m. gehören zur zweiten Welt; Zustände des *normalen* Geistes gehören zu einer Zwischenwelt zwischen der zweiten und dritten. Das Studium wirklicher wissenschaftlicher Geister gehört in die *Psychologie*; das Studium 'normaler' (oder 'gesunder' etc.) Geister gehört in die *psychologistische Wissenschaftstheorie*. Es gibt *zwei Arten psychologistischer Wissenschaftstheorie*. Nach der einen kann es keine Wissenschaftstheorie geben, sondern nur eine Psychologie individueller Wissenschaftler. Nach der anderen gibt es eine Psychologie des 'wissenschaftlichen', 'idealen' oder 'normalen' Geistes: dies verwandelt die Wissenschaftstheorie in eine Psychologie dieses idealen Geistes und bietet außerdem eine Psychotherapie zur Verwandlung gewöhnlicher Geister in ideale. Kuhn scheint die Unterscheidung nicht bemerkt zu haben.

[340]) Vgl. Lakatos [1968*b*].

wurde erfunden – und 'kritisiert' – zuerst von Ayer und dann von vielen anderen.[341]) Ich hoffe, daß die vorliegende Arbeit diesem Spuk ein Ende bereiten wird. Popper$_1$ ist der naive Falsifikationist und Popper$_2$ der raffinierte Falsifikationist. Der *wirkliche* Popper entwickelte sich in den zwanziger Jahren aus einem dogmatischen Falsifikationisten zu einer naiven Fassung des methodologischen Falsifikationismus; in den fünfziger Jahren stieß er auf die *'Akzeptierungsregeln' des raffinierten Falsifikationismus.* Der Übergang war dadurch gekennzeichnet, daß er der ursprünglichen Bedingung der Prüfbarkeit die 'zweite' Bedingung der 'unabhängigen Prüfbarkeit'[342]) hinzufügte und dann noch die 'dritte' Bedingung, daß einige dieser unabhängigen Prüfungen in Bewährungen auslaufen sollten.[343]) Aber der wirkliche Popper hat seine früheren (naiven) *Falsifikationsregeln* nie aufgegeben. Er fordert bis zum heutigen Tage, daß „*Kriterien der Widerlegung* im voraus festgelegt werden müssen: man muß sich darüber einig sein, welche beobachtbaren Situationen, wenn sie wirklich beobachtet werden, die Widerlegung der Theorie bedeuten".[344]) Er versteht 'Falsifikation' noch immer als das Ergebnis eines Zweikampfes zwischen Theorie und Beobachtung, ohne daß eine andere, bessere Theorie *notwendigerweise* mit involviert wäre. Der wirkliche Popper hat das Berufungsverfahren, das 'akzeptierte Basissätze' eliminieren kann, nie im Detail erklärt. So besteht der wirkliche Popper aus Popper$_1$ zusammen mit einigen Elementen von Popper$_2$.

Die Idee einer Abgrenzung zwischen progressiven und degenerierenden Problemverschiebungen, so wie sie in dieser Arbeit behandelt wird, gründet sich auf Poppers Werk; diese Abgrenzung ist in der Tat fast identisch mit seinem berühmten Abgrenzungskriterium von Wissenschaft und Metaphysik.[345])

Popper berücksichtigte ursprünglich nur den *theoretischen* Aspekt von Problemverschiebungen; Andeutungen finden sich in Abschnitt 20 von [1934], sie werden in seiner

---

[341]) Ayer war anscheinend der erste, der den dogmatischen Falsifikationismus Popper zuschrieb. (Ayer hat auch die Legende erfunden, daß nach Popper die 'definite Widerlegbarkeit' ein Kriterium nicht bloß des empirischen, sondern auch des sinnvollen Charakters einer Behauptung wäre; vgl. [1936], Kapitel 1, S. 38 der zweiten Auflage.) Selbst heute kritisieren noch viele Philosophen (vgl. Juhos [1966] oder Nagel [1967]) den Strohmann Popper$_0$. Medawar nennt in [1967] den *dogmatischen* Falsifikationismus 'eine der stärksten Ideen' in Poppers Methodologie. Nagel kritisierte in seiner Rezension von Medawars Buch diesen für die 'Unterstützung' von 'Poppers Behauptungen', wie auch er sich ausdrückt (Nagel [1967], S. 70). Nagels Kritik überzeugte Medawar, daß „der Akt der Falsifikation nicht immun ist gegenüber menschlichem Irrtum". (Medawar [1969], S. 54.) Aber sowohl Medawar als auch Nagel haben Popper mißverstanden: seine *Logik der Forschung* ist die schärfste Kritik des dogmatischen Falsifikationismus, die jemals geschrieben wurde.
Man kann mit Medawars Irrtum nachsichtig sein: selbstverständlich mußte der Falsifikationismus sogar in seiner dogmatischen Form auf glänzende Wissenschaftler, deren spekulatives Talent unter der Tyrannei einer induktivistischen Logik der Forschung litt, einen außerordentlich befreienden Einfluß haben. (Außer Medawar lernte auch ein anderer Nobel-Preisträger, Eccles, von Popper seine frühere Vorsichtigkeit mit kühner, falsifizierbarer Spekulation zu vertauschen: vgl. [1964], S. 274–275.)
[342]) Popper [1957*a*].
[343]) Popper [1963].
[344]) Popper [1963], S. 38, Anm. 3.
[345]) Ein Leser, der Zweifel hat an der Authentizität meiner Neuformulierung des Popperschen Abgrenzungskriteriums, möge die diesbezüglichen Stellen in Popper [1934] – unter der Anleitung von Musgrave [1968] – wiederlesen. Musgrave schrieb [1968] gegen Bartley, der in [1968] das Abgrenzungskriterium des naiven Falsifikationismus – wie es oben, S. 21, heißt – irrtümlich Popper zugeschrieben hatte.

[1957] weiterentwickelt.[346]) Eine Diskussion des *empirischen* Aspekts von Problemverschiebungen kam erst später hinzu, in seiner [1963].[347]) Aber Poppers Verbot 'konventionalistischer Strategeme' ist in einer Hinsicht zu streng, in einer anderen zu schwach. Es ist zu *streng*, weil eine neue Fassung eines progressiven Programms nach Popper *nie* ein gehaltverminderndes Strategem akzeptiert, um eine Anomalie zu absorbieren; sie sagt *niemals* Dinge wie: 'alle Körper, siebzehn anomale ausgenommen, sind Newtonisch'. Aber da unerklärte Anomalien immer in Hülle und Fülle vorkommen, lasse ich solche Formulierungen zu; eine Erklärung ist ein Schritt nach vorne (das heißt: sie ist 'wissenschaftlich'), wenn sie mindestens *einige* frühere Anomalien erklärt, die ihr Vorläufer 'wissenschaftlich' noch nicht erklärt hat. Solange Anomalien als echte (wenn auch nicht unbedingt als dringende) Probleme gelten, macht es nicht sehr viel aus, ob wir sie als 'Widerlegungen' dramatisieren oder als 'Ausnahmen' entdramatisieren; der Unterschied ist *dann* bloß ein sprachlicher. (Dieses Ausmaß an Toleranz Ad-hoc-Strategemen gegenüber erlaubt uns, selbst auf inkonsistenter Grundlage fortzuschreiten. Problemverschiebungen können trotz existierender Widersprüche progressiv sein.[348])) Aber Poppers Verbot gehaltvermindernder Strategeme ist auch zu *schwach:* zum Beispiel wird es mit dem sogenannten 'Klebeparadox' nicht fertig[349]), noch beseitigt es Ad-hoc$_3$-Strategeme.[350]) Diese lassen sich nur durch die Forderung beseitigen, daß *die Hilfshypothesen im Einklang mit der positiven Heuristik eines echten Forschungsprogramms zu formulieren sind.* Diese neue Forderung bringt uns zum Problem der *Kontinuität der Wissenschaft.*

  Das Problem der *Kontinuität* der Wissenschaft wurde von Popper und seinen Anhängern schon vor langer Zeit gestellt. Als ich meine Theorie des Wachstums auf Grund der Idee des Wettstreits von Forschungsprogrammen vorschlug, folgte ich ebenfalls der Popperschen Tradition und versuchte sie zu verbessern. Popper selbst hat schon in [1934] die heuristische Bedeutung einer 'förderlichen Metaphysik' hervorgehoben;[351]) und einige Mitglieder

---

[346]) Popper war in [1934] hauptsächlich daran interessiert, *verstohlene Ad-hoc-Adjustierungen* aus der Wissenschaft zu verbannen. Er (Popper$_1$) verlangt, daß der Plan eines potentiellen negativen Entscheidungsexperimentes zusammen mit der Theorie präsentiert werde und daß man dann den Schiedsspruch der experimentellen Jury demütig akzeptiere. Daraus folgt, daß konventionalistische Wendungen, die die ursprüngliche Theorie *nach* dem Schiedsspruch retrospektiv verdrehen, um ihm zu entrinnen, *eo ipso* ausgeschlossen werden. Aber wenn wir die Widerlegung zugeben und die Theorie *hinterher* mit Hilfe von Ad-hoc-Wendungen reformulieren, dann dürfen wir das Ergebnis als eine *'neue'* Theorie zulassen; und ist sie prüfbar, dann akzeptiert sie auch Popper für erneute Kritik: „Überdies vereinbaren wir überall, wo wir ein solches konventionalistisches Vorgehen feststellen, das betreffende System neuerlich zu überprüfen und gegebenenfalls zu verwerfen." (Popper [1934], Abschnitt 20).

[347]) Eingehender siehe Lakatos [1968*a*], besonders S. 388–390.

[348]) Vgl. oben, S. 56 ff. In den Textbüchern der wissenschaftlichen Methode findet man solche Toleranz nur selten, wenn überhaupt.

[349]) Vgl. oben, S. 46.

[350]) Vgl. oben, S. 87, Anm. 323.

[351]) Vgl. z.B. [1934], Ende von Abschnitt 4; vgl. auch [1968*c*], S. 93. Man darf nicht vergessen, daß Comte und Duhem der Metaphysik solches Gewicht absprachen. Am meisten haben Burtt, Koyré und Popper zur Umkehr der antimetaphysischen Flut in der Philosophie und der Historiographie der Wissenschaften beigetragen.

des Wiener Kreises hielten ihn für den Vorkämpfer einer gefährlichen Metaphysik.[352]) Als sein Interesse an der Rolle der Metaphysik in den fünfziger Jahren wiedererwachte, schrieb er einen höchst interessanten 'Metaphysischen Epilog' über 'metaphysische Forschungsprogramme' zu seinem *Postscript: After Twenty Years* – in Korrekturfahnen seit 1957.[353]) Aber Popper verband Zähigkeit nicht mit *methodologischer,* sondern eher mit *syntaktischer Unwiderlegbarkeit.* Unter 'Metaphysik' verstand er syntaktisch spezifizierbare Aussagen, wie All-Existenzsätze und reine Existenzsätze. Keine Basisaussage kann mit ihnen wegen ihrer logischen Form in Konflikt geraten. Der Satz: 'Es gibt für alle Metalle ein Lösungsmittel' wäre in diesem Sinne metaphysisch, Newtons Gravitationstheorie, isoliert genommen, wäre es nicht.[354]) Popper hat in den fünfziger Jahren auch das Problem gestellt, wie man metaphysische Theorien kritisieren kann, und er hat Lösungen vorgeschlagen.[355]) Auch Agassi und Watkins veröffentlichten interessante Arbeiten über die Rolle dieser Art von 'Metaphysik' in der Wissenschaft, die alle 'Metaphysik' mit der Kontinuität des wissenschaftlichen Fortschrittes verbanden.[356]) Meine Behandlung unterscheidet sich von den ihren erstens, weil ich im Verwischen der Abgrenzung zwischen [Poppers] 'Wissenschaft' und [Poppers] 'Metaphysik' viel weitergehe: ja, ich benutze den Terminus 'metaphysisch' überhaupt nicht mehr. Ich rede nur von *wissenschaftlichen* Forschungsprogrammen, deren harter Kern unwiderlegbar ist, nicht unbedingt aus syntaktischen, sondern möglicherweise aus methodologischen Gründen, die mit logischer Form nichts zu tun haben. Zweitens unterscheide ich scharf zwischen dem

[352]) Carnap und Hempel versuchten in ihren Rezenzionen, Popper gegen diese Beschuldigung in Schutz zu nehmen (vgl. Carnap [1935] und Hempel [1937]). Hempel schrieb: Popper „betont andererseits stark gewisse Gemeinsamkeiten mit einigermaßen metaphysisch orientierten Denkern. Es ist zu hoffen, daß die so wertvolle Arbeit nun nicht die Mißdeutung erfährt, als wolle sie Raum schaffen für eine neue, vielleicht gar logisch begründbare, Metaphysik."

[353]) Es lohnt sich, hier eine Stelle aus diesem Postskript zu zitieren: „Der Atomismus ist ein… hervorragendes Beispiel für eine nicht-prüfbare metaphysische Theorie, deren Einfluß auf die Wissenschaft den Einfluß von vielen prüfbaren Theorien weit übertraf… Das späteste und bisher größte Programm war das Programm von Faraday, Maxwell, Einstein, de Broglie und Schrödinger, die Welt… auf Grund kontinuierlicher Felder zu verstehen… Jede dieser metaphysischen Theorien fungierte lange, bevor sie testbar geworden war, als ein Programm für die Wissenschaft. Sie gab die Richtung an, in der befriedigende erklärende Theorien der Wissenschaft gefunden werden können, und ermöglichte so etwas wie eine Bewertung der Tiefe einer Theorie. In der Biologie haben die Evolutions-Theorie, die Zellen-Theorie und die Theorie der bakteriellen Infektion eine ähnliche Rolle gespielt, zumindest für eine gewisse Zeit. In der Psychologie mögen der Sensualismus, der Atomismus (d.h. die Theorie, daß alle Erfahrung aus letzten Elementen wie z.B. Sinnesdaten besteht) und die Psychoanalyse als metaphysische Forschungsprogramme erwähnt werden… Selbst rein existentielle Behauptungen zeigten sich manchmal als suggestiv und fruchtbar für die Wissenschaftsgeschichte, obwohl sie nie zu einem echten Teil der Wissenschaft selbst geworden sind. In der Tat haben nur wenig metaphysische Theorien einen größeren Einfluß auf die Wissenschaft gehabt als die rein metaphysische Theorie: 'Es gibt eine Substanz, die niedere Metalle in Gold zu verwandeln vermag (d.h. es gibt einen Stein der Weisen)'; diese Theorie ist nicht-falsifizierbar, sie wurde nie verifiziert, und sie wird heute von niemand geglaubt."

[354]) Vgl. besonders Popper [1934], Abschnitt 66. In der Ausgabe 1959 fügte er eine erklärende Anmerkung (Anm. *2) hinzu, um zu betonen, daß in *metaphysischen* 'Alle-Es-gibt-Sätzen' der existentielle Quantifikator als 'unbeschränkt' verstanden werden muß; aber natürlich hat er dasselbe auch schon in Abschnitt 15 des ursprünglichen Textes völlig klar gemacht.

[355]) Besonders [1963], S. 198–199 (zuerst veröffentlicht in [1958]).

[356]) Vgl. Watkins [1957] und [1958] und Agassi [1962] und [1964].

deskriptiven Problem der psychologisch-historischen Rolle der Metaphysik und dem *normativen Problem* der Trennung von progressiven und degenerativen Forschungsprogrammen, und ich entwickle das letzte Problem weiter als sie.

Schließlich möchte ich noch die *'Duhem-Quine-These'* und ihr Verhältnis zum Falsifikationismus besprechen.[357])

Die 'Duhem-Quine-These' behauptet, daß ein genügendes Ausmaß an Phantasie jede Theorie, ob sie nun aus einem Einzelsatz oder aus einer endlichen Konjunktion von Sätzen besteht, für immer vor einer 'Widerlegung' retten kann, und zwar durch eine geeignete Adjustierung der Hintergrundkenntnisse, in die sie eingebettet ist. Quine formuliert die Sache so: „Jede Behauptung kann für wahr gehalten werden, was auch kommen mag, wenn wir hinreichend drastische Adjustierungen anderswo im System durchführen… Umgekehrt ist eben darum keine Behauptung vor einer Revision gesichert."[358]) Ja mehr noch, das 'System' ist nichts weniger als 'die ganze Wissenschaft'. 'Eine widerspenstige Erfahrung läßt sich in mannigfaltiger Weise durch verschiedene alternative Umwertungen in verschiedenen alternativen Teilen des Totalsystems akkomodieren [eingeschlossen die Möglichkeit einer Umwertung der widerspenstigen Erfahrung selbst]".[359])

Diese These hat zwei sehr verschiedene Interpretationen. In ihrer *schwachen Interpretation* behauptet sie nur die Unmöglichkeit eines direkten experimentellen Treffers in einem eng umschriebenen theoretischen Ziel und die logische Möglichkeit, die Wissenschaft in unbestimmt vielen verschiedenen Weisen aufzubauen. Die schwache Interpretation trifft nur den dogmatischen Falsifikationismus, nicht aber den methodologischen: sie leugnet nur die Möglichkeit der *Widerlegung* einer *getrennten* Komponente eines theoretischen Systems.

In ihrer *starken Interpretation* schließt die Duhem-Quine-These jede *rationale* Auswahl-Regel zwischen den Alternativen aus; diese Fassung läßt sich mit keiner Form des methodologischen Falsifikationismus vereinigen. Die zwei Interpretationen wurden nicht klar voneinander getrennt, obwohl der Unterschied methodologisch wichtig ist. Duhem scheint nur die schwache Interpretation vertreten zu haben: für ihn ist die Auswahl eine Sache der 'Klugheit': wir müssen immer die richtige Wahl treffen, um einer 'natürlichen Klassifikation' näher zu kommen.[360]) Andrerseits scheint Quine, in der Tradition des amerikanischen Pragmatismus von James und Lewis, einen Standpunkt zu vertreten, der der starken Interpretation sehr nahe ist.[361])

[357]) Dieser abschließende Teil des *Anhangs* wurde erst während des Drucks hinzugefügt.

[358]) Quine [1953], Kapitel II.

[359]) Ebenda. Die Klausel in eckigen Klammern ist meine eigene Ergänzung.

[360]) Für Duhem kann ein Experiment nie *allein* eine isolierte Theorie (wie etwa den harten Kern eines Forschungsprogrammes) verurteilen: zu einer solchen 'Verurteilung' benötigen wir *auch* 'Commonsense', 'Klugheit' und in der Tat einen guten metaphysischen Instinkt, der uns 'einer gewissen hocheminenten Ordnung' entgegenführt. (Siehe Ende des *Anhangs* in der zweiten Auflage von Duhem [1906].)

[361]) Quine spricht davon, daß Sätze 'verschiedene Entfernung von der sinnlichen Peripherie' haben, so daß sie dem Wandel mehr oder weniger ausgesetzt sind. Aber sowohl die sinnliche Peripherie als auch die Metrik sind schwer zu definieren. Nach Quine sind die „Überlegungen, die [den Menschen] bei der Anpassung seiner wissenschaftlichen Erbschaft an seine fortlaufenden sinnlichen Peripherien leiten, pragmatisch, insofern sie rational sind." (Quine [1953]). Aber 'Pragmatismus' ist für Quine wie auch für James oder Le Roy rein psychologischer Komfort; und ich finde es irrational, dies 'rational' zu nennen.

Sehen wir uns nun die schwache Duhem-Quine-These näher an. Wir nehmen eine 'widerspenstige Erfahrung', ausgedrückt in einem 'Beobachtungssatz' O', der einer Konjunktion von theoretischen (und 'beobachtbaren') Sätzen $h_1, h_2, \ldots, h_n, I_1, I_2, \ldots, I_n$ widerspricht, wobei h_i Theorien und I_i die entsprechenden Anfangsbedingungen sind. Im 'deduktiven Modell' implizieren $h_1, \ldots, h_n, I_1, \ldots, I_n$ logisch O; beobachtet wird jedoch O', was *nicht-O* impliziert. Wir nehmen außerdem an, daß die Prämissen unabhängig und notwendig sind zur Deduktion von O.

Wir können in diesem Fall die Konsistenz dadurch wiederherstellen, daß wir *irgendeinen* Satz in unserem deduktiven Modell ändern. Es sei z.B. h_1: 'Wenn ein Faden mit einem Gewicht belastet wird, das seine Ziehfestigkeit übersteigt, dann reißt der Faden'; es sei h_2: 'Das für die Ziehfestigkeit dieses Fadens charakteristische Gewicht ist ½ kg'; es sei h_3: 'Das Gewicht, das diesen Faden belastet hat, war 1 kg'; und schließlich sei O: 'Der in Raum-Zeit-Position P gehängte Faden wurde mit einem Eisengewicht von 1 kg belastet, und er riß nicht'. Man kann das Problem auf mancherlei Art und Weise lösen. Ich gebe einige Beispiele: 1) Wir verwerfen h_1: Wir ersetzen den Ausdruck: 'Wird mit einem Gewicht belastet', und wir sagen statt dessen: 'Wird von einer Kraft gezogen'; wir führen eine neue Anfangsbedingung ein: es war ein verborgener Magnet (oder eine bisher nicht bekannte Kraft) am Plafond des Laboratoriums tätig. 2) Wir verwerfen h_2: Wir schlagen vor, daß die Ziehfestigkeit von der Feuchtigkeit des Fadens abhängt; die Ziehfestigkeit des Fadens war 1 kg, denn er war feucht. 3) Wir verwerfen h_3: Das Gewicht war nur ½ kg; die Waage war schlecht. 4) Wir verwerfen O: Der Faden riß; es wurde nur *beobachtet,* daß er nicht riß, denn der Professor, der h_1 & h_2 & h_3 vorschlug, war ein wohlbekannter bürgerlicher Liberaler, und seine revolutionären Assistenten *sahen* regelmäßig seine Hypothesen widerlegt, obwohl sie in Wirklichkeit bestätigt wurden. 5) Wir verwerfen h_3: Der Faden war überhaupt kein 'Faden', sondern ein 'Superfaden', und 'Superfäden' reißen nie.[362]) Und so könnten wir ohne Ende weitergehen. In der Tat: ist genügend Phantasie vorhanden, so gibt es unendlich viele Möglichkeiten dafür, jede der Prämissen *(im deduktiven Modell)* durch Änderung in einem entfernten Teil unserer Gesamtkenntnis *(außerhalb des deduktiven Modells)* zu ersetzen und dadurch die Konsistenz wiederherzustellen.

Dürfen wir diese triviale Beobachtung formulieren, indem wir sagen, daß *jeder Test eine Herausforderung an die Gesamtheit unseres Wissens darstellt?* – Ich sehe keinen Grund, warum wir uns nicht so ausdrücken sollten. Die Abneigung einiger Falsifikationisten[363]) gegen dieses „holistische Dogma des 'globalen' Charakters aller Prüfungen" geht bloß auf eine semantische Vermischung von zwei verschiedenen Begriffen der 'Prüfung' zurück, die ein widerspenstiges experimentelles Ergebnis für unser Wissen darstellt.

Die Poppersche Interpretation einer 'Prüfung' (oder einer 'Herausforderung') besagt, daß das Ergebnis *(O)* einer finiten, wohl-spezifizierten Konjunktion von Prämissen *(T)* widerspricht (dieses 'herausfordert'): O & T kann nicht mehr wahr sein. Aber kein Vertreter der Auffassung von Duhem und Quine würde diesen Punkt bestreiten.

Die Quinesche Interpretation einer 'Prüfung' (oder einer 'Herausforderung') besagt, daß die *Ersetzung* von O & T eine Änderung auch außerhalb von O und T herbeiführen

---

362) Für solche 'Begriff-verengende Verteidigungen' und 'begriffsdehnende Widerlegungen' vgl. Lakatos [1963–1964].
363) Popper [1963], Kapitel 10, Abschnitt XVI.

kann. Der Nachfolger von O & T kann einem H in einem entfernten Teil unserer Kenntnisse widersprechen. Aber kein Popperianer würde diesen Punkt bestreiten.

Die Vermengung der beiden Begriffe des Prüfens hat zu manchen Mißverständnissen und logischen Fehlern geführt. Man hatte das Gefühl, daß der Modus tollens sehr entfernte Prämissen in unserer Gesamtkenntnis 'treffen' kann, und verfing sich daher in der Idee, daß die 'Ceteris-paribus-Klausel' eine Prämisse ist, die mit den offenbaren Prämissen *konjunktiv* verbunden ist. Doch der 'Treffer' ist nicht ein Werk des Modus tollens, sondern ein Ergebnis der späteren Ersetzung unseres ursprünglichen deduktiven Modells.[364])

'Quines schwache These' ist also trivial wahr. Aber 'Quines starke These' wird heftigen Widerstand erfahren, sowohl vom naiven als auch vom raffinierten Falsifikationisten.

Der naive Falsifikationist besteht darauf, daß eine widerspruchsvolle Klasse von Sätzen durch Auswahl zerlegt werden muß in 1) eine zu prüfende Theorie (die *Nuß*); 2) einen akzeptierten Basissatz (den *Hammer*); der Rest ist unbezweifelte Hintergrundkenntnis (der *Amboß*). Und um dieser Position Wirksamkeit zu verleihen, müssen wir angeben, wie der 'Hammer' und der 'Amboß' gehärtet werden können, so daß es uns gelingt, die 'Nuß' zu knakken, um damit ein 'negatives Entscheidungsexperiment' auszuführen. Aber das naive 'Vermuten', das dieser Zerlegung zugrunde liegt, ist allzu willkürlich und gibt uns kein ernsthaftes Härtungsverfahren. (Auf der anderen Seite verwendet Grünbaum Bayes Theorem, um zu zeigen, daß der 'Hammer' und der 'Amboß', zumindest in einem gewissen Sinn, hohe aposteriorische Wahrscheinlichkeit besitzen und darum 'hart' genug sind, um als Nußknacker benutzt zu werden.[365]))

Der raffinierte Falsifikationist erlaubt die Ersetzung *beliebiger* Teile des Leibes der Wissenschaft, aber nur unter der Bedingung, daß die Ersetzung in 'progressiver' Weise geschieht und also neue Tatsachen erfolgreich antizipiert. In seiner rationalen Rekonstruktion der Falsifikation spielen 'negative Entscheidungsexperimente' keine Rolle. Er hat nichts einzuwenden, wenn eine Gruppe von brillanten Wissenschaftlern konspiriert, soviel wie nur möglich in ihr Lieblingsprogramm (oder ihren 'begrifflichen Rahmen', wenn man diesen Ausdruck vorzieht) mit sakrosanktem harten Kern zu stopfen. Das können sie ohne weiteres tun, solange ihr Genius – und ihr Glück – es ihnen erlaubt, ihr Programm *'progressiv'* unter Beibehaltung des harten Kerns zu erweitern. Und wenn ein Genie sich daran macht, eine völlig unbestrittene und bewährte Theorie, die ihm aus philosophischen, ästhetischen oder persönlichen Gründen nicht liegt ('progressiv') zu *ersetzen,* dann begleiten ihn unsere guten Wünsche.

---

[364]) Der Locus classicus für diese Konfusion ist die verschrobene Kritik von Canfield und Lehrer – [1961] – über Popper; Stegmüller ([1966], S. 7) folgte ihnen in den logischen Sumpf. Coffa [1968] trug zur Klärung der Frage bei.
Leider erweckt auch meine eigene Phraseologie in diesem Aufsatz stellenweise den Eindruck, die 'Ceteris-paribus-Klausel' müsse eine unabhängige Prämisse der zu prüfenden Theorie sein. Colin Howson hat mich auf diesen leicht korrigierbaren Mangel aufmerksam gemacht.
[365]) Grünbaums Position war früher die eines dogmatischen Falsifikationisten. Unter Hinweis auf seine gedankenreichen und erregenden Fallstudien der physikalischen Geometrie behauptete er, daß wir die Falschheit wissenschaftlicher Hypothesen wohl feststellen *können* (vgl. Grünbaum [1959b] und [1960]). Er modifizierte seine Position in [1969] und brachte auf Kritik von Feyerabend und anderen (*e. g.* Feyerabend [1959]) weitere Qualifikationen an: „Zumindest in einigen Fällen können wir die Falschheit einer Teilhypothese in wissenschaftlich befriedigender Weise feststellen, obwohl wir sie nicht über alle Möglichkeiten nachträglicher Rehabilitation hinaus falsifizieren können." (Grünbaum [1969], S. 1092)

Wenn zwei Forschungsgruppen konkurrierende Forschungsprogramme verfolgen und miteinander in Wettstreit treten, dann wird jene mit dem größeren schöpferischen Talent höchstwahrscheinlich erfolgreich sein – es sei denn, Gott bestraft sie mit extremem Mangel an empirischem Erfolg. Die Richtung der Wissenschaft ist vor allem durch die schöpferische Phantasie bestimmt und nicht durch die Welt der Tatsachen, die uns umgibt. Die schöpferische Phantasie findet in aller Wahrscheinlichkeit neue bewährende Evidenz auch für das 'absurdeste' Programm, wenn die Suche nur mit genügend Energie betrieben wird.[366]) Diese Umschau nach *neuer bewährender Evidenz* ist vollkommen zulässig. Wissenschaftler erträumen sich Phantasien und jagen dann in höchst selektiver Weise nach neuen Tatsachen, die zu diesen Phantasien passen. Man kann diesen Prozeß beschreiben, indem man sagt, daß 'die Wissenschaft ihre eigene Welt erschafft' (solange man nur nicht vergißt, daß 'Schöpfung' hier in einem provokativ-idiosynkratischen Sinne verstanden sein will). Einer brillanten Schule von Gelehrten, unterstützt von einer reichen Gesellschaft, die einige wohlgeplante Experimente finanziert, kann es gelingen, beliebig phantastische Programme vorwärtszutreiben oder, umgekehrt, falls so geneigt, eine willkürlich gewählte Stütze des 'etablierten Wissens' zu stürzen.

Ein solches Vorgehen treibt den *dogmatischen* Falsifikationisten zur Verzweiflung. Er sieht, wie sich das Gespenst von Bellarmins Instrumentalismus aus den Trümmern erhebt, unter denen es nach dem Newtonschen Erfolg 'bewiesener Wissenschaft' begraben lag. Er wirft dem raffinierten Falsifikationisten vor, daß er willkürliche Prokrustessysteme konstruiert und die Tatsachen in sie hineinzwingt. Ja, er mag ihn sogar der Wiederbelebung jener unheiligen irrationalistischen Allianz von James' rohem Pragmatismus und Bergsons Voluntarismus beschuldigen, den Russell und Stebbing so siegreich geschlagen haben.[367]) Aber unser raffinierter Falsifikationismus kombiniert den 'Instrumentalismus' (oder 'Konventionalismus') mit einer streng empirischen Bedingung, die weder von mittelalterlichen 'Rettern der Phänomene' wie Bellarmin noch von Pragmatisten wie Quine, noch von Bergson-Anhängern wie Le Roy richtig eingeschätzt wurde: es ist die Bedingung von Leibniz-Whewell-Popper, daß nämlich die *wohlgeplante Konstruktion von Fächern schneller vorwärtsschreiten muß als die Aufzeichnung der Tatsachen, die in ihnen wohnen sollen.* Solange dieser Forderung Rechnung getragen wird, macht es nicht sehr viel aus, welchen Aspekt wir mehr betonen: den 'instrumentalen' Aspekt einfallsreicher Forschungsprogramme zur Auffindung neuer Tatsachen und zur Bereitstellung zuverlässiger Prognosen oder das vermeintliche Zunehmen der Popperschen 'Wahrheitsnähe' (d. h. der abgeschätzten Differenz zwischen Wahrheitsgehalt und

[366]) Ein typisches Beispiel ist Newtons Prinzip der Gravitationsanziehung, wonach die Körper einander unmittelbar und aus unermeßlichen Entfernungen anziehen. Huyghens nannte die Idee 'absurd', Leibniz 'okkult' und die besten Wissenschaftler der Zeit „fragten sich, wie [Newton] es über sich brachte, alle diese Mühe auf so viele Untersuchungen und schwierige Berechnungen anzuwenden, die keine andere Grundlage hatten als gerade dieses Prinzip." (Vgl. Koyré [1965], S. 1/7–1/8) Ich habe früher gegen die Annahme argumentiert, daß theoretischer Fortschritt das Verdienst des Theoretikers, empirischer Erfolg aber *bloße* Glückssache sei. Wenn der Theoretiker *größere* Phantasie besitzt, dann ist es wahrscheinlicher, daß sein theoretisches Programm zumindest *einigen* empirischen Erfolg erreichen wird. Vgl. Lakatos [1968a], S. 387–390).

[367]) Vgl. Russell [1914], Russell [1946] und Stebbing [1914]. Russell, ein Rechtfertigungsdenker, verachtete den Konventionalismus. „Als der Wille sich erhob, sank das Wissen. Das ist die höchst bemerkenswerte Änderung, die den Charakter der Philosophie in unserer Zeit überkommen hat. Sie wurde von Rousseau und Kant vorbereitet..." Vgl. Russell [1946], S. 787. Popper wurde natürlich mindestens teilweise von Kant und Bergson angeregt. (Vgl. [1934], Abschnitt 2 und 4.)

Falschheitsgehalt) ihrer aufeinanderfolgenden Fassungen.[368]) Der raffinierte Falsifikationismus kombiniert also die besten Elemente des Voluntarismus, des Pragmatismus und der realistischen Theorien des empirischen Wachstums.

Der raffinierte Falsifikationist steht weder auf der Seite von Galileo noch auf der Seite des Kardinals Bellarmin. Er steht nicht auf der Seite von Galileo, denn er behauptet, daß unsere grundlegenden Theorien für die göttliche Vernunft alle gleichermaßen absurd und unwahrscheinlich sein können; und er steht nicht auf der Seite Bellarmins, außer der Kardinal gibt zu, daß wissenschaftliche Theorien am Ende zu immer mehr wahren und immer weniger falschen Konsequenzen führen können und *in diesem streng technischen Sinne* zunehmende 'Wahrheitsnähe' besitzen.[369])

[368]) Zur '*Wahrheitsnähe*' vgl. Popper [1963], Kapitel 10, und die nächste Anmerkung; zu '*Vertrauenswürdigkeit*' vgl. meinen Aufsatz [1968*a*], S. 390–405, und auch [1971].

[369]) '*Wahrheitsnähe*' hat zwei distinkte Bedeutungen, die nicht vermengt werden dürfen. Erstens kann dieser Ausdruck verwendet werden, um die intuitive Wahrheitsähnlichkeit der Theorie zu bezeichnen; in diesem Sinne sind alle vom menschlichen Geist geschaffenen wissenschaftlichen Theorien meiner Ansicht nach gleich wahrheitsfern und 'okkult'. Zweitens kann er auch eine quasi-maßtheoretische Differenz zwischen den wahren und den falschen Konsequenzen einer Theorie bezeichnen, die wir nie kennen, über die wir aber sicher Vermutungen anstellen können. Es war Popper, der den Ausdruck der 'Wahrheitsnähe' als eine Art Fachausdruck verwendete, um diese Art von Differenz zu bezeichnen ([1963], Kapitel 10). Aber seine Behauptung, daß diese Explikation auch genau der ursprünglichen Bedeutung entspräche, ist irrig und irreführend. In der frühen, präpopperschen Verwendungsweise konnte 'Wahrheitsnähe' entweder *intuitive* Wahrheitsähnlichkeit oder eine naive Protofassung der Popperschen *empirischen* Wahrheitsähnlichkeit bedeuten. Popper gibt interessante Zitate für die letzte Bedeutung ([1963], S. 399 ff.), aber keine für die erste. Aber Bellarmin könnte wohl zugestanden haben, daß die Kopernikanische Theorie hohe 'Wahrheitsnähe' in Poppers technischem Sinne besitzt, nicht aber im ersten, intuitiven Sinn. Die meisten 'Instrumentalisten' sind 'Realisten' in dem Sinne, daß sie zugeben, daß die [Poppersche] 'Wahrheitsnähe' wissenschaftlicher Theorien wahrscheinlich zunehmen wird; aber sie sind nicht 'Realisten' in dem Sinn, daß sie zum Beispiel zugeben würden, daß die Einsteinsche Feldtheorie dem Plan des Universums *intuitiv* näher ist als die Newtonsche Fernwirkung. *Das Ziel der Wissenschaft kann also die Zunahme der Popperschen 'Wahrheitsnähe' sein, braucht aber nicht auch die Zunahme der klassischen 'Wahrheitsnähe' zu sein.* Popper selbst nennt die letzte im Gegensatz zur ersten 'eine gefährlich verschwommene, metaphysische Idee' (Popper [1963], S. 231).

Poppers 'empirische Wahrheitsnähe' hat die Idee des *kumulativen Wachstums* in der Wissenschaft in einem gewissen Sinne rehabilitiert. Aber die Triebkraft des kumulativen Wachstums an 'empirischer Wahrheitsnähe' ist ein revolutionärer Konflikt in der 'intuitiven Wahrheitsähnlichkeit'.

Als Popper seinen Essay *Truth, rationality and the growth of knowledge* schrieb, hatte ich ein ungutes Gefühl über die Identifikation der beiden Begriffe der 'Wahrheitsnähe'. Ich fragte ihn: 'Können wir wirklich von einer *besseren* Korrespondenz reden? Gibt es denn *Grade* der Wahrheit? Ist es nicht gefährlich irreführend, so zu reden, als liege die Tarskische Wahrheit irgendwo in einem metrischen oder zumindest einem topologischen Raum, so daß wir von zwei Theorien – einer früheren Theorie t_1 und einer späteren Theorie t_2 – sinnvoll sagen können, daß t_2 t_1 überholt hat, über t_1 hinaus fortgeschritten ist, indem sie der Wahrheit näher kommt als t_1?' (Popper [1963], S. 232). Popper verwarf meine vagen Befürchtungen. Er fühlte – mit Recht –, daß er eine sehr wichtige neue Idee vorschlug. Aber er irrte sich in seinem Glauben, daß sein neuer Fachbegriff der 'Wahrheitsnähe' die Probleme, die ihr Zentrum in der alten, intuitiven 'Wahrheitsnähe' hatten, völlig absorbiert hätte. Kuhn schreibt: „Zu behaupten – z. B. von einer Feldtheorie –, daß sie 'der Wahrheit näher kommt' als eine ältere Stoff-und-Kraft-Theorie, sollte heißen, *wenn man die Worte nicht sehr ungewöhnlich gebraucht,* daß die letzten Bestandteile der Natur mehr wie Felder als wie Stoff-und-Kraft" sind (unten, S. 257, meine Hervorhebung). Kuhn hat in der Tat recht, außer daß Worte *gewöhnlich* 'ungewöhnlich gebraucht' werden. Ich hoffe, daß diese Bemerkung zur Klärung des Problems beiträgt.

Literatur

Agassi [1959]: 'How are Facts Discovered?', *Impulse,* **3,** No. 10, pp. 2–4.

Agassi [1962]: 'The Confusion between Physics and Metaphysics in the Standard Histories of Sciences', in *Proceedings of the Tenth International Congress of the History of Science,* 1964, I, pp. 231–238.

Agassi [1964]: 'Scientific Problems and Their Roots in Metaphysics', in Bunge *(ed.): The Critical Approach to Science and Philosophy,* 1964, pp. 189–211.

Agassi [1966]: 'Sensationalism', *Mind,* N.S. **75,** pp. 1–24.

Agassi [1968]: 'The Novelty of Poppers's Philosophy of Science', *International Philosophical Quarterly,* **8,** pp. 442–463.

Agassi [1969]: 'Popper on Learning from Experience', in Rescher *(ed.): Studies in the Philosophy of Science,* 1969.

Ayer [1936]: *Language, Truth and Logic,* 1936; 2. Aufl. 1946.

Bartley [1968]: 'Theories of Demarcation between Science and Metaphysics', in Lakatos und Musgrave *(eds): Problems in the Philosophy of Science,* 1968, pp. 40–64.

Becke und Sitte [1933]: 'Zur Theorie des β-Zerfalls', *Zeitschrift für Physik,* **86,** pp. 105–119.

Bernal [1965]: *Science in History,* 3. Aufl. 1965.

Bernstein [1961]: *A Comprehensible World: On Modern Science and its Origins,* 1961.

Bethe and Peierls [1934]: 'The „Neutrino"', *Nature,* **133,** p. 532.

Bohr [1913*a*]: 'On the Constitution of Atoms and Molecules', *Philosophical Magazine,* **26,** pp. 1–25, 476–502 und 857–875.

Bohr [1913*b*]: Brief an Rutherford, 6. 3. 1913; veröffentlicht in Bohr [1963], pp. XXXVIII–IX.

Bohr [1913*c*]: 'The Spectra of Helium and Hydrogen', *Nature,* **92,** pp. 231–232.

Bohr [1922]: 'The Structure of the Atom', Nobel Lecture.

Bohr [1923]: *Über die Quantentheorie der Linienspektren,* 1923.

Bohr [1926]: Brief an *Nature,* **117,** p. 264.

Bohr [1930]: 'Chemistry and the Quantum Theory of Atomic Constitution', Faraday Lecture 1930, *Journal of the Chemical Society,* 1932/I, pp. 349–384.

Bohr [1933]: 'Light and Life', *Nature,* **131,** pp. 421–423 and 457–459.

Bohr [1936]: 'Conservation Laws in Quantum Theory', *Nature,* **138,** pp. 25–26.

Bohr [1949]: 'Discussion with Einstein on Epistemological Problems in Atomic Physics', in Schilpp *(ed.): Albert Einstein, Philosopher-Scientist,* 1949, I, pp. 201–241.

Bohr [1963]: *On the Constitution of Atoms and Molecules,* 1963.

Born [1948]: 'Max Karl Ernst Ludwig Planck', *Obituary Notices of Fellows of the Royal Society,* **6,** 161–180.

Born [1954]: 'The Statistical Interpretation of Quantum Mechanics', *Nobel Lecture* 1954.

Braithwaite [1938]: 'The Relevance of Psychology to Logic', *Aristotelian Society Supplementary Volumes,* **17,** pp. 19–41.

Braithwaite [1953]: *Scientific Explanation,* 1953.

Callendar [1914]: 'The Pressure of Radiation and Carnot's Principle,' *Nature,* **92,** p. 553.

Canfield und Lehrer [1961]: 'A Note on Prediction and Deduction', *Philosophy of Science,* 1961, **28,** pp. 204–208.

Carnap [1932–1933]: 'Über Protokollsätze', *Erkenntnis,* **3,** pp. 215–228.

Carnap [1935]: Review of Popper's [1934], *Erkenntnis,* **5,** pp. 290–294.

Coffa [1968]: 'Deductive Predictions', *Philosophy of Science,* **35,** pp. 279–283.

Crookes [1886]: Presidential Address to the Chemistry Section of the British Association, *Report of British Association,* 1886, pp. 558–576.

Crookes [1888]: Report at the Annual General Meeting, *Journal of the Chemical Society,* **53,** pp. 487–504.

Davisson [1937]: 'The Discovery of Electron Waves', *Nobel Lecture*, 1937.

Dirac [1936]: 'Does Conservation of Energy Hold in Atomic Processes?', *Nature*, **137**, pp. 298–299.

Dirac [1951]: 'Is there an Aether?', *Nature*, **168**, pp. 906–907.

Dorling [1968]: 'Length Contraction and Clock Synchronisation: The Empirical Equivalence of the Einsteinian and Lorentzian Theories', *The British Journal for the Philosophy of Science*, **19**, pp. 67–69.

Dreyer [1906]: *History of the Planetary Systems from Thales to Kepler*, 1906.

Duhem [1906]: *La Théorie Physique, Son Objet et Sa Structure*, 1905. Engl. Übersetzung der zweiten (1914) Aufl.: *The Aim and Structure of Physical Theory*, 1954.

Eccles [1964]: 'The Neurophysiological Basis of Experience', in Bunge (*ed.*): *The Critical Approach to Science and Philosophy*, 1964.

Ehrenfest [1911]: 'Welche Züge der Lichtquantenhypothese spielen in der Theorie der Wärmestrahlung eine wesentliche Rolle?', *Annalen der Physik*, **36**, pp. 91–118.

Ehrenfest [1913]: 'Zur Krise der Lichtäther-Hypothese', 1913.

Einstein [1909]: 'Über die Entwicklung unserer Anschauungen über das Wesen und die Konstitution der Strahlung', *Physikalische Zeitschrift*, **10**, pp. 817–826.

Einstein [1927]: 'Neue Experimente über den Einfluß der Erdbewegung auf die Lichtgeschwindigkeit relativ zur Erde', *Forschungen und Fortschritte*, **3**, p. 36.

Einstein [1928]: Brief an Schrödinger, 31. 5. 1928; veröffentlicht in K. Przibram (*ed.*): *Briefe Zur Wellenmechanik*, 1963.

Einstein [1931]: 'Gedenkworte auf Albert A. Michelson', *Zeitschrift für angewandte Chemie*, **44**, p. 658.

Einstein [1949]: 'Autobiographical Notes', in Schilpp (*ed.*): *Albert Einstein, Philosopher, Scientist*, **I**, p. 2–95.

Ellis und Mott [1933]: 'Energy Relations in the β-Ray Type of Radioactive Disintegration', *Proceedings of the Royal Society of London*, Series A, **96**, pp. 502–511.

Ellis und Wooster [1927]: 'The average Energy of Disintegration of Radium E', *Proceedings of the Royal Society*, Series A, **117**, pp. 109–123.

Evans [1913]: 'The Spectra of Helium and Hydrogen', *Nature*, **92**, p. 5.

Fermi [1933]: 'Tentativo di una teoria dell emissione dei raggi „beta"', *Ricerci Scientifica*, **4**(2), pp. 491–495.

Fermi [1934]: 'Versuch einer Theorie der ß-Strahlen, I', *Zeitschrift für Physik*, **88**, pp. 161–177.

Feyerabend [1959]: 'Comments on Grünbaum's „Law and Convention in Physical Theory"', in Feigl und Maxwell (*eds*): *Current Issues in the Philosophy of Science*, 1961, pp. 155–161.

Feyerabend [1965]: 'Reply to Criticism', in Cohen und Wartofsky (*eds*): *Boston Studies in the Philosophy of Science*, II, pp. 223–261 (deutsch 'Antwort an Kritiker', in Feyerabend: *Probleme des Empirismus*, 1981, pp. 126–160).

Feyerabend [1968–1969]: 'On a Recent Critique of Complementarity', *Philosophy of Science*, **35**, pp. 309–331 und **36**, pp. 82–105 (deutsch 'Zu einer neueren „Kritik" an der Komplementarität', in Feyerabend: *Probleme des Empirismus*, 1981, pp. 365–419).

Feyerabend [1969]: 'Problems of Empiricism II', in Colodny (*ed.*): *The Nature and Function of Scientific Theory*, 1969.

Feyerabend [1970]: 'Against Method', *Minnesota Studies for the Philosophy of Science*, **4**, 1970.

Fowler [1912]: 'Observations of the Principal and Other Series of lines in the Spectrum of Hydrogen', *Monthly Notices of the Royal Astronomical Society*, **73**, pp. 62–71.

Fowler [1913a]: 'The Spectra of Helium and Hydrogen', *Nature*, **92**, p. 95.

Fowler [1913b]: 'The Spectra of Helium and Hydrogen', *Nature*, **92**, p. 232.

Fowler [1914]: 'Series Lines in Spark Spectra', *Proceedings of the Royal Society of London (A)*, **90**, pp. 426–430.

Fresnel [1818]: 'Lettre à François Arago sur l'Influence du Mouvement Terrestre dans quelques Phénomènes Optiques', *Annales de Chimie et de Physique*, **9**, pp. 57 ff.

Galileo [1632]: *Dialogo dei Massimi Sistemi*, 1632.

Gamow [1966]: *Thirty Years that Shook Physics*, 1966.

Grünbaum [1959*a*]: 'The Falsifiability of the Lorentz-Fitzgerald Contraction Hypothesis', *British Journal for the Philosophy of Science*, **10**, pp. 48–50.

Grünbaum [1959*b*]: 'Law and Convention in Physical Theory', in Feigl und Maxwell (*eds*): *Current Issues in the Philosophy of Science*, 1961, pp. 40–155.

Grünbaum [1960]: 'The Duhemian Argument', *Philosophy of Science*, **II**, pp. 75–87.

Grünbaum [1969]: 'Can We Ascertain the Falsity of a Scientific Hypothesis?', *Studium Generale*, **22**, pp. 1061–1093.

Heisenberg [1932]: *Zeitschrift für Physik*, **77**.

Heisenberg [1955]: 'The Development of the Interpretation of Quantum Theory', in Pauli (*ed.*): *Niels Bohr and the Development of Physics*, 1955.

Hempel [1937]: Review of Popper's [1934], *Deutsche Literaturzeitung*, 1937, pp. 309–314.

Hempel [1952]: 'Some Theses on Empirical Certainty', *The Review of Metaphysics*, **5**, pp. 620–621.

Henderson [1934]: 'The Upper Limits of the Continuous ß-ray Spectra of Thorium C and C^{11}', *Proceedings of the Royal Society of London*, Series A, **147**, pp. 572–582.

Hevesy [1913]: 'Brief an Rutherford, 14. 10. 1913', zitiert in Bohr [1963], p. XLII.

Hund [1961]: 'Göttingen, Copenhagen, Leipzig im Rückblick', in Bopp (*ed.*): *Werner Heisenberg und die Physik unserer Zeit*, Braunschweig 1961.

Jaffe [1960]: *Michelson and the Speed of Light*, 1960.

Jammer [1966]: *The Conceptual Development of Quantum Mechanics*, 1966.

Joffé [1911]: 'Zur Theorie der Strahlungserscheinungen', *Annalen der Physik*, **36**, pp. 534–552.

Juhos [1966]: 'Über die empirische Induktion', *Studium Generale*, **19**, pp. 259–272.

Keynes [1921]: *A Treatise on Probability*, 1921.

Koestler [1959]: *The Sleepwalkers*, 1959.

Konopinski und Uhlenbeck [1935]: 'On the Fermi theory of β-radioactivity', *Physical Review*, **48**, pp. 7–12.

Koyré [1965]: *Newtonian Studies*.

Kramers [1923]: 'Das Korrespondenzprinzip und der Schalenbau des Atoms', *Die Naturwissenschaften*, **II**, pp. 550–559.

Kudar [1929–1930]: 'Der wellenmechanische Charakter des ß-Zerfalls, I–II–III', *Zeitschrift für Physik*, **57**, pp. 257–260, **60**, pp. 168–175 und 176–183.

Kuhn [1962]: *The Structure of Scientific Revolutions*, 1962.

Kuhn [1965]: 'Logic of Discovery or Psychology of Research', (deutsch 'Logik der Forschung oder Psychologie der wissenschaftlichen Arbeit?', in Lakatos/Musgrave: *Kritik und Erkenntnisfortschritt*, 1974, pp. 1–24).

Lakatos [1962]: 'Infinite Regress and the Foundations of Mathematics', *Aristotelian Society Supplementary Volume*, **36**, pp. 155–184.

Lakatos [1963–1964]: 'Proofs and Refutations', *The British Journal for the Philosophy of Science*, **14**, pp. 1–25, 120–139, 221–243, 296–342.

Lakatos [1968*a*]: 'Changes in the Problem of Inductive Logic', in Lakatos (*ed.*): *The Problem of Inductive Logic*, 1968, pp. 315–417.

Lakatos [1968*b*]: 'Criticism and the Methodology of Scientific Research Programmes', in *Proceedings of the Aristotelian Society*, **69**, pp. 149–186.

Lakatos, I. [1971*a*]: 'Popper zum Abgrenzungs- und Induktionsproblem', in H. Lenk (*ed.*): *Neue Aspekte der Wissenschaftstheorie*.

Lakatos I. [1971*b*]: 'History of Science and its Rational Reconstructions', in R. C. Buck und R. S. Cohen (*eds.*): *PSA* 1970, *Boston Studies for the Philosophy of Science*, **8**.

Lakatos, I. [1971*c*]: 'Replies to Critics', in R. C. Buck und R. S. Cohen (*eds.*): *PSA* 1970, *Boston Studies for the Philosophy of Science*, **8**.

Lakatos [1975]: *Proofs and Refutations and other Essays in the Philosophy of Mathematics* (deutsch *Beweise und Widerlegungen,* 1979).

Laplace [1796]: *Exposition du Système du Monde,* 1796.

Larmor [1904]: 'On the Ascertained Absence of Effects of Motion through the Aether, in Relation to the Constitution of Matter, and on the Fitzgerald-Lorentz Hypothesis', *Philosophical Magazine,* Series **6, 7,** pp. 621–625.

Laudan [1965]: 'Grünbaum on „The Duhemian Argument" ', *Philosophy of Science,* **32,** pp. 295–299.

Leibniz [1678]: Brief an Conring, 19. 3. 1678.

Le Roy [1899]: 'Science et Philosophie', *Revue de Métaphysique et de Morale,* **7,** pp. 375–425, 503–562, 706–731.

Le Roy [1901]: 'Un Positivisme Nouveau', *Revue de Métaphysique et de Morale,* **9,** pp. 138–153.

Lorentz [1886]: De l'Influence du Mouvement de la Terre sur les Phénomènes Lumineux', *Versl. Kon. Akad. Wetensch. Amsterdam,* **2,** pp. 297–358. Nachgedruckt in Lorentz: *Collected Papers,* **4,** 1937, pp. 153–218.

Lorentz [1892*a*]: 'The Relative Motion of the Earth and the Ether', *Versl. Kon. Akad. Wetensch. Amsterdam,* **I,** pp. 74–77. Nachgedruckt in Lorentz: *Collected Papers,* **4,** 1937, pp. 219–223.

Lorentz [1892*b*]: 'Stokes' Theory of Aberration', *Versl. Kon. Akad. Wetensch. Amsterdam,* **I,** pp. 97–103. Nachgedruckt in Lorentz: *Collected Papers,* **4,** 1937, pp. 224–231.

Lorentz [1895]: *Versuch einer Theorie der electrischen und optischen Erscheinungen in bewegten Körpern,* 1895, § 89–92.

Lorentz [1897]: 'Concerning the Problem of the Dragging Along of the Ether by the Earth', *Versl. Kon. Akad. Wetensch. Amsterdam,* **6,** pp. 266–272. Nachgedruckt in Lorentz: *Collected Papers,* **4,** 1937, pp. 237–244.

Lorentz [1923]: 'The Rotation of the Earth and its Influence on Optical Phenomena', *Nature,* **112,** pp. 103–104.

Lykken [1968]: 'Statistical Significance in Psychological Research', *Psychological Bulletin,* **70,** pp. 151–159.

McCulloch [1825]: *The Principles of Political Economy: With a Sketch of the Rise and Progress of the Science,* 1825.

MacLaurin [1748]: *Account of Sir Isaac Newton's Philosophical Discoveries,* 1748.

Margenau [1950]: *The Nature of Physical Reality,* 1950.

Marignac [1860]: 'Commentary on Stas' Researches on the Mutual Relations of Atomic Weights', nachgedruckt in *Prout's Hypothesis,* Alembic Club Reprints, **20,** pp. 48–58.

Maxwell [1871]: *Theory of Heat,* 1871.

Medawar [1967]: *The Art of the Soluble,* 1967.

Medawar [1969]: *Induction and Intuition in Scientific Thought,* 1969.

Meehl [1967]: 'Theory Testing in Psychology and Physics: a Methodological Paradox', *Philosophy of Science,* **34,** pp. 103–115.

Meitner [1933]: 'Kernstruktur', in Geiger-Scheel (*eds.*): *Handbuch der Physik,* Zweite Auflage, **22/I,** pp. 118–152.

Meitner and Orthmann [1930]: 'Über eine absolute Bestimmung der Energie der primären ß-Strahlen von Radium E', *Zeitschrift für Physik,* **60,** pp. 143–155.

Michelson [1881]: 'The Relative Motion of the Earth and the Luminiferous Ether', *American Journal of Science,* Ser. 3, **22,** pp. 120–129.

Michelson [1891–1892]: 'On the Application of Interference Methods to Spectroscopic Measurements, I–II', *Philosophical Magazine,* Ser. 3, **31,** pp. 338–346, and **34,** pp. 280–299.

Michelson [1897]: 'On the Relative Motion of the Earth and the Ether', *American Journal of Science,* Ser. 4, **3,** pp. 475–478.

Michelson and Gale [1925]: 'The Effect of the Earth's Rotation on the Velocity of Light', *Astrophysical Journal,* **61,** pp. 137–145.

Michelson und Morley [1887]: 'On the Relative Motion of the Earth and the Luminiferous Ether', *American Journal of Science*, Ser. 3, **34**, pp. 333–345.

Milhaud [1896]: 'La Science Rationnelle', *Revue de Métaphysique et de Morale*, **4**, pp. 280–302.

Mill [1843]: *A System of Logic, Ratiocinative and Inductive, Being a Connected View of the Principles of Evidence, and the Methods of Scientific Investigation*, 1843.

Miller [1925]: 'Ether-Drift Experiments at Mount Wilson', *Science*, **41**, pp. 617–621.

Morley und Miller [1904]: Brief an Kelvin, veröffentlicht in *Philosophical Magazine*, Ser. 6, **8**, pp. 753–754.

Moseley [1914]: 'Letter to Nature', *Nature*, **92**, p. 554.

Mott [1933]: 'Wellenmechanik und Kernphysik', in Geiger und Scheel (*eds.*): *Handbuch der Physik*, Zweite Auflage, **24/I**, pp. 785–841.

Musgrave [1968]: 'On a Demarcation Dispute', in Lakatos und Musgrave (*eds.*): *Problems in the Philosophy of Science*, 1968, pp. 78–88.

Musgrave [1969*a*]: *Impersonal Knowledge*, Dissertation, University of London, 1969.

Musgrave [1969*b*]: Review of Ziman's 'Public Knowledge: An Essay Concerning the Social Dimensions of Science', in *The British Journal for the Philosophy of Science*, **20**, pp. 92–94.

Nagel [1961]: *The Structure of Science*, 1961.

Nagel [1967]: 'What is True and False in Science: Medawar and the Anatomy of Research', *Encounter*, **29**, No. 3, pp. 68–70.

Nature [1913–1914]: 'Physics at the British Association', *Nature*, **92**, pp. 305–309.

Neurath [1935]: 'Pseudorationalismus der Falsifikation', *Erkenntnis*, **5**, pp. 353–365.

Nicholson [1913]: 'A Possible Extension of the Spectrum of Hydrogen', *Monthly Notices of the Royal Astronomical Society*, **73**, pp. 382–385.

Pauli [1958]: 'Zur älteren und neueren Geschichte des Neutrinos', veröffentlicht in Pauli, *Aufsätze und Vorträge über Physik und Erkenntnistheorie*, 1961, pp. 156–180.

Pearce Williams [1968]: *Relativity Theory: Its Origins and Impact on Modern Thought*, 1968.

Peierls [1936]: 'Interpretation of Shankland's Experiment', *Nature*, **137**, p. 904.

Planck [1900*a*]: 'Über eine Verbesserung der Wienschen Spektralgleichung', *Verhandlungen der Deutschen Physikalischen Gesellschaft*, **2**, pp. 202–204; Engl. Übersetzung in Ter Haar [1967].

Planck [1900*b*]: 'Zur Theorie des Gesetzes der Energieverteilung im Normalspektrum', *Verhandlungen der Deutschen Physikalischen Gesellschaft*, **2**, pp. 237–245; Engl. Übersetzung in Ter Haar [1967].

Planck [1929]: 'Zwanzig Jahre Arbeit am Physikalischen Weltbild', *Physica*, **9**, pp. 193–222.

Planck [1947]: *Scientific Autobiography*, postum veröffentlicht in Deutsch 1948, in englischer Übersetzung 1950.

Poincaré [1891]: 'Les géométries non euclidiennes', *Revue des Sciences Pures et Appliquées*, **2**, pp. 769–774.

Poincaré [1902]: *La Science et l'Hypothèse*, 1902.

Polanyi [1958]: *Personal Knowledge, Towards a Post-critical Philosophy*, 1958.

Popkin [1968]: 'Scepticism, Theology and the Scientific Revolution in the Seventeenth Century', in Lakatos und Musgrave (*eds.*): *Problems in the Philosophy of Science*, 1968, pp. 1–28.

Popper [1933]: 'Ein Kriterium des empirischen Charakters theoretischer Systeme', *Erkenntnis*, **3**, pp. 426–427.

Popper [1934]: *Logik der Forschung*, 1935 (erweiterte englische Ausgabe: Popper [1959*a*]).

Popper [1935]: 'Induktionslogik und Hypothesenwahrscheinlichkeit', *Erkenntnis*, **5**, pp. 170–172.

Popper [1940]: 'What is Dialectic?', *Mind*, N. S. **49**, pp. 403–426; nachgedruckt in Popper [1963], pp. 312–335.

Popper [1945]: *The Open Society and its Enemies*, I–II, 1945.

Popper [1957*a*]: 'The Aim of Science', *Ratio*, I, pp. 24–35.

Popper [1957*b*]: *The Poverty of Historicism*, 1957.

Popper [1958]: 'Philosophy and Physics'; veröffentlicht in *Atti del XII Congresso Internationale di Filosofia*, Vol. 2, 1960, pp. 363–374.

Popper [1959a]: *The Logic of Scientific Discovery*, 1959.

Popper [1959b]: 'Testability and „ad-Hocness" of the Contraction Hypothesis', *British Journal for the Philosophy of Science*, **10**, p. 50.

Popper [1963]: *Conjectures and Refutations*, 1963.

Popper [1965]: 'Normal Science and its Dangers', (deutsch 'Die Normalwissenschaft und ihre Gefahren', in Lakatos/Musgrave: *Kritik und Erkenntnisfortschritt*, 1974, pp. 51–57).

Popper [1968a]: 'Epistemology without a Knowing Subject', in Rootselaar-Staal (*eds.*): *Proceedings of the Third International Congress for Logic, Methodology and Philosophy of Science*, Amsterdam, 1968, pp. 333–373.

Popper [1968b]: 'On the Theory of the Objective Mind', in *Proceedings of the XIV International Congress of Philosophy*, **I**, 1968, pp. 25–53.

Popper [1968c]: 'Remarks on the Problems of Demarcation and Rationality', in Lakatos und Musgrave (*eds.*): *Problems in the Philosophy of Science*, 1968, pp. 88–102.

Popper [1969]: 'A Realist View of Logic, Physics and History', in Yourgrau (*ed.*): *Logic, Physics and History*, 1969.

Power [1964]: *Introductory Quantum Electrodynamics*, 1964.

Prokhovnik [1967]: *The Logic of Special Relativity*, 1967.

Prout [1815]: 'On the Relation between the Specific Gravities of Bodies in their Gaseous State and the Weights of their Atoms', *Annals of Philosophy*, **6**, pp. 321–330; nachgedruckt in *Prout's Hypothesis*, Alembic Club Reprints, **20**, 1932.

Quine [1953]: *From a Logical Point of View*, 1953.

Rabi [1961]: 'Atomic Structure', in G. M. Murphy und M. H. Shamos (*eds.*): *Recent Advances in Science*, 1956.

Reichenbach [1951]: *The Rise of Scientific Philosophy*, 1951.

Runge [1925]: 'Äther und Relativitätstheorie', *Die Naturwissenschaften*, **13**, p. 440.

Russell [1914]: *The Philosophy of Bergson*, 1914.

Russell [1943]: 'Reply to Critics', in Schilpp (*ed.*): *The Philosophy of Bertrand Russell*, 1943, pp. 681–741.

Russell [1946]: *History of Western Philosophy*, 1946.

Rutherford, Chadwick und Ellis [1930]: *Radiations from Radioactive Substances*, 1930,

Schlick [1934]: 'Über das Fundament der Erkenntnis', *Erkenntnis*, **4**, pp. 79–99; Englisch in Ayer (*ed.*): *Logical Positivism*, 1959, pp. 209–227.

Schrödinger [1958]: 'Might perhaps Energy be merely a Statistical Concept?', *Il Nouvo Cimento*, **9**, pp. 162–170.

Shankland [1936]: 'An Apparent Failure of the Photon Theory of Scattering', *Physical Review*, **49**, pp. 8–13.

Shankland [1964]: 'Michelson-Morley Experiment', *American Journal of Physics*, **32**, pp. 16–35.

Soddy [1932]: *The Interpretation of the Atom*, 1932.

Sommerfeld [1916]: 'Zur Quantentheorie der Spektrallinien', *Annalen der Physik*, **51**, pp. 1–94 und 125–67.

Stebbing [1914]: *Pragmatism and French Voluntarism*, 1914.

Stegmüller [1966]: 'Explanation, Prediction, Scientific Systematization and Non-Explanatory Information', *Ratio*, **8**, pp. 1–24.

Stokes [1845]: 'On the Aberration of Light', *Philosophical Magazine*, Third Series, **27**, pp. 9–15.

Stokes [1846]: 'On Fresnel's Theory of the Aberration of Light', *Philosophical Magazine*, Third Series, **28**, pp. 76–81.

Synge [1952–1954]: 'Effects of Acceleration in the Michelson-Morley Experiment', *The Scientific Proceedings of the Royal Dublin Society*, New Series, **26**, pp. 45–54.

Ter Haar [1967]: *The Old Quantum Theory*, 1967.

Thomson [1929]: 'On the Waves associated with ß-rays, and the Relation between Free Electrons and their Waves', *Philosophical Magazine*, Seventh Series, **7**, pp. 405–417.

Toulmin [1967]: 'The Evolutionary Development of Natural Science', *American Scientist*, **55**, pp. 456–471.

Treiman [1959]: 'The Weak Interactions', *Scientific American*, **200**, pp. 72–84.

Truesdell [1960]: 'The Program toward Rediscovering the Rational Mechanics in the Age of Reason', *Archive of the History Exact Sciences*, I, pp. 3–36.

Uhlenbeck and Goudsmit [1925]: 'Ersetzung der Hypothese vom unmechanischen Zwang durch eine Forderung bezüglich des inneren Verhaltens jedes einzelnen Electrons', *Die Naturwissenschaften*, **13**, pp. 953–954.

van der Waerden [1967]: *Sources of Quantum Mechanics*, 1967.

Watkins [1957]: 'Between Analytic and Empirical', *Philosophy*, **32**, pp. 112–131.

Watkins [1958]: 'Influential and Confirmable Metaphysics', *Mind*, N.S. **67**, pp. 344–365.

Watkins [1960]: 'When are Statements Empirical?', *British Journal for the Philosophy of Science*, **10**, pp. 287–308.

Watkins [1968]: 'Hume, Carnap and Popper', in Lakatos (*ed.*): *The Problem of Inductive Logic*, 1968, pp. 271–282.

Whewell [1837]: *History of the Inductive Sciences, from the Earliest to the Present Time*. Drei Bände 1837.

Whewell [1840]: *Philosophy of the Inductive Sciences, Founded upon their History*. Zwei Bände 1840.

Whewell [1851]: 'On the Transformation of Hypotheses in the History of Science', *Cambridge Philosophical Transactions*, **9**, pp. 139–147.

Whewell [1858]: *Novum Organon Renovatum*. Being the second part of the philosophy of the inductive sciences. 3. Aufl. 1858.

Whewell [1860]: *On the Philosophy of Discovery, Chapters Historical and Critical*, 1860.

Whittaker [1947]: *From Euclid to Eddington*, 1947.

Whittaker [1953]: *History of the Theories of Aether and Electricity*, Vol. II, 1953.

Wisdom [1963]: 'The Refutability of „Irrefutable" Laws', *The British Journal for the Philosophy of Science*, **13**, pp. 303–306.

Wu [1966]: 'Beta Decay', in *Rendiconti della Scuola Internazionale di Fisica*, „Enrico Fermi", XXXII Corso.

Wu und Moszkowski [1966]: *Beta Decay*, 1966.

2 Die Geschichte der Wissenschaft und ihre rationalen Rekonstruktionen

Einleitung

„Wissenschaftsphilosophie ohne Wissenschaftsgeschichte ist leer; Wissenschaftsgeschichte ohne Wissenschaftsphilosophie ist blind." Ausgehend von dieser Paraphrase von Kants berühmtem Diktum, versucht dieser Aufsatz zu erklären, *wie* die Historiographie der Wissenschaft von der Philosophie der Wissenschaft lernen soll *und umgekehrt.* Der Zweck meiner Argumente ist zu zeigen, daß a) die Wissenschaftsphilosophie normative Methodologien bereitstellt, mit deren Hilfe der Historiker die 'interne Geschichte' eines Gebietes rekonstruiert und so den objektiven Erkenntnisfortschritt rational erklärt; b) daß sich zwei im Wettstreit befindliche Methodologien mit Hilfe einer (normativ interpretierten) Geschichte bewerten lassen; c) daß jede rationale Rekonstruktion der Geschichte der Ergänzung durch eine empirische (sozio-psychologische) 'externe Geschichte' bedarf.

Die grundsätzliche Unterscheidung zwischen dem Normativ-Internen und dem Empirisch-Externen wird in jeder Methodologie verschieden gezogen. Vereint, bestimmen die internen und externen historiographischen Theorien in weitem Ausmaß die Problemwahl des Historikers. Aber einige der entscheidendsten Probleme externer Geschichte lassen sich nur mit Hilfe der gewählten Methodologie formulieren; die so definierte interne Geschichte ist also primär und die externe Geschichte nur sekundär. Und angesichts der Autonomie der internen (aber nicht der externen) Geschichte ist die externe Geschichte für das Verständnis der Wissenschaft im Grunde irrelevant.[1])

1. Konkurrierende Methodologien der Wissenschaft; rationale Rekonstruktionen als Wegweiser der Geschichte

In der gegenwärtigen Wissenschaftstheorie schwimmen verschiedene Methodologien herum; sie unterscheiden sich alle in beträchtlichem Ausmaß von dem, was man im 17. und im 18. Jahrhundert unter 'Methodologie' verstand. Man hatte damals die Hoffnung, daß

Frühere Fassungen dieses Aufsatzes wurden gelesen und kritisiert von Colin Howson, Alan Musgrave, John Watkins, Elie Zahar, und insbesondere John Worrall.
Dieser Aufsatz entwickelt einige der in [1970] vorgeschlagenen Thesen weiter (s. S. 7 ff. in diesem Band). Ich habe versucht, ihn in sich abgeschlossen zu machen, auf Kosten einiger Wiederholungen.
[1]) 'Interne Geschichte' wird gewöhnlich als 'intellektuelle Geschichte' definiert, 'externe Geschichte' als Sozialgeschichte (vgl. z. B. Kuhn [1968]). Meine unorthodoxe neue Abgrenzung zwischen 'interner' und 'externer' Geschichte ist eine beträchtliche Problemverschiebung und klingt vielleicht dogmatisch. Aber meine Definitionen bilden den harten Kern eines historiographischen Forschungsprogramms; ihre Untersuchung ist ein wesentlicher Teil der Untersuchung der Fruchtbarkeit des ganzen Programms.

eine Methodologie einem Wissenschaftler mechanische Regeln zur Lösung von Problemen an die Hand geben würde. Diese Hoffnung ist heute aufgegeben: Moderne Methodologien oder 'Forschungslogiken' bestehen bloß noch aus einer Reihe von (nicht sehr eng geknüpften und keinesfalls mechanischen) Regeln zur *Einschätzung [appraisal]* fertiger, schon artikulierter Theorien.[2]) Diese Regeln oder Systeme von Bewertungen dienen oft auch als 'Theorien wissenschaftlicher Rationalität', 'Abgrenzungskriterien' oder 'Definitionen der Wissenschaft'.[3]) Außerhalb des gesetzgebenden Bereichs dieser normativen Regeln gibt es natürlich auch noch eine empirische Psychologie und Soziologie der Forschung.

Ich werde nun vier verschiedene 'Forschungslogiken' skizzieren. Jede von ihnen ist charakterisiert durch Regeln für die (wissenschaftliche) *Annahme* oder *Verwerfung* von Theorien oder Forschungsprogrammen.[4]) Diese Regeln haben eine doppelte Funktion. Erstens funktionieren sie als ein *Kode wissenschaftlicher Redlichkeit*, dessen Verletzung nicht geduldet wird; zweitens funktionieren sie als harte Kerne *(normativer) historiographischer Forschungsprogramme*. Es ist ihre zweite Funktion, auf die ich meine Aufmerksamkeit lenken möchte.

A. Der Induktivismus

Der Induktivismus war eine der einflußreichsten Methodologien der Wissenschaft. Nach dem Induktivismus darf man nur jene Sätze in das Gebäude der Wissenschaft aufnehmen, die entweder harte Tatsachen beschreiben oder unfehlbare induktive Verallgemeinerungen von Sätzen sind, die harte Tatsachen beschreiben.[5]) Der Induktivist *akzeptiert* einen Satz der Wissenschaft, wenn seine Wahrheit bewiesen ist; er *verwirft* ihn, wenn ein solcher Beweis nicht vorliegt. Seine Vorstellung von wissenschaftlicher Strenge ist eng umschrieben: ein Satz muß entweder aus Tatsachen bewiesen sein oder — deduktiv oder induktiv — abgeleitet aus anderen bereits bewiesenen Sätzen.

Jede Methodologie hat ihre ganz spezifischen erkenntnistheoretischen und logischen Probleme. Der Induktivismus zum Beispiel muß die Wahrheit von 'Tatsachen'-('Basis'-Sätzen) und die Gültigkeit induktiver Schlüsse mit Sicherheit begründen. Es gibt Philosophen, die von ihren erkenntnistheoretischen und logischen Problemen so eingenommen sind, daß es ihnen unmöglich wird, jemals Interesse an der wirklichen Geschichte zu finden; entspricht die Geschichte ihren Maßstäben nicht, dann haben sie unter Umständen sogar die Kühnheit vorzuschlagen, daß die ganze Wissenschaft allesamt von neuem begonnen werde. Andere Denker

---

[2]) Dies ist eine höchst wichtige Verschiebung im Problem einer normativen Wissenschaftstheorie. Der Ausdruck 'normativ' bezeichnet nicht mehr Regeln, mit deren Hilfe man Lösungen erreicht, sondern nur noch Hinweise für die Bewertung bereits vorhandener Lösungen. So wird die *Methodologie* von der *Heuristik* getrennt, in ähnlicher Weise, wie man Werturteile von Sollsätzen trennt. (Ich verdanke diese Analogie John Watkins.)

[3]) Dieser Überfluß von Synonymen hat sich als ziemlich verwirrend herausgestellt.

[4]) Die erkenntnistheoretische Bedeutung wissenschaftlichen 'Annehmens' und 'Verwerfens' ist, wie wir sehen werden, sehr verschieden in den vier zu diskutierenden Methodologien.

[5]) Der 'Neo-Induktivismus' verlangt nur (beweisbar) hochwahrscheinliche Verallgemeinerungen. Im folgenden werde ich nur den klassischen Induktivismus diskutieren; aber die verwässerte neoinduktivistische Variante kann ähnlich behandelt werden.

geben sich mit groben Lösungen dieser logischen und erkenntnistheoretischen Probleme zufrieden und widmen sich einer rationalen Rekonstruktion der Geschichte, ohne die logisch-erkenntnistheoretische Schwäche (oder Unhaltbarkeit) ihrer Methodologie auch nur zu bemerken.[6])

Die Kritik der Induktivisten ist vor allem skeptischer Natur: Sie besteht in dem Hinweis, daß ein Satz unbewiesen, das heißt scheinwissenschaftlich, und nicht in dem Hinweis, daß er falsch ist.[7]) Wenn ein induktivistischer Historiker die *Vorgeschichte* einer wissenschaftlichen Disziplin schreibt, dann bedient er sich vor allem einer Kritik dieser Art. Und er erklärt das frühe Dunkel, die Zeit, in der Leute in unbewiesenen Ideen versanken, mit Hilfe 'externer' Erklärungen, zum Beispiel mit Hilfe der soziologisch-psychologischen Theorie vom retardierenden Einfluß der katholischen Kirche.

Der induktivistische Historiker kennt nur zwei Arten von *echt wissenschaftlichen Entdeckungen: harte Tatsachensätze* und induktive *Verallgemeinerungen*. Diese und nur diese sind das Rückgrat seiner *internen Geschichte*. Schreibt er Geschichte, dann sucht er nach ihnen – und es ist nicht leicht, sie zu finden. Erst wenn er sie gefunden hat, kann er mit der Konstruktion seiner wunderschönen Pyramiden beginnen. Revolutionen bestehen in der Entlarvung (irrationaler) Irrtümer, die dann aus der Wissenschaftsgeschichte in die Geschichte der Pseudowissenschaften vertrieben werden, in die Geschichte bloßer Glaubensansichten: echter wissenschaftlicher Fortschritt beginnt mit der letzten wissenschaftlichen Revolution in einem gegebenen Gebiet.

Jede interne Historiographie hat ihre charakteristischen siegreichen Paradigmen.[8]) Die Hauptparadigmen der induktivistischen Historiographie waren Keplers Verallgemeinerungen auf Grund der sorgfältigen Beobachtungen Tycho Brahes; Newtons Entdeckung seines Gravitationsgesetzes auf Grund weiterer induktiver Verallgemeinerung der Keplerschen 'Phänomene' planetarischer Bewegung; und Ampères Entdeckung seines Gesetzes der Elektrodynamik auf Grund einer induktiven Verallgemeinerung seiner Beobachtungen elektrischer Ströme. Auch die moderne Chemie beginnt für einige Induktivisten im Grunde mit den Experimenten von Lavoisier und mit den 'wahren Erklärungen', die er für diese Experimente fand.

Aber der induktivistische Historiker kann keine *rationale* 'interne' Erklärung dafür geben, daß gewisse Tatsachen und nicht vielmehr andere ausgewählt wurden. Das ist für ihn ein *nicht rationales, empirisches, externes* Problem. Der Induktivismus als eine 'interne' Theorie der Rationalität läßt sich mit vielen ergänzenden oder externen Theorien der Problemwahl vereinbaren. Zum Beispiel ist er vereinbar mit der vulgär-marxistischen Ansicht, daß die Wahl von Problemen von sozialen Bedürfnissen bestimmt wird;[9]) und in der Tat identifizieren einige Vulgärmarxisten wichtige Phasen in der Geschichte der Wissenschaften mit wichtigen Phasen der ökonomischen Entwicklung.[10]) Aber die Auswahl von Tatsachen

---

[6]) Vgl. S. 126f.

[7]) Eine detaillierte Diskussion der induktivistischen (und, allgemeiner, einer im Geiste des Rechtfertigungsdenkens verfaßten) Kritik findet sich in Lakatos [1966].

[8]) Ich verwende nun das Wort 'Paradigma' in seinem vor-Kuhnschen Sinn.

[9]) Diese Vereinbarkeit wurde von Agassi aufgezeigt: [1963], S. 23–27; er hat es aber versäumt, auf eine ähnliche Vereinbarkeit in seiner eigenen falsifikationistischen Historiographie zu verweisen; vgl. S. 116.

[10]) Vgl. z.B. Bernal [1965], S. 377.

braucht nicht von sozialen Faktoren abzuhängen; sie kann ebensogut durch außerwissenschaftliche intellektuelle Einflüsse bestimmt sein. Und der Induktivismus ist mit der 'externen' Theorie, daß die Wahl von Problemen vor allem von eingeborenen theoretischen ('metaphysischen') Gerüsten abhängt, ebensogut vereinbar wie mit der Theorie, daß die bestimmenden Gerüste willkürlich oder traditionell sind.

Eine radikale Version des Induktivismus verurteilt alle externen Einflüsse, seien sie nun intellektueller, psychologischer oder soziologischer Natur, als Ursprünge unzulässigen Vorurteils: radikale Induktivisten lassen nur eine (zufällige) 'Selektion' durch ein leeres Bewußtsein zu. Der radikale Induktivismus ist seinerseits ein Spezialfall eines *radikalen Internalismus*. Nach diesem zwingt uns der Nachweis eines äußeren Einflusses auf die Annahme einer wissenschaftlichen Theorie (oder einer Tatsachenfeststellung), die Theorie aufzugeben: Beweis externer Einflüsse bedeutet Ungültigkeit:[11]) Aber da es äußere Einflüsse immer gibt, ist ein radikaler Internalismus[12]) utopisch und, als Theorie der Rationalität, selbst-verheerend.

B. Der Konventionalismus

Der Konventionalismus gestattet den Aufbau beliebiger Ordnungssysteme, die die Tatsachen in ein zusammenhängendes Ganzes organisieren. Der Konventionalist beschließt, das Zentrum eines solchen Ordnungssystems so lange wie nur möglich intakt zu halten: Erheben sich Schwierigkeiten in der Form einer Invasion von Anomalien, dann ändert und kompliziert er nur die Situation an der Peripherie. Aber der Konventionalist glaubt nicht, daß ein Ordnungssystem als wahr erwiesen ist; für ihn ist es nur 'wahr auf Grund von Konventionen' (oder gegebenenfalls selbst weder wahr noch falsch). *Revolutionäre* Abarten des Konventionalismus zwingen uns nicht, ein gegebenes Ordnungssystem ein für allemal beizubehalten: man kann es verwerfen, wenn es unerträglich unbeholfen geworden ist und wenn sich ein einfacheres System findet, das es ersetzen kann.[13]) Diese Fassung des Konventionalismus ist erkenntnistheoretisch und besonders logisch viel einfacher als der Induktivismus: Man braucht keine gültigen induktiven Schlüsse. Echter *Fortschritt* der Wissenschaft ist kumulativ und findet im Erdgeschoß 'bewiesener' Tatsachen statt;[14]) die *Änderungen*, die im theoretischen Stockwerk vor sich gehen, sind bloß instrumentell. Theoretischer 'Fortschritt' ist Fort-

---

[11]) Einige logische Positivisten gehören dieser Gruppe an: man erinnert sich an Hempels Entsetzen über Poppers lässige Lobpreisung gewisser externer metaphysischer Einflüsse auf die Wissenschaft (Hempel, [1937]).

[12]) Wenn deutsche Obskurantisten den 'Positivismus' verhöhnen, dann meinen sie oft einen radikalen Internalismus und, insbesondere, einen radikalen Induktivismus.

[13]) Zu dem, was hier *revolutionärer Konventionalismus* genannt wird, vgl. Lakatos [1970], S. 105–106 und 187–189 (s. S. 20–21 und S. 98–100 in diesem Band).

[14]) Ich diskutiere hier nur eine Variante des revolutionären Konventionalismus, und zwar jene, die Agassi in [1966] 'wenig raffiniert' genannt hat: es wird angenommen, daß Tatsachensätze – ungleich Ordnungssystemen – 'bewiesen' werden können. (Duhem zum Beispiel zieht keine klare Grenze zwischen Tatsachen und Tatsachensätzen.)

schritt an zweckdienlicher Bequemlichkeit ('Einfachheit'), nicht aber am Wahrheitsgehalt.[15])
Man kann natürlich auch im Erdgeschoß der 'Tatsachen'-Sätze einen revolutionären Konventionalismus einführen; in diesem Fall akzeptiert man 'Tatsachen'-Sätze auf Grund von Entschlüssen und nicht auf Grund von experimentellen 'Beweisen'. In diesem Fall muß aber ein
Konventionalist, der an der Idee festhält, daß das Wachstum einer 'Tatsachen'-Wissenschaft
irgendwie mit objektiver Tatsachenwahrheit verbunden ist, ein metaphysisches Prinzip angeben, das er dann seinen Regeln für das Spiel der Wissenschaft überlagert.[16]) Tut er das nicht,
dann kann er dem Skeptizismus oder zumindest einer radikalen Form des Instrumentalismus
nicht entkommen.

   (Es ist wichtig, daß man sich über die *Beziehung zwischen dem Instrumentalismus
und dem Konventionalismus* klar wird. Der Konventionalismus beruht auf der Einsicht, daß
falsche Annahmen wahre Folgen haben können; also können falsche Theorien großes prädiktives Potential besitzen. Die Konventionalisten mußten auf das Problem stoßen, wie man konkurrierende falsche Theorien vergleicht. Die meisten vermengten Wahrheit und Wahrheitszeichen und langten schließlich bei der einen oder der anderen Variante der pragmatischen
Theorie der Wahrheit an. Poppers Theorie des Wahrheitsgehalts, der Wahrheitsnähe und der
Bewährung schuf schließlich die Basis für eine philosophisch makellose Variante des Konventionalismus. Andrerseits fehlte einigen Konventionalisten die nötige logische Bildung, um zu
sehen, daß Sätze unbewiesen, aber doch wahr sein können, daß falsche Sätze wahre Folgen haben können und daß Sätze zugleich falsch und angenähert wahr sein können. Sie wählten den
'Instrumentalismus': sie hielten Theorien am Ende für weder wahr noch falsch, sondern für
'Instrumente' zum Zweck der Vorhersage. Der Konventionalismus, so wie er hier definiert ist,
ist eine philosophisch einwandfreie Position; der Instrumentalismus ist eine entartete Variante, er beruht auf nichts anderem als auf philosophischer Verwirrung und hat zur Ursache
einen Mangel an elementarer logischer Kompetenz.)
   Der revolutionäre Konventionalismus kam als die Wissenschaftsphilosophie der
Bergsonianer in diese Welt: freier Wille und Schöpfertum waren die Schlagworte. Der Kode
wissenschaftlicher Redlichkeit, den der Konventionalist sich zu eigen macht, ist weniger
streng als der des Induktivisten: unbewiesene Spekulation wird nicht verbannt, und Ordnungssysteme können um *jede* wunderliche Idee herum errichtet werden. Außerdem brandmarkt der Konventionalismus verworfene Systeme nicht mit dem Schimpfwort 'unwissenschaftlich': Für den Konventionalisten ist ein viel größerer Teil der wirklichen Geschichte der
Wissenschaften rational ('intern') als für den Induktivisten.

---

[15]) Es ist wichtig zu bemerken, daß die meisten Konventionalisten zögern, induktive Verallgemeinerungen aufzugeben. Sie unterscheiden zwischen dem *'Stockwerk der Tatsachen'*, dem *'Stockwerk der Gesetze'*
(d. h. induktiver Verallgemeinerungen aus 'Tatsachen') und dem *'Stockwerk der Theorien'* (oder Ordnungssysteme), die sowohl Tatsachen als auch induktive Gesetze bequem klassifizieren. (Whewell, der
konservative Konventionalist, und Duhem, der revolutionäre Konventionalist, unterscheiden sich weniger, als die meisten Leute glauben.)

[16]) Man kann solche metaphysischen Prinzipien 'Induktionsprinzipien' nennen. Ein 'Induktionsprinzip',
das – ungefähr gesprochen – Poppers 'Bewährungsgrad' (ein konventionalistisches Abschätzungsmittel)
zum Maß der Popperschen Wahrheitsnähe macht (Wahrheitsgehalt minus Falschheitsgehalt), wird in Lakatos [1968*a*], S. 390–408, und Lakatos [1971], § 2, besprochen. (Ein anderes weiterverbreitetes 'Induktionsprinzip' läßt sich so formulieren: „Wahr ist, was die Gemeinschaft trainierter – oder moderner
oder entsprechend gereinigter – Wissenschaftler als 'wahr' zu *akzeptieren* sich entschließt.")

Für den konventionalistischen Historiker bestehen größere Entdeckungen vor allem in der Erfindung neuer und einfacher Ordnungssysteme. Daher vergleicht er fortwährend auf Einfachheit hin: Die Komplikationen von Ordnungssystemen und ihre revolutionäre Ersetzung durch einfachere sind das Rückgrat seiner internen Geschichte.

Das Paradigma einer wissenschaftlichen Revolution war für den Konventionalisten die Kopernikanische Revolution.[17]) Man hat sich bemüht zu zeigen, daß auch die Revolutionen von Lavoisier und Einstein in der Ersetzung ungeschickter Theorien durch einfache bestanden.

Die konventionalistische Historiographie kann nicht *rational* erklären, warum man zu Beginn gewisse Tatsachen ausgewählt hat und warum in einem Stadium, in dem die relativen Verdienste verschiedener Ordnungssysteme noch sehr wenig klar waren, gewisse besondere Ordnungssysteme und nicht andere ausprobiert wurden. Wie der Induktivismus ist also auch der Konventionalismus vereinbar mit verschiedenen ergänzenden empirisch-'externen' Programmen.

Schließlich trifft der konventionalistische Historiker wie auch sein induktivistischer Kollege oft auf das Problem des 'falschen Bewußtseins'. Für den Konventionalisten ist es zum Beispiel eine 'Tatsache', daß große Wissenschaftler ihre Theorien durch Flüge der Phantasie erhalten. Warum behaupten sie dann so oft, daß sie ihre Theorien aus Tatsachen hergeleitet haben? Die rationale Rekonstruktion des Konventionalisten unterscheidet sich oft von der rationalen Rekonstruktion der großen Wissenschaftler selbst. Diese Probleme des falschen Bewußtseins weist der konventionalistische Historiker dem Externalisten zu.[18])

C. Der methodologische Falsifikationismus

Der zeitgenössische Falsifikationismus entstand als eine logisch-erkenntnistheoretische Kritik des Induktivismus und des Duhemschen Konventionalismus. Der Induktivismus wurde kritisiert, weil seine beiden Grundannahmen, die Annahme, daß sich Tatsachensätze aus Tatsachen 'herleiten' lassen, und die Annahme, daß es gültige induktive (gehaltvergrößernde) Schlüsse gibt, selbst unbewiesen und sogar beweisbar falsch sind. Duhem wurde kritisiert, weil ein Vergleich intuitiver Einfachheit nur Sache des subjektiven Geschmacks sein kann und weil seine Mehrdeutigkeit keine brauchbare Grundlage für eine schlagkräftige Kritik liefert. In seiner *Logik der Forschung* schlug Popper eine neue 'falsifikationistische' Me-

---

[17]) Die meisten historischen Darstellungen der Kopernikanischen Revolution sind vom konventionalistischen Standpunkt aus geschrieben. Nur wenige haben behauptet, daß die Theorie des Kopernikus eine 'induktive Verallgemeinerung' einer 'Tatsachenentdeckung' darstellte; oder daß sie als eine kühne Theorie vorgeschlagen wurde mit dem Zweck, die durch ein berühmtes 'entscheidendes Experiment' widerlegte Ptolemäische Theorie zu ersetzen.
Eine weitere Diskussion der Historiographie der Kopernikanischen Revolution findet sich in Lakatos and Zahar [1975].
[18]) Zum Beispiel ist Newtons '*Hypotheses non fingo*' ein ziemlich großes Problem für den nicht induktivistischen Historiker. Duhem, der sich nicht wie die meisten Historiker in Newtonverehrung erging, hat Newtons induktivistische Methodologie als logischen Unsinn verworfen; aber Koyré, dessen zahlreiche Talente die Logik nicht einschlossen, widmete lange Kapitel der 'verborgenen Tiefe' des Newtonschen Durcheinanders.

thodologie vor.[19]) Diese Methodologie ist eine weitere Variante des revolutionären Konventionalismus: Der hauptsächliche Unterschied liegt darin, daß tatsachengebundene, raumzeitlich singuläre 'Basissätze' und nicht raumzeitlich universelle Theorien auf Grund von Konventionen akzeptiert werden. Nach dem Redlichkeitskode des Falsifikationisten ist eine Theorie wissenschaftlich nur dann, wenn man sie mit einem Basissatz in Konflikt bringen kann; und eine Theorie ist zu beseitigen, wenn sie einem akzeptierten Basissatz widerspricht. Popper hat auch eine weitere Bedingung angegeben, die eine Theorie erfüllen muß, um als wissenschaftlich gelten zu können: sie muß Tatsachen vorhersagen, die *neuartig* sind, d. h. unerwartet im Lichte vorhergehender Kenntnisse. Man verstößt also gegen den wissenschaftlichen Ehrenkode Poppers, wenn man unfalsifizierbare Theorien oder 'Ad-hoc'-Hypothesen vorschlägt (die keine *neuartigen* empirischen Vorhersagen nach sich ziehen) – genauso, wie man gegen den (klassischen) induktivistischen Ehrenkode des Wissenschaftlers verstößt, wenn man unbewiesene Theorien vorschlägt.

Poppers Methodologie ist attraktiv wegen ihrer Klarheit und ihrer überzeugenden Kraft. Poppers deduktives Modell wissenschaftlicher Kritik enthält empirisch falsifizierbare, raumzeitlich universelle Sätze, Anfangsbedingungen und ihre Folgen. Die Waffe der Kritik ist der *Modus tollens*: weder eine induktive Logik noch eine intuitive Einfachheit komplizieren das Bild.[20])

(Der Falsifikationismus ist zwar logisch fehlerfrei, hat aber besondere erkenntnistheoretische Schwierigkeiten. In seiner 'dogmatischen' Protofassung nimmt er an, daß man Sätze aus Tatsachen beweisen und also Theorien widerlegen kann – eine falsche Annahme.[21]) In der Popperschen 'konventionalistischen' Fassung braucht er ein [außermethodologisches] 'Induktionsprinzip', um seinen Entschlüssen betreffend die Annahme von 'Basis'-Sätzen Gewicht zu verleihen, und im allgemeinen, um seine Regeln des Wissenschaftsspiels mit Wahrheitsnähe zu verbinden.[22]))

Der Poppersche Historiker sucht nach großen, 'kühnen', falsifizierbaren Theorien und nach großen, negativen, entscheidenden Experimenten. Diese sind das Skelett seiner rationalen Rekonstruktion. Poppersche Lieblingsparadigmata großer falsifizierbarer Theorien sind die Theorien von Newton und Maxwell, die Strahlungsformeln von Rayleigh, Jeans und Wien, und die Einsteinsche Revolution; bevorzugte Paradigmata für entscheidende Experimente sind das Michelson-Morley-Experiment, Eddingtons Sonnenfinsternisexperiment und die Experimente von Lummer und Pringsheim. Agassi hat versucht, diesen naiven Falsifikationismus zu einem systematischen historiographischen Forschungsprogramm weiterzuentwickeln.[23]) Insbesondere sagte er voraus (oder 'hinterher', wenn man sich so ausdrücken will),

---

[19]) *In diesem Aufsatz verwende ich diesen Ausdruck ausschließlich für eine Variante des Falsifikationismus, nämlich für den 'naiven methodologischen Falsifikationismus', so wie er in Lakatos [1970], S. 93–116, definiert wird* (s. S. 9–30 in diesem Band).

[20]) Da in dieser Methodologie der *Begriff* intuitiver Einfachheit keinen Platz hatte, konnte Popper den Ausdruck 'Einfachheit' anstelle von 'Falsifizierbarkeitsgrad' verwenden. Aber hinter der Einfachheit steckt mehr als das; vgl. Lakatos [1970], S. 131 ff. (s. S. 46 ff. in diesem Band).

[21]) Eine Diskussion findet sich in Lakatos [1970], insbesondere S. 99–100 (s. S. 14 f. in diesem Band).

[22]) Zur weiteren Diskussion vgl. S. 128 f.

[23]) Agassi [1963].

daß hinter jeder großen experimentellen Entdeckung eine Theorie liegt, der die Entdeckung widerspricht; die Wichtigkeit einer Entdeckung betreffend Tatsachen wird gemessen durch die Wichtigkeit der von ihr widerlegten Theorie. Es scheint, daß Agassi die Werturteile der Gemeinschaft der Wissenschaftler hinsichtlich der Wichtigkeit der Entdeckungen Galvanis, Oersteds, Priestleys, Röntgens und Hertz' unverändert übernimmt; aber er bestreitet den 'Mythos', daß es sich hier um zufällige Entdeckungen gehandelt hat (wie das im Fall der ersten vier angenommen wurde) oder um bewährende Instanzen (was Hertz von seiner eigenen Entdeckung annahm).[24] So kam Agassi zu einer kühnen Vorhersage: Alle diese fünf Experimente waren erfolgreiche Widerlegungen – in einigen Fällen sogar *geplante* Widerlegungen – von Theorien, die er ausgraben will und die er in der Tat in den meisten Fällen ausgegraben zu haben glaubt.[25]

Auch die Poppersche interne Geschichte läßt sich leicht durch externe Theorien der Geschichte ergänzen. So hat Popper selbst erklärt, daß (auf positiver Seite) 1) der wichtigste *externe* Reiz für wissenschaftliche Theorien von der unwissenschaftlichen 'Metaphysik' und selbst von Mythen herkommt (das wurde später, vor allem von Kóyré, auf bewundernswerte Weise illustriert); und daß (negativ) 2) Fakten *kein* solcher externer Reiz sind – Tatsachenentdeckungen gehören völlig der internen Geschichte an, sie entstehen als Widerlegungen einer wissenschaftlichen Theorie, und Fakten selbst werden nur dann bemerkt, wenn sie einer früheren Erwartung widersprechen. Diese beiden Thesen sind Ecksteine der Popperschen Entdeckungs-*Psychologie*.[26] Feyerabend hat eine andere interessante *psychologische* These Poppers entwickelt, nämlich, daß das Proliferieren rivalisierender Theorien die *interne* Poppersche Falsifikation *von außen* beschleunigen kann.[27]

Aber die externen supplementären Theorien des Falsifikationismus brauchen nicht auf rein intellektuelle Einflüsse eingeschränkt zu werden. Man muß betonen (*pace* Agassi), daß sich der Falsifikationismus mit einer vulgärmarxistischen Ansicht von der Natur wissenschaftsfördernder Einflüsse nicht weniger gut verträgt als der Induktivismus. Der ein-

---

[24] Eine experimentelle Entdeckung ist eine *Zufallsentdeckung im objektiven Sinn*, wenn sie weder eine bewährende noch eine widerlegende Instanz einer Theorie im objektiven Leib der zeitgenössischen Kenntnisse darstellt; sie ist eine *Zufallsentdeckung im subjektiven Sinn*, wenn ihr Entdecker sie weder als bewährende noch als widerlegende Instanz einer Theorie macht oder anerkennt, an der er persönlich zur Zeit festhielt.

[25] Agassi [1963], S. 64–74.

[26] Im Popperschen Kreis waren es vor allem Agassi und Watkins, die die Wichtigkeit unfalsifizierbarer oder kaum prüfbarer *'empirischer'* Theorien als *äußere* Reize für spätere *wissenschaftliche* Entwicklungen im eigentlichen Sinn besonders betonten. Vgl. Agassi [1964] und Watkins [1958]. Diese Idee findet man natürlich bereits in Poppers [1935] und [1960]. Vgl. Lakatos [1970], S. 184 (s. S. 96 in diesem Band). Aber die neue Formulierung des Unterschiedes zwischen ihrem Vorgehen und dem meinen, die ich im vorliegenden Aufsatz zu geben gedenke, wird, hoffe ich, viel klarer sein.

[27] Popper hat gelegentlich – und Feyerabend systematisch – die katalytische *(externe)* Rolle alternativer Theorien bei der Herstellung sogenannter 'entscheidender Experimente' betont. Aber Alternativen sind nicht bloße Katalysatoren, die man später aus der rationalen Rekonstruktion entfernen kann, sie sind *notwendige* Teile des Falsifikationsprozesses. Vgl. Popper [1940] und Feyerabend [1965]; vgl. aber auch Lakatos [1970], insbesondere S. 121, Anm. 4 (s. S. 36, Anm. 122, in diesem Band).

zige Unterschied besteht darin, daß der letztere den Marxismus zur Erklärung der Entdekkung von *Tatsachen* heranziehen kann, während der erstere ihn vielleicht darum heranzieht, um die Erfindung *wissenschaftlicher Theorien* zu erklären – die Auswahl der Tatsachen (d. h. die Auswahl der 'potentiellen Falsifikatoren') ist für den Falsifikationisten vor allem intern von den Theorien bestimmt.

Das 'falsche Bewußtsein' – 'falsch' vom Standpunkt *seiner* Theorie der Rationalität – ist ein Problem auch für den falsifikationistischen Geschichtsschreiber. Warum zum Beispiel glauben einige Wissenschaftler, daß entscheidende Experimente positiv und verifizierend sind, nicht aber negativ und falsifizierend? Es war der Falsifikationist Popper, der, um diese Probleme zu lösen, besser als irgend jemand vor ihm die abgrundtiefe Kluft zwischen objektivem Wissen (in seiner 'dritten Welt') und seinen verzerrten Spiegelungen im Bewußtsein von Individuen ausgearbeitet hat.[28] Er eröffnete so den Weg für meine Unterscheidung zwischen interner und externer Geschichte.

D. Die Methodologie wissenschaftlicher Forschungsprogramme

Nach meiner Methodologie sind die größten wissenschaftlichen Errungenschaften Forschungsprogramme, die sich auf Grund progressiver und degenerativer Problemverschiebungen bewerten lassen; und wissenschaftliche Revolutionen bestehen darin, daß ein Forschungsprogramm ein anderes aufhebt (im Verlauf des Fortschritts überholt).[29] Diese Methodologie bietet eine neue rationale Rekonstruktion der Wissenschaft. Man stellt sie am besten vor, indem man sie mit dem Falsifikationismus und dem Konventionalismus kontrastiert, denn sie borgt wesentliche Elemente von beiden.

Vom Konventionalismus borgt sich diese Methodologie die Konzession, nicht nur raumzeitlich singuläre 'Tatsachen'-Sätze, sondern auch raumzeitlich universelle Theorien auf Grund von Entschlüssen zu akzeptieren: In der Tat, darin besteht der wichtigste Anhaltspunkt für die Kontinuität des Erkenntnisfortschritts.[30] Die Grundeinheit der Bewertung ist nicht eine isolierte Theorie oder eine Konjunktion von Theorien, sondern vielmehr ein '*Forschungsprogramm*' mit einem konventionell akzeptierten (und daher vorläufig 'unwiderlegbaren') '*harten Kern*' und einer '*positiven Heuristik*', die Probleme definiert, die Konstruktion eines Gürtels von Hilfshypothesen skizziert, Anomalien voraussieht und sie siegreich in Beispiele verwandelt – alles nach einem vorgefaßten Plan. Der Wissenschaftler schreibt zwar Anomalien auf, aber solange sein Forschungsprogramm in Schwung bleibt, kann er sie ohne wei-

---

[28]) Vgl. Popper [1968*a*] und [1968*b*].

[29]) Die Ausdrücke 'progressive' und 'degenerative Problemverschiebungen', 'Forschungsprogramme', 'aufheben' oder 'überholen' werden im folgenden grob definiert; für sorgfältigere Definitionen vgl. Lakatos [1968*b*] und insbesondere Lakatos [1970].

[30]) Popper läßt das nicht zu: „Dennoch besteht zwischen unserer Auffassung und der des Konventionalismus ein großer Unterschied. Wir sehen das Charakteristikum der empirischen Methode darin, daß es nicht die allgemeinen Sätze, sondern die besonderen, die Basissätze sind, die wir durch Beschluß anerkennen, festsetzen." (Popper [1935], Abschnitt 30.)

ters beiseite schieben. *Es ist vor allem die positive Heuristik seines Programms, nicht die Masse der Anomalien, die die Wahl seiner Probleme bestimmt.* [31]) Erst wenn die treibende Kraft der positiven Heuristik nachläßt, wird man den Anomalien größere Aufmerksamkeit schenken. Die Methodologie der Forschungsprogramme kann so den *hohen Grad der Autonomie der theoretischen Wissenschaft erklären*; eine solche Erklärung bringen die zusammenhanglosen Ketten von Konjekturen und Widerlegungen, auf die sich der naive Falsifikationist stützt, nicht zustande. Was für Popper, Watkins, Agassi *externe*, einflußreiche Metaphysik ist, wird hier zum *internen* 'harten Kern' eines Programms.[32])

Die Methodologie der Forschungsprogramme gibt ein Bild vom Spiel der Wissenschaft, das sich wesentlich vom Bilde des methodologischen Falsifikationisten unterscheidet. Die beste Eröffnung des Spiels ist nicht eine falsifizierbare (und daher widerspruchsfreie) Hypothese, sondern ein Forschungsprogramm. Bloße 'Falsifikation' (im Sinne Poppers) darf nicht Verwerfung nach sich ziehen.[33]) Bloße 'Falsifikationen' (d.h. Anomalien) sind aufzuschreiben, aber sie brauchen nicht behandelt zu werden. Poppers große negative entscheidende Experimente verschwinden; 'entscheidendes Experiment' ist ein Ehrentitel, den man gewissen Anomalien natürlich verleihen kann, aber *nur viel später*, nur wenn ein Programm von einem anderen geschlagen worden ist. Nach Popper beschreibt man ein entscheidendes Experiment mit Hilfe eines akzeptierten Basissatzes, der einer Theorie widerspricht – nach der Methodologie wissenschaftlicher Forschungsprogramme gibt es keinen akzeptierten Basissatz, der *für sich allein* den Wissenschaftler berechtigt, die Theorie zu verwerfen. Ein solcher Zusammenstoß mag ein (größeres oder geringeres) Problem sein – keinesfalls ist er ein 'Sieg'. Die Natur mag uns ein lautes *Nein* entgegenschleudern, aber die menschliche Erfindungskraft ist – anders als bei Weyl und Popper[34]) – immer imstande, ein noch lauteres Geschrei zu erheben. Mit genügend Einfällen und etwas Glück läßt sich jede Theorie 'progressiv' für lange Zeit verteidigen, selbst wenn sie falsch ist. Das Poppersche Muster von 'Vermutungen und Widerlegungen' (conjectures and refutations), d.h. das Muster Versuch-mit-Hypothese (trial and error), gefolgt von Irrtum-erwiesen-vom-Experiment, ist aufzugeben: Kein Experiment ist entscheidend zu der Zeit, zu der es ausgeführt wird, und schon gar nicht vorher (außer vielleicht psychologisch).

[31]) Der Falsifikationist bestreitet das mit Hitze: „Aus der Erfahrung lernen heißt, aus einer widerlegenden Instanz lernen. Die widerlegende Instanz wird dann eine problematische Instanz." (Agassi [1964], S. 201). In [1969] schrieb Agassi Popper die Behauptung zu, daß „wir aus der Erfahrung durch Widerlegungen lernen" (S. 169), und er fügt hinzu, daß man nach Popper *nur* aus Widerlegungen, nicht aber aus Bewährungen lernen kann (S. 167). Feyerabend sagt selbst in seinem [1969], daß *„negative Instanzen für die Wissenschaft ausreichen"*. Aber diese Bemerkungen deuten auf eine sehr einseitige Theorie des Lernens aus der Erfahrung. (Vgl. Lakatos [1970], S. 121, Anm. 1, und S. 123; s. S. 35–37 in diesem Band.)
[32]) Als ein unerschütterlicher Positivist in der Wissenschaftstheorie würde Duhem ohne Zweifel die meiste 'Metaphysik' als unwissenschaftlich ausschließen und würde ihr keinen Einfluß auf die Wissenschaft im eigentlichen Sinn gestatten.
[33]) Vgl. Lakatos [1968a], S. 383–386 [1968b], S. 162–167, [1970], S. 116ff. und 155ff. (s. S. 31ff. und 69ff. in diesem Band).
[34]) Vgl. Popper [1935], Abschnitt 85.

Man muß aber darauf verweisen, daß die Methodologie wissenschaftlicher Forschungsprogramme nicht so zahnlos ist wie der Konventionalismus Duhems: Statt das Urteil über die richtige Zeit der Aufgabe eines 'Rahmens' dem unartikulierten Common sense Duhems zu überlassen[35]), impfe ich harte Poppersche Elemente in die Entscheidung der Frage ein, ob ein Programm fortschreitet oder degeneriert oder ob ein Programm ein anderes überholt. Das heißt, ich gebe Kriterien des Fortschritts und der Stagnation innerhalb eines Programms an sowie Regeln für die 'Elimination' ganzer Forschungsprogramme. Ein Forschungsprogramm *schreitet fort*, solange sein theoretisches Wachstum sein empirisches Wachstum antizipiert, d.h. solange es neue Tatsachen mit einigem Erfolg vorhersagt *('progressive Problemverschiebung')*; es *stagniert*, wenn sein theoretisches Wachstum hinter seinem empirischen Wachstum zurückbleibt, d.h. wenn es nur *Post-hoc*-Erklärungen entweder von Zufallsentdeckungen oder von Tatsachen gibt, die von einem konkurrierenden Programm antizipiert und entdeckt worden sind *('degenerative Problemverschiebung')*.[36]) Ein Forschungsprogramm, das mehr als sein Rivale auf progressive Weise erklärt, 'hebt' diesen Rivalen 'auf', und der Rivale kann eliminiert (oder, wenn man will, 'zur Seite gestellt') werden.[37])

(*Innerhalb* eines Forschungsprogramms wird eine Theorie nur von einer besseren Theorie eliminiert, und das ist eine Theorie, die einen Gehaltsüberschuß hat über ihre Vorgänger und deren Gehaltsüberschuß nachher teilweise bestätigt wird. Und für diese Ersetzung

---

[35]) Vgl. Duhem [1906], Teil II, Kap. VI, § 10.

[36]) Ich definiere ein Forschungsprogramm als degenerierend selbst dann, wenn es neue Tatsachen antizipiert, dies aber durch stückweises Entwickeln und nicht mit Hilfe einer kohärenten, im voraus geplanten, positiven Heuristik tut. Ich unterscheide drei Arten von *Ad-hoc*-Hilfshypothesen: jene, die keinen empirischen Gehaltsüberschuß über ihre Vorgänger haben *('ad hoc₁')*; jene, die einen solchen Gehaltsüberschuß haben, aber ohne daß auch nur ein Teil von ihm bewährt wäre *('ad hoc₂')*; und schließlich jene, die nicht *ad hoc* sind in diesen zwei Bedeutungen, die aber auch kein wichtiger Teil der positiven Heuristik sind *('ad hoc₃')*. Beispiele für eine *Ad-hoc₁*-Hypothese sind die linguistischen Ausflüchte der Pseudowissenschaften, die konventionalistischen Drehs, die ich in [1963/4] diskutiere, also die 'Monstersperre', die 'Ausnahmensperre', die 'Monsteradjustierung' und dergleichen mehr. Ein berühmtes Beispiel einer *Ad-hoc₂*-Hypothese ist die Lorentz-Fitzgerald-Kontraktionshypothese; ein Beispiel einer *Ad-hoc₃*-Hypothese ist Plancks erste Korrektur der Formel von Lummer und Pringsheim (vgl. auch S. 285). Wucherungen in den gegenwärtigen Sozial-'Wissenschaften' bestehen oft aus Geweben solcher *Ad-hoc₃*-Hypothesen, wie Meehl und Lykken gezeigt haben. (Hinweise finden sich in Lakatos [1970], S. 175, Anm. 2 und 3; s. S. 87, Anm. 322 und 323 in diesem Band.)

[37]) Die Konkurrenz zwischen zwei Forschungsprogrammen ist natürlich ein lang ausgedehnter Prozeß, während dessen man rational an jedem der beiden Programme *(oder, wenn man kann, an beiden)* arbeiten kann. Das zuletzt erwähnte Pattern wird zum Beispiel dann wichtig, wenn eines der konkurrierenden Programme vage ist und seine Gegner es in schärfere Form bringen wollen, um seine Schwächen zu zeigen. Newton hat die Cartesianische Wirbeltheorie weiter entwickelt, um zu zeigen, daß sie Keplers Gesetzen widerspricht. (Gleichzeitige Arbeit an Programmrivalen unterminiert natürlich die These von Kuhn, daß konkurrierende Programme psychologisch inkommensurabel sind.) Der Fortschritt eines Programms ist ein höchst wichtiger Faktor in der Degeneration des Rivalen. Wenn das Programm P_1 fortwährend 'neuartige Tatsachen' produziert, dann werden diese definitionsgemäß Anomalien des Rivalen P_2 sein. Gibt P_2 für diese neuartigen Tatsachen nur eine *Ad-hoc*-Erklärung, dann degeneriert es definitionsgemäß. Je mehr P_1 fortschreitet, desto schwerer ist es also für P_2, fortzuschreiten.

einer Theorie durch eine bessere ist es nicht einmal nötig, daß die erste Theorie 'falsifiziert' wird in Poppers Sinn des Wortes. So zeigt sich Fortschritt in Instanzen, die Überschußgehalte verifizieren, und nicht in falsifizierenden Instanzen;[38]) 'Falsifikation' und 'Verwerfung' werden unabhängig voneinander.[39]) Vor der Modifikation einer Theorie kann man nie wissen, auf welche Weise sie 'widerlegt' worden ist, und einige der interessantesten Modifikationen werden von der 'positiven Heuristik' eines Forschungsprogrammes motiviert, nicht aber von den Anomalien. Dieser Unterschied allein hat schon wichtige Folgen und führt zu einer rationalen Rekonstruktion wissenschaftlicher Veränderung, die sich sehr von der Popperschen unterscheidet.[40]))

Da man nicht verlangen kann, daß jeder einzelne Schritt progressiv sei, kann man nur schwer entscheiden, wann ein Forschungsprogramm hoffnungslos degeneriert ist oder wann eines von zwei konkurrierenden Programmen einen entscheidenden Vorteil über das andere gewonnen hat. Wie auch in Duhems Konventionalismus gibt es in dieser Methodologie keine sofortige – und schon gar keine mechanische – Rationalität. *Weder der Nachweis eines Widerspruchs von seiten des Logikers noch die Feststellung einer Anomalie durch den Experimentalwissenschaftler kann ein Forschungsprogramm mit einem Streich schlagen.* 'Klugheit' gibt es nur im nachhinein.[41])

In diesem Kode wissenschaftlicher Redlichkeit spielt die Bescheidenheit eine größere Rolle als in anderen Kodizes. Man *muß* einsehen, daß auch ein weit zurückgebliebener Gegner noch immer ein Comeback erleben kann. Kein Vorteil für eine Seite darf jemals als absolut endgültig angesehen werden. Kein Triumph ist unvermeidbar, noch ist die Niederlage eines Programms unvermeidbar. Hartnäckigkeit und Bescheidenheit haben also größeren 'rationalen' Spielraum. *Aber die Liste der Erfolge und der Mißerfolge der konkurrierenden Programme muß aufgezeichnet*[42]) *und zu allen Zeiten öffentlich vorgelegt werden.*

(Hier wäre der Ort, zumindest das wichtigste erkenntnistheoretische Problem der Methodologie wissenschaftlicher Forschungsprogramme zu erwähnen. In der Form, in der das Programm vorliegt, ist es, wie auch Poppers methodologischer Falsifikationismus, eine radikale Variante des Konventionalismus. Man muß ein außermethodologisches induktives Prin-

---

[38]) Vgl. insbesondere Lakatos [1970], S. 120–121, (s. S. 33–35 in diesem Band).

[39]) Vgl. insbesondere Lakatos [1968a], S. 385 und [1970], S. 121 (s. S. 35 in diesem Band).

[40]) Ein Rivale, der als *externer* Katalysator für die Poppersche Falsifikation einer Theorie wirkt, wird hier ein *interner* Faktor. In Poppers (und Feyerabends) Rekonstruktion kann eine solche Theorie nach der Widerlegung der zu prüfenden Theorie aus der rationalen Rekonstruktion entfernt werden; in meiner Rekonstruktion verbleibt sie in der internen Geschichte, sonst wird die Falsifikation aufgehoben. Vgl. Anm. 27. Eine andere wichtige Folge ist der Unterschied zwischen Poppers Diskussion des Duhem-Quine-Arguments und der meinen; vgl. einerseits Popper [1935], letzter Absatz von Abschnitt 18 und 19, Anm. 1; Popper [1957b], S. 131–133; Popper [1963a], S. 112, Anm. 26, S. 238–239 und 243; und andrerseits Lakatos [1970], S. 184–189 (s. S. 96–100 in diesem Band).

[41]) Für den Falsifikationisten ist das eine abstoßende Idee; vgl. z.B. Agassi [1963], S. 48ff.

[42]) Feyerabend scheint nunmehr zu bestreiten, daß selbst das eine Möglichkeit darstellt; vgl. [1970a] und besonders [1970b] und [1974].

[43]) Ich verwende hier 'Wahrheitsnähe' in Poppers fachtechnischem Sinn, als den Unterschied zwischen dem Wahrheitsgehalt und dem Falschheitsgehalt einer Theorie. Vgl. Popper [1963a], Kap. 10.

zip aufstellen, wenn man das wissenschaftliche Spiel pragmatischen Akzeptierens und Verwerfens auch nur einigermaßen mit der Wahrheitsnähe in Verbindung bringen will.[43]) Nur ein solches 'Induktionsprinzip' kann die Wissenschaft aus einem bloßen Spiel in eine erkenntnistheoretisch rationale Übung, aus einer Reihe heiterer skeptischer Schachzüge, an denen man zum Zweck intellektueller Unterhaltung teilnimmt, in ein ernsteres, fehlbares (und ein wenig fades) Unternehmen verwandeln, in dessen Verlauf man sich allmählich der Wahrheit über diese unsere Welt nähert.[44]))

Wie jede andere Methodologie konstituiert auch die Methodologie wissenschaftlicher Forschungsprogramme ein historiographisches Forschungsprogramm. Der Historiker, der sich diese Methodologie zum Leitfaden macht, wird in der Geschichte nach konkurrierenden Forschungsprogrammen, nach progressiven und degenerierenden Problemverschiebungen suchen. Wo der Duhemsche Historiker eine Revolution schon in der Einfachheit sieht (sagen wir in der Einfachheit des Kopernikus), hält er Ausschau nach einem umfassenden progressiven Programm, das ein degenerierendes Programm überholt. Wo der Falsifikationist ein negatives entscheidendes Experiment sieht, da 'sagt er voraus', daß keines stattgefunden hat und daß sich hinter jedem angeblich entscheidenden Experiment, hinter jedem angeblichen Kampf zwischen Theorie und Experiment *und sonst nicht* ein aufreibender Stellungskrieg zwischen zwei Forschungsprogrammen verbirgt. In der falsifikationistischen Rekonstruktion wird das Ergebnis dieses Stellungskrieges erst später mit einem angeblich einzelnen 'entscheidenden Experiment' verbunden.

Die Methodologie wissenschaftlicher Forschungsprogramme muß wie jede andere Theorie wissenschaftlicher Rationalität durch eine empirisch-externe Geschichte ergänzt werden. Keine Rationalitätstheorie wird je Probleme lösen wie die Frage, warum die Mendelsche Genetik in Sowjetrußland in den 50er Jahren verschwand und warum gewisse Forschungsunternehmungen, die sich der Untersuchung genetisch-rassischer Differenzen oder der Analyse der Ökonomie der Auslandshilfe widmeten, in den 60er Jahren in den angelsächsischen Ländern in Mißkredit kamen. Außerdem müssen wir vielleicht die externe Geschichte heranziehen, um die verschiedenen Entwicklungsgeschwindigkeiten verschiedener Forschungsprogramme zu erklären. Die rationale Rekonstruktion der Wissenschaft in dem von mir hier verwendeten Sinn kann nicht umfassend sein, denn Menschen sind nicht *völlig* rationale Lebewesen; und selbst wenn sie rational handeln, haben sie oft eine falsche Theorie ihrer eigenen rationalen Handlungen.[45])

Aber die Methodologie der Forschungsprogramme zieht eine Grenze zwischen interner und externer Geschichte, die sich von der anderer Rationalitätstheorien wesentlich unterscheidet. Was zum Beispiel für den Falsifikationisten wie ein (leider häufiges) Phänomen irrationalen Festhaltens an einer 'widerlegten' oder an einer inkonsistenten Theorie aussieht und was er daher der *externen* Geschichte zuschreibt, kann auf Grund meiner Methodologie *intern*, als eine rationale Verteidigung eines vielversprechenden Forschungsprogrammes, erklärt werden. Auch sind die erfolgreichen *Vorher*sagen neuer Tatsachen, die ernsthafte Evi-

---

[44]) Eine mehr allgemeine Diskussion findet sich auf S. 128 f.
[45]) Vgl. auch S. 110, 112, 116, 125, 142.

denz für ein Forschungsprogramm darstellen und daher als lebenswichtige Teile seiner internen Geschichte aufgefaßt werden müssen, irrelevant sowohl für den Induktivisten als auch für den Falsifikationisten.[46]) Für den Induktivisten und den Falsifikationisten macht es keinen Unterschied, ob die Entdeckung einer Tatsache einer Theorie vorhergeht oder ihr nachfolgt: Nur die logische Beziehung ist wichtig. Der 'irrationale' Eindruck der historischen Koinzidenz, daß eine Theorie zufällig eine Tatsachenentdeckung *antizipiert*, hat keine interne Bedeutung. Solche Antizipationen sind nicht „Beweis, sondern [bloße] Propaganda".[47]) Oder man betrachte Plancks Unzufriedenheit mit seiner eigenen Strahlungsformel von 1900, die er für 'willkürlich' hielt. Für den Falsifikationisten war die Formel eine kühne, falsifizierbare Hypothese und Plancks Mißfallen an ihr eine nichtrationale Laune, erklärbar nur durch Rückgriff auf die Psychologie. Meiner Ansicht nach läßt sich aber Plancks Unzufriedenheit auf interne Weise erklären: Sie war die rationale Verurteilung einer '$Ad\text{-}hoc_3$'-Theorie.[48]) Um noch ein anderes Beispiel zu erwähnen: Für den Falsifikationismus ist eine unwiderlegbare 'Metaphysik' ein externer intellektueller Einfluß, bei mir ist sie ein lebenswichtiger Teil der rationalen Rekonstruktion der Wissenschaft.

Die meisten Historiker hatten bisher die Tendenz, die Lösung gewisser Probleme als die Monopole der Externalisten anzusehen. Eines von ihnen ist das Problem der großen Häufigkeit *simultaner Entdeckungen*. Vulgärmarxisten haben für dieses Problem eine einfache Lösung: Jede Entdeckung wird von vielen Leuten zugleich gemacht, sobald nur das soziale Bedürfnis für sie entsteht.[49]) Was nun eine 'Entdeckung' und vor allem eine wichtige Entdeckung ist, das hängt von der Methodologie ab, die man akzeptiert. Für den Induktivisten sind die wichtigsten Entdeckungen die Entdeckungen von Tatsachen, und diese sind in der Tat oft simultan. Für den Falsifikationisten ist eine *wichtige* Entdeckung die Entdeckung einer Theorie und nicht die Entdeckung einer Tatsache. Ist die Theorie einmal entdeckt (oder vielmehr erfunden), dann wird sie öffentliches Eigentum; und nichts ist klarer als der Umstand, daß verschiedene Leute sie zugleich überprüfen und so zu gleicher Zeit (geringere) Tatsachenentdeckungen machen werden. Auch fordert eine publizierte Theorie dazu heraus, unabhängig überprüfbare Erklärungen einer höheren Stufe aufzustellen. Nimmt man zum Beispiel Keplers Ellipsen und Galileis rudimentäre Dynamik als gegeben an, dann ist die simultane 'Entdeckung' eines Gesetzes einer im Quadrat abnehmenden Kraft nicht weiter überraschend: eine Problemsituation ist öffentlich, und simultane Lösungen lassen sich also *rein intern* erklären.[50])

<hr>

[46]) Der Leser darf nicht vergessen, daß ich im vorliegenden Aufsatz nur den naiven Falsifikationismus diskutiere; vgl. Anm. 19.

[47]) Das bemerkt Kuhn anläßlich Galileos erfolgreicher *Vorher*sage der Phasen der Venus (Kuhn [1957], S. 224). Wie Mill und Keynes vor ihm kann Kuhn nicht verstehen, warum die historische Abfolge von Theorie und Evidenz zählen sollte, und er kann nicht sehen, wie wichtig es war, daß Kopernikus die Phasen der Venus *vorher*sagte, während die Tychonianer sie nur durch *nachträgliche* Anpassungen erklärt haben. In der Tat, er hat diese Tatsache nicht einmal erwähnt, denn er hat ihre Bedeutung nicht erkannt.

[48]) Vgl. Anm. 36.

[49]) Eine Darlegung dieser Position und eine interessante kritische Diskussion findet sich in Polanyi [1951], S. 4ff. und 78ff.

[50]) Vgl. Popper [1963*b*] und Musgrave [1969].

Die Entdeckung eines neuen Problems braucht aber nicht so einfach erklärbar zu sein. Wenn man sich die Wissenschaftsgeschichte als eine Geschichte von verschiedenen konkurrierenden Forschungsprogrammen vorstellt, dann sind die meisten gleichzeitigen Entdeckungen, seien sie nun theoretischer Natur oder Entdeckungen von Tatsachen, durch Hinweis auf den Umstand erklärt, daß Forschungsprogramme öffentliches Eigentum sind und daß sich daher viele Leute in verschiedenen Teilen der Welt mit ihnen befassen, Leute, die oft gar nichts voneinander wissen. Wirklich *neuartige, wichtige, revolutionäre* Entwicklungen werden aber nur selten simultan erfunden. Es stellte sich heraus, daß einige angeblich simultane Entdeckungen neuartiger Programme nur vom Standpunkt eines gefälschten Rückblicks aus simultan sind: In Wirklichkeit handelt es sich um *verschiedene* Entdeckungen, die erst später in eine einzige Entdeckung zusammenfließen.[51])

Ein beliebter Jagdgrund von Externalisten ist das verwandte Problem, warum man *Prioritätsstreitigkeiten* für so wichtig hält und warum soviel Energie an sie verbraucht wird. Der Induktivist, der naive Falsifikationist oder der Konventionalist können hier nur eine *externe* Erklärung geben; aber im Lichte der Methodologie von Forschungsprogrammen sind einige Prioritätsstreitigkeiten lebenswichtige *interne* Probleme; in dieser Methodologie ist es ja *für eine rationale Beurteilung höchst wichtig zu wissen, welches Programm eine neuartige Tatsache zuerst antizipiert hat und welches sich die nunmehr alte Tatsache erst später einverleibt hat.* Einige Prioritätsstreitigkeiten lassen sich durch rationales Interesse und nicht bloß durch Eitelkeit und Ruhmessucht erklären. Es wird dann zum Beispiel wichtig, daß die Tychonische Theorie die ursprünglich von den Kopernikanern genau antizipierten Phasen der Venus und ihre Distanz nur im nachhinein, *post hoc*, erklären konnte;[52]) oder daß die Kartesianer zwar alles erklären konnten, was die Newtonianer *voraus*gesagt hatten, aber nur *post hoc*. Die Newtonsche optische Theorie erklärte *post hoc* viele Phänomene, die zuerst von den Huyghensianern antizipiert und beobachtet wurden.[53])

Alle diese Beispiele zeigen, wie die Methodologie wissenschaftlicher Forschungsprogramme viele Probleme, die andere Historiographien als *externe* Probleme angesehen hatten, in interne Probleme verwandelt. Gelegentlich bewegt sich aber die Grenze in die entge-

---

[51]) Das wurde überzeugend von Elkana für den Fall der sogenannten gleichzeitigen Entdeckung der Energieerhaltung gezeigt; vgl. sein [1971].

[52]) Vgl. auch Anm. 47.

[53]) Für den Mertonschen Funktionalismus sind Prioritätsstreitigkeiten eine *prima facie* Fehlleistung und daher eine Anomalie, und Merton hat sich seit langer Zeit bemüht, eine allgemeine sozio-psychologische Erklärung zu geben (Hinweis von Alan Musgrave). Vgl. z. B. Merton [1957], [1963], [1969]. Nach Merton ist „die wissenschaftliche *Kenntnis* weder reicher noch ärmer, weil Anerkennung gegeben wurde, wo Anerkennung zusteht: es ist die soziale *Institution* der Wissenschaft, und es sind *individuelle* Wissenschaftler, die unter einem wiederholten Versäumnis gerechter Zuerkennung von Verdiensten leiden würden" (Merton [1957], S. 648). Aber Merton übertreibt seine Pointe: in wichtigen Fällen (wie in Galileos Prioritätsstreitigkeiten) stand mehr auf dem Spiel als institutionelle Interessen: das Problem war, ob das Kopernikanische Forschungsprogramm progressiv war, oder nicht. (Natürlich haben nicht alle Prioritätsstreitigkeiten wissenschaftliche Relevanz. Zum Beispiel hatte der Disput zwischen Adams und Leverrier, wer denn der erste Entdecker des Neptun gewesen sei, keine solche Relevanz: die Entdeckung verstärkte *dasselbe* (Newtonsche) Programm, wer immer auch der Entdecker war. In solchen Fällen kann Mertons externe Erklärung wohl wahr sein.)

gengesetzte Richtung. Zum Beispiel mag es wohl ein Experiment gegeben haben, das, in Abwesenheit einer besseren Theorie, *instantan* als ein negatives entscheidendes Experiment akzeptiert wurde. Für den Falsifikationisten ist dieses Akzeptieren ein Teil der internen Geschichte; für mich ist es nicht rational und muß mit Hilfe der externen Geschichte erklärt werden.

Bemerkung. Die Methodologie der Forschungsprogramme wurde sowohl von Feyerabend als auch von Kuhn kritisiert. Kuhn schreibt: „[Lakatos] muß ... die Kriterien namhaft machen, die sich *zur fraglichen Zeit* verwenden lassen, um ein degeneratives von einem progressiven Forschungsprogramm zu unterscheiden. Sonst *hat er uns gar nichts mitgeteilt.*"[54])

Ich *habe* solche Kriterien angegeben. Aber Kuhn meinte wohl, daß „[meine] Maßstäbe ... nur dann praktisch wirksam sind, wenn man sie mit einer *Zeitgrenze* verbindet (was zunächst wie eine degenerierende Problemverschiebung aussieht, kann der Beginn einer viel längeren Periode des Fortschritts sein)".[55]) Ich gebe keine solche Zeitgrenze an, also schließt Feyerabend, daß meine Maßstäbe nicht mehr sind als *„verbale Ornamente"*.[56]) Eine ähnliche Frage wurde von Musgrave in einem Brief erhoben, der wichtige konstruktive Kritik einer früheren Fassung enthielt und in dem er verlangte, ich solle zum Beispiel angeben, wann ein dogmatisches Festhalten an einem Programm 'extern' und nicht mehr 'intern' zu erklären ist.

Es sei versucht zu erklären, warum solche Einwände ihr Ziel verfehlen. Man kann rational an einem degenerierenden Programm festhalten, bis es von einem Rivalen überholt ist, *und sogar noch nachher*. Aber man darf *nicht* seine öffentlich beglaubigte Leistung leugnen. Sowohl Feyerabend als auch Kuhn vermengen die *methodologischen* Bewertungen eines Programms mit harten *heuristischen Ratschlägen* über auszuführende Handlungen.[57]) Riskantes Spielen ist völlig rational: irrational ist es, wenn man sich über die eingegangenen Risiken täuscht.

Die Freiheit ist aber nicht so groß, als es jenen erscheinen mag, die an einem degenerierenden Programm festhalten. Denn sie werden dies zumeist nur privat tun können. Herausgeber wissenschaftlicher Journale sollten sich weigern, ihre Aufsätze zu publizieren, die im allgemeinen nicht mehr enthalten werden als feierliche Wiederholungen ihrer Position oder Absorption der Gegenevidenz (und selbst der konkurrierenden Programme) mit Hilfe von *ad-hoc*-linguistischen Adjustierungen. Auch Forschungsstiftungen sollten sich weigern, Geld zu diesen Zwecken zu gewähren.[58])

[54]) Kuhn [1970], S. 239; Hervorhebung von mir.
[55]) Feyerabend [1970*a*], S. 215.
[56]) Ebenda.
[57]) Vgl. Anm. 2.
[58]) Ich behaupte natürlich nicht, daß solche Entscheidungen unbedingt einmütig sind. Man muß auch seinen *Commonsense* gebrauchen. Commonsense (d. h. Urteilen in *besonderen* Fällen, das nicht nach mechanischen Regeln geschieht, sondern allgemeinen Prinzipien folgt, die einen gewissen *Spielraum* lassen) spielt eine Rolle in allen Varianten nicht-mechanischer Methodologien. Der Duhemsche Konventionalist braucht Commonsense, um zu entscheiden, wann ein theoretischer Rahmen genügend ungefüge geworden ist, um durch einen 'einfacheren' ersetzt zu werden. Der Poppersche Falsifikationist braucht Commonsense, um zu entscheiden, wann ein Basissatz zu 'akzeptieren' ist oder auf welche Prämisse der *Modus tollens* zu richten ist. Vgl. Lakatos [1970], S. 106 ff. (s. S. 21 ff. in diesem Band). Aber weder Duhem noch Popper geben dem 'Commonsense' eine Blankovollmacht. Sie geben wohlbestimmte Richtlinien. Der Duhemsche Richter weist die Jury des Commonsense an, in Sachen der komparativen Einfachheit zu einem übereinstimmenden Urteil zu kommen; der Poppersche Richter weist sie an, ihr Augenmerk vor allem auf jene akzeptierten Basissätze zu richten, die akzeptierten Theorien widersprechen, und über diese zu einem übereinstimmenden Urteil zu kommen. Mein Richter weist die Geschworenen an, übereinstim-

Diese Betrachtungen beantworten auch Musgraves Einwand, denn sie trennen rationales von irrationalem (oder redliches von unredlichem) Festhalten an einem degenerierenden Forschungsprogramm. Sie werfen auch weiteres Licht auf die Grenze zwischen interner und externer Geschichte. Sie zeigen, daß die interne Geschichte zur Darstellung der Geschichte der körperlosen Wissenschaft ausreicht, degenerierende Problemverschiebungen eingeschlossen. Die externe Geschichte erklärt, warum manche Leute falsche Überzeugungen über den wissenschaftlichen Fortschritt haben und wie diese Überzeugungen ihre wissenschaftliche Tätigkeit beeinflussen können.

E. Interne und externe Geschichte

Wir haben vier Theorien der Rationalität wissenschaftlichen Fortschritts – oder der Logik der Forschung – kurz diskutiert. Es wurde gezeigt, wie jede von ihnen einen theoretischen Rahmen für die rationale Rekonstruktion der Wissenschaftsgeschichte zur Verfügung stellt.

So besteht die interne Geschichte des *Induktivisten* aus angeblichen Entdeckungen harter Tatsachen und sogenannten induktiven Generalisierungen. Die interne Geschichte des *Konventionalisten* besteht aus Tatsachenentdeckungen, der Erbauung von Ordnungs-Systemen und ihrer Ersetzung durch angeblich einfachere Ordnungs-Systeme.[59]) Die interne Geschichte des *Falsifikationisten* dramatisiert kühne Konjekturen, Verbesserungen, die angeblich *immer* gehaltvermehrend sind, und vor allem triumphierende 'negative entscheidende Experimente'. Die *Methodologie von Forschungsprogrammen* schließlich betont die lange während theoretische und empirische Rivalität größerer Forschungsprogramme, progressive und degenerative Problemverschiebungen und den langsam in Erscheinung tretenden Sieg eines Programms über ein anderes.

Jede rationale Rekonstruktion produziert ein charakteristisches Muster des rationalen Wachstums wissenschaftlicher Kenntnisse. Aber alle diese *normativen* Rekonstruktionen müssen unter Umständen durch *empirische* externe Theorien ergänzt werden, die den Zweck haben, die verbleibenden nicht-rationalen Faktoren zu erklären. Die Geschichte der Wissenschaften ist immer reicher als ihre rationale Rekonstruktion. *Aber die rationale Rekonstruktion oder die interne Geschichte ist primär, und die externe Geschichte nur sekundär, denn die wichtigsten Probleme der externen Geschichte werden durch die interne Geschichte definiert.* Die externe Geschichte gibt entweder nicht-rationale Erklärungen für die Schnelligkeit, den Ort, die Auswahl etc. historischer Ereignisse, so wie diese durch die interne Geschichte *gedeutet* werden; oder sie gibt eine empirische Erklärung festgestellter Unterschiede zwischen der

---

mende Abschätzungen von progressiven und degenerativen Forschungsprogrammen zu liefern. Aber man kann sich zum Beispiel darüber streiten, ob ein akzeptierter Basissatz eine *neuartige* Tatsache ausdrückt oder nicht. Vgl. Lakatos [1970], S. 156 (s. S. 69 in diesem Band).
Obwohl es wichtig ist, daß in solchen Schiedssprüchen Einmütigkeit erreicht werde, muß doch auch die Möglichkeit einer Berufung bestehen. Bei solchen Berufungen wird der unartikulierte Commonsense in Frage gestellt, artikuliert und kritisiert. (Die Kritik kann sogar aus einer Kritik der Deutung der Gesetze zu einer Kritik der Gesetze selbst werden.)
[59]) Die meisten Konventionalisten nehmen auch eine mittlere induktive Schicht von 'Gesetzen' zwischen Tatsachen und Theorien an; vgl. Anm. 15.

Geschichte und ihrer rationalen Rekonstruktion. Der *rationale* Aspekt des Wachstums der Wissenschaften wird aber von der gewählten Forschungslogik voll und ganz erklärt.

Was immer das Problem ist, das der Wissenschaftshistoriker lösen will, er muß zuerst den relevanten Abschnitt des Wachstums objektiver wissenschaftlicher Kenntnisse rekonstruieren – und das ist der relevante Abschnitt der 'internen Geschichte'. Wie gezeigt wurde, wird die interne Geschichte für den Historiker immer von seiner Philosophie konstituiert, ob er dies nun bemerkt oder nicht. Die meisten Theorien des Erkenntniswachstums sind Theorien des Wachstums körperloser Erkenntnis: Ob ein Experiment entscheidend ist oder nicht, ob eine Hypothese im Licht der vorhandenen Evidenz hochwahrscheinlich ist oder nicht, ob eine Problemverschiebung progressiv ist oder nicht – das hat mit den Überzeugungen, Persönlichkeiten oder mit der Autorität der Wissenschaftler nicht das geringste zu tun. Für die interne Geschichte sind solche subjektiven Faktoren ohne Interesse. Der interne Historiker registriert zum Beispiel das Proutsche Programm mit seinem harten Kern (daß die Atomgewichte reiner chemischer Elemente ganze Zahlen sind) und seiner positiven Heuristik (Verwertung und Ersetzung der zeitgenössischen falschen Beobachtungstheorien, die bei der Messung von Atomgewichten Anwendung finden). Dieses Programm wurde später ausgeführt.[60]) Der interne Historiker verschwendet nur geringe Zeit an die Darstellung von Prouts *Überzeugung*, daß eine 'sorgfältige' Anwendung der 'experimentellen Techniken' *seiner eigenen Zeit* und eine richtige Interpretation der experimentellen Ergebnisse die Anomalien *sofort* als bloße Illusionen entlarven würden. Der interne Historiker betrachtet diese historische Tatsache als eine Tatsache in der zweiten Welt, die eine bloße Karikatur ihres Gegenstücks in der dritten Welt ist.[61]) *Wie* solche Karikaturen zustande kommen, geht ihn nichts an; in einer Anmerkung kann er dem Externalisten das Problem übergeben, warum gewisse Wissenschaftler 'falsche Überzeugungen' über ihre eigene Tätigkeit haben.[62])

[60]) Der Satz „Das Proutsche Programm wurde ausgeführt" klingt wie ein 'Tatsachen'-Satz. Aber es gibt keine 'Tatsachen'-Sätze: die Wendung kam erst durch den dogmatischen Empirismus in die Alltagssprache. *Wissenschaftliche 'Tatsachen'-Sätze* sind erfüllt mit Theorien, und zwar mit 'Beobachtungstheorien'. *Historiographische 'Tatsachen'-Sätze* sind auch erfüllt mit Theorien, und zwar sind die Theorien in diesem Fall methodologische Theorien. In die Entscheidung über den Wahrheitswert des 'Tatsachen'-Satzes „Das Proutsche Programm wurde ausgeführt" gehen zwei methodologische Theorien ein. Erstens die Theorie, daß die Einheiten wissenschaftlicher Bewertung Forschungsprogramme sind; zweitens eine *spezifische* Theorie, die uns erlaubt zu beurteilen, ob ein Programm 'de facto' ausgeführt wurde. Bei allen diesen Betrachtungen braucht ein Popperscher interner Historiker kein Interesse zu nehmen an den involvierten *Personen* oder an ihren Überzeugungen, ihre eigene Tätigkeit betreffend.

[61]) Die 'erste Welt' ist die Welt der Materie, die 'zweite Welt' die Welt der Gefühle, Überzeugungen, des Bewußtseins, die 'dritte Welt' ist die Welt objektiven Wissens, das in Sätzen artikuliert vorliegt. Das ist eine uralte und höchst wichtige Trichotomie; gegenwärtig ist ihr führender Proponent Popper. Vgl. Popper [1968*a*], [1968*b*] und Musgrave [1969] und [1971*a*].

[62]) Was in diesem Zusammenhang 'falsche Überzeugung' oder 'falsches Bewußtsein' ist, hängt natürlich von der Rationalitätstheorie des Kritikers ab: vgl. S. 110, 112 f., 114. Aber keiner Rationalitätstheorie kann es je gelingen, uns zum 'wahren Bewußtsein' zu führen.

Der Historiker ist also bei der Konstruktion der internen Geschichte höchst selektiv; er läßt alles weg, was irrational ist im Lichte seiner Rationalitätstheorie. Aber seine normative Auswahl ist noch immer keine rationale Rekonstruktion im vollen Sinne des Wortes. Zum Beispiel hat Prout niemals das 'Proutsche Programm' artikuliert: das Proutsche Programm ist nicht das Programm Prouts. *Nicht nur der ('interne') Erfolg und die ('interne') Niederlage eines Programms sind einer Beurteilung nur im nachhinein zugänglich; dasselbe trifft häufig auch auf den Inhalt zu.* Die interne Geschichte ist nicht einfach eine *Auswahl* methodologisch interpretierter Tatsachen: sie kann gelegentlich zu einer *radikal verbesserten Variante* dieser Tatsachen werden. Das läßt sich an Hand von Bohrs Programm zeigen. Im Jahre 1913 hat Bohr vielleicht nicht einmal an die Möglichkeit des Elektronenspins gedacht. Auch ohne den Spin hatte er seine Hände voll. Der Historiker, der das Bohrsche Programm im Rückblick beschreibt, sollte ihm den Elektronenspin aber trotzdem einverleiben, denn er paßt ganz natürlich in die ursprüngliche Skizze des Programms. Bohr hätte 1913 auf ihn verweisen können. Bohr hat das nicht getan — und das ist ein interessantes Problem, das verdient, in einer Anmerkung angedeutet zu werden.[63]) (Probleme dieser Art werden dann entweder intern gelöst durch Hinweis auf rationale Gründe im Wachstum objektiver, unpersönlicher Kenntnis; oder extern durch Hinweis auf psychologische Ursachen in der Entwicklung von Bohrs persönlichen Überzeugungen.)

Eine Methode, die Diskrepanzen zwischen der Geschichte und ihren rationalen Rekonstruktionen aufzuzeigen, besteht darin, die interne Geschichte *im Text* zu behandeln und dann *in den Anmerkungen* anzudeuten, wie 'schlecht' sich die tatsächliche Geschichte im Lichte ihrer rationalen Rekonstruktion verhalten hat.[64])

Viele Historiker betrachten die Idee jeglicher rationalen Rekonstruktion mit Abscheu. Sie zitieren Lord Bolingbroke: „Die Geschichte ist Philosophie am Beispiel gelehrt." Und sie werden vielleicht hinzufügen: „Wir brauchen eben viel mehr Beispiele"[65]), bevor wir mit dem Philosophieren beginnen können. Aber eine solche induktivistische Theorie der Hi-

---

[63]) Wäre die Publikation von Bohrs Programm um einige Jahre verzögert worden, dann hätte vielleicht weiteres Spekulieren selbst ohne vorhergehende Beobachtung des anomalen Zeemanneffekts zum Spinproblem führen können. Und tatsächlich stellte Compton das Problem in den Kontext des Bohrschen Programms in seiner Schrift [1919].

[64]) Ich habe diese Darstellungsmethode zuerst in [1963–1964] angewendet; dann wieder bei meiner detaillierten Untersuchung der Programme von Prout und Bohr; vgl. Lakatos [1970], S. 138, 140, 146 (s. S. 52–60 in diesem Band). Dieses Vorgehen wurde auf der Minnesota-Conference des Jahres 1969 von einigen Historikern kritisiert. McMullin zum Beispiel behauptete, daß meine Art der Darstellung eine *Methodologie,* aber sicher nicht die wirkliche *Geschichte* erhellen könne: der Text sagt dem Leser, was hätte geschehen müssen, die Anmerkungen, was tatsächlich geschah (vgl. McMullin [1970]). Kuhns Kritik meiner Darstellung bewegte sich im Grunde auf derselben Bahn: er hält sie für eine spezifisch *philosophische* Exposition: „... ein Historiker würde in seinem Tatsachenbericht *keine Geschichte erzählen,* von der er *weiß,* daß sie falsch ist. Und wenn er es schon getan hat, dann würde er nicht auch noch in einer Fußnote darauf aufmerksam machen." (Kuhn [1970], S. 256).

[65]) Vgl. L. P. Williams [1970].

storiographie ist utopisch.[66]) *Geschichte ohne theoretisches 'Vorurteil' ist unmöglich.*[67]) Eine Gruppe von Historikern will harte Tatsachen entdecken, induktive Verallgemeinerungen, eine andere ist an kühnen Theorien und entscheidenden negativen Experimenten interessiert, wieder andere suchen nach großen Vereinfachungen oder nach progressiven und degenerativen Problemverschiebungen; alle haben *gewisse* theoretische 'Vorurteile'. Diese Vorurteile können natürlich von einem eklektischen Wechsel von Theorien oder von theoretischer Verwirrung verhüllt sein: aber weder der Eklektizismus noch die Konfusion konstituieren einen atheoretischen Standpunkt. Die externen Probleme eines Historikers sind oft ausgezeichnete Führer zur Entdeckung seiner impliziten Methodologie: die einen fragen, warum eine 'harte Tatsache' oder eine 'kühne Theorie' genau dann und genau dort entdeckt worden ist, wo die Entdeckung de facto geschah; andere fragen, wieso eine 'degenerative Problemverschiebung' so unglaublich lange populär sein konnte und warum es so 'unvernünftig' lange brauchte, bevor eine 'progressive Problemverschiebung' als solche anerkannt wurde.[68]) Dicke Bücher wurden dem Problem gewidmet, ob und, wenn ja, warum das Hervortreten der Wissenschaft eine rein europäische Angelegenheit war; aber eine solche Untersuchung muß verwirrtes Herumschweifen bleiben, außer man definiert 'Wissenschaft' klar auf Grund einer normativen Wissenschaftsphilosophie. Ein höchst interessantes externes Problem der externen Geschichte ist die Angabe der psychologischen, ja in der Tat, der soziologischen Bedingungen, die notwendig sind (aber natürlich nie hinreichend) für die Möglichkeit wissenschaftlichen Fortschritts; aber schon die Formulierung dieses 'externen' Problems enthält notwendigerweise eine bestimmte methodologische Theorie oder eine bestimmte Definition von Wissenschaft. Die Geschichte *der Wissenschaft* ist eine Geschichte von Ereignissen, die in normativer Weise ausgewählt und interpretiert werden.[69]) Unter diesen Umständen wird das bisher vernachlässigte Problem der Bewertung rivalisierender Forschungslogiken und damit rivalisierender Rekonstruktionen der Geschichte ein Problem von höchster Wichtigkeit. Ich wende mich nun diesem Problem zu.

[66]) Vielleicht sollte ich den Unterschied betonen zwischen einer *induktivistischen Historiographie der Wissenschaften* einerseits, nach der die *Wissenschaften* durch die Entdeckung harter Tatsachen (in der Natur) und (möglicherweise) induktive Verallgemeinerungen fortschreiten, und einer *induktivistischen Theorie der Wissenschaftshistoriographie* andrerseits, nach der die *Wissenschaftshistoriographie* durch die Entdeckung harter Tatsachen (in der Wissenschaftsgeschichte) und (möglicherweise) induktive Verallgemeinerungen fortschreitet. 'Kühne Konjekturen', 'entscheidende negative Experimente' und selbst 'progressive und degenerative Forschungsprogramme' können von induktivistischen Historiographen als 'harte historische Tatsachen' in Betracht gezogen werden. Eine der Schwächen von Agassis [1963] liegt darin, daß er es unterläßt, diese Unterscheidung zwischen einem wissenschaftlichen und einem historiographischen Induktivismus zu betonen.

[67]) Vgl. Popper [1957*b*], Abschnitt 31.

[68]) Diese These hat zur Folge, daß die Arbeit jener 'Externalisten' (zumeist modische 'Wissenssoziologen') wertlos ist, die vorgeben, die soziale Geschichte einer wissenschaftlichen Disziplin zu schreiben, ohne die Disziplin und ihre interne Geschichte zu beherrschen. Vgl. auch Musgrave [1971*a*].

[69]) Leider gibt es in den meisten Sprachen nur *ein* Wort zur Bezeichnung von Geschichte$_1$ (der Klasse historischer Ereignisse) und von Geschichte$_2$ (der Klasse historischer Sätze). Geschichte$_2$ ist eine Theorie und eine wertgeladene Rekonstruktion der Geschichte$_1$.

2.   Kritischer Vergleich von Methodologien: Die Geschichte als Prüfstein ihrer rationalen Rekonstruktionen

Theorien wissenschaftlicher Rationalität zerfallen in zwei Klassen:

1) *Rechtfertigungsmethodologien* stellen sehr hohe erkenntnistheoretische Maßstäbe auf. Für den klassischen Rechtfertigungsdenker ist ein Satz 'wissenschaftlich' nur dann, wenn er *bewiesen* ist, für den Neojustifikationisten, wenn er *wahrscheinlich* ist (im Sinne des Wahrscheinlichkeitskalküls) oder *bewährt* (im Sinne von Poppers dritter Notiz zur Bewährung) zu einem bestimmten Grad.[70]) Einige Wissenschaftsphilosophen haben die Idee eines Beweises oder einer (beweisbaren) Wahrscheinlichkeitsmachung wissenschaftlicher Theorien aufgegeben, sind aber dogmatische Empiristen geblieben: ob sie nun Induktivisten, Probabilisten, Konventionalisten oder Falsifikationisten sind – sie halten noch immer an der Beweisbarkeit von 'Tatsachen'-Sätzen fest. Heute sind natürlich alle diese verschiedenen Formen des Rechtfertigungsdenkens unter dem Gewicht einer *erkenntnistheoretischen und logischen Kritik* zusammengebrochen.

2) Die einzigen Alternativen, die uns bleiben, sind *pragmatisch-konventionalistische Methodologien*, gekrönt von einem globalen Prinzip der Induktion. Konventionalistische Methodologien stellen zuerst Regeln auf, betreffend die 'Annahme' oder 'Verwerfung' von Tatsachensätzen und theoretischen Sätzen – jedoch ohne Regeln über Beweis und Widerlegung, Wahrheit und Falschheit. Wir haben also *verschiedene Systeme von Regeln für das Spiel der Wissenschaft.* Das induktivistische Spiel besteht aus der Sammlung 'annehmbarer' (nicht bewiesener) Daten und der Herleitung von 'annehmbaren' (nicht bewiesenen) induktiven Verallgemeinerungen aus ihnen. Das konventionalistische Spiel besteht aus der Sammlung 'annehmbarer' Daten und ihrer Einordnung in die einfachsten Ordnungssysteme (oder in der Bereitstellung der einfachst möglichen Ordnungssysteme und ihrer Erfüllung mit annehmbaren Daten). Popper hat noch ein weiteres Spiel 'wissenschaftlich' genannt.[71]) Selbst Methodologien, die epistemologisch und logisch diskreditiert sind, können doch weiter funktionieren und in kastrierten Varianten als Leitfäden der rationalen Rekonstruktion der Geschichte dienen. Aber diese *wissenschaftlichen Spiele* sind ohne echte erkenntnistheoretische Relevanz solange wir ihnen nicht eine Art metaphysischen (oder, wenn man wünscht, 'induktiven')

---

[70]) D.h., eine Hypothese h ist wissenschaftlich nur dann, wenn es eine Zahl q gibt derart, daß $p(h,e) = q$, wobei *e* die verfügbare Evidenz und $p(h,e) = q$ *bewiesen* werden kann. Solange ein angeblicher Beweis von $p(h,e) = q$ vorliegt, macht es keinen Unterschied aus, ob *p* eine Carnapsche Konfirmationsfunktion oder eine Poppersche Korroborationsfunktion ist. (Poppers dritte Notiz zur Korroboration ist natürlich nichts anderes als ein merkwürdiger Fehltritt, der nicht in seine Philosophie paßt; vgl. Lakatos [1968a], S. 411–417.)

Der Probabilismus hat niemals ein Programm historiographischer Rekonstruktion erzeugt; es ist ihm nie gelungen, sich den Problemen zu entwinden, die er selbst geschaffen hatte. Als ein erkenntnistheoretisches Programm ging es mit ihm schon lange bergab; als ein historiographisches Programm hat er noch nicht einmal begonnen.

[71]) Popper [1935], Abschnitte 11 und 85. Vgl. auch die Bemerkung in Lakatos [1971], Anm. 13. Auch die Methodologie der Forschungsprogramme wird zunächst als ein Spiel definiert; vgl. vor allem S. 16f.

Prinzips überlagern, nach welchem uns das von der Methodologie spezifizierte Spiel die beste Chance gibt, die Wahrheit zu erreichen. Ein solches Prinzip verwandelt die reinen Konventionen des Spiels in fehlbare Konjekturen; ohne ein solches Prinzip ist das Spiel der Wissenschaft ein Spiel wie jedes andere.[72])

Es ist sehr schwer, konventionalistische Methodologien wie die von Duhem und Popper zu kritisieren. Es gibt keine offenkundige Methode der Kritik eines Spiels oder eines metaphysischen Induktionsprinzips. Um diese Schwierigkeiten zu überwinden, werde ich eine neue Theorie der Bewertung solcher Wissenschaftsmethodologien vorschlagen (d.h. jener Methodologien, die zumindest im ersten Stadium, vor der Einführung eines Induktionsprinzips, konventionalistisch sind). Ich werde zeigen, daß sich Methodologien ohne direkte Bezugnahme auf eine epistemologische (und selbst logische) Theorie kritisieren lassen und ohne direkte Verwendung einer logisch-erkenntnistheoretischen Kritik. Die Grundidee der Kritik ist, daß *alle Methodologien als historiographische (oder meta-historische) Theorien (oder Forschungsprogramme) fungieren und daß sie sich kritisieren lassen, indem man die rationale historische Rekonstruktion kritisiert, zu der sie führen.*

Ich werde versuchen, diese historiographische Methode der Kritik in dialektischer Weise zu entwickeln. Ich beginne mit einem Spezialfall: ich 'widerlege' zuerst den Falsifikationismus, indem ich den Falsifikationismus (auf einer normativ-historiographischen Metastufe) auf sich selbst anwende. Dann wende ich den Falsifikationismus auch auf den Induktivismus und auf den Konventionalismus an und argumentiere, daß alle Methodologien mit Hilfe dieser Pyrrhonischen *machine de guerre* als 'falsifiziert' enden müssen. Schließlich 'appliziere' ich nicht den Falsifikationismus, sondern die Methode wissenschaftlicher Forschungsprogramme auf den Induktivismus, den Konventionalismus, den Falsifikationismus und auf sich selbst (und zwar wieder auf einer normativ-historiographischen Metastufe) und zeige, daß sich Methodologien – nach diesem Metakriterium – konstruktiv kritisieren und vergleichen lassen. Diese normativ-historiographische Variante der Methodologie wissenschaftlicher Forschungsprogramme gibt uns eine allgemeine Theorie des Vergleichs konkurrierender Forschungslogiken, in der *die Geschichte* (in einem sorgfältig zu spezifizierenden Sinn) *als ein 'Test' ihrer rationalen Rekonstruktionen aufgefaßt werden kann.*

A. Der Falsifikationismus als ein Metakriterium: Die Geschichte 'falsifiziert' den Falsifikationismus (und jede andere Methodologie)

Es wurde bereits gesagt, daß wissenschaftliche Bewertungen in ihrer rein 'methodologischen' Form *Konventionen* sind, die man immer als Definitionen der Wissenschaft formulieren kann.[73]) Wie kann man eine solche Definition kritisieren? Nominalistisch interpre-

---

[72]) Dieser ganze Problembereich ist der Gegenstand von Lakatos (1968*a*), S. 390 ff., aber insbesondere von [1971].

[73]) Vgl. Popper [1935], Abschnitte 4 und 11. Poppers Definition der Wissenschaft ist natürlich sein gefeiertes 'Abgrenzungskriterium'.

tiert[74]) ist eine Definition eine reine Abkürzung, ein terminologischer Vorschlag, eine Tautologie. Wie kann man eine Tautologie kritisieren? Popper zum Beispiel hält seine Definition
der Wissenschaft für 'fruchtbar', denn „viele Dinge können mit ihrer Hilfe geklärt und erklärt
werden". Er zitiert Menger: „Definitionen sind Dogmen; nur die Deduktionen aus ihnen sind
Erkenntnisse."[75]) Aber wie kann eine Definition erklärende Kraft haben oder neue Einsichten verschaffen? Popper antwortet: „Nur aus den Konsequenzen unserer Definition der empirischen Wissenschaft (und den im Zusammenhang mit dieser Definition stehenden methodologischen Beschlüssen) wird der Forscher sehen können, ob sie dem entspricht, was ihm als
Ziel seines Tuns vorschwebt."[76])

    Die Antwort fügt sich in Poppers allgemeine Position, daß man Konventionen
kritisieren kann, indem man ihre 'Brauchbarkeit' relativ zu einem Zweck diskutiert: „Über
die Zweckmäßigkeit einer Festsetzung kann man verschiedener Meinung sein; einen vernünftigen, argumentierenden Meinungsstreit kann es jedoch nur zwischen denen geben, die denselben Zweck verfolgen; die Wahl des Zweckes aber ist allein Sache des Entschlusses, über
den es einen Streit mit Argumenten nicht geben kann."[77]) In der Tat, Popper hat nie eine
Theorie der rationalen Kritik konsistenter Konventionen aufgestellt. Die Frage *'Unter welchen Umständen würdest Du Dein Abgrenzungskriterium aufgeben?'* wird von ihm nicht gestellt, und sie wird schon gar nicht beantwortet.[78])

    Aber die Frage läßt sich beantworten. Ich gebe meine Antwort in zwei Schritten:
ich schlage zuerst eine naive Antwort vor und dann eine mehr raffinierte Antwort. Ich beginne, indem ich daran erinnere, wie Popper nach seiner eigenen Darstellung[78a]) sein Kriterium gefunden hat. Wie die meisten Wissenschaftler seiner Zeit hielt er Newtons Theorie für
eine wunderbare wissenschaftliche Errungenschaft, obwohl sie widerlegt war; Einsteins
Theorie schien ihm noch besser; aber die Astrologie, der Freudianismus und der Marxismus
des 20. Jahrhunderts schienen ihm unwissenschaftlich. Sein Problem war es, eine Definition
der Wissenschaft zu finden, die genau diese *'Basisurteile'* über bestimmte Theorien produzierte; und er bot eine neue Lösung. Betrachten wir nun den Vorschlag, daß eine *Rationalitäts-*

---

[74]) Eine ausgezeichnete Diskussion des Unterschiedes zwischen dem Nominalismus und dem Realismus
(oder, wie Popper ihn lieber nennt – 'Essentialismus') in der Theorie der Definitionen findet sich in Popper [1945], Bd. II, Kap. 11 und [1963*a*], 20.

[75]) Popper [1935], Abschnitt 11. Popper, in der englischen Auflage, übersetzt 'Erkenntnis' als 'new in-
sight'.

[76]) Ebenda.

[77]) Popper [1935], Abschnitt 4. Jedoch gibt Popper in seiner *Logik der Forschung* niemals einen *Zweck*
des Wissenschaftsspiels an, der über das in seinen Regeln Enthaltene hinausgehen würde. Die These, daß
der *Zweck* der Wissenschaft in der *Wahrheit* liegt, kommt in seinen Schriften nur ab 1957 vor. In der *Logik der Forschung* heißt es nur, daß die Suche nach der Wahrheit ein *psychologischer Beweggrund* der
Wissenschaftler sein mag. Eine detaillierte Diskussion findet sich in Lakatos [1971].

[78]) Dieser Mangel ist um so ernsthafter, als Popper selbst Einschränkungen seines Kriteriums ausgedrückt hat. So sagt er zum Beispiel in [1963*a*], daß der 'Dogmatismus', d.h. die Behandlung von Anomalien als Hintergrundlärm [background noise] „in gewissem Ausmaß nötig ist" (S. 49). Aber schon auf der
nächsten Seite identifiziert er solchen 'Dogmatismus' mit der 'Pseudowissenschaft'. Ist also auch die Pseudowissenschaft „in gewissem Ausmaße nötig"? Vgl. auch Lakatos [1970], S. 177, Anm. 3 (s. S. 89 in diesem Band).

[78a]) Vgl. Popper [1963], S. 33–37.

theorie – oder ein Abgrenzungskriterium – zu verwerfen ist, wenn es einem akzeptierten 'Basis-werturteil' der wissenschaftlichen Elite widerspricht. Diese meta-methodologische Regel *(Metafalsifikationismus)* scheint in der Tat Poppers methodologischer Regel (Falsifikationismus) zu entsprechen, nach der eine wissenschaftliche Theorie zu verwerfen ist, wenn sie einem von der Gemeinschaft der Wissenschaftler einmütig akzeptierten ('empirischen') Basissatz widerspricht. Poppers gesamte Methodologie beruht auf der Behauptung, daß es (relativ) singuläre Sätze gibt, über deren Wahrheitswert sich die Wissenschaftler einigen können; ohne solche Einigung gäbe es ein neues Babel, und „wir müßten unsere Arbeit am Turmbau der Wissenschaft einstellen".[79] Aber selbst wenn es eine Einigung über 'Basis'-Sätze gäbe – würde der Bau der Wissenschaft ohne Einigung über die Bewertung wissenschaftlicher Leistungen relativ zu dieser 'empirischen Basis' nicht ebensobald in Ruinen liegen? Zweifellos. Während es nur wenig Einmütigkeit in bezug auf ein *allgemeines* Kriterium des wissenschaftlichen Charakters von Theorien gab, gab es doch in den letzten zwei Jahrhunderten beträchtliche Einmütigkeit hinsichtlich *einzelner* Errungenschaften. Während es keine *allgemeine* Übereinstimmung in bezug auf Theorien wissenschaftlicher Rationalität gab, gab es doch große Einmütigkeit hinsichtlich der Frage, ob ein besonderer einzelner Schritt im Spiel der Wissenschaften verschroben war, ob ein besonderes Gambit korrekt gespielt wurde oder nicht. Eine allgemeine Definition der Wissenschaft muß also die anerkannt besten Gambits als 'wissenschaftlich' rekonstruieren; tut sie das nicht, dann ist sie zu verwerfen.[80]

Schlagen wir also versuchsweise vor, *daß ein Abgrenzungskriterium zu verwerfen ist, das den 'Basis'-Bewertungen oder den 'normativen Basissätzen' der wissenschaftlichen Elite widerspricht.*

Wenn wir nun dieses quasi-empirische Metakriterium (das ich später verwerfen werde) anwenden, dann muß man Poppers Abgrenzungskriterium – d.h. seine Regeln des Spiels der Wissenschaften – aufgeben.[82]

Poppers Grundregel ist, daß ein Wissenschaftler im vorhinein angeben muß, unter welchen experimentellen Bedingungen er selbst seine fundamentalsten Annahmen aufge-

---

[79] Vgl. Popper [1935], Abschnitt 29.

[80] Dieses Vorgehen hat natürlich nicht zur Folge, daß wir die 'Basisurteile' der Wissenschaftler ausnahmslos für rational *halten*; es heißt nur, daß wir sie *akzeptieren*, um universelle Definitionen in der Wissenschaft zu kritisieren. (Setzten wir hinzu, daß man keine solchen *universellen* Definitionen gefunden hat und jemals finden kann, dann wäre damit die Szene gesetzt für Polanyis Auffassung der gesetzlosen geschlossenen Autokratie der Wissenschaft.)
Man kann mein Metakriterium als eine 'quasi-empirische' Selbstanwendung des Popperschen Falsifikationismus sehen. Ich habe solche 'quasi-empirischen' Überlegungen schon früher, im Zusammenhang mit der Philosophie der Mathematik, eingeführt. Wir können davon absehen, *was* in den logischen Kanälen eines deduktiven Systems fließt, ob es Sicherheit ist oder Fehlbarkeit, Wahrheit und Falschheit, Wahrscheinlichkeit und Unwahrscheinlichkeit, oder selbst moralische und wissenschaftliche Erwünschtheit und Unerwünschtheit; es ist das *Wie* des Fließens, das entscheidet, ob das System negativistisch, 'quasi-empirisch', vom *Modus tollens* beherrscht ist, oder auf Rechtfertigung bedacht, 'quasi-euklidisch', vom *Modus ponens* dominiert. (Vgl. Lakatos [1967]). Dieses 'quasi-empirische' Vorgehen läßt sich auf *jede* Art normativen Wissens anwenden: Watkins hat es bereits auf die Ethik angewendet ([1963], [1967]). Ich ziehe aber nunmehr eine andere Prozedur vor. Vgl. Anm. 122.

[81] Es sei bemerkt, daß man dieses Metakriterium nicht als psychologisch, oder 'naturalistisch' im Sinne Poppers zu deuten braucht. (Vgl. Popper [1935], Abschnitt 10.) Die Definition der 'wissenschaftlichen Elite' ist nicht einfach eine Sache der Empirie.

ben wird. So zum Beispiel schreibt er in seiner Kritik der Psychoanalyse: *„Kriterien der Wider-legung* müssen im vorhinein aufgestellt werden: man muß sich darüber einigen, welche beob-achtbaren Situationen, wenn wirklich beobachtet, bedeuten, daß die Theorie widerlegt ist. Aber welche klinischen Reaktionen würden *nicht nur eine bestimmte analytische Diagnose, sondern die Psychoanalyse selbst* zur Zufriedenheit des Analytikers widerlegen? Und sind sol-che Kriterien jemals von Analytikern diskutiert worden? Hat man sich jemals über sie geei-nigt?"[82]) Im Fall der Psychoanalyse hatte Popper recht: keine Antwort kam zum Vorschein. Freudianer waren sehr erstaunt über Poppers fundamentalen Angriff auf ihre wissenschaftli-che Redlichkeit. In der Tat, sie haben sich geweigert, experimentelle Bedingungen anzuge-ben, unter denen sie ihre grundlegenden Annahmen aufgeben würden. Für Popper war dies das Merkzeichen ihrer wissenschaftlichen Unredlichkeit. Was geschieht aber, wenn wir die Poppersche Frage an den Newtonischen Wissenschaftler stellen? 'Welche Beobachtungen würden nicht nur eine besondere Newtonsche Erklärung, sondern die Newtonsche Dynamik und Gravitationstheorie selbst zur Zufriedenheit des Newtonianers widerlegen? Und sind sol-che Kriterien jemals von Newtonianern diskutiert worden? Hat man sich jemals in bezug auf sie geeinigt?' Leider ist der Newtonianer kaum fähig, eine positive Antwort zu geben.[83]) Aber wenn die Analytiker nach Poppers Maßstäben als unredlich verurteilt werden müssen, dann muß dieses Urteil auch die Newtonianer treffen. Diesem 'Dogmatismus' zum Trotz wird aber die Newtonsche Wissenschaft von den größten Wissenschaftlern und, in der Tat, auch von Popper selbst hoch eingeschätzt. Also ist der Newtonsche 'Dogmatismus' eine 'Falsifikation' der Definition Poppers: er trotzt der rationalen Rekonstruktion Poppers.

Popper kann sicher seine berühmte Herausforderung zurückziehen und Falsifi-kation – sowie Verwerfung auf Grund von Falsifikation – nur für Systeme von Theorien ver-langen, eingeschlossen Anfangsbedingungen und alle möglichen Hilfs- und Beobachtungs-theorien.[84]) Das wäre ein beträchtlicher Rückzug, denn es wird nun dem einfallsreichen Wis-senschaftler erlaubt, seine Lieblingstheorie durch geeignete glückliche Änderungen in einem entlegenen dunklen Winkel an der Peripherie seines theoretischen Irrgartens zu retten. Aber auch Poppers abgeschwächte Regel stellt selbst den glänzendsten Wissenschaftler als einen ir-rationalen Dogmatisten hin. In großen Forschungsprogrammen gibt es ja immer bekannte Anomalien: gewöhnlich schiebt sie der Forscher zur Seite und folgt der positiven Heuristik des Programms.[85]) Im allgemeinen richtet er seine Aufmerksamkeit auf die positive Heuristik und nicht auf die störenden Anomalien, und er hofft, daß sich die 'widerspenstigen Instanzen' im Verlauf des Fortschritts des Programms in bewährende Instanzen verwandeln werden. Nach Popper führt der größte Wissenschaftler in diesen Situationen verbotene Schachzüge, *Ad-hoc*-Kunstgriffe aus: statt das anomale Perihelium des Merkur als eine Falsifikation der New-tonschen Theorie unseres Planetensystems und damit als einen Grund für seine Verwerfung aufzufassen, schoben es die meisten Physiker als eine problematische Instanz zur Seite, die

---

[82]) Popper [1963*a*], S. 38, Anm. 3; Hervorhebung von mir. Das ist natürlich äquivalent mit seinem be-rühmten 'Abgrenzungskriterium' zwischen [interner, rational rekonstruierter] Wissenschaft und Unwis-senschaft (oder 'Metaphysik'). Die letzte mag [extern] 'einflußreich' sein und ist nur dann als Pseudowis-senschaft zu brandmarken, wenn sie sich als Wissenschaft gibt.
[83]) Vgl. Lakatos [1970], S. 100–101 (s. S. 15–16 in diesem Band).
[84]) Vgl. z. B. [1935], Abschnitt 18.
[85]) Vgl. Lakatos [1970], insbesondere S. 135 ff. (s. S. 49 ff. in diesem Band).

man in einem späteren Stadium der Lösung zuführen würde – oder sie gaben *Ad-hoc*-Lösungen. Diese methodologische Einstellung, die Poppersche (dramatische) Gegenbeispiele als (bloße) *Anomalien* ansieht, ist gang und gäbe bei den besten Wissenschaftlern. Forschungsprogramme, die heute bei der Gemeinschaft der Wissenschaftler in höchstem Ansehen stehen, machten ihren Fortschritt in einem Ozean von Anomalien.[86] Der Umstand, daß die größten Wissenschaftler bei der Wahl ihrer Probleme Anomalien 'unkritisch' ignorieren (und sie mit Hilfe von *Ad-hoc*-Kunstgriffen isolieren), ist, zumindest nach unserem Metakriterium, eine weitere Widerlegung der Popperschen Methodologie. Einige der wichtigsten Patterns im Wachstum der Wissenschaft sind für ihn einfach nicht rational.

Auch ist für Popper die Arbeit an einem *inkonsistenten System* unter allen Umständen irrational, „ein sich selbst widersprechendes System muß verworfen werden ..., (weil es) unergiebig ist ... Es gibt keine Behauptung, die sich nicht ableiten ließe".[87] Aber einige der großartigsten wissenschaftlichen Forschungsprogramme schritten auf inkonsistenter Grundlage fort.[88] In der Tat, in solchen Fällen ist die Regel der besten Wissenschaftler häufig: '*Allez en avant et la foi vous viendra*'. Diese antipoppersche Methodologie gab sowohl dem Infinitesimalkalkül als auch der naiven Mengenlehre Raum zum Atmen zu einer Zeit, als sie von logischen Paradoxien geplagt wurden.

In der Tat – hätte man das Spiel der Wissenschaft nach Poppers Regelbuch gespielt, dann wäre Bohrs Aufsatz von 1913 nie publiziert worden, denn er war der Maxwellschen Theorie auf inkonsistente Weise aufgepfropft, und Diracs Deltafunktion wäre bis Schwartz unterdrückt worden. Diese Beispiele einer auf inkonsistenter Grundlage fortschreitenden Forschung sind weitere 'Falsifikationen' der falsifikationistischen Methodologie.[89]

So 'falsifizieren' also verschiedene 'Basis'-Bewertungen der wissenschaftlichen *Elite* die Poppersche Definition der Wissenschaft und einer wissenschaftlichen Ethik. Es erhebt sich dann das Problem, in welchem Ausmaß der Falsifikationismus unter diesen Bedingungen als ein Leitfaden für den Wissenschaftshistoriker dienen kann. Die einfache Antwort ist – in einem höchst geringen Ausmaß. Popper, der führende Falsifikationist, hat nie eine Wissenschaftsgeschichte geschrieben; vielleicht war er dem Urteil großer Wissenschaftler gegenüber zu sensitiv, um die Geschichte auf falsifikationistische Weise zu verdrehen. Man bedenke, daß er zwar in seinen autobiographischen Erinnerungen die Newtonsche Wissenschaft als ein Paradigma wissenschaftlichen Charakters, d. h. der Falsifizierbarkeit, verwendet, daß aber die Falsifizierbarkeit der Newtonschen Theorie an keiner Stelle seiner klassischen *Logik der Forschung* diskutiert wird. Die *Logik der Forschung* ist im großen und ganzen trocken, ab-

---

[86] Ebenda, S. 138 ff. (s. S. 134 ff. in diesem Band).

[87] Vgl. Popper [1935], Abschnitt 24.

[88] Vgl. Lakatos [1970], insbesondere S. 140 ff. (s. S. 52 ff. in diesem Band).

[89] Im allgemeinen überschätzt Popper hartnäckig die unmittelbare Schlagkraft rein negativer Kritik. „Sobald ein Irrtum oder ein Widerspruch festgestellt ist, gibt es kein Herumreden mehr: es kann bewiesen werden, und das entscheidet den Fall" (Popper [1959], S. 394). Er fügt hinzu: „Frege versuchte keine Ausweichmanöver, als er die Kritik Russells empfing." Aber das Gegenteil trifft zu. (Vgl. Freges *Nachwort* zur zweiten Auflage der *Grundgesetze*.)

strakt und höchst ahistorisch.[90]) Wo es Popper unternimmt, so nebenbei die Falsifizierbarkeit wichtiger wissenschaftlicher Theorien zu betrachten, da begeht er entweder grobe logische Fehler,[91]) oder er verzerrt die Geschichte, um sie an seine Rationalitätstheorie anzupassen. Wenn die Methodologie eines Historikers eine elende rationale Rekonstruktion liefert, dann verliest er sich entweder in der Geschichte, so daß sie mit seiner rationalen Rekonstruktion zusammenfällt, oder er entdeckt, daß die Geschichte der Wissenschaften höchst irrational ist. Poppers Respekt für große Wissenschaft veranlaßte ihn, den ersten Weg zu gehen, während der respektlose Feyerabend den zweiten wählte.[92]) So hat Popper in seinen historischen Randbemerkungen die Tendenz, Anomalien in 'entscheidende Experimente' zu verwandeln und ihren unmittelbaren Einfluß auf die Geschichte der Wissenschaften zu übertreiben. Durch seine Brille gesehen, nehmen große Wissenschaftler Widerlegungen bereitwillig an, und das ist auch die wichtigste Quelle ihrer Probleme. Zum Beispiel behauptet er an einer Stelle, daß das Experiment von Michelson und Morley die klassische Äthertheorie entscheidend über den Haufen rannte; auch übertreibt er die Rolle dieses Experiments beim Auftauchen der Einsteinschen Relativitätstheorie.[93]) Es bedarf der vereinfachenden Brille eines naiven Falsifikationisten, um wie Popper die klassischen Experimente Lavoisiers als Widerlegungen (oder 'Tendenzen zur Widerlegung') der Phlogiston-Theorie zu sehen; um zu sehen, daß die Theorie von Bohr, Kramers und Slater durch einen einzigen Schlag von Compton kalt-

[90]) Kuhn bemerkt interessanterweise: „Ein beharrliches Interesse für historische Probleme und die Bereitschaft, originelle historische Forschungen zu betreiben, unterscheidet jene Leute, die er [Popper] ausgebildet hat, von den Mitgliedern jeder heute bekannten wissenschaftsphilosophischen Schule." (Kuhn [1970], S. 236).

[91]) Zum Beispiel behauptet er, daß ein Perpetuum Mobile das erste Gesetz der Thermodynamik 'widerlegen' würde (in seinem Sinn): [1955], Abschnitt 15. Aber wie kann man den Satz 'K ist ein Perpetuum Mobile' als einen 'Basis'-Satz in Poppers Sinn interpretieren, das heißt, als einen raum-*zeitlich* singulären Satz?

[92]) Ich beziehe mich auf Feyerabend [1970a], [1970b] und [1974].

[93]) Vgl. Popper [1935], Abschnitt 30, und Popper [1945], Band II, S. 220–221. Nach Popper bestand Einsteins Problem darin, die Experimente zu erklären, die die klassische Physik 'widerlegten', und „er hat sich nicht die Aufgabe gestellt, ... unsere Vorstellungen von Raum und Zeit zu kritisieren". Aber sicher hat er sich diese Aufgabe gestellt. Seine (Machsche) Kritik unserer Vorstellungen von Raum und Zeit und insbesondere seine operationalistische Kritik des Begriffs der Gleichzeitigkeit spielten in seinem Denken eine wichtige Rolle.
Ich habe die Rolle des Michelson-Morley-Experiments einigermaßen ausführlich diskutiert in Lakatos [1970] (s. S. 72 in diesem Band). Vgl. auch Zahar [1973].
Poppers Kompetenz in der Physik hätte es ihm natürlich nie gestattet, die Geschichte der Relativitätstheorie in dem Ausmaße zu entstellen, in dem dies Beveridge tat, der Ökonomen mit Hinweis auf das Beispiel Einsteins zu einem empirischen Vorgehen überreden wollte. Nach Beveridges falsifikationistischer Rekonstruktion 'begann' Einstein die Arbeit an seiner Gravitationstheorie mit 'Tatsachen', die Newtons Theorie widerlegten, nämlich „mit den Bewegungen des Planeten Merkur und den unerklärten Abirrungen des Mondes" (Beveridge 1937). Einsteins Arbeit an der Gravitation ging natürlich aus einer 'schöpferischen Verschiebung' in der positiven Heuristik seines speziellen Relativitätsprogramms hervor und nicht aus einer Betrachtung des anomalen Periheliums des Merkur oder den unerklärten, hinterlistigen Abirrungen des Mondes.

gestellt wurde; oder um zu sehen, daß das Paritätsprinzip durch ein 'Gegenbeispiel' 'verworfen' wird.[94])

Außerdem, wenn Popper die vorläufige Annahme von Theorien als rational auf Grund *seiner* Ideen rekonstruieren will, dann muß er die historische Tatsache ignorieren, daß die meisten wichtigen Theorien widerlegt zur Welt kommen und daß Gesetze trotz bekannter Gegenbeispiele weiter erklärt und nicht verworfen werden. Er hat die Tendenz, alle Anomalien zu übersehen außer jener, die später als 'entscheidende Gegenevidenz' inthronisiert wurde. Zum Beispiel glaubt er irrtümlicherweise, daß „weder die Theorie von Galilei noch die Theorie von Kepler vor Newton widerlegt wurden".[95]) Der Zusammenhang ist wichtig. Für Popper besteht das wichtigste Pattern wissenschaftlichen Fortschritts darin, daß ein entscheidendes Experiment eine Theorie widerlegt, während der Rivale *unwiderlegt* bleibt. Aber wir wissen, daß in den meisten, wenn auch nicht in allen Fällen, in denen zwei konkurrierende Theorien einander gegenüberstehen, *beide zugleich* von Anomalien infiziert sind. In solchen Situationen erliegt Popper der Versuchung, die Lage so zu vereinfachen, daß seine Methodologie angewendet werden kann.[96])

Die falsifikationistische Historiographie ist also 'falsifiziert'. Aber wenn wir dieselbe meta-falsifikationistische Methode auf induktivistische und konventionalistische Historiographien anwenden, dann werden wir auch sie 'falsifizieren'.

Die beste logisch-erkenntnistheoretische Vernichtung des Induktivismus stammt natürlich von Popper; aber selbst wenn wir den Induktivismus für philosophisch (d. h. erkenntnistheoretisch und logisch) fehlerfrei halten, wird er doch von Duhems historiographischer Kritik falsifiziert. Duhem nahm die gefeiertsten *'Erfolge' induktivistischer Historiogra-*

---

[94]) Popper [1963*a*], S. 220, 239, 242–243, und [1963*b*], S. 965. Popper hat natürlich das Problem, warum 'Gegenbeispiele' (d. h. Anomalien) nicht sofort als Ursache der Verwerfung angesehen werden. Im Fall des Zusammenbruchs der Parität verweist er zum Beispiel darauf, daß „es viele Beobachtungen – d. h. Photographien von Teilchenbahnen – gegeben hat, aus denen man das Resultat hätte ablesen können, aber die Beobachtungen wurden entweder ignoriert oder mißdeutet" [1963*b*], S. 965. Poppers – externe – Erklärung scheint zu sein, daß die Wissenschaftler eben noch nicht gelernt haben, genügend kritisch und revolutionär zu sein. Aber ist eine bessere – und interne – Erklärung nicht vielmehr die, daß die Anomalien ignoriert werden *mußten*, bis eine progressive alternative Theorie erschien, die dann die Gegenbeispiele in Beispiele verwandelte?

[95]) Ebenda, S. 246.

[96]) Wie ich erwähnt habe, hat ein Popperianer, Agassi, ein Buch über die Historiographie der Wissenschaften geschrieben (Agassi [1963]). Das Buch hat einige scharfe kritische Abschnitte, in denen die induktivistische Historiographie mit Genuß verprügelt wird, aber am Ende ersetzt er die induktivistische Methodologie mit der Methodologie des Falsifikationismus. Für Agassi haben *nur* jene Tatsachen wissenschaftliche (interne) Bedeutung, die sich in Sätzen ausdrücken lassen, welche einer bestehenden Theorie widersprechen: nur *ihre* Entdeckung verdient den Ehrennamen 'Entdeckung von Tatsachen'; Tatsachensätze, die aus bekannten Theorien *folgen*, statt mit ihnen *im Widerspruch zu stehen*, sind irrelevant; dasselbe gilt für Tatsachensätze, die *unabhängig* sind von solchen Theorien. Wenn eine wertvolle Tatsachenentdeckung in der Wissenschaftsgeschichte als eine bewährende Instanz oder als eine Zufallsentdeckung bekannt ist, dann sagt Agassi kühn voraus, daß eine *nähere* Untersuchung sie in eine widerlegende Instanz verwandeln wird, und er bietet uns fünf Fallstudien, um seine Behauptung zu unterstützen (S. 60–74). Leider stellt sich bei *näherer* Untersuchung heraus, daß Agassi alle fünf Fälle, die er als bewährende Instanzen seiner historiographischen Theorie anführt, falsch verstanden hat. In Wirklichkeit 'falsifizieren' alls fünf Beispiele seine Historiographie (in unserem normativ-falsifikationistischen Sinn).

phie: Newtons Gravitationsgesetz und Ampères elektromagnetische Theorie. Beide galten als die siegreichsten Anwendungen der induktiven Methode. Aber Duhem (und, ihm folgend, Popper und Agassi) zeigten, daß das nicht zutraf. Ihre Analysen zeigen, wie der Induktivist, der das Wachstum der Wissenschaft als rational hinstellen will, die wirkliche Geschichte zur Unkenntlichkeit entstellen muß.[97]) Wenn also die Rationalität der Wissenschaft induktiv ist, dann ist die wirkliche Wissenschaft nicht rational; ist aber die Wissenschaft rational, dann ist sie nicht induktiv.[98])

Auch der Konventionalismus, der einer logischen und erkenntnistheoretischen Kritik nicht so leicht zum Opfer fällt,[99]) kann historiographisch falsifiziert werden. Man kann zeigen, daß der Schlüssel zu wissenschaftlichen Revolutionen nicht in der Ersetzung schwerfälliger gedanklicher Gerüste durch einfachere besteht.

Die Kopernikanische Revolution galt gemeinhin als das *Paradigma der konventionalistischen Historiographie*, und diesen Ruf besitzt sie bei manchen Leuten auch heute noch. So zum Beispiel teilt uns Polanyi mit, daß das „einfachere Bild" des Kopernikus „auffallende Schönheit besaß" und „[mit Recht] große Überzeugungskraft hatte".[100]) Aber ein modernes Studium primärer Quellen, vor allem von Kuhn,[101]), hat diesen Mythos vertrieben und zu einer klaren historiographischen Widerlegung der konventionalistischen Darstellung geführt. Man ist sich nun darüber einig, daß das Kopernikanische System „zumindest so komplex war, wie das System des Ptolemäus".[102]) Wenn das aber zutrifft, dann war es zwar rational, die Kopernikanische Theorie zu akzeptieren, aber nicht wegen ihrer unübertrefflichen objektiven Einfachheit.[103])

So kann man den Induktivismus, den Falsifikationismus und den Konventionalismus mit Hilfe des von mir angeführten Typs einer historiographischen Kritik als rationale Rekonstruktionen der Geschichte widerlegen.[104]) Wir haben gesehen, daß die historiographische Falsifikation des Induktivismus bereits von Duhem begonnen und dann von Popper und Agassi fortgeführt wurde. Historiographische Kritiken des [naiven] Falsifikationismus finden sich bei Polanyi, Kuhn, Feyerabend und Holton.[105]) Die wichtigste historiographische Kritik

[97]) Vgl. Duhem [1906], Popper [1948] und [1957*a*], Agassi [1963].

[98]) Ein Induktivist kann natürlich die Stirn haben zu erklären, daß die echte Wissenschaft noch nicht begonnen hat, und er kann eine Geschichte der vorliegenden Wissenschaft als eine Geschichte von Vorurteil, Aberglauben und falschen Überzeugungen schreiben.

[99]) Vgl. Popper [1935], Abschnitt 19.

[100]) Vgl. Polanyi [1951], S. 70.

[101]) Kuhn [1957]. Vgl. auch Price [1959].

[102]) Cohen [1960], S. 61. Bernal sagt in [1954], daß „die Gründe [des Kopernikus] für [seine] revolutionäre Veränderung vor allem philosophischer und ästhetischer [d. h. im Lichte des Konventionalismus wissenschaftlicher] Natur waren"; aber in späteren Ausgaben änderte er seine Ansicht: „die Gründe [des Kopernikus] waren eher mystisch als wissenschaftlich."

[103]) Eine mehr detaillierte Skizze findet sich in Lakatos and Zahar [1975].

[104]) Andere Typen einer Kritik von Methodologien lassen sich natürlich leicht herstellen. Wir können zum Beispiel die Maßstäbe jeder Methodologie (und nicht nur des Falsifikationismus) auf sie selbst anwenden. Für die meisten Methodologien ist das Ergebnis genauso destruktiv: der Induktivismus läßt sich nicht induktiv beweisen, und die Einfachheit ist hoffnungslos komplex. (Zur letzten vgl. das Ende von Anm. 106).

[105]) Vgl. Polanyi [1958], Kuhn [1962], Holton [1969], Feyerabend [1964], [1965], [1970*b*] und [1974]. Ich würde noch Lakatos [1963/1964], [1968*b*] und [1970] (s. S. 7ff. in diesem Band) hinzunehmen.

des Konventionalismus findet sich in Kuhns bereits zitiertem Meisterwerk über die Kopernikanische Revolution.[106]) Das Ergebnis dieser Kritiken ist, daß alle diese rationalen Rekonstruktionen der Geschichte die Wissenschaftsgeschichte in das Prokrustesbett ihrer hypokritischen Moral zwingen und so Traumgeschichten konstruieren, die auf mythischen 'induktiven Grundlagen', 'gültigen induktiven Verallgemeinerungen', 'entscheidenden Experimenten', 'großen revolutionären Simplifikationen' und dergleichen beruhen. Aber die Schlüsse, die die Kritiker des Falsifikationismus und des Konventionalismus aus der Widerlegung dieser Methodologien zogen, sind sehr verschieden von denen, die Duhem, Popper und Agassi aus ihrer eigenen Widerlegung des Induktivismus gewonnen haben. Polanyi (und anscheinend auch Holton) zogen den Schluß, daß man zwar in *besonderen* Fällen rechte, rationale wissenschaftliche Bewertungen treffen könne, daß es aber keine *allgemeine* Theorie der wissenschaftlichen Rationalität gebe.[107]) *Alle* Methodologien, *alle* rationalen Rekonstruktionen lassen sich historiographisch 'falsifizieren': die Wissenschaft *ist* rational, aber ihre Rationalität läßt sich nicht unter die allgemeinen Gesetze irgendeiner Methodologie subsumieren.[108]) Andererseits schloß Feyerabend, daß es nicht nur keine allgemeine Theorie wissenschaftlicher Rationalität, sondern auch kein solches Ding wie die wissenschaftliche Rationalität selbst gebe.[109]) So bewegte sich Polanyi auf einen konservativen Autoritarianismus, Feyerabend aber auf einen

[106]) Kuhn [1957]. Eine historiographische Kritik dieser Art treibt Rationalisten leicht zu einer irrationalen Verteidigung ihrer falsifizierten Lieblings(rationalitäts)theorie. Kuhns historiographische Kritik der Einfachheitstheorie der Kopernikanischen Revolution hat den konventionalistischen Historiker Richard Hall so sehr erregt, daß er einen polemischen Artikel veröffentlichte, in dem er jene Aspekte der Kopernikanischen Theorie auswählte und von neuem betonte, die nach Kuhn möglicherweise Anspruch auf höhere Einfachheit haben, wobei er aber den Rest von Kuhns – gültigem – Argument ignorierte (Hall [1970]). Zweifellos läßt sich Einfachheit immer für ein *beliebiges* Paar von Theorien T' und T'' so definieren, daß die Einfachheit von T' die von T'' übertrifft.
Eine weitere Diskussion der konventionalistischen Historiographie findet sich in Lakatos and Zahar [1975].
[107]) So ist Polanyi ein konservativer Rationalist in bezug auf die Wissenschaft und ein 'Irrationalist' in bezug auf die Wissenschaftsphilosophie. Aber dieser Meta-'Irrationalismus' ist natürlich eine ganz respektable Variante des Rationalismus: die Behauptung, daß der Begriff 'wissenschaftlich akzeptabel' nicht weiter definiert, sondern nur durch Kanäle 'persönlichen Wissens' übertragen werden kann, macht einen noch nicht zu einem offenkundigen Irrationalisten, sondern nur zu einem offenkundigen Konservativen. Polanyis Position in der Philosophie der Naturwissenschaften entspricht genau der ultrakonservativen politischen Philosophie Oakeshotts. (Für Hinweise und eine hervorragende Kritik der letzten vgl. Watkins [1952]. Vgl. auch S. 142 f.)
[108]) Natürlich erkannte keiner der Kritiker den genauen logischen Charakter des metamethodologischen Falsifikationismus, so wie er in diesem Abschnitt erklärt wird, und keiner von ihnen hat ihn auf völlig konsistente Weise angewendet. Einer von ihnen schreibt: „Im gegenwärtigen Stadium der Diskussion besitzen wir noch keine allgemeine Theorie der Kritik für wissenschaftliche Theorien, und schon gar nicht für Theorien der Rationalität: Der Versuch, unsern methodologischen Falsifikationismus zu falsifizieren, muß also unternommen werden, noch bevor wir eine Theorie besitzen, die uns zeigen könnte, wie wir vorgehen sollen." (Lakatos [1970], S. 114; s. S. 29 f. in diesem Band).
[109]) Den in der vorliegenden Arbeit entwickelten kritischen Apparat verwende ich in Kap. 4 gegen Feyerabends erkenntnistheoretischen Anarchismus.

skeptischen Anarchismus hin. Kuhn produzierte eine höchst originelle Vision eines irrationalen Wechsels rationaler Autorität.[110])

Wie aus diesem Abschnitt hervorgeht, habe ich große Achtung vor der Kritik Polanyis, Feyerabends und Kuhns an den bestehenden ('internalistischen') Theorien wissenschaftlicher Methode; aber meine Schlußfolgerungen waren von den ihren ganz verschieden. Ich beschloß, eine verbesserte Methodologie zu suchen, die uns eine bessere *rationale* Rekonstruktion der Wissenschaft bietet.

Feyerabend und Kuhn versuchten sofort, auch meine verbesserte Methodologie zu 'falsifizieren'.[111]) Ich mußte bald einsehen, daß sich auch meine Methodologie – und überhaupt jede Methodologie –, zumindest in dem in diesem Abschnitt beschriebenen Sinn, 'falsifizieren' *läßt,* und das aus dem einfachen Grund, daß keine Klasse menschlicher Urteile je völlig rational ist und daher keine rationale Rekonstruktion mit der wirklichen Geschichte jemals ganz übereinstimmen kann.[112])

Diese Einsicht führte mich dazu, ein neues *konstruktives* Kriterium vorzuschlagen, mit dessen Hilfe es möglich sein würde, Methodologien *qua* rationale Rekonstruktionen der Geschichte zu bewerten.

B. Die Methodologie historiographischer Forschungsprogramme. Die Geschichte bestätigt – in verschiedenem Ausmaß – ihre rationalen Rekonstruktionen

Ich möchte meinen Vorschlag in zwei Schritten darlegen. Zunächst werde ich das eben diskutierte falsifikationistische historiographische Metakriterium leicht verbessern; und ich werde es dann durch ein besseres ersetzen.

Erstens, die leichte Verbesserung. Wenn eine universelle Regel mit einem besonderen 'normativen Basisurteil' zusammenstößt, dann sollte man der Gemeinschaft der Wissenschaftler Gelegenheit geben, den Zusammenstoß zu überdenken: sie geben dann vielleicht ihr besonderes Urteil auf und unterwerfen sich der allgemeinen Regel. Falsifikationen 'zwei-

---

[110]) Kuhns Vision wurde von vielen Seiten her kritisiert; vgl. Shapere ([1964] und [1967]), Scheffler [1967] und besonders die kritischen Bemerkungen von Popper, Watkins, Toulmin, Feyerabend und Lakatos – und Kuhns Antwort – in Lakatos und Musgrave [1970]. Keiner dieser Kritiker hat eine systematische *historiographische* Kritik seines Werkes geliefert. Man sollte auch Kuhns [1970] *Postscript* zur zweiten Auflage seiner [1962] und die Besprechung von Musgrave (Musgrave [1971*b*]) heranziehen.

[111]) Vgl. Feyerabend [1970*a*], [1970*b*] und [1974]; und Kuhn [1970].

[112]) Man kann zum Beispiel auf den unmittelbaren Eindruck zumindest *einiger* 'großer' negativer entscheidender Experimente verweisen wie etwa auf die Falsifikation des Paritätsprinzips. Oder man kann die hohe Achtung für zumindest *einige* lange, prosaische Versuch-und-Irrtum-Methoden anführen, die gelegentlich der Ankündigung eines größeren Forschungsprogramms vorhergehen und die im Lichte meiner Methodologie bestenfalls 'unreife Wissenschaft' sind (vgl. Lakatos [1970], S. 175; s. S. 87 in diesem Band; vgl. auch L. P. Williams' Hinweis auf die Geschichte der Spektroskopie zwischen 1870 und 1900 in [1970];). So geht das Urteil der wissenschaftlichen Elite gelegentlich auch gegen *meine* universellen Regeln.

ter Ordnung', d.h. historiographische Falsifikationen, dürfen nicht mehr überstürzt sein als Falsifikationen 'erster Ordnung' – wissenschaftliche Falsifikationen.[113])

Zweitens haben wir den naiven Falsifikationismus in der *Methode* aufgegeben – warum sollten wir ihn also in der *Meta-Methode* beibehalten? Wir können ihn leicht durch eine Methodologie wissenschaftlicher Forschungsprogramme zweiter Ordnung oder, wenn man will, durch eine Methodologie historiographischer Forschungsprogramme ersetzen.

Wir behaupten zwar, daß eine Theorie der Rationalität versuchen muß, die grundlegenden Werturteile in universelle, kohärente Denkrahmen einzuordnen, aber wir brauchen doch solche Rahmen nicht schon wegen einiger Anomalien oder wegen anderer Inkonsistenzen zu verwerfen. Natürlich sollten wir darauf bestehen, daß eine gute Rationalitätstheorie weitere Basiswerturteile antizipieren muß, die unerwartet sind im Lichte der vorhergehenden Theorien, oder daß sie sogar zu einer Revision vorher vertretener Basiswerturteile führt.[114]) Wir verwerfen dann eine Rationalitätstheorie nur zugunsten einer besseren, die in diesem 'quasi-empirischen' Sinn eine *progressive Verschiebung* in der Reihe der Forschungsprogramme rationaler Rekonstruktionen darstellt. Dieses neue – und mildere – Metakriterium erlaubt es uns also, konkurrierende Forschungslogiken zu vergleichen und ein Wachstum unseres 'metawissenschaftlichen' – methodologischen – Wissens festzustellen.

Poppers Theorie wissenschaftlicher Rationalität braucht zum Beispiel nicht schon darum verworfen zu werden, weil es von 'Basisurteilen' führender Wissenschaftler 'widerlegt' wird. Außerdem stellt Poppers Abgrenzungskriterium nach unserem neuen Kriterium einen klaren Fortschritt über seine rechtfertigungsbedachten Vorgänger dar und insbesondere über den Induktivismus. Im Gegensatz zu diesen Vorgängern hat es den wissenschaftlichen Status falsifizierter Theorien wie der Phlogistontheorie rehabilitiert und damit ein Werturteil auf den Kopf gestellt, das sie aus der Wissenschaftsgeschichte im eigentlichen Sinn in die Geschichte irrationaler Überzeugungen verbannte.[115]) Auch führte es zu einer erfolgreichen Rehabilitation der Theorie von Bohr, Kramers und Slater.[116]) Im Lichte der meisten Rechtfertigungstheorien der Rationalität ist die Geschichte der Wissenschaften höchstens eine Geschichte *vor*wissenschaftlicher Vorspiele zu einer *künftigen* Wissenschaftsgeschichte.[117]) Poppers Methodologie ermöglichte es dem Historiker, eine größere Zahl der *tat-*

---

[113]) Es gibt eine gewisse Analogie zwischen diesem Pattern und den gelegentlichen Berufungsprozeduren theoretischer Wissenschaftler gegen das Verdikt der experimentellen Jury; vgl. Lakatos [1970], S. 127–131 (s.S. 41–46 in diesem Band).

[114]) Das letzte Kriterium ist analog der außerordentlichen 'Tiefe' einer Theorie, die mit zur Zeit vorhandenen Basissätzen zusammenstößt und dann siegreich aus diesem Zusammenstoß hervorgeht. (Vgl. Popper [1957a]). Poppers Beispiel war der Widerspruch zwischen Keplers Gesetzen und der Newtonschen Theorie, die sich die Aufgabe stellte, jene Gesetze zu erklären.

[115]) Der Konventionalismus hat diese historische Rolle natürlich in weitem Ausmaß schon vor Poppers Variante des Falsifikationismus gespielt.

[116]) Van der Waerden hielt die Bohr-Kramers-Slater-Theorie für schlecht: Poppers Theorie zeigte, daß sie eine gute Theorie war. Vgl. Van der Waerden [1967], S. 13, und Popper [1963a], S. 242 ff.; eine kritische Diskussion findet sich in Lakatos [1970], S. 168, Anm. 4, und S. 169, Anm. 1 (s. S. 81, Anm. 294 und 295 in diesem Band).

[117]) Die Einstellung einiger moderner Logiker zur Geschichte der Mathematik ist ein typisches Beispiel; vgl. Lakatos [1963/1964], S. 3.

sächlich gefällten Basiswerturteile in der Geschichte der Wissenschaften als rational zu interpretieren: in *diesem* normativ-historiographischen Sinn stellte Poppers Theorie einen Fortschritt dar. Im Lichte besserer rationaler Rekonstruktionen der Wissenschaft kann man immer einen größeren Teil der wirklichen großen Wissenschaft als rational rekonstruieren.[118])

Ich hoffe, daß man meine Modifikation der Popperschen Forschungslogik ihrerseits auf Grund des angegebenen Kriteriums als eine weitere Verbesserung ansehen wird. Denn sie scheint eine kohärente Erklärung einer *noch größeren Zahl* von alten, isolierten Basiswerturteilen zu bieten; außerdem hat sie zu neuen und, zumindest für Induktivisten und naive Falsifikationisten, überraschenden Basiswerturteilen geführt. Nach Poppers Theorie war es zum Beispiel irrational, die Newtonsche Gravitationstheorie nach der Entdeckung der Anomalie des Merkurperihels beizubehalten und weiter zu bearbeiten; auch war es irrational, Bohrs ältere Quantentheorie, die auf inkonsistenten Grundlagen beruhte, weiter zu entwikkeln. Von meinem Standpunkt aus betrachtet, sind diese Entwicklungen völlig rational: Rückzugsgefechte im Verlauf der Verteidigung geschlagener Programme sind selbst nach sogenannten 'entscheidenden Experimenten' noch immer rational. Meine Methodologie führt also zur Umkehr gerade jener historiographischen Urteile, die diese Rückzugsgefechte sowohl aus den induktivistischen als auch aus den falsifikationistischen Parteigeschichten entfernten.[119])

In der Tat, diese Methodologie sagt zuversichtlich voraus, daß der Historiker an jenen Stellen, an denen der Falsifikationist die sofortige Niederlage einer Theorie nach einem einfachen Kampf mit einer Tatsache sieht, einen komplizierten Zermürbungskrieg entdecken wird, der lange vor dem angeblich 'entscheidenden Experiment' beginnt und lange nach ihm endet; und wo der Falsifikationist widerspruchsfreie und unwiderlegte Theorien sieht, da sagt sie die Existenz großer Mengen bekannter Anomalien in Forschungsprogrammen voraus, die auf möglicherweise inkonsistenter Grundlage fortschreiten.[120]) Wo der Konventionalist in der intuitiven Einfachheit einer Theorie den Schlüssel ihres Sieges über ihren Vorgänger sieht, da sagt diese Methodologie voraus, daß man den Sieg auf die empirische Degeneration des alten und den empirischen Fortschritt des neuen Programms wird zurückführen können.[121]) Wo Kuhn und Feyerabend irrationalen Wechsel sehen, da wird der Historiker nach meiner Voraussage rationale Veränderungen aufweisen können. Die Methodologie der Forschungsprogramme sagt also neue historische Tatsachen voraus (oder 'sagt sie nach', wenn man sich so ausdrücken will), Tatsachen, die unerwartet sind im Lichte der bestehenden (internen und externen) Historiographien, und diese Voraussagen werden sich, so hoffe ich, durch die historische Forschung bestätigen lassen. Sind sie bestätigt, dann stellt die Methodologie wissenschaftlicher Forschungsprogramme selbst eine progressive Problemverschiebung dar.

Ein Fortschritt in der Theorie wissenschaftlicher Rationalität wird also durch die Entdeckung neuartiger historischer Tatsachen gekennzeichnet, durch die Rekonstruktion einer

---

[118]) Diese Formulierung wurde von meinem Freund Michael Sukale vorgeschlagen.
[119]) Vgl. Lakatos [1970], Abschnitt 3c (s. S. 52 ff. in diesem Band).
[120]) Vgl. Lakatos [1970], S. 137–138 (s. S. 55–56 in diesem Band).
[121]) Duhem selbst gibt nur ein explizites Beispiel: den Sieg der Wellenoptik über die Newtonsche Optik ([1906], Kap. VI, § 10; vgl. auch Kap. IV, § 4). Aber wo sich Duhem auf den intuitiven 'Commonsense' verläßt, da verlasse ich mich auf eine Analyse konkurrierender Problemverschiebungen.

ständig wachsenden Masse wertdurchtränkter Geschichte als rational. [122]) Die Theorie wissenschaftlicher Rationalität schreitet mit anderen Worten nur dann fort, wenn sie ein 'progressives' historiographisches Forschungsprogramm konstituiert. Ich brauche nicht zu sagen, daß kein solches historiographisches Forschungsprogramm je die *gesamte* Geschichte der Wissenschaften als rational erklären kann oder soll: selbst der größte Wissenschaftler macht falsche Schritte und fällt Fehlurteile. Darum *bleiben rationale Rekonstruktionen für immer in einem Ozean von Anomalien versenkt. Diese Anomalien müssen schließlich erklärt werden, und zwar entweder durch eine bessere rationale Rekonstruktion oder durch eine 'externe' empirische Theorie.*

Dieses Vorgehen findet eine lässige Einstellung zu den 'normativen Basiswerturteilen' der Wissenschaftler nicht empfehlenswert. 'Anomalien' können vom Internalisten *qua* Internalist nur so lange mit Recht ignoriert und der externen Geschichte zugeschrieben werden, als das interne historiographische Forschungsprogramm *voranschreitet*; oder solange ein ergänzendes empirisches, externalistisches, historiographisches Programm sie *auf progressive Weise* zu absorbieren vermag. Aber wenn die Wissenschaftsgeschichte im Licht einer rationalen Rekonstruktion in zunehmendem Maße als irrational erscheint *ohne* eine progressive externalistische Erklärung (wie etwa eine Erklärung der Degeneration der Wissenschaft als Resultat politischen oder religiösen Terrors, eines antiwissenschaftlichen ideologischen Klimas oder des Aufstiegs einer neuen parasitären Klasse von Pseudowissenschaftlern mit besonderem Interesse an rapider 'Universitätsexpansion'), dann ist die historiographische Erneuerung, das Proliferieren historiographischer Theorien eine Lebenswichtigkeit. Wissenschaftlicher Fortschritt ist möglich trotz der Tatsache, daß man wissenschaftliche Anomalien niemals los wird; ebenso ist Fortschritt in der rationalen Historiographie möglich trotz der Tatsache, daß man historiographische Anomalien nie los wird. Der rationalistische Historiker braucht sich von dem Umstand nicht stören zu lassen, daß die wirkliche Geschichte mehr ist als die interne Geschichte und unter Umständen von ihr sogar ganz verschieden und daß er die Erklärung solcher Anomalien möglicherweise der externen Geschichte wird zuweisen müssen. Aber diese Unwiderlegbarkeit der internen Geschichte macht sie nicht einer konstruktiven Kritik, sondern nur einer negativen Kritik gegenüber immun – ebenso wie die Unwiderlegbarkeit eines wissenschaftlichen Forschungsprogramms es nicht vor konstruktiver, sondern nur vor negativer Kritik schützt.

Man kann natürlich eine interne Geschichte nur dadurch kritisieren, daß man die (gewöhnlich latente) Methodologie des Historikers explizit macht und zeigt, wie sie als ein historiographisches Forschungsprogramm funktioniert. Oft gelingt es der historiographischen Kritik, ein Gutteil an modischem Externalismus zu zerstören. Eine 'eindrucksvolle', 'umfas-

---

[122]) Man kann einen Begriff '*Korrektheitsgrad*' in die Metatheorie von Methodologien einführen, und dieser wäre Poppers empirischem Gehalt analog. Poppers empirische 'Basissätze' müßten durch quasi-empirische 'normative Basissätze' (wie durch den Satz 'Plancks Strahlungsformel ist willkürlich') ersetzt werden.
Es sei hier darauf verwiesen, daß sich die Methodologie der Forschungsprogramme nicht nur auf normgesättigtes historisches Wissen, sondern auf alles normative Wissen anwenden läßt, eingeschlossen selbst Ethik und Ästhetik. Dies würde das naiv falsifikationistische 'quasi-empirische' Vorgehen, so wie es in Anm. 80 skizziert wurde, aufheben.

sende', 'weitreichende' externe Erklärung ist oft das Zeichen eines schwachen methodologischen Unterbaus; und es ist auch das Kennzeichen einer relativ schwachen internen Geschichte (die die meiste wirkliche Geschichte entweder unerklärt oder anomal läßt), wenn sie der externen Geschichte zuviel zur Erklärung überläßt. Eine bessere Rationalitätstheorie kann zu einer Ausdehnung der internen Geschichte führen und zu einer Rückgewinnung des von der externen Geschichte besetzten Gebiets. Aber der Wettstreit ist nicht so offen wie im Falle konkurrierender wissenschaftlicher Forschungsprogramme. Externalistische historiographische Programme, die auf naive Methodologien gegründete interne Geschichten ergänzen, haben entweder die Tendenz, schnell zu degenerieren, oder sie können nicht einmal beginnen, und zwar einfach darum, weil sie sich die Aufgabe stellen, psychologische oder soziologische 'Erklärungen' methodologisch induzierter Phantasien statt (mehr rational gedeuteter) historischer Tatsachen auszuarbeiten. Sobald ein Externalist, ob nun bewußt oder unbewußt, eine naive Methodologie verwendet (die sich so leicht in seine 'deskriptive' Sprache einschleichen kann), verwandelt sich seine Darstellung in ein Märchen, das trotz seiner scheinbar gelehrten Spitzfindigkeit bei genauerer historiographischer Untersuchung zusammenbrechen muß.

Schon Agassi hat gezeigt, wie das Elend der induktivistischen Geschichte den wilden Spekulationen der Vulgärmarxisten Tür und Tor geöffnet hat.[123] Seine falsifikationistische Historiographie öffnet ihrerseits Tür und Tor für jene modischen 'Wissenssoziologen', die die weitere (und möglicherweise erfolglose) Entwicklung einer durch ein 'entscheidendes Experiment' 'falsifizierten' Theorie als die Manifestation des irrationalen, bösartigen, reaktionären Widerstandes der herrschenden Autorität gegen aufgeklärte revolutionäre Entwicklungen zu erklären versuchen.[124] Aber im Licht der Methodologie wissenschaftlicher Forschungsprogramme lassen sich solche Rückzugsgefechte sehr wohl *intern* erklären: wo Externalisten einen Machtkampf, eine gemeine persönliche Kontroverse sehen, da findet der rationalistische Historiker oft rationale Diskussion.[125]

Ein interessantes Beispiel dafür, wie eine dürftige Theorie der Rationalität die Geschichte ärmer machen kann, ist die Weise, in der historiographische Positivisten entar-

---

[123] Vgl. Text zu Anm. 9. (Der Ausdruck 'wilde Spekulation' ist natürlich von der induktivistischen Methodologie ererbt. Er sollte nunmehr in 'degenerierendes Programm' umgeschrieben werden.)

[124] Der Umstand, daß selbst degenerierende externalistische Theorien Respektabilität erringen konnten, war in weitem Ausmaß auf die Schwäche ihrer früheren internen Rivalen zurückzuführen. Eine utopische Viktorianische Moral führt entweder zu einer falschen, unredlichen Darstellung bürgerlicher Anständigkeit oder unterstützt die Ansicht, daß die Menschheit völlig verdorben ist; utopische wissenschaftliche Maßstäbe führen entweder zu falschen, unredlichen Darstellungen wissenschaftlicher Vollkommenheit, oder sie unterstützen die Ansicht, daß wissenschaftliche Theorien nicht mehr sind als durch erworbene Interessen aufgebauschte Überzeugungen. Das erklärt die 'revolutionäre' Aura, die einige der absurden Ideen der gegenwärtigen Wissenssoziologie umgibt: ihre Vertreter behaupten, die Scheinrationalität der Wissenschaft entlarvt zu haben, während sie höchstens die Schwäche überholter Theorien wissenschaftlicher Rationalität ausbeuten.

[125] Z.B. vgl. Cantor [1971] und die Forman-Ewald-Debatte (Forman [1969] und Ewald [1969]).

tende Problemverschiebungen behandeln.[126]) Stellen wir uns zum Beispiel vor, daß alle Astronomen trotz des objektiven Fortschritts astronomischer Forschungsprogramme vom Gefühl einer Kuhnschen 'Krise' gepackt werden und daß sie sich dann alle durch einen unwiderstehlichen *Gestalt*umsprung zur Astrologie bekehren. Für mich wäre diese Katastrophe ein erschreckendes *Problem*, das eine empirisch-externe Erklärung verlangt. Nicht so für einen Anhänger Kuhns. Was er sieht, ist eine 'Krise', der dann eine Massenbekehrung in der Gemeinschaft der Wissenschaftler folgt: eine ganz gewöhnliche Revolution. Nichts ist problematisch, nichts bleibt unerklärt.[127]) Das Kuhnsche psychologische Epiphänomen einer 'Krise' und einer 'Konversion' kann objektiv progressive und objektiv degenerierende Veränderungen, es kann Revolutionen und Gegenrevolutionen begleiten. Diese Tatsache fällt jedoch außerhalb des Kuhnschen Rahmens. Historiographische Anomalien dieser Art können von seinem historiographischen Forschungsprogramm nicht formuliert und schon gar nicht progressiv absorbiert werden, denn das Programm kann auf keine Weise zwischen, sagen wir, einer 'Krise' und einer 'entartenden Problemverschiebung' unterscheiden. Aber die Anomalien könnten schon von einer externen historiographischen Theorie vorausgesagt werden, vorausgesetzt, sie beruht auf einer Methodologie wissenschaftlicher Forschungsprogramme, die soziale Bedingungen spezifiziert, unter welchen degenerierende Forschungsprogramme einen sozio-psychologischen Sieg erringen können.

[126]) Ich nenne '*historiográphischen Positivismus*' eine Position, nach der die Geschichte als eine komplexe *externe* Geschichte geschrieben werden kann. Für einen historiograhpischen Positivisten ist die Geschichte eine rein empirische Disziplin. Er leugnet die Existenz objektiver Maßstäbe im Gegensatz zu bloßen Maßstäbe betreffenden Überzeugungen. (Er hat natürlich auch Überzeugungen über Maßstäbe, die die Wahl und die Formulierung seiner historischen Probleme bestimmen.) Diese Position ist typisch Hegel. Sie ist ein Spezialfall des *normativen Positivismus*, der die Macht als das Kriterium des Rechts aufstellt. (Eine Kritik des ethischen Positivismus Hegels findet sich in Popper [1945], Bd. I, S. 71–72, Bd. II, S. 305–306, und Popper [1961].) Der reaktionäre Hegelsche Obskurantismus hat die Werte völlig in die Welt der Tatsachen zurückgestoßen und damit die Trennung beider durch die philosophische Aufklärung Kants rückgängig gemacht.

[127]) Hinsichtlich objektiver wissenschaftlicher Programme scheint sich Kuhn mit sich selbst nicht einig zu sein. Ich habe keinen Zweifel, daß er als ein dezidierter Gelehrter und Wissenschaftler den Relativismus *persönlich* verabscheut. Aber seine *Theorie* läßt sich auffassen entweder als eine Leugnung wissenschaftlichen Fortschritts und eine Anerkennung reiner Veränderung; oder als die Anerkennung eines wissenschaftlichen Fortschritts, der nur vom Gang der Geschichte als 'Fortschritt' gezeichnet wird. In der Tat, sein Kriterium zwingt ihn, die im Text erwähnte Katastrophe als eine 'Revolution' im eigentlichen Sinn zu beschreiben. Ich fürchte, das ist ein Schlüssel zur unbeabsichtigten Popularität seiner Theorie unter der Neuen Linken, deren Vertreter eifrig mit der Vorbereitung der 'Revolution' von 1984 beschäftigt sind.

C. Gegen aprioristische und antitheoretische Verfahrensweisen in der Methodologie

Vergleichen wir nun am Ende die hier diskutierte Theorie der Rationalität mit streng aprioristischen (oder, genauer, 'euklidischen') und mit antitheoretischen Verfahrensweisen.[128])

'Euklidische' Methodologien stellen *apriori allgemeine Regeln* für wissenschaftliche Bewertungen auf. Gegenwärtig wird dieses Verfahren am entschiedensten von Popper vertreten. Nach Popper braucht man die konstitutionelle Autorität eines unveränderlichen *Gesetzesrechts* (niedergelegt in seinem Abgrenzungskriterium), um zwischen guter und schlechter Wissenschaft unterscheiden zu können.

Einige prominente Philosophen haben aber die Idee eines Gesetzesrechts und die Möglichkeit einer gültigen Abgrenzung verspottet. Nach Oakeshott und Polanyi darf es – und kann es – überhaupt kein Gesetzesrecht geben: nur die Kasuistik gilt. Sie machen weiterhin geltend, daß selbst das Gesetzesrecht autoritative Interpreten braucht, auch wenn man irrtümlicherweise für es Raum schafft. Ich glaube, daß die Position von Oakeshott und Polanyi viel Wahres an sich hat. Man muß schließlich zugeben (*pace* Popper), daß sich bisher alle von aprioristischen Wissenschaftstheoretikern vorgeschlagenen 'Gesetze' im Lichte des Schiedsspruchs der besten Wissenschaftler als falsch erwiesen haben. Bis zum heutigen Tage waren es die wissenschaftlichen Maßstäbe, so wie sie von der wissenschaftlichen *Elite* instinktiv in *besonderen* Fällen angewendet werden, die den hauptsächlichen – wenn auch nicht ausschließlichen – Maßstab der *universellen* Gesetze der Philosophen bildeten. Wenn das aber zutrifft, dann hinkt der methodologische Fortschritt, zumindest in den fortgeschrittensten Wissenschaften, noch immer hinter der allgemeinen wissenschaftlichen Klugheit her. Ist es dann nicht *Hybris* zu versuchen, den fortgeschrittensten Wissenschaften eine *apriorische* Wissenschaftstheorie aufzuzwingen? Ist es nicht *Hybris* zu verlangen, daß das Geschäft der Wissenschaft von neuem begonnen werde, wenn es sich herausstellt, daß, sagen wir, die Newtonsche oder die Einsteinsche Wissenschaft die apriorischen Spielregeln Bacons oder Carnaps oder Poppers verletzt?

Ich glaube, die Frage muß bejaht werden. Und in der Tat enthält die Methodologie wissenschaftlicher Forschungsprogramme ein pluralistisches System von Autoritäten, teils, weil die Weisheit der wissenschaftlichen Geschworenen und ihre Kasuistik vom Gesetzesrecht der Philosophen nicht voll artikuliert worden ist und nicht voll artikuliert werden kann, teils auch weil das Gesetzesrecht der Philosophen gelegentlich Recht behalten kann, wenn das Urteil der Wissenschaftler versagt. Ich unterscheide mich also sowohl von jenen Philosophen, die allgemeine wissenschaftliche Maßstäbe ganz selbstverständlich für unveränderlich und von der Vernunft für *apriori* erkennbar halten,[129]) als auch von jenen Philosophen,

---

[128]) Der Fachausdruck 'euklidisch' (oder, vielmehr, 'quasi-euklidisch') bedeutet, daß man mit universellen Sätzen hoher Ordnung ('Axiomen') und nicht mit singulären Sätzen beginnt. In [1967] und [1962] habe ich zu verstehen gegeben, daß die Unterscheidung 'quasi-euklidisch' – 'quasi-empirisch' nützlicher ist als die Unterscheidung '*apriori*' – '*aposteriori*'.
Einige 'Aprioristen' sind natürlich Empiristen. Aber auf der hier diskutierten Metastufe können Empiristen sehr wohl Aprioristen (oder, eher, 'Euklidianer') sein.
[129]) Man kann behaupten, daß Popper *nicht* in diese Kategorie fällt. Schließlich hat Popper die 'Wissenschaft' so definiert, daß sie die widerlegte Newtonsche Theorie einschließt und die unwiderlegte Astrologie, Marxismus und Freudianismus ausschließt.

die denken, daß das Licht der Vernunft nur besondere Fälle erhellt. Die Methodologie historiographischer Forschungsprogramme gibt an, wie der Wissenschaftstheoretiker vom Wissenschaftshistoriker lernen kann *und umgekehrt.*

Aber dieser Zweistraßenverkehr braucht nicht immer ausbalanciert zu sein. Das Gesetzesrecht sollte an Bedeutung zunehmen, wenn eine Tradition degeneriert[130]) oder wenn eine neue schlechte Tradition begründet wird.[131]) In solchen Fällen kann das Gesetzesrecht die Autorität der verdorbenen Kasuistik durchkreuzen und den Prozeß der Entartung verlangsamen und vielleicht sogar umkehren.[132]) Wenn eine wissenschaftliche Schule zur Pseudowissenschaft degeneriert, dann mag es angebracht sein, eine methodologische Debatte zu erzwingen in der Hoffnung, daß arbeitende Wissenschaftler von ihr mehr lernen werden als Philosophen (ebenso mag es angebracht sein, die Regeln der Grammatik wieder ins Gedächtnis zu rufen, wenn die Alltagssprache degeneriert, sagen wir, ins Journalistendeutsch).[133])

D. Schluß

Ich habe in diesem Aufsatz eine 'historische' Methode zur Bewertung von konkurrierenden Methodologien vorgeschlagen. Die Argumente richteten sich vor allem an Wissenschaftstheoretiker und versuchten zu zeigen, wie man von der Wissenschaftsgeschichte lernen kann – und soll. Aber dieselben Argumente haben auch zur Folge, daß der Wissenschaftshistoriker seinerseits ernsthaft auf die Wissenschaftstheorie achten muß – er muß sich entscheiden, auf welche Methodologie er seine interne Geschichte zu gründen gedenkt. Ich hoffe, ich habe überzeugende Argumente für die folgenden Thesen geboten. Erstens, jede Wissenschaftsmethodologie bestimmt eine charakteristische (und scharfe) Abgrenzung zwischen (primärer) interner Geschichte und (sekundärer) externer Geschichte, und, zweitens, sowohl Historiker als auch Wissenschaftstheoretiker müssen das kritische Wechselspiel zwischen internen und externen Faktoren, so gut es nur geht, ausnützen.

Zuletzt sei der geduldige Leser an meinen – bereits abgetragenen – Lieblingsscherz erinnert, daß die Wissenschaftsgeschichte oft eine Karikatur ihrer rationalen Rekonstruktionen ist; daß rationale Rekonstruktionen oft Karikaturen der wirklichen Geschichte sind; und daß einige Wissenschaftsgeschichten Karikaturen sowohl der wirklichen Geschichte als auch ihrer rationalen Rekonstruktionen darstellen.[134]) Dieser Aufsatz, glaube ich, erlaubt mir hinzuzufügen: *quod erat demonstrandum.*

---

[130]) Das scheint bei der modernen Teilchenphysik der Fall zu sein; oder nach einigen Philosophen und Physikern selbst in der Kopenhagener Schule der Quantentheorie.

[131]) Das trifft zu auf einige der wichtigsten Schulen der modernen Soziologie, Psychologie und Sozialpsychologie.

[132]) Das erklärt natürlich, warum eine gute Methodologie, aus den reifen Wissenschaften 'herausdestilliert', eine wichtige Rolle in unreifen und selbst zweifelhaften Disziplinen spielen kann. Akademische Autonomie im Stil Polanyis sollte in Instituten für Theoretische Physik verteidigt werden, aber in Instituten für komputerisierte Sozialastrologie, Wissenschaftsplanung oder Sozialmagistik darf sie nicht toleriert werden. (Eine autoritative Studie der letzten findet sich in Priestley [1968].)

[133]) Eine kritische Diskussion wissenschaftlicher Maßstäbe, die möglicherweise sogar zu ihrer Verbesserung führt, ist unmöglich, wenn man die Maßstäbe nicht wenigstens allgemein artikuliert; genauso muß man die Grammatik einer Sprache artikulieren, die man anzugreifen wünscht. Weder der Konservative Polanyi noch der Konservative Oakeshott scheinen die *kritische* Funktion der Sprache begriffen zu haben (oder begreifen zu wollen). Bei Popper ist das anders. (Vgl. insbesondere Popper [1963a], S. 135)

[134]) Vgl. z.B. Lakatos [1962], S. 157, oder [1968a], Anm. 1.

Literatur

Agassi, J. [1963]: *Towards an Historiography of Science*, 1963.

Agassi, J. [1964]: 'Scientific Problems and their Roots in Metaphysics', in *The Critical Approach to Science and Philosophy*, hrsg. von M. Bunge, 1964, pp. 189–211.

Agassi, J. [1966]: 'Sensationalism', *Mind*, **75**, pp. 1–24.

Agassi, J. [1969]: 'Popper on Learning from Experience', in *Studies in the Philosophy of Science*, hrsg. von N. Rescher, 1969, pp. 162–171.

Bernal, J. D. [1954]: *Science in History*, 1. Aufl. 1954.

Bernal, J. D. [1965]: *Science in History*, 3. Aufl. 1965.

Beveridge, W. [1937]: 'The Place of the Social Sciences in Human Knowledge', *Politica*, **2**, pp. 459–479.

Cantor, G. [1971]: 'A Further Appraisal of the Young-Brougham Controversy', in *Studies in the History and Philosophy of Science*.

Cohen, I. B. [1960]: *The Birth of a New Physics*, 1960.

Compton, A. H. [1919]: 'The Size and Shape of the Electron', *Physical Review*, **14**, pp. 20–43.

Duhem, P. [1906]: *La théorie physique, son objet et sa structure* (Engl. Übersetzung der zweiten (1914) Aufl., *The Aim and Structure of Physical Theory*, 1954).

Elkana, Y. [1971]: 'The Conservation of Energy: a Case of Simultaneous Discovery?', *Archives Internationales d'Histoire des Sciences*, **24**, pp. 31–60.

Ewald, P. [1969]: 'The Myth of Myths', *Archive for the History of Exact Science*, **6**, pp. 72–81.

Feyerabend, P. K. [1964]: 'Realism and Instrumentalism: Comments on the Logic of Factual Support', in *The Critical Approach to Science and Philosophy* (hrsg. von M. Bunge), 1964, pp. 280–308.

Feyerabend, P. K. [1965]: 'Reply to Criticism', in *Boston Studies in the Philosophy of Science*, **II**, (hrsg. von R. S. Cohen und M. Wartofsky), pp. 223–261.

Feyerabend, P. K. [1969]: 'A Note on Two 'Problems' of Induction', *British Journal for the Philosophy of Science*, **19**, pp. 251–253.

Feyerabend, P. K. [1970*a*]: 'Consolations for the Specialist', in *Criticism and the Growth of Knowledge* (hrsg. von I. Lakatos und A. Musgrave), 1970, pp. 197–230 (deutsch 'Kuhns Struktur wissenschaftlicher Revolutionen – ein Trostbüchlein für Spezialisten?', in Lakatos/Musgrave: *Kritik und Erkenntnisfortschritt*, 1974, pp. 191–222).

Feyerabend, P. K. [1970*b*]: 'Against Method', in *Minnesota Studies for the Philosophy of Science*, **4**, 1970.

Feyerabend, P. K. [1974]: *Against Method*.

Forman, P. [1969]: 'The Discovery of the Diffraction of X-Rays by Crystals: A Critique of the Critique of the Myths', *Archive for History of Exact Sciences*, **6**, pp. 38–71.

Hall, R. J. [1970]: 'Kuhn and the Copernican Revolution', *British Journal for the Philosophy of Science*, **21**, pp. 196–197.

Hempel, C. G. [1937]: Rezension von Popper's [1935], *Deutsche Literaturzeitung*, 1937, pp. 309–314.

Holton [1969]: 'Einstein, Michelson, and the 'Crucial' Experiment', *Isis*, **6**, pp. 133–197.

Kuhn, T. S. [1957]: *The Copernican Revolution*, 1957.

Kuhn, T. S. [1962]: *The Structure of Scientific Revolutions*, 1962.

Kuhn, T. S. [1968]: 'Science: The History of Science', in *International Encyclopedia of the Social Sciences* (hrsg. von D. L. Sills), Vol. 14, pp. 74–83.

Kuhn, T. S. [1970]: 'Reflections on my Critics', in *Criticism and the Growth of Knowledge* (hrsg. von I. Lakatos und A. Musgrave), 1970, pp. 237–278 (deutsch 'Bemerkungen zu meinen Kritikern', in Lakatos/Musgrave: *Kritik und Erkenntnisfortschritt*, 1974, pp. 223–269).

Lakatos, I. [1962]: 'Infinite Regress and the Foundations of Mathematics', *Aristotelian Society Supplementary Volume,* **36,** pp. 155–184.

Lakatos, I. [1963–1964]: 'Proofs and Refutations', *British Journal for the Philosophy of Science,* **14,** pp. 1–25, 120–139, 221–243, 296–342 (deutsch *Beweise und Widerlegungen,* 1979).

Lakatos, I. [1966]: 'Popkin on Skepticism', in *Logic, Physics and History* (hrsg. von W. Yourgrau and A. D. Breck), 1970, pp. 220–223.

Lakatos, I. [1967]: 'A Renaissance of Empiricism in the Recent Philosophy of Mathematics', in *Problems in the Philosophy of Mathematics* (hrsg. von I. Lakatos), 1967, pp. 199–202.

Lakatos, I. [1968a]: 'Changes in the Problem of Inductive Logic', *The Problem of Inductive Logic* (hrsg. von I. Lakatos), 1968, pp. 315–417.

Lakatos, I. [1968b]: 'Criticism and the Methodology of Scientific Research Programmes', *Proceedings of the Aristotelian Society,* **69,** pp. 149–186.

Lakatos, I. [1970]: 'Falsification and the Methodology of Scientific Research Programmes', in *Criticism and the Growth of Knowledge* (hrsg. von I. Lakatos und A. Musgrave), 1970, pp. 91–195. (deutsch 'Falsifikation und die Methodologie wissenschaftlicher Forschungsprogramme', in Lakatos/Musgrave: *Kritik und Erkenntnisfortschritt,* 1974, pp. 89–189).

Lakatos, I. [1971]: 'Popper on Demarcation and Induction', in *The Philosophy of Karl R. Popper* (hrsg. von P. A. Schilpp). (Nachlesbar in deutsch in *Neue Aspekte der Wissenschaftstheorie* (hrsg. von H. Lenk).)

Lakatos, I. [1974]: 'The Role of Crucial Experiments in Science', in *Studies in History and Philosophy of Science,* **5,** No. 1.

Lakatos, I., und Musgrave, A. [1970]: *Criticism and the Growth of Knowledge,* 1970.

Lakatos, I., und Zahar, E. G. [1975]: 'Why did Copernicus's Research Programme Supersede Ptolemy's?', in *The Copernican Achievement* (hrsg. von R. S. Westman).

McMullin, E. [1970]: 'The History and Philosophy of Science: a Taxonomy', *Minnesota Studies in the Philosophy of Science,* **5,** pp. 12–67.

Merton, R. [1957]: 'Priorities in Scientific Discovery', *American Sociological Review,* **22,** pp. 635–659.

Merton, R. [1963]: 'Resistance to the Systematic Study of Multiple Discoveries in Science', *European Journal of Sociology,* **4,** pp. 237–282.

Merton, R. [1969]: 'Behaviour Patterns of Scientists', *American Scholar,* **38,** pp. 197–225.

Musgrave, A. [1969]: *Impersonal Knowledge: A Criticism of Subjectivism,* Ph. D. thesis, University of London, 1969.

Musgrave, A. [1971a]: 'The Objectivism of Popper's Epistomology', in *The Philosophy of Karl R. Popper* (hrsg. von P. A. Schilpp).

Musgrave, A. [1971b]: 'Kuhn's Second Thoughts', *British Journal for the Philosophy of Science,* **22,** pp. 287–297.

Polanyi, M. [1951]: *The Logic of Liberty,* 1951.

Polanyi, M. [1958]: *Personal Knowledge, Towards a Post-Critical Philosophy,* 1958.

Popper, K. R. [1935]: *Logik der Forschung,* 1935.

Popper, K. R. [1940]: 'What is Dialectic?', *Mind,* **49,** pp. 403–426; nachgedruckt in Popper [1963], pp. 312–335.

Popper, K. R. [1945]: *The Open Society and Its Enemies,* Vol. I–II, 1945.

Popper, K. R. [1948]: 'Naturgesetze und theoretische Systeme', in *Gesetz und Wirklichkeit* (hrsg. von S. Moser), 1948, pp. 65–84.

Popper, K. R. [1963]: 'Three Views Concerning Human Knowledge', in *Contemporary British Philosophy* (hrsg. von H. D. Lewis), 1957, pp. 335–388; nachgedruckt in Popper [1963], pp. 97–119.

Popper, K. R. [1957a]: 'The Aim of Science', *Ratio,* **1,** pp. 24–35.

Popper, K. R. [1957b]: *The Poverty of Historicism,* 1957.

Popper, K. R. [1959]: *The Logic of Scientific Discovery,* 1959.

Popper, K. R. [1960]: 'Philosophy and Physics', *Atti del XII Congresso Internazionale di Filosofia*, **2**, pp. 363–374.

Popper, K. R. [1961]: 'Facts, Standards, and Truth: A Further Criticism of Relativism', *Addendum to the Fourth Edition of Popper* [1945].

Popper, K. R. [1963*a*]: *Conjectures and Refutations*, 1963.

Popper, K. R. [1963*b*]: 'Science: Problems, Aims, Responsibilities', *Federation Proceedings*, **22**, pp. 961–972.

Popper, K. R. [1968*a*]: 'Epistemology without a Knowing Subject', in *Proceedings of the Third International Congress for Logic, Methodology and Philosophy of Science* (hrsg. von B. Van Rootselaar und J. Staal), 1968, Amsterdam, pp. 333–373.

Popper, K. R. [1968*b*]: 'On the Theory of the Objective Mind', in *Proceedings of the XIV International Congress of Philosophy*, Vol. 1, pp. 25–53.

Price, D. J. [1959]: 'Contra Copernicus: A Critical Re-estimation of the Mathematical Planetary Theory of Ptolemy, Copernicus and Kepler', in *Critical Problems in the History of Science* (hrsg. von M. Clagett), 1959, pp. 197–218.

Priestley, J. B. [1968]: *The Image Men*, 1968.

Scheffler, I. [1967]: *Science and Subjectivity*, 1967.

Shapere, D. [1964]: 'The Structure of Scientific Revolutions', *Philosophical Review*, **13**, pp. 383–384.

Shapere, D. [1967]: 'Meaning and Scientific Change', in *Mind and Cosmos* (hrsg. von R. G. Colodny), 1967, pp. 41–85.

Van der Waerden, B. [1967]: *Sources of Quantum Mechanics*, 1967.

Watkins, J. W. N. [1952]: 'Political Tradition and Political Theory: an Examination of Professor Oakeshott's Political Philosophy', *Philosophical Quarterly*, **2**, pp. 323–337.

Watkins, J. W. N. [1958]: 'Influential and Confirmable Metaphysics', *Mind*, **67**, pp. 344–365.

Watkins, J. W. N. [1963]: 'Negative Utilitarianism', *Aristotelian Society Supplementary Volume* **XXXVII**, pp. 95–114.

Watkins, J. W. N. [1967]: 'Decision and Belief' in *Decision Making* (hrsg. von R. Hughes), 1967, pp. 9–26.

Watkins, J. W. N. [1970]: 'Against Normal Science', in *Criticism and the Growth of Knowledge* (hrsg. von I. Lakatos und A. Musgrave), 1970, pp. 25–38 (deutsch 'Gegen die 'Normalwissenschaft' ', in Lakatos/Musgrave: *Kritik und Erkenntnisfortschritt*, 1974, pp. 25–38).

Williams, L. P. [1970]: 'Normal Science and its Dangers', in *Criticism and the Growth of Knowledge* (hrsg. von I. Lakatos und A. Musgrave), 1970, pp. 49–50 (deutsch 'Normalwissenschaft, wissenschaftliche Revolutionen und die Geschichte der Wissenschaft', in Lakatos/Musgrave: *Kritik und Erkenntnisfortschritt*, 1974, pp. 49–50).

Zahar, E. [1973]: 'Why Did Einstein's Programme Supersede Lorentz's?', in *British Journal for the Philosophy of Science*, **24**, pp. 95–123, 223–262.

3 Popper zum Abgrenzungs- und Induktionsproblem*)

Poppers Ideen stellen die bedeutendste Entwicklung in der Philosophie des zwanzigsten Jahrhunderts dar: eine Leistung in der Tradition – und auf dem Niveau – eines Hume, Kant oder Whewell. Was ich ihm persönlich verdanke, geht über alle Grenzen, denn mehr als jeder andere hat er mein Leben verändert. Ich war schon beinahe vierzig, als ich in den Bann seines Geistes trat. Mit Hilfe seiner Philosophie konnte ich endgültig mit der Hegelschen Position brechen, der ich fast zwanzig Jahre angehangen hatte. [1] Aber noch viel gewichtiger ist, daß mir seine Philosophie den Zugang zu einem überaus fruchtbaren Bereich von Problemen eröffnete, in der Tat zu einem echten Forschungsprogramm. Die Arbeit an einem Forschungsprogramm ist natürlich eine kritische Aktivität, und so ist es nicht verwunderlich, daß mich meine Beschäftigung mit Popperschen Problemen häufig in Gegensatz zu Poppers eigenen Lösungen gebracht hat. [2]

In diesem Aufsatz werde ich meinen Standpunkt zu jenen Problemen skizzieren, die von Popper selbst immer wieder als die beiden Hauptprobleme seiner nun klassischen *Logik der Forschung* herausgestellt worden sind, nämlich zum Problem der Abgrenzung und zum Problem der Induktion. Popper legte zunächst eine Lösung für das Abgrenzungsproblem vor, um dann, gestützt auf seine These, derzufolge 'das Induktionsproblem nur eine Instanz oder

---

*) Dieser Beitrag ist eine Übersetzung des Artikels 'Popper on Demarcation and Induction' des im Erscheinen begriffenen Bandes: Paul Arthur Schilpp (ed.): *The Philosophy of Sir Karl Popper*. Für die freundliche Erlaubnis zur vorzeitigen Veröffentlichung habe ich Professor Schilpp zu danken. Mein Dank gilt meinen Freunden Colin Howson, Alan Musgrave, Helmut Spinner, John Worrall, Elie Zahar und besonders John Watkins für ihre kritische Durchsicht früherer Fassungen.
Auf ihre Bemerkungen und Einwände wird in der ganzen Arbeit Bezug genommen. Die Übersetzung geht auf Hermann S. Fischers Bemühung zurück.
Zitiert wurde nach den deutschen Ausgaben (siehe entsprechende Hinweise im Literaturverzeichnis).
[1] Seit Hegel hat jede Generation unglücklicherweise Philosophen nötig – und hatte sie glücklicherweise auch –, um Hegels Zauber auf junge Denker zu brechen, die so häufig 'beeindruckende[n] und alles erklärende[n] Theorien [wie der Hegels oder Freuds], die auf schwache Geister wie Offenbarungen wirken', in die Falle gehen (vgl. Popper [1963a] S. 39). Vor dem ersten Weltkrieg wirkte Moore in Cambridge als Befreier, nach dem zweiten Weltkrieg Popper an der London School of Economics.
[2] Vgl. *Lakatos* [1968a], [1968b], [1970] und [1971]. In diesen Arbeiten versuchte ich zu erklären, warum ich glaube, daß Poppers Philosophie so ungeheuer wichtig ist. Der Grund, warum ich fortfahre, verschiedene Aspekte von Poppers Philosophie zu kritisieren, liegt in meiner Überzeugung, daß sie die fortgeschrittenste Philosophie unserer Zeit darstellt und daß sich ein philosophischer Fortschritt – sogar im 'dialektischen' Sinne – nur auf ihre Leistungen gründen kann. Obwohl die gegenwärtige Arbeit in sich abgeschlossen ist, mußten einige Formulierungen der Kürze wegen etwas grob ausfallen. Dem Leser wird es helfen und vielleicht manchmal als notwendig erscheinen, diesen Artikel vor allem mit meiner Abhandlung [1970] im Hinblick auf eine ausführlichere Darlegung einiger entscheidender Punkte zu vergleichen.

ein Aspekt des Abgrenzungsproblems ist', sein Abgrenzungskriterium zur Lösung des Induktionsproblems einzusetzen. [3]) Meiner Ansicht nach ist Poppers Lösung des *Abgrenzungsproblems* eine große Leistung, die aber verbessert werden kann und die selbst in ihrer verbesserten Form eine Reihe gewichtiger Probleme aufwirft, die bis jetzt ungelöst sind. Aber ich glaube, daß das *Induktionsproblem* bestimmt mehr ist als bloß 'eine Instanz oder ein Aspekt' des Abgrenzungsproblems. In seiner frühen Philosophie lieferte Popper eine entschiedene Kritik an früheren Lösungen des Problems – oder vielmehr: der Probleme – der Induktion und schlug eine rein *negative* Lösung vor. Seine Spätphilosophie (die auf den Ideen des Wahrheitsgehalts und der Wahrheitsnähe beruht) führte zu einer Problemverschiebung und in ihrem Gefolge auch zu einer *positiven* Lösung des veränderten Problems. Aber es scheint mir, daß Popper die *vollen* Konsequenzen seiner eigenen Leistung immer noch nicht aufgegangen sind.

1.   Popper und das Problem der Abgrenzung

a) Poppers Wissenschaftsspiel

Poppers 'Logik der Forschung' (oder 'Methodologie', 'System der Beurteilung', 'Abgrenzungskriterium' oder 'Definition der Wissenschaft' [4]) ist eine Theorie der wissenschaftlichen Rationalität, genauer: ein System von Standards oder Normen für wissenschaftliche Theorien. Ursprünglich erhoffte man sich von einer 'Logik der Forschung', daß sie eine Kollektion mechanischer Regeln zum *Lösen* von Problemen liefern würde. Diese Hoffnung wurde aufgegeben. Für Popper besteht die Logik der Forschung oder 'Methodologie' bloß aus einer Menge von (versuchsweisen und bei weitem nicht mechanischen) Regeln zur *Beurteilung* von bereits fertig vorliegenden, vollartikulierten Theorien. Alles übrige betrachtet er als Angelegenheit einer empirischen Psychologie der Forschung außerhalb des normativen Bereichs einer Logik der Forschung. Das bedeutet eine entscheidende Problemverschiebung innerhalb der Wissenschaftstheorie. *Der Ausdruck 'normativ' bezieht sich nun nicht länger mehr auf Regeln zur Gewinnung von Lösungen, sondern nur noch auf Anweisungen für die Beurteilung von bereits vorliegenden, fertigen Problemlösungen.* Einigen Philosophen ist diese Problemverschiebung immer noch nicht bewußt geworden. [5])

Poppers Logik der Forschung enthält 'Vorschläge' und 'Festsetzungen' darüber, wann eine Theorie wissenschaftlich ernstgenommen (nämlich dann, wenn man gegen sie ein

---

[3]) Vgl. z. B. *Popper* [1934*b*], Kapitel I; und auch Popper [1963*a*], Kapitel I, speziell S. 52f. und 58 (die zitierte Stelle steht auf S. 54).

[4]) Dieser Überfluß an Synonymen hat sich als ziemlich verwirrend erwiesen.

[5]) Ich möchte hier festhalten, daß ich immer *Zweifel* daran hatte, ob diese (zweifellos progressive) Problemverschiebung nicht etwas zu weit gegangen ist. Sie ist in der Philosophie der Mathematik eher noch mehr als in der Philosophie der Wissenschaft betont worden. Polya folgend habe ich die Ansicht vertreten, daß es wohl so etwas wie eine *Rumpelkammer* für eine 'echte' Heuristik geben könnte, die rational und nichtpsychologisch ist. Auf Grund dieser Haltung brachte ich einige Vorbehalte gegen Tarskis neuen Gebrauch des Begriffes 'Methodologie' zum Ausdruck; vgl. Lakatos [1963–64] S. 4, Anm. 4. Aber ich kann hier diese Angelegenheit nicht weiter verfolgen.

experimentum crucis ausdenken könnte und sie tatsächlich damit konfrontieren kann), sowie darüber, wann eine Theorie abgelehnt werden sollte (nämlich dann, wenn sie einem *experimentum crucis* nicht standgehalten hat). Poppers Logik der Forschung weist damit, zum erstenmal im Rahmen eines erstrangigen, erkenntnistheoretischen Forschungsprogramms, der Erfahrung eine neue Rolle in der Wissenschaft zu. Danach sind wissenschaftliche Theorien nicht durch 'Tatsachen' begründet und dadurch 'etabliert' oder wenigstens 'wahrscheinlich gemacht', sondern können durch 'Tatsachen' bestenfalls eliminiert werden. Für Popper besteht der Erkenntnisfortschritt in der beständigen, unbarmherzigen, revolutionären Konfrontation von kühnen, spekulativen Theorien mit wiederholbaren Beobachtungen und in der darauf folgenden schnellen Eliminierung der gescheiterten Theorien: 'Die Methode von Versuch und Irrtum ist eine *Methode der Eliminierung falscher Theorien* durch Beobachtungssätze'.[6] 'Vermutungen [werden] kühn zur Probe vorgelegt, um eliminiert zu werden, wenn sie mit Beobachtungen zusammenstoßen'.[7] Die Geschichte der Wissenschaft wird so als eine Abfolge von *Duellen* zwischen Theorie und Experiment aufgefaßt, in denen nur Experimente entscheidende Siege erringen können. Der Theoretiker schlägt eine wissenschaftliche Theorie vor, einige Basissätze widersprechen ihr: wenn einer von ihnen 'akzeptiert' wird[8], ist die Theorie 'widerlegt', muß abgelehnt werden und ist durch eine neue Theorie zu ersetzen. 'Entscheidend für das Schicksal der Theorie ist aber doch das Ergebnis der Prüfung, d. h. die *Festsetzung der Basissätze*'.[9] Popper ist sich natürlich dessen bewußt, daß wir eher umfassende Systeme von Theorien als isolierte Theorien prüfen. Aber er sieht darin keine unüberwindliche Schwierigkeit. Er schlägt vor, daß wir *raten* – und in der Tat, kraft Konsens, *festsetzen* – sollten, unter Umständen unterstützt durch die unabhängige Prüfung einiger Teilstücke des Systems, welcher Teil eines solchen Systems für die Widerlegung verantwortlich zu machen ist (d. h., welcher Teil als falsch zu betrachten ist). In der Popperschen Philosophie ist diese Art des Ratens oder Vermutens absolut unentbehrlich: wenn es erlaubt wäre, für Widerlegungen *immer* den Randbedingungen die Schuld zu geben, dann brauchte keine bedeutende Theorie jemals abgelehnt werden. Popper gibt sich nicht mit Nachprüfungen zufrieden, die nur geplant sind, um umfassende Systeme zu testen. Vielmehr fordert er den Wissenschaftler auf, im voraus diejenigen Experimente zu spezifizieren, die im Falle eines negativen Ausgangs zur Falsifikation des Kernstücks des Systems führen werden.[10] Er fordert vom Wissenschaftler, sich im voraus darauf festzulegen, unter welchen experimentellen Bedingungen er seine *fundamentalsten* Annahmen aufgeben würde.[11] Dies ist in der Tat des Pudels Kern in Poppers 'Abgrenzungskriterium' oder – um einen besseren Ausdruck zu gebrauchen – in seiner Definition der Wissenschaft.[12]

---

[6] Popper [1963*a*], S. 56; Kursives von ihm.

[7] Popper [1963*a*], S. 46.

[8] Zu den Bedingungen für die Akzeptierung von Basissätzen vgl. Popper [1934*b*] Abschn. 22 und Lakatos [1970] S. 107–8.

[9] Popper [1934*b*] Abschn. 30 (S. 74).

[10] Für Verweise vgl. Anm. 36 und 48 *unten*.

[11] Vgl. Text in Anm. 35 *unten;* vgl. auch Lakatos [1970], S. 107.

[12] Vgl. Lakatos [1970] S. 109; wegen einer interessanten Diskussion vgl. auch Musgrave [1968].

Poppers Definition der Wissenschaft läßt sich am besten mit Hilfe von Ausdrükken charakterisieren wie 'Festsetzungen' (Konventionen) oder 'Regeln', die das *Spiel Wissenschaft*' bestimmen. [13])

Der Eröffnungszug muß in der Vorlage einer *konsistenten, falsifizierbaren Hypothese* bestehen, d. h. einer konsistenten Hypothese, die anerkannte potentielle Falsifikatoren (Poppers 'Falsifikationsmöglichkeiten') besitzt. Ein potentieller Falsifikator ist ein 'Basissatz', dessen Wahrheitswert mit Hilfe der zu dieser Zeit verfügbaren experimentellen Techniken entscheidbar ist. Die wissenschaftliche Jury muß *einstimmig* zu der Entscheidung kommen, daß es eine experimentelle Technik gäbe, die es den Wissenschaftlern erlaubt, dem 'Basissatz' einen Wahrheitswert zuzuordnen. (Einstimmigkeit kann natürlich auch dadurch erreicht werden, indem die abweichende Minorität als Pseudowissenschaftler oder Scharlatane ausgeschlossen wird.) [14])

Der nächste Zug besteht in der wiederholten Durchführung der Überprüfung in einem kontrollierten Experiment, [15]) und in der zweiten Entscheidung der wissenschaftlichen Jury geht es nun darum zu bestimmen, welcher tatsächliche Wahrheitswert (Wahrheit oder Falschheit) dem potentiellen Falsifikator zuzuschreiben sei. (Wenn diese zweite Entscheidung nicht einstimmig ist, gibt es zwei mögliche Züge: entweder muß die Verleihung des Status eines potentiellen Falsifikators widerrufen und, sofern kein Ersatz gefunden werden kann, der Eröffnungszug annulliert werden, *oder die abweichende Minorität [der Jury] muß für verrückt erklärt und als Geschworene disqualifiziert werden.)* [16])

Wenn das zweite Verdikt *negativ* ausfällt und der potentielle Falsifikator verworfen wird, dann wird die Hypothese für 'bewährt' erklärt, was lediglich bedeutet, daß sie zu *weiteren* strengen Prüfungen einlädt. Wenn der zweite Urteilsspruch *positiv* ist und der potentielle Falsifikator akzeptiert wird, dann wird die Hypothese für 'falsifiziert' erklärt, was besagt, daß

---

[13]) Popper [1934*b*] Abschn. 11 und auch Abschn. 85. Der erste Absatz in Abschn. 11 erklärt, warum er seinem Buch den Titel *Logik der Forschung* gab und ist es wert, zitiert zu werden (S. 25–6): 'Wir betrachten die methodologischen Regeln als *Festsetzungen*. Man könnte sie die Spielregeln des Spiels 'empirische Wissenschaft' nennen. Sie unterscheiden sich von den Regeln der Logik in ähnlicher Weise wie etwa die Regeln des Schachspiels, die man ja nicht als einen Zweig der Logik zu betrachten pflegt: Da die Regeln der Logik Festsetzungen über die Umformung von Formeln sind, so könnte man zwar die Untersuchung der Regeln des Schachspiels vielleicht als 'Logik des Schachspiels' bezeichnen, nicht aber als 'die Logik' schlechthin; und ähnlich können wir die Untersuchung der Regeln des Wissenschaftsspiels, der Forschungsarbeit, auch *Logik der Forschung* nennen.'

[14]) Leider hat sich Popper dieses Problem nicht vergegenwärtigt, obwohl er erwähnt, als wäre es eine feststehende Tatsache, daß Verrückte 'nicht wirklich die Arbeitsweise der verschiedenen sozialen Institutionen [stören], die zur Förderung der wissenschaftlichen Objektivität ... ersonnen wurden ...' (Popper [1945] Bd. 2, S. 268). Er fährt dann fort: 'Nur politische Macht ... kann [ihr] Funktionieren beeinträchtigen ...' (vgl. auch Popper [1957*i*], S. 32). Ich bin nicht sicher, ob dem so ist.

[15]) Zum Begriff des 'kontrollierten Experiments' vgl. Lakatos [1970] S. 111 Anm. 6.

[16]) Vgl. Anm. 14 *oben*.

sie *verworfen*, 'erledigt', 'gestürzt' ist und mit allen Ehren zu Grabe getragen wird. [17]) 1960 führte Popper eine neue Regel ein: Mit einem Staatsbegräbnis darf eine eliminierte Hypothese nur dann geehrt werden, wenn sie sich vor ihrer Falsifikation mindestens einmal – in einem anderen Experiment – bewährt hatte.) [18])

Nach dem Begräbnis wird eine neue Hypothese eingeführt. Diese neue Hypothese muß jedoch den teilweisen Erfolg ihrer Vorgängerin – falls vorhanden – und dazu noch einiges *mehr* erklären können. Wie neu auch immer eine Hypothese in ihren intuitiven Aspekten sein mag, so wird sie trotzdem nicht zugelassen, es sei denn, daß sie im Vergleich zu ihrer Vorgängerin neuen empirischen Überschuß-Gehalt ('excess content') vorzuweisen hat. Wenn sie keinen solchen Überschuß-Gehalt hat, wird sie der Schiedsrichter für 'ad hoc' erklären und ihre Zurückziehung erzwingen. Wenn die neue Hypothese nicht ad hoc ist, dann erfolgt in Anwendung auf die neue Hypothese die Standard-Testprozedur für falsifizierbare Hypothesen, wie sie oben beschrieben worden ist. [19])

Dieses 'Wissenschaftsspiel' wird, richtig gespielt, in dem Sinne zu 'Fortschritt' führen, daß die nacheinander vorgeschlagenen Theorien zunehmende Allgemeinheit (oder zunehmenden 'empirischen Gehalt') aufweisen und immer tiefergehende *Fragen* über das Universum aufwerfen werden. [20])

Ebenso wie die Regeln des Schachspiels keine Erklärung dafür liefern, warum Menschen das Spiel spielen sollten und ihm sogar ihr Leben widmen, genauso wenig erklären die Regeln der Wissenschaft, warum Menschen das 'Spiel Wissenschaft' spielen sollten und ihm tatsächlich ihr Leben widmen. Die Regeln entscheiden, ob ein bestimmter *Zug* 'richtig' (oder 'wissenschaftlich') ist, sagen aber nichts darüber aus, ob das *Spiel an sich, als Ganzes,* 'richtig' (oder 'rational') ist. Die Regeln sagen weder etwas über die (psychologischen) Motive der Spieler noch über den (rationalen) Zweck des Spiels aus. Man kann das Spiel natürlich als ein echtes Spiel spielen und es um seiner selbst willen – l'art pour l'art! – schätzen, ohne sich um diesen Zweck zu kümmern und ohne sich seiner Motive bewußt zu sein.

Bemerkung: Ich hatte mit einigen meiner Popperianer-Freunden endlose Diskussionen über die Gleichsetzung von Popper mit 'Popper₁' (dem naiven methodologischen Falsifikationisten) in meinen Abhandlungen [1968a] und [1970] sowie in diesem Abschnitt. Ich möchte betonen, daß ich nie-

---

[17]) Popper [1934] Abschn. 3 und 4. Vgl. auch Abschn. 22 ('Falsifizierbarkeit und Falsifikation'): Wann ein System als falsifiziert anzusehen ist, muß durch eigene Regeln bestimmt werden.' (S. 54). Es ist auffallend, daß *zumindest in diesem besonderen Abschnitt (22)* kein Wort steht über eine Identifikation der 'Falsifikation' mit dem im hier beschriebenen Sinn von 'Verwerfung' oder 'Eliminierung'. Einige meiner Freunde nahmen diesen fehlenden Hinweis als Beweis dafür, daß Popper eine solche Identifikation nicht vertritt, sondern das Problem der Eliminierung – im Gegensatz zur 'Falsifikation' – offenläßt. Aber an anderen Stellen, besonders in den Werken, die sich mit den Sozialwissenschaften befassen (vgl. z. B. Popper [1957g] (S. 104–5)), identifiziert Popper klar 'Falsifikation' mit 'Verwerfung' und 'Eliminierung'. Und wenn Falsifikation *nicht* Verwerfung bedeutet, was bedeutet sie dann? Popper sagt uns nichts darüber, wie wir das Wissenschaftsspiel mit einer *falsifizierten* Hypothese fortsetzen können.

[18]) Vgl. Popper [1963a], S. 242–5.

[19]) Entsprechend Poppers neuer Regel, auf die in Anm. 18 verwiesen wurde, könnten auch die Anti-Ad-hoc-Regeln strenger formuliert werden, außerdem müssen wir zwischen *ad hoc₁* und *ad hoc₂* unterscheiden; vgl. Lakatos [1968a] S. 375–90, besonders S. 389 Anm. 1.

[20]) Popper [1934b] Abschn. 85 (letzter Satz auf S. 225).

mals in meinem Leben die Qual des Historikers schärfer erfahren habe als in dieser Analyse. Eine eingehende Lektüre meiner Abhandlung [1968a], besonders von S. 384 f., zeigt, daß ich damals *Popper mit meinem 'Popper₂' identifizierte*, dem aufgeklärten methodologischen Falsifikationisten. In meiner Arbeit [1968b] änderte ich meine Meinung, und es schien mir, daß *Popper die zwei Positionen miteinander vermengte.* Denselben Standpunkt nahm ich in meiner Abhandlung [1970] ein, aber im Anhang *identifizierte ich Popper im wesentlichen mit Popper*₁, dem naiven methodologischen Falsifikationisten. Ich halte diesen Standpunkt in der vorliegenden Arbeit aufrecht, aber mit dem schwerwiegenden Verdacht, daß ich bei der ganzen Analyse einige entscheidende Komponenten außer acht gelassen haben könnte. Könnte es nicht sein, daß das Problem der *Logik der Forschung* von dem Problem verschieden ist, das ich rekonstruierte? Ist meine Aufspaltung von Popper in Popper₁ und Popper₂ ein Produkt *meiner* Problemverschiebung? Ohne Zweifel kommen die charakteristischsten Popper₁-Zitate in Poppers *Elend des Historizismus* und *Die offene Gesellschaft* vor. Sind sie nichts weiter als gelegentliche Übertreibungen, die nur im Kontext seiner leidenschaftlichen Verurteilung der Pseudo-Sozialwissenschaften vorkommen? Immerhin beschreibt Popper selbst sein ursprüngliches Problem als das Problem der Abgrenzung von Wissenschaft und Pseudowissenschaft! Ich muß gestehen, daß ich als Exeget am Ende meines Lateins bin und nur hoffen kann, daß Poppers Erwiderung die Sachlage klarstellen wird.

b) Wie kann man die Regeln des Wissenschaftsspiels kritisieren?

Die Spielregeln der Wissenschaft sind konventionelle *Festsetzungen*, die als *Definitionen* formuliert werden können. [21]) Aber wie kann man eine Definition kritisieren, vor allem dann, wenn man sie *nominalistisch* interpretiert? [22]) Eine Definition ist dann eine bloße Abkürzung, eine Tautologie. Was gibt es an einer Tautologie zu widerlegen? Popper behauptet, daß seine Definition der Wissenschaft 'fruchtbar' sei: 'daß eine große Anzahl von Punkten mit ihrer Hilfe geklärt und erklärt werden kann.' Er zitiert Menger: 'Definitionen sind Dogmen, nur die Deduktionen aus ihnen sind Erkenntnisse'. [23]) Aber wie kann eine Definition Erklärungskraft haben oder neue Erkenntnisse liefern? Poppers Antwort lautet: 'Nur aus den Konsequenzen unserer Definition der empirischen Wissenschaft (und den im Zusammenhang mit dieser Definition stehenden methodologischen Beschlüssen) wird der Forscher sehen können, ob sie dem entspricht, was ihm als Ziel seines Tuns vorschwebt'. [24])

Diese Antwort entspricht Poppers allgemeiner Position, derzufolge Festsetzungen dadurch kritisiert werden können, indem man ihre Eignung für einen bestimmten Zweck untersucht: 'Über die Zweckmäßigkeit einer Festsetzung kann man verschiedener Meinung sein; einen vernünftigen, argumentierenden Meinungsstreit kann es jedoch nur zwischen denen geben, die denselben Zweck verfolgen; die Wahl des Zweckes aber ist allein Sache des Entschlusses, über den es einen Streit mit Argumenten nicht geben kann'. [25]) Aber in seiner *Logik der Forschung* gibt Popper für das Wissenschaftsspiel niemals einen Zweck an, der über das hinausgehen würde, was in den Regeln enthalten ist. Die Idee, daß das Ziel der Wissen-

---

[21]) Vgl. Popper [1934b] Abschn. 4 und 11.
[22]) Siehe die ausgezeichnete Diskussion des Unterschieds zwischen Nominalismus und Realismus (oder 'Essentialismus' – ein Ausdruck, den Popper bevorzugt) in der Definitionstheorie, in Popper [1945c] Kap. 11 und [1963a] S. 20.
[23]) Popper [1934b] Abschn. 11 (S. 27).
[24]) *Ibid.* S. 27.
[25]) Popper [1934b] Abschn. 4 (S. 12).

schaft die Erkenntnis der *Wahrheit* sei, taucht in seinen Schriften zum erstenmal 1957 auf. [26] In seiner *Logik der Forschung* kann das Streben nach der Wahrheit ein psychologisches *Motiv* des Forschers sein, nicht aber ein rationaler *Zweck* der Wissenschaft. [27]

Sogar in Poppers späteren Schriften findet sich kein Vorschlag darüber, wie eine konsistente Menge von Regeln (oder ein Abgrenzungskriterium) daraufhin zu beurteilen ist, ob sie erfolgreicher zur Wahrheit führt als ein alternatives Regelsystem. [28] In der Tat ist die These, daß jedes derartige Argument, das Methode und Erfolg in Verbindung zu bringen sucht, unmöglich sei, ein Pfeiler der Popperschen Philosophie von 1920 bis 1970 gewesen. Daraus ziehe ich den Schluß, daß Popper niemals eine Theorie der rationalen Kritik konsistenter Festsetzungen vorlegte. [29] Er gibt keine Antwort auf die Frage: '*Unter welchen Bedingungen muß das Abgrenzungskriterium aufgegeben werden?*' [30]

Auf diese Frage gibt es jedoch eine Antwort. Meine Antwort werde ich in zwei Schritten geben: zuerst eine naive und dann eine aufgeklärte Antwort. Ich beginne damit, daß ich ins Gedächtnis zurückrufe, wie Popper nach seinem eigenen Bericht zu seinem Kriterium kam. Er dachte, wie auch die besten Wissenschaftler seiner Zeit, daß die Newtonsche Theorie, obwohl widerlegt, eine großartige wissenschaftliche Leistung, die Theorie Einsteins aber noch besser sei und daß Astrologie, Freudsche Psychoanalyse und der Marxismus des zwanzigsten Jahrhunderts Pseudowissenschaften seien. Sein Problem bestand darin, eine Definition der Wissenschaft zu finden, aus der genau diese '*Basis-Urteile*' über jene Theorien folgten. Popper schlug dafür eine neuartige Lösung vor. Akzeptieren wir also *vorläufig* das Meta-Kriterium, demzufolge *eine Theorie der Rationalität – oder ein Abgrenzungskriterium – zu verwerfen ist, wenn es im Widerspruch zu akzeptierten 'normativen Basissätzen' der Forschungsgemeinschaft*

---

[26] Vgl. Popper [1957*i*].

[27] Er nennt das Streben nach Wahrheit den 'stärksten [nicht-wissenschaftlichen] Antrieb' ([1934*b*] Abschn. 85, S. 207); vgl. auch S. 171 *unten.*

[28] Poppers entscheidende Argumente gegen verschiedene induktivistische Theorien der Wissenschaft zeigen, daß diese *widerspruchsvoll* sind. Auf der anderen Seite gibt er zu, daß der Konventionalismus konsistent ist, 'in sich geschlossen und durchführbar' ([1934*b*] Abschn. 19 (S. 48)), und er schließt: 'Unser Gegensatz zum Konventionalismus kann nicht durch eine sachlich-theoretische Debatte ausgetragen werden.' (ibid. S. 49). Ist damit die Entscheidung zwischen *konsistenten* Systemen von Regeln eine Sache des subjektiven Geschmacks?

[29] In den frühen 60er Jahren übernahm Popper Bartleys umfassend kritischen ('pankritischen') Rationalismus. Entsprechend dieser Theorie müssen alle Sätze, die von rationalen Personen akzeptiert werden, der Kritik offenstehen. Aber die grundsätzliche Schwäche dieser Position liegt in ihrer Leerheit. Es besagt nicht viel, die Kritisierbarkeit jeder Position, die wir einnehmen, zu behaupten, ohne die Formen konkret zu spezifizieren, die eine solche Kritik annehmen könnte. (Zu einer interessanten Kritik von Bartleys Position vgl. Watkins [1971].)

[30] Dieser schwache Punkt fällt um so mehr ins Gewicht, als Popper selbst zu seinem Kriterium Qualifikationen abgibt. Zum Beispiel beschreibt er in seinem [1963*a*] den 'Dogmatismus' als eine Haltung, die Anomalien als eine Art 'Nebengeräusch' ('background noise') behandelt, als etwas, das 'in gewissem Umfang notwendig' ist (S. 49). Aber auf der nächsten Seite identifiziert er diesen 'Dogmatismus' mit 'Pseudowissenschaft'. Ist damit Pseudowissenschaft 'in gewissem Umfang notwendig'? Vgl. auch Lakatos [1970] S. 177, Anm. 3.

steht. [31]) In der Tat scheint diese meta-methodologische Regel der methodologischen Regel
Poppers zu entsprechen, wonach eine wissenschaftliche Theorie zu verwerfen ist, wenn sie einem von der Forschungsgemeinschaft einstimmig akzeptierten ('empirischen') Basissatz widerspricht. Poppers gesamte Methodologie beruht auf der umstrittenen These, daß es (relativ)
singuläre Sätze gäbe, über deren Wahrheit Wissenschaftler einstimmigen Konsens erreichen
können. Ohne eine solche Einigung würde eine neue babylonische 'Sprachverwirrung' ausbre-
chen 'und wir müßten unsere Arbeit am Turmbau der Wissenschaft einstellen'. [32]) Aber selbst
wenn eine Einigung über 'Basis'-Sätze vorliegt, müßte die Wissenschaft nicht trotzdem zusammenbrechen, wenn keinerlei Konsens darüber bestände, wie wissenschaftliche Leistungen
im Lichte dieser 'empirischen Basis' zu beurteilen sind? Zweifellos würde sie zusammenbrechen. Während hinsichtlich eines *universellen* Kriterium über den Wissenschaftscharakter von
Theorien nur geringe Einigung erzielt worden ist, ist man im Laufe der letzten zwei Jahrhunderte in der Beurteilung *einzelner* Leistungen zu einer beachtenswerten Übereinstimmung gekommen. Und während kein *allgemeiner* Konsens über eine Theorie der wissenschaftlichen
Rationalität erreicht worden ist, besteht immerhin eine beachtenswerte Einigkeit in der Beurteilung der Rationalität *bestimmter, spezieller* Züge im Wissenschaftsspiel – ob sie als wissenschaftlich vertretbar oder als abwegig anzusehen seien. Eine allgemeine Definition der Wissenschaft muß somit die anerkannt besten Spiele und die am meisten geschätzten Gambits als
'wissenschaftlich' ausweisen. Wenn sie das nicht leistet, ist sie zu verwerfen. [33])

　　　Zu diesem Meta-Kriterium wurde ich durch Poppers eigene Beschreibung seiner
ursprünglichen Problemsituation sowie durch seine eigene Version des methodologischen Falsifikationismus angeregt (wobei man jedoch, wie ich betonen muß, Poppers Falsifikationismus
akzeptieren und diesen Meta-Falsifikationismus trotzdem ablehnen kann). Wenn wir jedoch
dieses Meta-Kriterium (das ich später ablehnen werde) anwenden, dann müssen wir Poppers

---

[31]) Der englische Ausdruck 'basic value judgements' (wörtlich übersetzt mit 'Basis-Werturteile') hört sich
in der deutschen Originalfassung besser an: *'normative Basissätze'*.
[32]) Popper [1934*b*] Abschn. 29 (S. 70).
[33]) Diese Art der Betrachtung bedeutet natürlich nicht, daß wir *glauben,* die 'Basis-Urteile' der Wissenschaftler seien unfehlbar rational; sie bedeutet nur, daß wir diese Urteile *akzeptieren,* um universelle Definitionen der Wissenschaft zu kritisieren. (Wenn wir hinzufügen, daß ein solches *universelles* Kriterium
nicht gefunden worden ist und kein solches *universelles* Kriterium jemals gefunden werden wird, dann ist
dem Polanyischen Begriff der an keine Gesetze gebundenen, geschlossenen Autokratie der Wissenschaft
die Bühne bereitet.)
Die Idee dieses Meta-Kriteriums kann in einer 'quasi-empirischen' Selbstanwendung des Popperschen
Falsifikationismus gesehen werden. Ich hatte schon früher diesen Begriff der 'Quasi-Empirie' in den Kontext der mathematischen Philosophie eingeführt. Wir können von dem *Was* abstrahieren, das in den logischen Kanälen eines deduktiven Systems fließt; also davon, ob es etwas ist, das sicher oder fehlbar ist, ob es
Wahrheit und Falschheit, oder Wahrscheinlichkeit und Unwahrscheinlichkeit ist, oder ob es sogar etwas
moralisch oder ethisch Wünschenswertes ist. Es ist vielmehr das *Wie,* das darüber entscheidet, ob ein System negativistisch, 'quasi-empirisch', durch den *modus tollens* beherrscht, oder ob es ein rechtfertigungstheoretisches, 'quasi-Euklidisches' System ist, das durch den *modus ponens* beherrscht wird (vgl. Lakatos
[1967]). Dieser 'quasi-empirische' Standpunkt kann auf ein *beliebiges* normatives Wissen angewandt werden, wie es Watkins in seinen Arbeiten [1963] und [1967] bereits getan hat. Ich ziehe jetzt aber einen anderen Standpunkt vor: vgl. Anm. 62 *unten.*

Abgrenzungskriterium verwerfen, d.h. Poppers Regeln für das Wissenschaftsspiel ablehnen. [34])

c) Eine quasi-Polanyische 'Falsifizierung' des Popperschen Abgrenzungskriteriums

Poppers Abgrenzungskriterium kann tatsächlich leicht 'falsifiziert' werden, indem man das im letzten Abschnitt vorgeschlagene Meta-Kriterium anwendet, d. h. indem man zeigt, daß die besten wissenschaftlichen Leistungen gemäß dem Popper-Kriterium unwissenschaftlich waren und daß die besten Wissenschaftler in ihren größten Augenblicken gegen die Regeln des Popperschen Wissenschaftsspiels verstießen.

Nach Poppers Grundregel *muß der Wissenschaftler im voraus spezifizieren, unter welchen experimentellen Bedingungen er sogar seine fundamentalsten Annahmen aufzugeben bereit ist:* 'Kriterien der Widerlegung sind im voraus festzulegen: es muß Einigung darüber bestehen, welche beobachtbaren Situationen, wenn solche Beobachtungen tatsächlich gemacht werden, bedeuten, daß die Theorie widerlegt ist. Aber welche Art von klinischen Reaktionen würden in einer auch dem Analytiker genügenden Weise *nicht bloß eine bestimmte klinische Diagnose, sondern die Psychoanalyse selbst* widerlegen? Und sind solche Kriterien überhaupt von Analytikern diskutiert worden oder haben diese sich auf solche Kriterien geeinigt?' [35]) Im Falle der Psychoanalyse hatte Popper völlig recht: eine Erwiderung darauf steht bisher noch aus. Durch Poppers grundsätzlichen Appell an die wissenschaftliche Redlichkeit sind die Freudianer in die Enge getrieben worden. Sie haben sich in der Tat geweigert, experimentelle Bedingungen anzugeben, unter denen sie ihre Grundannahmen aufgeben würden. Darin sieht Popper das Kainszeichen ihrer intellektuellen Unredlichkeit. Aber wie steht es, wenn wir Poppers Frage an den Newtonschen Wissenschaftler richten: 'Welche Art von Beobachtungen würde mit Billigung des Newtonianers, nicht bloß eine bestimmte Newtonsche Erklärung, sondern die Newtonsche Dynamik und Gravitationstheorie selbst widerlegen? Und sind solche Kriterien überhaupt von Newtonianern diskutiert worden oder haben diese sich auf solche Kriterien geeinigt?' Der Newtonianer wird, leider, kaum eine positive Antwort darauf geben können. [36]) Aber müssen dann nicht die Newtonianer in gleicher Weise verdammt werden, wenn die Psychoanalytiker nach Poppers Maßstäben als unredlich zu brandmarken sind?

Popper könnte natürlich seine berühmte Forderung zurückziehen und Falsifizierbarkeit – und Ablehnung kraft erfolgter Falsifikation – nur mehr für *Systeme* von Theorien, einschließlich der Randbedingungen, aller möglichen Arten von Hilfstheorien sowie Theorien der Beobachtung, fordern. Das wäre ein beträchtlicher Rückzieher, denn er erlaubt es dem einfallsreichen Wissenschaftler, seine Lieblingstheorie durch geeignete und geglückte Anpassungsmanöver in irgendeinem entfernten Winkel des theoretischen Labyrinths vor der Falsifi-

---

[34]) Es sei darauf hingewiesen, daß dieses Meta-Kriterium nicht als ein psychologisches Kriterium, oder als ein 'naturalistisches' Kriterium – im Popperschen Sinn – konstruiert werden muß (vgl. Popper [1934*b*] Abschn. 10). Die Definition der 'Wissenschafts-Elite' ist keine Sache der Empirie.

[35]) Popper [1963*a*] S. 38 Anm. 3; Kursives von mir. Dies ist natürlich mit seinem berühmten 'Abgrenzungskriterium' zwischen Wissenschaft und Pseudowissenschaft – oder 'Metaphysik', wie er es nannte – äquivalent. (Zu diesem Punkt vgl. auch Agassi [1964] Abschn. VI).

[36]) Vgl. Lakatos [1970] S. 100–1.

kation zu retten. Aber sogar Poppers gemäßigte Regel würde den brilliantesten Wissenschaftlern das Leben unmöglich machen. Denn für umfassende Forschungsprogramme gibt es immer bekannte Anomalien: normalerweise wird sie der Forscher links liegen lassen und der positiven Heuristik des Programms folgen. [37] Im allgemeinen ist seine Aufmerksamkeit mehr an der positiven Heuristik als an den ablenkenden Anomalien orientiert, und er hofft, daß in Verfolgung des Programms die 'widerspenstigen Instanzen' zu bestätigenden Instanzen werden. Im Sinne der Popperschen Terminologie benutzen sogar große Forscher verbotene Gambits, nämlich Ad-hoc-Strategien: anstatt Merkurs anomale Perihelbewegung als eine Falsifikation der Newtonschen Theorie unseres Planetensystems und damit als einen Grund für ihre Ablehnung zu betrachten, wurde sie von den meisten Wissenschaftlern als eine problematische Instanz abgetan, die eben zu einem späteren Zeitpunkt noch zu lösen sei – oder sie schlugen *Adhoc*-Lösungen vor. Diese methodologische Einstellung, als *Anomalie* zu betrachten, was Popper als Gegenbeispiel einstuft, wird im allgemeinen von den besten Wissenschaftlern eingenommen. Einige von den Forschungsprogrammen, die sich nun höchster Wertschätzung durch die Forschungsgemeinschaft erfreuen, sind in einem Ozean von Anomalien fortgeschritten. [38] Die Verwerfung derartiger Forschung durch Popper als irrational ('unkritisch'), hat – jedenfalls kraft unseres quasi-Polanyschen Meta-Kriteriums – die Falsifikation seiner Definition der Wissenschaft zur Folge.

Überdies schließt nach Popper *ein widerspruchsvolles System* keine beobachtbaren Sachverhalte aus; mit ihm zu arbeiten muß unbedingt als irrational betrachtet werden: 'ein widerspruchsvolles System [muß] abgelehnt werden …, weil es … nichtssagend ist; … kein Satz wird ausgezeichnet …, da *alle* ableitbar sind.' [39] Aber einige der größten wissenschaftlichen Forschungsprogramme erzielten ihre Fortschritte von widerspruchsvollen Grundlagen aus. [40] In solchen Fällen ist es häufig die beste Regel für den Wissenschaftler: 'Allez en avant et le foi vous viendra'. Diese anti-Poppersche Regel sicherte der von Bischof Berkeley gejagten Infinitesimalrechnung sowie der naiven Mengenlehre während der Periode der ersten Paradoxa eine Freistatt. In der Tat, wenn das Wissenschaftsspiel nach Poppers Regelkodex gespielt worden wäre, dann wäre Bohrs Artikel von 1913 niemals veröffentlicht worden, weil seine Theorie in inkonsistenter Weise der Maxwellschen Theorie aufgepfropft war, und Diracs Delta-Funktionen wären bis Schwartz unterdrückt worden.

Im allgemeinen überschätzt Popper beharrlich die sofortige durchschlagende Kraft rein negativer Kritik. 'Wenn ein Fehler oder ein Widerspruch durch den Symbolismus festgenagelt ist, gibt es keine verbale Ausflucht – er kann bewiesen werden und damit fertig'. [41] Auf diese Weise 'falsifiziert' also die Wissenschafts-*Elite* durch einige ihrer 'Basis'-Beurteilungen Poppers Definition der Wissenschaft und seine Wissenschafts-Ethik.

[37] Vgl. Lakatos [1970] besonders S. 135f.
[38] *Ibid.* S. 138f.
[39] Vgl. Popper [1934*b*] Abschn. 24 (S. 59).
[40] Vgl. Lakatos [1970] besonders S. 140f.
[41] Popper [1959*a*] (S. 346). Er fügte hinzu: 'Frege versuchte keine Ausfluchtsmanöver, als ihm Russells Kritik bekannt wurde.' Aber natürlich versuchte er es (vgl. Freges *Nachwort* im 2. Band seiner *Grundgesetze der Arithmetik*). Dieser historiographische Fehler mag auch mit Poppers früherer Überschätzung der Eindeutigkeit des mathematischen Denkens zusammenhängen (vgl. auch Lakatos [1968*a*] S. 367 Anm. 2).

Bemerkung: *In Wirklichkeit halte ich das Meta-Kriterium, das in Abschnitt (b) beschrieben und im Abschnitt (c) verwendet wurde, nicht aufrecht. Ich werde die Thesen der beiden Abschnitte im folgenden negieren.* Ich wählte diesen Sokratisch-Popperschen dialektischen Weg zur Entwicklung meiner Position, weil ich glaube, daß dies der beste Weg ist, um ein komplexes Argument zu entfalten: indem man eine einfache Frage stellt, darauf eine einfache Antwort gibt und dann diese Antwort kritisiert (und möglicherweise auch die Frage), um sich auf diesem Wege zu tieferen Fragen und besseren Problemlösungen führen zu lassen. Durch dieses Vorgehen wird auch klar, daß die Dialektik nicht in einer 'endgültigen Lösung' ihren Abschluß findet.

d) Ein verbessertes Abgrenzungskriterium

Poppers Definition der Wissenschaft kann leicht verbessert werden, so daß sie nicht mehr länger für die tatsächliche Wissenschaftspraxis wesentliche Spielzüge ausschließt. Ich versuchte eine solche Verbesserung hauptsächlich durch die Problemverschiebung von der Beurteilung einzelner Theorien zur Beurteilung historischer Abfolgen von Theorien, oder vielmehr 'Forschungsprogrammen', sowie durch Änderung der Popperschen Regeln für die Ablehnung von Theorien zu erreichen.[42]

Erstens *kann man nicht nur Basissätze, sondern auch universelle Sätze als Festsetzungen 'akzeptieren': dies ist in der Tat der wichtigste Schlüssel zur Kontinuität des wissenschaftlichen Erkenntnisfortschritts.*[43] Als Grundeinheit der Beurteilung ist nicht eine isolierte Theorie oder eine Konjunktion von Theorien, sondern vielmehr ein *Forschungsprogramm* zu nehmen, das einen konventionalistisch akzeptierten (und somit kraft vorläufiger Entscheidung 'unwiderlegbaren') *harten Kern* mit einer *positiven Heuristik* hat, die Probleme definiert und Anomalien vorsieht, um sie gemäß vorgefaßtem Plan siegreich in Spezialfälle umzuwandeln. Der Wissenschaftler registriert Anomalien, aber solange der progressive Impetus seines Forschungsprogramms anhält, ignoriert er sie. *Es ist primär die positive Heuristik seines Programms, nicht die Anomalien, die ihm die Wahl seiner Probleme diktiert.*[44] Erst wenn die vor-

[42]) Vgl. Lakatos [1968*a*], [1968*b*] und [1970]. Popper vertrat immer die Ansicht und betonte sie besonders in seiner Spätphilosophie, daß '[einige] nicht-prüfbare metaphysische Theorien auf die Wissenschaft einen größeren Einfluß ausüben als viele prüfbare Theorien', und er begann sogar von 'metaphysischen Forschungsprogrammen' zu sprechen. (Vgl. Lakatos [1970] S. 183 Anm. 3). Aber während Popper den Einfluß der Metaphysik *auf* die Wissenschaft anerkannte, betrachte ich Metaphysik als integralen Bestandteil der Wissenschaft. Für Popper – und für Agassi und Watkins – ist Metaphysik bloß 'beeinflussend'; ich dagegen spezifiziere konkrete Muster der Beurteilung. Sie *widerstreiten* Poppers früheren Beurteilungen 'falsifizierbarer' Theorien, die er jedoch nicht aufgegeben hat.

[43]) Dies erlaubt Popper nicht: 'Dennoch besteht zwischen unserer Auffassung und der des Konventionalismus ein großer Unterschied. Wir sehen das Charakteristikum der empirischen Methode darin, daß es nicht die *allgemeinen* Sätze, sondern die *besonderen*, die Basissätze sind, die wir durch Beschluß anerkennen, festsetzen.' (Popper [1934*b*] Abschn. 30 (S. 73); Hervorhebung von mir).

[44]) Agassi scheint das an einigen Stellen zu verneinen: 'Lernen aus der Erfahrung ist Lernen von einer widerlegenden Instanz. Die widerlegende Instanz wird damit zu einer problematischen Instanz'. (Agassi [1964], S. 201) In Agassi [1969] schreibt er Popper den Satz zu: 'wir lernen von der Erfahrung durch Widerlegungen' (S. 169) und fügt hinzu, daß wir nach Popper *nur* auf Grund von Widerlegungen, aber nicht von Bewährungen lernen können (S. 167). Aber das ist eine sehr einseitige Theorie des Lernens aus der Erfahrung (vgl. Lakatos [1970] S. 121 Anm. 1 und S. 123). In seiner Abhandlung [1969] sagt Feyerabend, daß *'in der Wissenschaft negative Instanzen genügen'.* (In einer Anmerkung fügt er hinzu, daß er Poppers 'etwas eigenartige Theorie der Bewährung' außer acht lasse.) Diese Abgrenzungsprobleme sind natürlich mit dem Induktionsproblem eng verbunden; vgl. auch Anm. 85 *unten*.

wärtstreibende Kraft der positiven Heuristik nachläßt, wird den Anomalien mehr Aufmerksamkeit geschenkt. (Die Methodologie der Forschungsprogramme kann auf diese Weise *die relative Autonomie der theoretischen Wissenschaften erklären*; Poppers unverbundene Ketten von Vermutungen und Widerlegungen können das nicht.)

Die Beurteilung großer Einheiten, wie der von Forschungsprogrammen, ist einerseits viel liberaler und andererseits viel strenger als Poppers Beurteilung von Theorien. Die neue Beurteilung ist insofern *toleranter,* als sie es einem Forschungsprogramm erlaubt, seinen Kinderkrankheiten zu entwachsen, wie z. B. inkonsistenten Grundlagen und gelegentlichen *Ad-hoc-*Zügen. Anomalien, Widersprüche und *Ad-hoc-*Wendungen schließen Erkenntnisfortschritt nicht aus. Der alte rationalistische Traum einer mechanischen, halb-mechanischen oder wenigstens schnell-arbeitenden Methode, um Falsches als falsch, Unbewiesenes als unbewiesen, Sinnloses als sinnlos oder sogar irrationale Entscheidungen als irrational aufzudecken, muß aufgegeben werden. Man braucht lange Zeit, um ein Forschungsprogramm zu beurteilen: die Eule der Minerva tritt erst in der Dämmerung ihren Flug an. Diese neue Beurteilung ist aber zugleich auch strenger, weil sie nicht nur fordert, daß ein Forschungsprogramm erfolgreich neue Tatsachen prognostiziert, sondern darüber hinaus verlangt, daß der Schutzgürtel seiner Hilfshypothesen weitgehend gemäß einer antizipierten, einheitsstiftenden Idee aufgebaut sein muß, die im voraus in der positiven Heuristik des Forschungsprogramms niedergelegt ist.[45])

Es ist sehr schwer zu entscheiden, wann ein Forschungsprogramm hoffnungslos degeneriert ist, oder wann eines der rivalisierenden Programme einen entscheidenden Vorteil gegenüber dem anderen Programm erreicht hat – insbesondere dann, wenn man nicht verlangt, daß jeder einzelne Schritt für sich einen Fortschritt verkörpert. 'Moment-Rationalität' ('instant rationality') gibt es nicht und kann es nicht geben. Weder der Beweis des Logikers über das Bestehen eines Widerspruchs noch das Verdikt des experimentellen Wissenschaftlers im Hinblick auf Anomalien kann ein Forschungsprogramm auf einen Streich erledigen. 'Klüger' können wir immer erst im nachhinein werden. Mag die Natur auch ein NEIN rufen, so kann sie doch vom menschlichen Scharfsinn – entgegen Weyl und Popper[46]) – übertönt werden. Mit genügend Genie und etwas Glück kann jede Theorie, selbst wenn sie falsch ist, lange Zeit 'progressiv' verteidigt werden.

Aber wann ist eine bestimmte Theorie, – oder ein ganzes Forschungsprogramm – abzulehnen? Ich behaupte: nur sofern ein besseres verfügbar ist, um es zu ersetzen.[47]) Ich unterscheide also zwischen Popperscher 'Falsifikation' und 'Ablehnung' (oder 'Verwerfung'), deren Konfundierung sich als Hauptangriffspunkt zur Kritik seines 'naiven Falsifikationismus' herausstellte.[48])

---

[45]) In Lakatos [1970] nannte ich die Strategie, Forschungsprogramme im Verlaufe ihrer Weiterentwicklung fremde Zweige aufzupfropfen, Ad-hoc$_3$-Strategien. Plancks erste Korrektur der Lummer-Pringsheim-Formel war in *diesem* Sinne *ad hoc*. Ein besonders gutes Beispiel ist Meehls Anomalie (vgl. Lakatos [1970] S. 175 Anm. 3 und S. 176 Anm. 1).

[46]) Popper [1934*b*] Abschn. 85 (S. 225).

[47]) Vgl. Lakatos [1968*a*] S. 383–6, Lakatos [1968*b*] S. 162–7 und Lakatos [1970] S. 116f. und S. 155f.

[48]) Eine wichtige Konsequenz ist der Unterschied in Poppers und meiner Diskussion des 'Duhem-Quineschen Arguments'; auf der einen Seite vgl. dazu Popper [1934*b*] letzter Absatz von Abschn. 18 (S. 45/46) und Abschn. 19 Anm. 1 und S. 243; auf der anderen Seite Lakatos [1970] S. 184–9.

Meine Modifikation liefert ein Bild des Wissenschaftsspiels, das sich von dem Poppers sehr unterscheidet. Die beste Eröffnung ist demnach nicht eine falsifizierbare (und eo ipso konsistente) Hypothese, sondern ein Forschungsprogramm. Bloße 'Falsifikationen' (d. h. Anomalien) werden zwar registriert, aber man befaßt sich nicht weiter mit ihnen. Die 'experimenta crucis' Poppers gibt es nicht: sie sind bestenfalls Ehrentitel, die bestimmten Anomalien *lange Zeit nach der Überholung* eines Forschungsprogramms durch ein anderes verliehen werden. In Poppers Sicht wird ein experimentum crucis durch einen akzeptierten Basissatz beschrieben, der einer Theorie widerspricht. Ich gehöre zu denen, die der Meinung sind, daß uns kein akzeptierter Basissatz *allein* berechtigt, eine Theorie zu verwerfen. Ein solcher Widerspruch mag ein (größeres oder kleineres) Problem aufwerfen, ist aber unter keinen Umständen ein 'Sieg'. Kein Experiment ist zum Zeitpunkt seiner Durchführung ein experimentum crucis (außer im psychologischen Sinn). Das Poppersche Entwicklungsmuster des Zusammenspiels von 'Vermutungen und Widerlegungen', d. h. das Modell von Versuch und Irrtum, wobei dem Versuch in Form einer Hypothese der Nachweis des Irrtums durch das Experiment folgt, bricht zusammen![49] Eine Theorie kann nur durch eine *bessere* Theorie ausgeschaltet werden, d. h. durch eine Theorie, die einen größeren empirischen Gehalt hat als ihre Vorgänger, der inzwischen teilweise bestätigt worden ist. Für diesen Prozeß der Ersetzung einer Theorie durch eine bessere Theorie ist es nicht einmal notwendig, daß die ursprüngliche Theorie im Sinne von Popper 'falsifiziert' ist.[50] Der Fortschritt wird also eher durch Instanzen charakterisiert, die den Überschuß-Gehalt verifizieren, als durch falsifizierende Instanzen;[51] 'Falsifikation' und 'Ablehnung' werden logisch unabhängig.[52] Popper sagt ausdrücklich: 'bevor eine Theorie widerlegt worden ist, wissen wir niemals, in welcher Weise sie abgeändert werden müßte'.[53] Meiner Ansicht nach ist es vielmehr umgekehrt: vor der Modifikation einer Theorie wissen wir nicht, in welcher Hinsicht – wenn überhaupt – sie 'widerlegt' worden ist, und einige der interessantesten Änderungen werden eher durch die 'positive Heuristik' des Forschungsprogramms als durch Anomalien motiviert.[54]

e) Ein verbessertes Meta-Kriterium

Ein Opponent könnte behaupten, daß die Falsifizierung meines Kriteriums nicht schwieriger sei als die des Popperschen Kriteriums. Worin besteht nun die sofortige Wirkung großer entscheidender Experimente, wie das der Falsifikation des Paritäts-Prinzips? Oder wie

---

[49] Popper versucht an einer interessanten Stelle den Unterschied zwischen der Methode einer Amöbe und der Methode Einsteins zu definieren; sie scheinen beide der Methode von Vermutungen und Widerlegungen zu folgen (Popper [1963*a*] S. 52). Popper glaubt, daß Einstein 'eine kritische*re* und konstruktive*re* Haltung' einnimmt als Amöben (Kursives von mir). Eine bessere Lösung ist, glaube ich, daß Amöben *kein (artikuliertes) Forschungsprogramm* haben.

[50] Popper betonte gelegentlich – und Feyerabend systematisch – die *katalytische* Rolle, die alternative Theorien beim Ausdenken sogenannter 'experimenta crucis' spielen. Aber Alternativen sind nicht bloß Katalysatoren, die man später in einer rationalen Rekonstruktion entfernen kann, sondern sie sind *notwendige* Bestandteile im Prozeß der Falsifikation (vgl. Lakatos [1970], S. 121 Anm. 4).

[51] Vgl. besonders Lakatos [1970] S. 120–1.

[52] Vgl. besonders Lakatos [1968*a*] S. 385 und [1970] S. 121.

[53] Popper [1963*a*] S. 51.

[54] Vgl. besonders Lakatos [1970] S. 135–8.

steht es mit den handwerklichen Versuch-und-Irrtum-Verfahren, die gelegentlich der Ankündigung eines größeren Forschungsprogramms vorausgehen? Wird nicht das Urteil der Wissenschafts-*Elite* gegen meine universellen Regeln ausfallen?

Ich möchte meine Antwort darauf in zwei Schritten vorlegen. Zunächst möchte ich mein weiter oben angegebenes vorläufiges Meta-Kriterium[55]) geringfügig verbessern, um es dann insgesamt durch ein besseres zu ersetzen.

Erstens, die geringfügige Verbesserung: Wenn eine universelle Regel mit einem bestimmten 'normativen Basissatz' zusammenstößt, sollte man der Forschungsgemeinschaft einige Zeit um Überdenken des Konflikts einräumen: es kann der Fall eintreten, daß sie diesen normativen Basissatz zurückzieht und sich der allgemeinen Regel unterwirft.[56]) Diese Falsifikationen 'zweiter Stufe' dürfen nicht überstürzt werden.

Zweitens, wenn wir den naiven Falsifikationismus auf der ersten Stufe, auf der Ebene der Methoden, aufgeben, warum sollten wir dann auf der zweiten Stufe – in unserer *Metamethode* – an ihm kleben? Wir können uns leicht eine Methodologie zweiter Stufe der Forschungsprogramme zulegen.

Indem wir darauf bestehen, daß es die Aufgabe einer Theorie der Rationalität ist, die normativen Basissätze im Rahmen eines universellen, kohärenten Systems zu ordnen, sind wir deswegen nicht gezwungen, einen solchen systematischen Ordnungsrahmen bloß einiger Anomalien oder Widersprüche wegen zu verwerfen. Auf der anderen Seite muß eine gute Theorie der Rationalität weitere normative Basissätze antizipieren, die im Lichte ihrer Vorgängerinnen nicht zu erwarten waren, oder sie muß sogar zu einer Revision von früher angenommenen normativen Basissätzen führen.[57]) Wir verwerfen eine Theorie der Rationalität nur dann, wenn eine bessere zur Verfügung steht, die in diesem quasi-empirischen Sinn eine *progressive Problemverschiebung* darstellt. Dieses neue – liberalere – Meta-Kriterium ermöglicht es uns, rivalisierende Logiken der Forschung miteinander zu vergleichen und 'metawissenschaftlichen' Erkenntnisfortschritt zu diagnostizieren.

Zum Beispiel braucht Poppers Theorie der wissenschaftlichen Rationalität nicht deswegen als 'falsifiziert' betrachtet zu werden, weil sie in Widerspruch zu einigen der normativen Basissätzen führender Wissenschaftler steht. Im Gegenteil, nach unserem neuen Kriterium stellt sie gegenüber ihren rechtfertigungsorientierten Vorgängern einen Fortschritt dar. Denn, im Gegensatz zu diesen vorangegangenen Theorien, rehabilitierte sie den wissenschaftlichen Status falsifizierter Theorien – wie der Phlogiston-Theorie –, wodurch sie einen normativen Basissatz umstieß, der die Phlogiston-Theorie aus der Geschichte der eigentlichen Wissenschaft ausschloß und in die Geschichte irrationalen Aberglaubens verwies. Sie revidierte auch das Urteil über die Sternschnuppe der 20er Jahre, die Theorie von Bohr-Kramer-

---

[55]) Vgl. *oben,* S. 156.

[56]) Es besteht eine bestimmte Analogie zwischen diesem Muster und der gelegentlichen Berufungsprozedur des Theoretikers gegenüber dem Verdikt der experimentalwissenschaftlichen Jury; vgl. Lakatos [1970] S. 127–31 und besonders Lakatos [1971].

[57]) Dieses letztere Kriterium ist der außergewöhnlichen 'Tiefe' einer Theorie analog, die mit einigen der zu einer bestimmten Zeit verfügbaren Basissätzen in Widerspruch steht, sich aber letzten Endes als siegreich erweist (vgl. Poppers [1957i]). Als Beispiel führte Popper den Widerspruch zwischen Keplers Gesetzen und der Newtonschen Theorie an, die sich anschickte, sie zu erklären.

Slater.[58]) Im Lichte der meisten rechtfertigungsorientierten Theorien der Rationalität ist die Geschichte der Wissenschaft bestenfalls eine Geschichte *vor*wissenschaftlicher Vorspiele zu irgendeiner *zukünftigen* Geschichte der Wissenschaft.[59]) Poppers Methodologie setzte den Historiker in die Lage, mehr von den *tatsächlichen* normativen Basissätzen in der Geschichte der Wissenschaft als rational zu interpretieren: sie stellte einen Fortschritt dar.

Auf der anderen Seite hoffe ich, daß meine Modifikation von Poppers Logik der Forschung ihrerseits – auf Grund des dargelegten Kriteriums – als ein weiterer Schritt vorwärts angesehen werden wird. Denn sie scheint eine kohärente Perspektive zu liefern, die es ermöglicht, *mehr* alte, isolierte normative Basissätze als rational zu interpretieren. In der Tat hat sie zu neuen und – zumindest für die Rechtfertigungstheoretiker und naiven Falsifikationisten – *überraschenden* normativen Basissätzen geführt. Nach Poppers Theorie z. B. ist es *irrational*, nach der Entdeckung der anomalen Perihelbewegung des Planeten Merkur an der Newtonschen Gravitationstheorie festzuhalten und diese weiter auszubauen. Desgleichen wäre es *irrational*, Bohrs alte Quantentheorie, die auf inkonsistenten Grundlagen aufbaut, weiter zu entwickeln. Nach meinem Standpunkt waren das vollkommen *rationale* Entwicklungen. Im Gegensatz zu der Poppers erklärt meine Theorie einige Nachhutscharmützel um unterlegene Forschungsprogramme für rational, und sie führt damit zur Umkehrung jener historiographischen Standardurteile, die zum Verschwinden vieler dieser Nachhutgefechte aus den Lehrbüchern der Wissenschaftsgeschichte führten.[60]) Diese Nachhutgefechte wurden früher sowohl von der induktionistischen als auch von der naivfalsifikationistischen Partei-Geschichtsschreibung ausradiert. Fortschritt in der Theorie der Rationalität ist somit durch historische Entdeckungen gekennzeichnet: durch die Entdeckung der Möglichkeit, die von irrationalen Wertungen durchsetzte Geschichte in wachsendem Umfang als rational rekonstruieren zu können.[61]) Diese Idee kann als eine Selbst-Anwendung meiner Theorie wissenschaftlicher Forschungsprogramme auf ein (nicht-wissenschaftliches) Forschungsprogramm aufgefaßt werden, das sich mit wissenschaftlichen Beurteilungen beschäftigt.[62])

Ich kann natürlich leicht die Frage beantworten, wann ich mein Abgrenzungskriterium aufgeben würde: wenn ein Kriterium vorgeschlagen wird, das nach meinem Meta-Kriterium besser ist. (Die Frage, unter welchen Umständen ich mein Meta-Kriterium aufgeben werde, habe ich noch nicht beantwortet; aber man ist immer gezwungen, irgendwo haltzumachen.)[63])

---

[58]) Van der Waerden dachte, daß die Bohr-Kramers-Slater-Theorie schlecht war: Poppers Theorie zeigt, daß es eine gute Theorie war. Vgl. Van der Waerden [1967] S. 13 und Popper [1963*a*] S. 242f.; für eine kritische Diskussion vgl. Lakatos [1970] S. 168 Anm. 4 und S. 169 Anm. 1.

[59]) Ein typisches Beispiel dafür ist die Haltung einiger moderner Logiker gegenüber der Geschichte der Mathematik; vgl. Lakatos [1963–4] S. 3.

[60]) Vgl. Lakatos [1970] Abschn. *3(c)*.

[61]) Ich brauche nicht zu sagen, daß keine Theorie der Rationalität die *gesamte* Geschichte der Wissenschaft als rational erklären kann oder sollte. Sogar die größten Wissenschaftler machen falsche Schritte und irren sich in ihrem Urteil.

[62]) Die Methodologie der Forschungsprogramme kann somit auf normatives Wissen angewendet werden, einschließlich sogar von Ethik und Ästhetik. Dies würde dann die (naiv falsifikationistische) 'quasi-empirische' Art der Betrachtung verdrängen, wie sie *oben* (Anm. 33) skizziert wurde.

[63]) Zu einer interessanten Diskussion vgl. Naess [1964].

Abschließend möchte ich zwei charakteristische Merkmale meiner Methodologie und Meta-Methodologie etwas eingehender darlegen.

Erstens befürworte ich bei der Gesetzgebung für die Wissenschaft ein primär quasi-empirisches Vorgehen, anstelle von Poppers aprioristischem Ansatz.[64] Ich lege die allgemeinen Regeln des Wissenschaftsspiels nicht *a priori* fest, so daß ich gezwungen wäre, die Arbeit an der Wissenschaft von vorn beginnen zu lassen, wenn sich herausstellt, daß die Geschichte der Wissenschaft die Regeln verletzt. Das Gesetz muß den Urteilsspruch der wissenschaftlichen Jury berücksichtigen, wenn nicht sogar darauf aufbauen. Gemäß der konservativen Auffassung Oakeshotts und Polanyis bedarf es dazu nur der Jury, die durch keinerlei geschriebene Gesetze in ihren Entscheidungen behindert sein darf. Gemäß Popper sind die Geschworenen allein – auch zusammen mit dem Gewohnheitsrecht – dafür nicht ausreichend. Man muß sich auf die Autorität eines Verfassungsrechtes berufen können, um zwischen guter und schlechter Wissenschaft unterscheiden zu können und um damit die Geschworenen in Zeiten leiten zu können, wenn eine gute Tradition zu degenerieren droht oder wenn schlechte Traditionen aufkommen.[65] In meiner Sicht aber muß es ein duales System der Autorität geben, weil die Weisheit der wissenschaftlichen *Jury* weder vollkommen durch das *Gesetz* des Philosophen artikuliert worden ist, noch vollkommen artikuliert werden kann. Gesetze brauchen autoritative Interpreten. Dies ist der Grund dafür, daß ich in Sachen der akademischen Autonomie und der Autorität der Tradition 'rechts' – wenn auch nur wenig – vom 'liberaleren' Popper stehe, der meiner Meinung nach ein ziemlich naives Vertrauen in die Macht seines (richtigen!) Gesetzes des wissenschaftlichen Verhaltens setzt, und der vergißt, daß bislang alle von Wissenschaftstheoretikern vorgeschlagenen 'Gesetze' sich als falsche verallgemeinernde Interpretationen der Urteilssprüche der besten Wissenschaftler erwiesen haben. Bis auf den heutigen Tag waren es die wissenschaftlichen Normen, wie sie von der Wissenschafts-*Elite* in *besonderen* Fällen instinktiv angewendet wurden, die den Hauptmaßstab für die *universellen* Gesetze der Philosophen darstellten. Der methodologische Fortschritt hinkt noch immer in dem Sinne hinter den instinktiv gefällten wissenschaftlichen Urteilen hinterher, so daß das Hauptproblem darin besteht, möglichst eine Theorie der Rationalität zu finden, die eher ge-

---

[64]) Andererseits könnte man behaupten, daß dieser quasi-empirische Ansatz bereits implizit in Poppers Meta-Methode enthalten sei und ich ihn nur *explizit* mache. Schließlich bestand Poppers Ausgangspunkt darin, 'Wissenschaft' so zu definieren, daß sie zwar die widerlegte Newtonsche Theorie einschloß, die unwiderlegten Theorien der Astrologie, des Marxismus und Freudianismus dagegen ausschloß. In der Tat, er sagt im Vorwort zu der englischen Ausgabe seiner *Logik der Forschung* von 1959: 'Und da wir viele detaillierte Berichte der Diskussionen besitzen, die zur Annahme oder Ablehnung wissenschaftlicher Theorien geführt haben – zum Beispiel der Theorien Newtons, Maxwells oder Einsteins –, so können wir so eine Diskussion gewissermaßen als Mikroskop verwenden, das uns erlaubt, im einzelnen und in objektiver Weise einige der wichtigeren Probleme des 'vernünftigen Fürwahrhaltens' zu studieren.' (S. XXII). Man könnte also argumentieren, daß Poppers Meta-Methode in meinem Sinne 'quasi-empirisch' war, obwohl er sich dessen nicht bewußt war.
Kraft kommt meiner quasi-empirischen methodologischen Art der Betrachtung sehr nahe (vgl. Kraft [1925] bes. S. 28–31). Poppers Beschreibung der Position von Kraft als 'naturalistisch' (Popper [1934*b*] Abschn. 10 (S. 25 Anm. 5)) scheint auf einer falschen Lesart einiger vager Stellen zu beruhen. Kraft vertritt tatsächlich eine Meta-Methodologie, die vorwiegend aus historischen Fallstudien lernt, aber in einer normativ-kritischen Weise.

stattet, die Rationalität der Wissenschaftspraxis zu erklären als durch die Wissenschaftstheorie legislative Eingriffe in die fortgeschrittensten Wissenschaften vorzunehmen.[66]

Zweitens bin ich der Auffassung, daß die Wissenschaftstheorie eher imstande ist, den Historiker der Wissenschaft zu leiten als den Wissenschaftler selbst. Da ich davon überzeugt bin, daß sogar heute noch die Philosophien der Rationalität hinter der wissenschaftlichen Rationalität zurückhängen, fällt es mir schwer, Poppers Optimismus voll zu teilen, daß eine bessere Wissenschaftstheorie für den Wissenschaftler eine *beträchtliche* Hilfe sein würde,[67] obgleich sie ohne Zweifel den großen Wissenschaftlern zu helfen vermag – und Poppers Philosophie *war* eine Hilfe –, deren wissenschaftliches Urteil durch den Einfluß vorangehender schlechterer Philosophien verwirrt war.

All das wirft eine Unzahl von Fragen über jahrhundertealte Probleme auf hinsichtlich der Rolle der Autorität, des rechten Gleichgewichts zwischen Gesetz und Rechtsprechung, des Mechanismus von Verfassungsänderungen in Anwendung auf die Wissenschaft. Die institutionalisierte Wissenschaft ist nicht partizipative Demokratie (wie einige Studenten, amerikanische Senatoren und britische Parlamentsabgeordnete zu glauben scheinen).[68] Wissenschaftliche Entscheidungen können nicht auf Mehrheitsbeschlüsse gegründet werden. Aber sollten sie dann durch einen aufgeklärten Despotismus geleitet werden? Ist die Forschungsgemeinschaft eine 'offene' Gesellschaft, wie Popper sie sieht, oder eine 'geschlossene' Gesellschaft, wie Polanyi und Kuhn sie sehen? Und was für eine Art von Gesellschaft *sollte* sie sein?[69]

Anstatt auf dieses Feld von Problemen weiter vorzudringen, auf dem zur Zeit Kuhns Theorie im Zentrum der Diskussion steht, werde ich mich dem Problem der Induktion und seinen Beziehungen zum Abgrenzungsproblem zuwenden.

2. Negative und positive Lösungen des Induktionsproblems: Skeptizismus und Fallibilismus

a) Das Wissenschaftsspiel und die Suche nach der Wahrheit

Eine 'Logik der Forschung' im Popperschen Sinne, d. h. ein System der Beurteilung wissenschaftlicher Theorien, definiert 'Regeln des Wissenschaftsspiels'.[70] Diese Regeln grenzen Wissenschaft gegen Nicht-Wissenschaft und insbesondere gegen Pseudo-Wissenschaft ab und liefern somit ein *Abgrenzungskriterium*. In einer Hinsicht aber ist dieses Kriterium ärmer als die meisten der früheren Kriterien. Die meisten der früheren Kriterien legten als Ziel der Wissenschaft die Entdeckung des Bauplans des Universums fest. Jede 'Entdeckung' läßt ein Stück dieses Bauplans erkennen: damit wird jeder Schritt des 'Spiels' als ein

---

[65] Das erstere scheint auf die moderne Physik der Elementarteilchen zuzutreffen, das letztere auf einige Hauptschulen der modernen Soziologie, Psychologie und Sozialpsychologie.

[66] Die Situation scheint sich jetzt zu ändern: vgl. Anm. 65.

[67] Vgl. Popper [1959*a*] (S. XVIII).

[68] Vgl. Lakatos [1968*c*].

[69] Vgl. Watkins [1970], S. 26.

[70] Popper [1934*b*] Abschn. 85.

Schritt in Richtung auf das Ziel gesehen. Aber worin besteht das Ziel von *Poppers* 'Wissenschaftsspiel'? Der Induktionismus richtete das Spiel streng auf das Ziel aus und ordnete es ihm unter. Poppers Philosophie scheint diese Verbindung abzuschneiden. Die Regeln des Wissenschaftsspiels – die Methodologie – stehen auf ihren eigenen Füßen, aber diese Füße baumeln in der Luft ohne eine philosophische Stütze.

Das Induktionsproblem war ursprünglich, worauf Popper zurecht hinweist, mit dem Abgrenzungsproblem identisch. Die Rechtfertigungstheoretiker ordneten die Spielregeln rigoros dem Ziel der Wissenschaft unter, den gesetzmäßigen Aufbau des Universums zu entdecken. Ein Zug im Wissenschaftsspiel war nur dann richtig, wenn *bewiesen* wurde, daß es ein Schritt auf dem Wege dazu war, diese Gesetzmäßigkeiten zu rekonstruieren, oder, wie sie später etwas bescheidener behaupteten, wenn *bewiesen* wurde, daß es ein fast sicherer (oder 'wahrscheinlicher') Schritt auf dieses Ziel hin war. Im frühen Stadium seiner Philosophie verlagerte jedoch Popper den Schwerpunkt auf das Abgrenzungsproblem und trennte es vom Induktionsproblem ab. Er löste das Abgrenzungsproblem, ohne das Wissenschaftsspiel dadurch zu rechtfertigen, daß er es einem letzten *Ziel* unterordnete; und dann nahm er für sich in Anspruch, das Induktionsproblem negativ gelöst (oder besser: aufgelöst) zu haben. Diesen letzteren Anspruch stützte er durch die gewagte Behauptung, daß das Spiel *autonom* sei, daß man nicht beweisen könne – und nicht zu beweisen brauche –, daß das Spiel tatsächlich in Richtung auf sein Ziel fortschreitet. Man dürfte nur fromm *hoffen,* daß es so sei.

Poppers klassische *Logik der Forschung* ist mit einer Konzeption des Wissenschaftsspiels vereinbar, wonach dieses um seiner selbst willen gespielt wird.[71]) Es ist natürlich völlig klar, daß Poppers *instinktive* Antwort war: das Ziel der Wissenschaft *ist* tatsächlich die Erkenntnis der Wahrheit. Da aber 1934 die Korrespondenztheorie der Wahrheit auf dem Nullpunkt ihres Kredits angelangt war, glaubte er, nicht mehr als eine vorsichtige Position beziehen zu können, die in ihrer Formulierung, wenn nicht in ihrem Geiste, gänzlich skeptisch war: die Wissenschaft könnte bestenfalls – versuchsweise – Irrtümer aufdecken. Er bemerkte stolz: 'In dem von uns skizzierten Aufbau der Erkenntnislogik können wir auf den Gebrauch der Begriffe 'wahr' und 'falsch' verzichten'.[72]) Wenn die Wissenschaft erfolgreich war, dann war sie es darin, widerlegte Theorien *abzulehnen* und bewährte Theorien vorläufig zu *akzeptieren.*[73]) Der 'Erfolg' der Wissenschaft besteht in nichts anderem als darin, angebliche Erfolge zu

---

[71]) Einige meiner Freunde erhoben den Einwand, daß dem nicht so sei; daß das *Ziel* der Wissenschaft gemäß Poppers Logik der Forschung von 1934 klar darin bestehe, immer tiefere Probleme zu entdecken, und daß Poppers Methodologie aus dieser Voraussetzung folgt. Ich weise diesen Einwand zurück: 'die Forderung, immer tiefere Probleme aufzuwerfen', ist synonym mit dem Verbot 'konventionalistischer Wendungen', d. h. 'tiefere Probleme entdecken' ist eine *Regel* des Spiels. Wenn dies auch sein Zweck ist, dann hat das Spiel seinen Zweck in sich selbst.

[72]) Popper [1934*b*] Abschn. 84 (S. 219).

[73]) Die gesamte *Logik der Forschung* ist in einem wichtigen Sinne eine *pragmatische* Abhandlung; sie handelt von *Akzeptierung* und *Verwerfung* und nicht von *Wahrheit* und *Falschheit.* (Aber sie ist nicht pragmatistisch: sie identifiziert Akzeptierung nicht mit Wahrheit, und Verwerfung nicht mit Falschheit.) Popper weicht gelegentlich von seiner pragmatisch-methodologischen Terminologie ab und gleitet, zweifellos unbeabsichtigt, in die Sprache des 'dogmatischen Falsifikationismus' ab (zu diesem Begriff vgl. Lakatos [1970] S. 93f.). Zum Beispiel beschreibt er in seinem Buch *Die offene Gesellschaft* den '*Hauptpunkt*' seiner *Logik der Forschung* mit diesen Worten: 'Wir können ja die Wahrheit wissenschaftlicher Gesetze niemals rational begründen; wir können nur ... die *falschen* beseitigen' (Popper [1945*c*] (Bd. 2 S. 467) Kursives – mit Entsetzen – von mir).

entlarven; in der Tat: 'Wer seine Gedanken der Widerlegung nicht aussetzt, der spielt nicht mit in dem Spiel Wissenschaft'.[74]) Wenn eine Theorie strengen Nachprüfungen standhält, wird ihr der Ehrentitel 'bewährt' verliehen. Aber die *einzige* Funktion hoher Bewährung besteht darin, den ehrgeizigen Forscher herauszufordern, die Theorie zu Fall zu bringen.[75]) Der wissenschaftliche 'Fortschritt' besteht mehr in einem wachsenden Bewußtsein des Nichtwissens als im Anwachsen von Wissen. Er besteht im *'Lernen'*, ohne je zu *wissen*.

(Popper scheint sich nicht völlig klar gemacht zu haben, daß er im Rahmen seiner *Logik der Forschung* noch nicht einmal die Frage beantworten kann, was man im Wissenschaftsspiel *lernen* kann. Aus seinen eigenen 'Fehlern' kann man nichts über die Welt lernen. Echte Irrtümer in der Erkenntnis kann man nicht aufdecken, solange man keine Theorie der Wahrheit hat und keine Theorie, die es uns ermöglicht, festzustellen, ob der Wahrheitsgehalt zu- oder abnimmt. Ein 'dogmatischer Falsifikationist' *kann* natürlich aus seinen Fehlern etwas über die Welt lernen; ein 'methodologischer Falsifikationist' kann es – wie ich später zeigen werde – nicht, ohne irgendwie an ein Prinzip der Induktion zu appellieren.)[76])

Um es schärfer auszudrücken: *Poppers Abgrenzungskriterium hat nichts mit Erkenntnistheorie zu tun.* Er sagt nichts über den erkenntnistheoretischen Wert des Wissenschaftsspiels aus.[77]) Man kann natürlich *unabhängig* von seiner eigenen Logik der Forschung *glauben,* daß die Außenwelt existiert, daß es Naturgesetze gibt und sogar daran glauben, daß das Wissenschaftsspiel immer wahrheitsnähere Aussagen hervorbringt. Aber diese metaphysischen Überzeugungen haben nichts *Rationales* an sich; sie sind bloße animalische Überzeugungen. In Poppers *Logik der Forschung* gibt es nichts, womit selbst der radikalste Skeptiker nicht einverstanden zu sein brauchte.

Auf Tarskis Rehabilitation der Korrespondenztheorie der Wahrheit wurde Popper erst nach der Veröffentlichung der *Logik der Forschung* aufmerksam. Aber einmal darauf aufmerksam geworden, veränderte sie radikal den allgemeinen Ton von Poppers Philosophie der Wissenschaft. Sie regte Popper dazu an, seine Logik der Forschung durch seine eigene Theorie der Wahrheitsnähe und der Annäherung an die Wahrheit zu ergänzen, eine Leistung, die sowohl durch ihre Einfachheit wie auch durch ihre problemlösende Kraft besticht.[78]) Zum erstenmal wurde es möglich, *Fortschritt* sogar für eine Aufeinanderfolge von falschen Theorien zu definieren: eine derartige Folge stellt einen Fortschritt dar, wenn ihr Wahrheits-Gehalt, oder wie Popper vorschlug, ihre Wahrheitsnähe (Wahrheitsgehalt minus Falschheitsgehalt) zunimmt. Aber das genügt nicht: Wir müssen den Fortschritt *erkennen*. Dies kann durch ein induktives Prinzip leicht geleistet werden, das eine realistische Metaphysik mit methodologischen Beschlüssen in Verbindung bringt, Wahrheitsnähe mit Bewährung verbindet, und das die Regeln des 'Wissenschaftsspiels' reinterpretiert als eine – Vermutungen ausdrückende – Theorie über die *Indizien des Erkenntnisfortschritts,* d. h. die Indizien für *zunehmende Wahr-*

---

[74]) Popper [1934*b*] Abschn. 85 (S. 224).
[75]) Popper [1959*a*] (S. 373).
[76]) Zu den Ausdrücken 'dogmatischer' und 'methodologischer' Falsifikationismus vgl. Lakatos [1968*b*] und [1970].
[77]) Dies ist für das Abgrenzungskriterium des 'methodologischen Falsifikationismus' charakteristisch. Das Abgrenzungskriterium des 'dogmatischen Falsifikationismus' ist auf der anderen Seite echt erkenntnistheoretisch (zu den zwei Kriterien vgl. Lakatos [1970] S. 93–116).
[78]) Vgl. 'Truth, rationality and the growth of scientific knowledge', Kapitel 10 in Poppers [1963*a*].

heitsnähe unserer wissenschaftlichen Theorien.[79]) Poppers 'Regeln' werden dann nicht mehr länger um ihrer selbst willen befolgt; Siege in der Wissenschaft sind dann nicht mehr länger Siege in einem bloßen Spiel; sie sind sogar mehr als bloßes Aufdecken von Irrtümern und bloßes Ersetzen irriger Theorien durch immer umfassendere Irrtümer: stattdessen werden sie zu mutmaßlichen Meilensteinen der Annäherung an die Wahrheit. (Poppers berühmte 'dritte Forderung', die gerade in diesem Aufsatz [vgl. Anm. 78] eingeführt wird, kann ebenfalls auf diesem Hintergrund gesehen werden: Bewährungen erstrangiger Theorien werden eher zu Wegweisern des Erfolgs als fortgesetztes Aufdecken von Fehlschlägen.[80])

Als eine Folge davon hat sich Poppers Ton seit 1960 in der Diskussion über den *Skeptizismus* merklich geändert. Vor 1960 sagte er nie etwas gegen den Skeptizismus, noch unterschied er den Skeptizismus vom Fallibilismus. Aber seit 1960 hat sich Poppers Position *zum* erkenntnistheoretischen Optimismus *hin* bewegt. Er unterscheidet jetzt konsequent zwischen Skeptizismus und Fallibilismus; und sein berühmter erster *Anhang* in der vierten Auflage seiner *Die offene Gesellschaft* besteht beinahe zur Gänze aus einer Predigt gegen den Skeptizismus. Obwohl in seiner Methodologie *Festsetzungen* eine lebenswichtige Rolle spielen,[81]) ist er jetzt standhaft und ausdrücklich dagegen, sie als 'Sprung ins Dunkel' zu interpretieren. Eine solche Interpretation wäre 'ebenso eine Übertreibung wie eine Überdramatisierung',[82]) sie wäre 'nihilistischer Lärm um nichts'.[83]) 'Philosophische Verzweiflung ist nicht gefragt' schreibt er, denn wir *können* mit der Aufgabe fertig werden, 'die schöne Welt, in der wir leben, und uns selbst kennenzulernen, und obwohl wir durch und durch fehlbar sind, entdecken wir nichtsdestoweniger, daß unsere Erkenntnisfähigkeiten sich dieser Aufgabe überraschenderweise nahezu gewachsen zeigen – mehr als wir uns in unseren kühnsten Erwartungen haben träumen lassen...'[84])

Für einige Schüler Poppers sah das alles wie Verrat aus an allem, für das Popper eingestanden war; es schien ein Bruch mit den wesentlichsten Aussagen seiner *Logik der Forschung* zu sein.[85])

---

[79]) Charakteristischerweise erscheint der Ausdruck '*Wachstum der Wissenschaft*' (oder 'wissenschaftlicher Erkenntnisfortschritt') als Untertitel des *Hauptwerkes* seiner Spätphilosophie. In Popper [1934*b*] behauptet er: 'daß das Problem der Philosophie die [kritische] Untersuchung eben jener Erfahrung ist, die der jeweilige Positivismus ohne Bedenken als gegeben ansieht [und als autoritativ akzeptiert]' (Abschn. 10 (S. 24)). Aber in seinem neuen Vorwort zu der englischen Ausgabe von 1959 sagt er: 'das zentrale Problem der Erkenntnislehre war immer – und ist es noch immer – das Problem des Wachstums oder des Fortschrittes unseres Wissens.' (S. XIV). Es ist eine bemerkenswerte Änderung eingetreten vom negativistischen Text von 1934 zum optimistischen Vorwort von 1958.

[80]) Zu einer ausführlichen kritischen Diskussion und zu Verweisen vgl. Lakatos [1968*a*] S. 379–90.

[81]) Das ist der Grund, warum ich sie einen 'revolutionären Konventionalismus' genannt habe; vgl. Lakatos [1970] S. 105.

[82]) Popper [1962*c*] S. 380–1.

[83]) *Ibid.* S. 383.

[84]) Popper [1962*c*] S. 382.

[85]) Agassi beschuldigte Popper einer 'verifikationistischen' Wende (vgl. Agassi [1959]; zu Poppers Erwiderung siehe Popper [1963*a*] S. 248 Anm. 31). Später versuchte Agassi Popper die befremdende Ansicht zuzuschreiben, daß Bewährung uns zwar bei unseren 'Entscheidungen' leiten mag, daß wir aber nur von Widerlegungen 'lernen' können (Agassi [1969]). Feyerabend scheint ebenfalls der Ansicht zu sein, daß Bestätigung in der Wissenschaft oder beim Lernen aus der Erfahrung keine Rolle spielt (vgl. Feyerabend [1969]); vgl. auch Anm. 44 *oben*.

Aber nur im Lichte von Poppers Wende zu Tarski kann seine *Logik der Forschung* eigentlich verstanden werden. Denn jetzt verstehen wir, warum Popper 1934 keine positive Lösung des Induktionsproblems angeboten hatte. Die Hauptleistung seiner *Logik der Forschung* bestand in dem Nachweis, daß das Abgrenzungsproblem gelöst werden kann, ohne irgendein 'induktives Prinzip' heranziehen zu müssen, das seinerseits nur auf einer befriedigenden Wahrheitstheorie beruhen konnte. Das war eine äußerst bedeutende Leistung. Aber nachdem das Abgrenzungsproblem *auf diese autonome Weise* gelöst worden war, mußte die Verbindung zwischen dem Wissenschaftsspiel einerseits und dem Erkenntnisfortschritt anderseits wieder hergestellt werden. Wenn man einmal Poppers Problemverschiebung akzeptiert, dann werden Abgrenzung und 'Induktion' zu *getrennten* Problemen, wobei die Lösung des zweiten Problems zu einem möglicherweise trivialen Nebenprodukt der Lösung des ersten Problems wird. Aber die Kluft zwischen den beiden Problemen darf nicht vergessen werden. Die positive Lösung des Induktionsproblems besteht darin, daß das Wissenschaftsspiel, so wie es von den größten Forschern gespielt wird, der beste vorhandene Weg ist, die Wahrheitsnähe unserer Erkenntnis zu vergrößern, sich der Wahrheit zu nähern. Das *Indiz* für zunehmende Wahrheitsnähe ist ein zunehmender Grad der Bewährung. Ich habe wenig Zweifel daran, daß Popper seine *Logik der Forschung* mit dieser *positiven* Lösung des Induktionsproblems begonnen haben würde, wäre Tarskis Wahrheitstheorie 1925 herausgekommen (und wäre Popper um 1930 auf seine Idee des Wahrheitsgehalts und der Wahrheitsnähe gekommen). Aber da der Wahrheitsbegriff in den 20er Jahren sehr wirr war und da Popper zum Zeitpunkt der Tarskischen Resultate nichts von ihnen wußte, formulierte er die 'Regeln' der Wissenschaft *allein* im Rahmen der pragmatischen Begriffe von Verwerfung und Akzeptierung. Er war dabei so erfinderisch, daß die Versuche derjenigen vereitelt wurden, die zeigen wollten, daß seine verborgene, instinktive Leitidee tatsächlich *da* war in Form eines verborgenen induktiven Prinzips.[86] In der Terminologie meiner Abhandlung 'Changes in the Problem of Inductive Logic' ausgedrückt: Popper gelang es, die Begriffe Akzeptierbarkeit$_1$ und Akzeptierbarkeit$_2$ auf ihre eigenen Füße zu stellen und sie vom Begriff der Akzeptierbarkeit$_3$ *logisch* unabhängig zu machen.[87] Philosophisch aber, wie ich früher sagte, baumeln diese Füße in der Luft, weil sie ohne die Stütze einer hypothetisch-falliblen 'induktiven' Metaphysik sind. Poppers methodologische Beurteilungen sind vor allem wegen der verborgenen *induktiven Annahme* interessant, daß man durch die Handlungsorientierung an ihnen eine bessere Chance hat, der Wahrheit näher zu kommen als durch gegenteiliges Verhalten. Der Wert von Überschuß-Bewährung ('excess corroboration') besteht darin anzuzeigen, daß der Wissenschaftler sich der Wahrheit genähert haben *könnte,* genauso wie der Wert der Vögel über Kolumbus' Schiff darin lag anzuzeigen, daß die Entdecker sich dem Land genähert haben *könnten.*[88]

Haben wir also einmal eine Theorie der Wahrheitsnähe, dann können wir die methodologischen Beurteilungen mit echt erkenntnistheoretischen Beurteilungen in Verbindung

[86] Zum Beispiel argumentieren J. O. Wisdom und Ayer, daß uns nur ein induktives Prinzip davon abhalten könne, widerlegte Theorien in der Hoffnung aufrechtzuerhalten, daß die Widerlegungen aufhören, und daß nur ein induktives Prinzip erklären könne, warum wir daran festhalten, daß widerlegte Theorien widerlegt bleiben. Ich habe gezeigt, daß ihr Argument falsch ist; vgl. Lakatos [1968*a*] S. 392.

[87] Das ist die Botschaft von Abschn. 79 in Poppers [1934*b*].

[88] Diese Analogie darf man nicht wörtlich nehmen. Kolumbus' Schluß vom Anblick der Vögel auf die Nähe von Land war leicht widerlegbar; mein 'induktives Prinzip' ist es dagegen nicht.

bringen. Methodologische Beurteilungen sind *analytisch;*[89] aber ohne eine *synthetische* Interpretation bleiben sie ohne jegliche echte erkenntnistheoretische Bedeutung, bleiben sie Teil eines reinen Spiels. Poppers methodologischen Beurteilungen muß eine neue, *synthetische* Interpretation mit Hilfe eines induktiven Prinzips gegeben werden: es muß eine 'Akzeptierbarkeit $_3$' geben, die auf 'Akzeptierbarkeit $_1$' und 'Akzeptierbarkeit $_2$' basiert.[90]

Nur eine derartige positive Lösung des Induktionsproblems kann einen konstruktiven Fallibilismus vom Skeptizismus trennen sowie von all seinen üblen Folgen, wie Relativismus, Irrationalismus und Mystizismus. Popper jedoch schreckte davor zurück, nachdem er das Werkzeug für eine solche positive Lösung in Form seiner Theorie der Wahrheitsnähe bereitgestellt hatte, eine positive Lösung des [Popperschen] Problems der Induktion klar und ausdrücklich aufzustellen, d. h. eine positive Lösung für das Problem des erkenntnistheoretischen Werts seiner Logik der Forschung.

b) Ein Plädoyer an Popper für einen Schuß 'Induktivismus'

Popper hat die Möglichkeiten, die sich ihm durch seine Tarskische Wende eröffneten, nicht völlig genutzt. Während er jetzt frei über die metaphysischen Ideen der Wahrheit und Falschheit spricht, will er noch nicht unzweideutig davon sprechen, daß positive Beurteilungen im Rahmen seines Wissenschaftsspiels als ein – selbst fallibles – Indiz für Erkenntnisfortschritt des falliblen Wissens betrachtet werden können; daß Bewährung ein *synthetisches* – obgleich auf Vermutung beruhendes, d. h. fallibles – Maß für die Wahrheitsnähe ist. Er betont immer noch, daß 'Wissenschaft oft irrt und daß Pseudowissenschaft über die Wahrheit stolpern kann'.[91] Während er entschieden optimistische Predigten zum Lobe der menschlichen Erkenntnis hält,[92] beschränkt er seinen 'Optimismus', sobald es auf eine klare Stellungnahme ankommt, auf eine klassische *skeptische* These: 'Ich bin ein metaphysischer Realist und ein erkenntnistheoretischer Optimist in dem Sinne, daß ich den Standpunkt einnehme, daß die Wahrheitsnähe unserer wissenschaftlichen Theorien zunehmen kann: auf diese Weise wächst unser Wissen'.[93] Ein Skeptiker kann natürlich realistische *Überzeugungen* haben; aber aus der Aussage, daß 'die Wahrheitsnähe unserer wissenschaftlichen Theorien zunehmen *kann*' folgt nur, daß 'unser Wissen wachsen *kann* – aber ohne daß wir es wissen'. *Wenn dem so ist, dann ist sogar der von Popper neu begründete Fallibilismus nichts weiter als ein Skeptizismus im Verein mit einem Lob auf das Spiel Wissenschaft.* Poppers Theorie der Wahrheitsnähe bleibt eine logisch-metaphysische Theorie, die nichts mit Erkenntnistheorie zu tun hat.

Kein Wunder also, wie Watkins feststellt, daß wir 'in der kritischen Diskussion von Poppers Erkenntnistheorie [gewöhnlich] auf den Verdacht [stoßen], daß seine Methodologie, weit davon entfernt, das Problem der rationalen Entscheidung zwischen konkurrierenden Hypothesen zu lösen, in Wirklichkeit zu einem ausgewachsenen Skeptizismus führt'.[94]

---

[89] Für Verweise vgl. Anm. 108 *unten.*
[90] Vgl. Lakatos [1968a] S. 375–90.
[91] Popper [1968c] S. 91.
[92] Vgl. Text zu Anm. 82, 83 und 84 *oben.*
[93] Popper [1968c] S. 93.
[94] Watkins [1968] S. 277–8.

Watkins' Erwiderung ist außerordentlich klar. Es lohnt sich, eine ganze Passage daraus zu zitieren: 'Viele Philosophen, die die Hoffnung aufgegeben haben, daß irgendeine unserer empirischen Aussagen über die Außenwelt sicher sein kann, klammern sich um so hartnäckiger an die Hoffnung, daß einige davon zumindest weniger unsicher sind als andere. Diese Philosophen neigen dazu, den *Skeptizismus* als die These zu charakterisieren, daß *alle empirischen Sätze über die Außenwelt gleichermaßen unsicher seien*. Ich werde ST_1 als eine Abkürzung für diese (erste) 'skeptische' These benutzen. Poppers Philosophie ist nun in diesem Sinne von ST_1 'skeptisch'; aber dann scheint 'Skeptizismus' in diesem Sinne unvermeidbar zu sein'.[95])

Watkins fährt dann fort: 'Philosophen, die ihre Hoffnungen nicht auf sichere – gleichgültig, ob absolut oder relativ sichere – Erkenntnis setzen, sondern auf rationale Argumentation und Kritik, ziehen es vor, *Skeptizismus* als die These zu charakterisieren, *daß wir niemals irgendwelche guten Gründe dafür haben, einen empirischen Satz über die Außenwelt einem anderen Satz vorzuziehen*. Ich werde ST_2 als Abkürzung für diese zweite skeptische These benutzen. ST_1 und ST_2 sind auf keinen Fall äquivalent. ST_2 impliziert ST_1 (wenn eine Hypothese weniger unsicher sein *würde* als eine andere, dann *wäre* das – alles andere als gleich vorausgesetzt – ein Grund, sie vorzuziehen). Aber ST_1 impliziert nicht ST_2: es kann Gründe geben, eine Hypothese der anderen vorzuziehen, die nichts mit der relativen Sicherheit zu tun haben. Erfahrungswissenschaftler können nicht erwarten, daß sie gute Gründe dafür haben, eine bestimmte erklärende Hypothese all den (unendlich vielen) *möglichen* Alternativen vorzuziehen. Aber sie haben oft gute Gründe dafür, unter mehreren konkurrierenden Hypothesen, die tatsächlich vorgeschlagen worden sind, einer davon den Vorzug zu geben. Wie eine Hypothese gegenüber anderen zur Diskussion stehenden Hypothesen rational als besser beurteilt werden kann, und wie eine künftige Hypothese aussehen müßte, um sich sogar als noch besser zu erweisen – das ist es, worum es in Poppers Methodologie geht'.[96])

Aber die '*guten Gründe,* um einen empirischen Satz über die Außenwelt einem anderen vorzuziehen', sind in Poppers Abgrenzungskriterium niedergelegt, in seinen Regeln für das Wissenschaftsspiel. Präferenz ist nur ein pragmatischer Begriff *innerhalb des Kontextes* dieses Spiels. Diese Bevorzugung kann nur mit Hilfe eines zusätzlichen, synthetischen, *induktiven (oder, wenn man will, quasi-induktiven) Prinzips* eine erkenntnistheoretische Bedeutung bekommen, das irgendwie die erkenntnistheoretische Überlegenheit der Wissenschaft über die Pseudowissenschaft behauptet. Ein solches induktives Prinzip muß auf irgendeiner Art von Zusammenhang zwischen 'Grad der Bewährung' und 'Grad der Wahrheitsnähe' beruhen. Aber beide, Popper und Watkins, beziehen nicht eindeutig Position, ob der Grad der Bewährung *synthetisch* interpretiert werden kann. Watkins zum Beispiel behauptet: 'Wir können gute Gründe dafür haben zu behaupten, daß eine bestimmte Hypothese h_2 der Wahrheit näher ist als eine konkurrierende Hypothese h_1'.[97]) Aber das widerspricht seiner früheren Behauptung, daß h_1 und h_2 *gleichermaßen* unsicher seien, sofern er nicht die Ausdrücke 'gleichermaßen unsicher' und 'wahrheitsnäher' in dem Pickwickschen Sinne verwendet, daß wir gute Gründe dafür haben können, daß h_2 näher bei der Wahrheit liegt als h_1, obwohl sie gleichermaßen unsicher sind.[98]) Aber für Philosophen, die das Unmögliche verlangen – von einer

[95]) *Ibid.*
[96]) *Ibid.*
[97]) Watkins [1968] S. 280.
[98]) Dieser Widerspruch taucht auch in dem berühmten Kapitel 10 von Poppers [1963a] auf. Ich zitiere Watkins nur deshalb, weil seine Darstellung so klar ist.

skeptischen Position aus die Pseudowissenschaft zu bekämpfen –, sind derartige Paradoxa unausweichlich.

In letzter Zeit neigt Popper in der Tat dazu, zu beklagen, daß einige seiner Kritiker glauben, daß er ein bloßer 'Negativist' sei, daß er 'frivol [sei] im Hinblick auf die Suche nach der Wahrheit, und daß er sich unfruchtbarem und destruktivem Kritizismus hingäbe und Ansichten vertrete, die einfach paradox sind'.[99]) Poppers Antwort ist ebenso schön wie unüberzeugend: 'Dieses falsche Bild unserer (i. h. der 'Negativisten') Ansichten scheint sich größtenteils aus der Übernahme eines rechtfertigungsorientierten Programms zu ergeben sowie aus der falschen subjektiven Einstellung zur Wahrheit, die ich beschrieben habe. Denn es ist eine Tatsache, daß auch wir Wissenschaft als Suche nach der Wahrheit auffassen, und daß wir uns, zumindest seit Tarski, nicht länger scheuen, es so auszusprechen. In der Tat, nur im Hinblick auf dieses Ziel – die Wahrheit zu entdecken – können wir sagen, daß wir, obwohl fehlbar, hoffen, aus unseren Fehlern zu lernen. Nur die Idee der Wahrheit erlaubt uns, sinnvoll von Fehlern und von rationaler Kritik zu sprechen, und nur sie ermöglicht eine rationale Diskussion – d. h. eine kritische Diskussion auf der Suche nach Fehlern und mit der ernsten Absicht, soviele Fehler zu eliminieren, wie wir nur können, um der Wahrheit näher zu kommen. Gerade die Idee des Irrtums – und der Fallibilität – schließt also die Idee einer objektiven Wahrheit ein als das Richtmaß, dem wir vielleicht nicht genügen. (In diesem Sinne kann man von der Wahrheitsidee als von einer *regulativen* Idee sprechen.)'[99]) In dieser Passage wird kein Wort darüber gesagt, wie die Indizien dafür, näher bei der Wahrheit zu sein, zu erkennen sind – nichts, das auf mehr als die Behauptung hinausläuft, daß wir das Wissenschaftsspiel *ernsthaft* betreiben müssen, in der *Hoffnung,* näher an die Wahrheit heranzukommen. Aber hatten Pyrrhon oder Hume etwas dagegen, 'ernsthaft' zu sein oder 'Hoffnungen' zu hegen?

Um diesen Punkt weiter zu klären, werde ich kurz Poppers Kritik der Induktion analysieren.

Poppers Ruf beruht zu Recht darauf, die Geißel der Induktion zu sein. In Poppers anti-induktivistischem Feldzug aber müssen, wie ich früher gezeigt habe,[100]) (mindestens) drei entscheidende, logisch unabhängige Aspekte sorgfältig unterschieden werden.

(1) Hier gibt es erstens den Feldzug gegen die *induktivistische Logik der Forschung.* Das ist die Baconsche Doktrin, nach der eine Entdeckung nur dann wissenschaftlich ist, wenn man sich zu ihr durch Tatsachen *hinleiten* läßt und sich dabei nicht durch eine Theorie *fehlleiten* läßt. Der Wissenschaftler muß damit beginnen, seinen Geist von Theorien (oder vielmehr: von Vorurteilen) zu reinigen; dann wird die Natur für ihn zu einem offenen Buch.[101]) Diese Doktrin wurde bereits von Rationalisten wie Descartes und Kant bekämpft, aber sogar sie grenzten fehlleitende schlechte Theorien von guten *Apriori*-Prinzipien ab, die Intuition als wahr erkennen kann. Die Entwicklung der Methode freier, schöpferischer Vermutungen und empirischer Prüfungen verlief nur in Stufen von Whewell, Bernard, über Peirce

---

[99]) Popper [1963*a*] S. 229.
[100]) Vgl. Lakatos [1968*a*] S. 403f.
[101]) Diese Methode mag – wie im Falle Descartes – mit einer intuitiv-psychologistischen Theorie einer gehalt-vermehrenden ('induktiven') Logik verbunden sein. Aber man könnte versuchen, ohne eine solche Logik auszukommen, und nach einigen universellen induktiven Prinzipien suchen, die eine induktive Logik in ein deduktives System verwandeln würden. Zu einem solchen Programm der deduktiven Nachkonstruktion der Induktion vgl. Max Black [1967] S. 174f.

und schließlich die Bergsonianer, um in Poppers 'Abgrenzungskriterium' in einzigartiger Weise an Klarheit und Kraft zu gewinnen, das diese Methode der Forschung und des wissenschaftlichen Erkenntnisfortschrittes sowohl vom induktiven Tatsachen-Sammeln als auch von der 'metaphysischen' Spekulation abgrenzte. In diesem Kampf hat Popper einen entscheidenden Erfolg errungen, nicht nur intellektuell, sondern auch soziologisch und psychologisch. Zumindest unter den Wissenschaftstheoretikern wird die Baconsche Methode nur mehr von den provinziellsten und ungebildetsten Geistern ernst genommen. Auf dieser Linie machte er auch den Vorschlag einer *positiven* Theorie über die Rolle von Spekulation und Erfahrung im Prozeß des Erkenntnisfortschritts.[102]) Das war aber nicht das letzte Wort in dieser Sache, und ich hoffe, darin einen Schritt weiter gekommen zu sein.[103])

(2) Die zweite Spitze von Poppers Attacke war gegen das Programm einer wahrscheinlichkeitstheoretischen *Apriori*-Induktionslogik oder -Bestätigungstheorie gerichtet. Dieses Programm geht davon aus, daß es mit logischer Sicherheit möglich sei, jedem beliebigen Paar von Sätzen einen 'Grad der Bestätigung' zuzuschreiben, der ausdrückt, inwieweit der zweite Satz den ersten empirisch stützt. Diese Funktion genügt den Axiomen des Wahrscheinlichkeitskalküls. Das Herz dieses Programms besteht in der Konstruktion einer *aprioristischen* Meta-Wissenschaft (durch Definition einer Maßfunktion über einer endlichen oder abzählbar unendlichen Anzahl möglicher Zustände des Universums), die es ermöglicht, Bestätigungsfunktionen zu berechnen. Die Sicherheit wird damit von der Wissenschaft des Tatsächlichen in die Meta-Wissenschaft des Möglichen verlagert, die ihrerseits für die Wissenschaft eine bewiesene Bestätigungstheorie liefert. Dieses Programm wurde von Cambridge-Philosophen begonnen (Johnson, Broad, Keynes), und seine hartnäckigsten und einflußreichsten Protagonisten sind Hans Reichenbach und schließlich Rudolf Carnap geworden.[104]) Auch in diesem Feldzug errang Popper einen vollständigen Sieg, obwohl die 'induktive Logik', indem sie alle Merkmale eines degenerierenden Forschungsprogramms aufweist, immer noch — soziologisch gesehen — eine im Boom befindliche Industrie ist.[105])

[102]) Vgl. Popper [1963a] S. 42–46. Popper versäumt es jedoch zu betonen, daß es so etwas wie eine rein empirische Theorie des Lernens nicht geben kann. Bevor wir Lernpsychologie studieren, müssen wir uns auf eine *normative* Abgrenzung zwischen Lernen und Indoktriniertwerden einigen; vgl. Lakatos [1970] S. 123 Text zu Anm. 2.

[103]) Vgl. dazu Lakatos [1971], bes. Abschn. 2 (b).

[104]) Durch seine Überzeugung, daß alle *a priori* Sätze analytisch sein müßten, brachte Carnap einige Konfusion in diese philosophische Streitfrage. Danach kann das induktive Prinzip nur analytisch sein. Nagel und Popper decken diese Verwirrung auf (für Verweise vgl. Lakatos [1968a] S. 361 Anm. 2).

[105]) Es ist wichtig, sich klar zu machen, daß die Einführung eines induktiven Prinzips der 'Induktion' eine deduktive Struktur verleiht (vgl. Anm. 81 oben). Viktor Kraft zum Beispiel schlug 1925 einen solchen 'deduktivistischen' Standpunkt vor. Es ist inkorrekt zu behaupten (wie es Feyerabend in seiner [1963] darstellt), daß Popper diese Ansicht später übernommen habe. Viktor Kraft mag in seiner unverdient unbeachtet gebliebenen Arbeit von 1925 in vielen Punkten Popper vorweggenommen haben, aber *nicht* in dessen radikalem Anti-Induktivismus. Kraft machte in diesem Werk — entgegen Feyerabends falschem Bericht — den Vorschlag, daß eine induktive Annahme eine 'logisch berechtigte' Erwartung über die Zukunft liefern könnte (S. 253), und er wies darauf hin, daß seine Position sich deshalb von der Humes deutlich unterscheidet (S. 254–5). (Nebenbei, gemäß Feyerabend, 'bezieht sich Popper selbst auf Kraft als einem seiner Vorläufer'. Das ist unwahr: es gibt in der *Logik der Forschung* zwei Verweise auf Viktor Kraft, beide sind kritisch.) Kraft tritt heute noch für ein induktives Prinzip ein, das — einmal eingeführt — die Wissenschaft vollständig 'deduktiv' machen würde (Kraft [1970]).

(Eine Schwäche in diesem zweiten Teil von Poppers anti-induktivistischem Feldzug lag in der Zielsetzung, auf einen Streich einen endgültigen, klaren Sieg zu erringen: entweder durch den Nachweis der Inkonsistenz von Carnaps Ansatz, oder indem man zeigte, daß, *wenn* eine induktive Logik überhaupt möglich sein sollte, *dann* die Vorzugswürdigkeit einer Theorie bei gegebenen Erfahrungsdaten eher in ihrer Unwahrscheinlichkeit als in ihrer Wahrscheinlichkeit liegt. Er machte sich nicht klar, daß der Kampf gegen ein Forschungsprogramm – in diesem Fall gegen ein nicht-empirisches Programm –, indem man dessen Entartung nachweist und ein Gegenprogramm entwickelt, kein schneller Prozeß sein kann. Ich hoffe, daß meine Entwicklung auch dieser Angriffsrichtung dazu beiträgt, einige seiner Punkte zu klären.)

Aber die zweite Spitze von Poppers anti-induktivistischem Feldzug kann sogar in einem strengeren Sinne interpretiert werden. Man kann sagen, daß sie gegen *jedes beliebige* infallible aprioristische metaphysische Induktionsprinzip – gleichgültig, ob probabilistisch oder nicht-probabilistisch – gerichtet ist, das dazu dienen würde, dem Feld wissenschaftlicher Sätze eine *bewiesene* Metrik zuzuschreiben.[106]

Von Wissenschaftstheoretikern, die zwar Poppers Argument gegen eine Wahrscheinlichkeitslogik verstanden haben, aber nicht diese allgemeinere Botschaft, werden noch immer nicht-probabilistische Logiken der Bestätigung – darunter einige von großem Scharfsinn – produziert.[107]

(3) Die dritte Spitze in Poppers anti-induktivistischem Feldzug ist nicht so leicht ans Licht zu bringen. Sie besteht in einer stillschweigenden, aber hartnäckigen Weigerung, irgendein *synthetisches* induktives Prinzip zu akzeptieren, das die Popperschen *analytischen* Beurteilungen von Theorien (wie Gehalt und Bewährung) mit der Wahrheitsnähe verbindet.[108] Aber warum sollten wir ein hypothetisch-fallibles induktives Prinzip aus dem Bereich der Rationalität ausschließen? Warum die *Anwendung* der Wissenschaft an ihre 'animalische', 'biologische' Funktion verweisen?[109] Poppers Hauptargument gegen ein rechtfertigungstheoretisches Prinzip der Induktion (daß es nämlich entweder zu einem unendlichen Regress oder zum *Apriorismus* führe[110]) ist *in diesem Falle* nicht gültig. Poppers gewichtiges Argument trifft nur ein Prinzip, das als eine Prämisse einer *bewiesenen* Maßfunktion für (raum-zeitlich lokalisierte)[111] Wahrheitsnähe (von der Art der Popperschen Grade der Bewährung) dienen würde. Ein fallibles induktives Prinzip würde nur einen Skeptico-Dogmatiker[112] abstoßen, für den

---

[106] Popper war so sehr von seinem Kampf gegen *apriorische Wahrscheinlichkeits-Metriken* der Bestätigung in Anspruch genommen, daß er – so scheint es – zumindest für einen kurzen Augenblick in seinem Widerstand gegen *nicht-probabilistische Apriori-Metriken* schwankend wurde; vgl. Lakatos [1968*a*] S. 411f.

[107] Hier könnten Hintikka, L. J. Cohen und – vielleicht – Levi erwähnt werden.

[108] Popper, und Agassi und Watkins, die ihm darin folgen, haben 'Grad der Bewährung' als eine streng tautologische Beurteilung interpretiert (wegen Verweisen vgl. Lakatos [1968*a*] S. 401–5, besonders S. 401 Anm. 3 und S. 403 Anm. 3). Diese Interpretation unterstützt meine Analyse von Poppers 'drittem antiinduktivistischen Feldzug'.

[109] Popper [1934*b*] Abschn. 85.

[110] Popper [1934*b*] Abschn. 1.

[111] Vgl. Lakatos [1968*a*] S. 399.

[112] Zu der 'dialektischen Einheit' von Dogmatismus und Skeptizismus als zweier Pole des Rechtfertigungsdenkens vgl. Popper [1963*a*] S. 228; und auch Lakatos [1962] und [1966].

die Kombination des völligen Fehlens von Beweisen und starker Zustimmung auf einen bloß animalischen Glauben hinweist. Für den Humeschen skeptischen Pessimisten ist damit der Weg zu Ende, für den Kantschen dogmatischen Optimisten ist es ein 'philosophischer Skandal', den es zu beseitigen gilt. Aber für den Popperschen Fallibilisten, für den eine fallible Metaphysik – zumindest im Prinzip – rational beurteilbar ist, *sollte* es weder ein Grund für skeptische Resignation noch für Apriorismus sein.[113]) Nur irgendeine derartige fallible Metaphysik, die Bewährung und Wahrheitsnähe miteinander verbindet, würde Popper von den Skeptikern trennen und seinen Standpunkt, nach Feigls Worten 'als ein *tertium quid* zwischen Humes und Kants Erkenntnistheorien',[114]) zur Geltung bringen.

Über diese entscheidenden Fragen hatte ich mit Popper 1966–67 lange Diskussionen, von denen ich ungeheuer profitiert habe. Aber in mir blieb der Eindruck zurück, daß wir das, was ich 'die dritte Spitze seines anti-induktivistischen Feldzuges' genannt habe, vielleicht niemals mit gleichen Augen ansehen werden. *Der Grund liegt nicht darin, daß der Unterschied zwischen unseren Ansichten zu groß ist, sondern darin, daß er so winzig ist.* Der Unterschied zwischen totalem Skeptizismus und bescheidenem Fallibilismus ist so klein, daß man häufig das Gefühl hat, in bloß verbalen Spitzfindigkeiten engagiert zu sein. Soll man sich auf das 'induktive Prinzip', für das ich eintrete,[115]) als auf eine 'rational unternommene Spekulation' beziehen, die man sogar für nur sehr schwach 'gerechtfertigt' halten könnte; oder sollte man sich darauf als auf einen starren 'animalischen Glauben' beziehen, der sich im Darwinschen Kampf ums Überleben gebildet hat? Ich fügte am Ende meiner Abhandlung 'Changes in the Problem of Inductive Logic' einen kurzen Abschnitt von drei Seiten ein über 'Poppers Opposition gegen 'Akzeptierbarkeit₃'. Ich fürchte, daß dieser Abschnitt ziemlich trivial ist. Denn obwohl ich dachte, in meiner langen und pedantischen Diskussion über 'Akzeptierbarkeit₃' eine neue, *positive* Lösung für das alte Problem der Induktion angeboten zu haben, ist die Lösung sehr dünn ausgefallen. Leider ist eine Lösung nur dann interessant, wenn sie in ein größeres Forschungsprogramm eingebettet ist, oder zu einem solchen führt; wenn sie also ihrerseits

---

[113]) Viktor Kraft scheint einer solchen Position sehr nahe gekommen zu sein. Er verabscheute den Humeschen Skeptizismus, der 'jede empirische Gesetzeswissenschaft als rationale verneint. Sie wird zu einem irrationalen Phänomen wie der Glaube an ein Paradies oder an Dämonen' ([1925] S. 208). Er verabscheute die Idee: 'Alles allgemeine Wissen (von Wirklichem) hat nur die Geltung von Annahmen' (S. 255). Auf der anderen Seite lehnte er den Kantschen Apriorismus ab und wies darauf hin, daß Kants eigentliche Frage ('wie ist [unfehlbare] Wissenschaft möglich') die Existenz einer unfehlbaren Wissenschaft voraussetzt. Er weist tatsächlich darauf hin, daß Wissenschaft fehlbar ist, und damit verschwindet die Frage; 'dann kann man die Möglichkeit der Wissenschaft nur frei und ganz ohne Basis konstruieren – als völlig willkürliche Festsetzung.' (S. 31). Das ist natürlich der Schritt von Kant zu LeRoy (vgl. Lakatos [1970] S. 104*f*). Aber dann führt Kraft – enttäuschenderweise – 'Einfachheit' als ein *Gültigkeits*-Kriterium ([1925] S. 257–8) ein; und er behauptet sogar die *absolute Gültigkeit* von Basissätzen (S. 253).
[114]) Feigl [1964] S. 47.
[115]) In meinem [1968*a*] unterschied ich mein fallibles 'metaphysisches Prinzip' von dem 'induktiven Prinzip', das ich dann *durch Definition* als infallibel annahm (S. 398). Ich wählte diese Terminologie, um Popper nicht in einem rein semantischen Punkt anzugreifen und um die Behauptung aufrecht zu erhalten, daß er *alle* möglichen Arten von induktiven Prinzipien zerstört hat. Da Popper selbst angefangen hat, von einer 'positiven Lösung' des Induktionsproblems zu reden, habe ich jetzt meine Terminologie geändert (vgl. Anm. 121 *unten*); und, in der Tat, ist nichts falsch daran, alte ehrwürdige Ausdrücke (wie 'induktives Prinzip') zu bewahren, sogar nachdem ein Problem so radikal geändert worden ist wie das Induktionsproblem durch Popper.

neue Probleme – und Lösungen – hervorbringt. *Aber das würde nur der Fall sein, wenn ein solches induktives Prinzip genügend reichhaltig formuliert werden könnte, so daß man von seinem Standpunkt aus unser Wissenschaftsspiel kritisieren kann.* Mein induktives Prinzip versucht zu erklären, warum wir das Wissenschaftsspiel 'spielen'. Aber mein Prinzip gibt eine *Ad-hoc*-Erklärung und keine 'Tatsachen korrigierende' Erklärung (oder, meinetwegen, keine 'normative Basissätze korrigierende' Erklärung). *Ad-hoc*-Erklärungen kommen bloßen sprachlichen Umformungen sehr nahe, obgleich sie *auch* zu jenen glücklichen Formulierungen gehören können, die spätere Entwicklungen anregen und schützen. Popper versperrte derartige metaphysische Entwicklungen, wenn er unnachgiebig verkündet: 'Was eine induktive Logik betrifft, so glaube ich nicht, daß es sie gibt. Es gibt natürlich eine Logik der Wissenschaft, diese ist aber Teil einer angewandten deduktiven Logik: der Logik des Testens von Theorien oder der Logik des Erkenntnisfortschritts'.[116]) Im Gegensatz dazu bin ich der Auffassung, daß die 'Logik des Erkenntnisfortschritts' – zusätzlich zu Poppers *logisch-metaphysischer* Theorie der Wahrheitsnähe – *irgendeine* spekulative, *echt erkenntnistheoretische* Theorie einschließen *muß*, die die wissenschaftlichen Standards mit der Wahrheitsnähe in Verbindung bringt.

Ich glaube, daß Poppers Abneigung, in einer induktiven Logik überhaupt etwas zu sehen, darauf beruht, daß die fallible induktive Metaphysik derart mager ist; und ich schätze seinen Standpunkt.[117]) Wenn sowohl die 'tautologischen' Beurteilungen als auch die metaphysischen induktiven Prinzipien gleichermaßen unwiderlegbar sind, so besteht doch philosophisch ein ungeheurer Unterschied darin, ob man eine Beurteilung als tautologisch oder als metaphysisch interpretiert. Denn *diese Entscheidung ist, wie ich bereits zeigte, eine Entscheidung zwischen Skeptizismus, mit einer rein negativen Lösung des Induktionsproblems, und Fallibilismus, mit einer – augenblicklich sehr schwachen – positiven Lösung.* Indem Popper sich weigert, ein 'mageres' metaphysisches Prinzip der Induktion zu akzeptieren, gelingt es ihm nicht, Rationalismus und Irrationalismus, schwaches Licht und totale Dunkelheit auseinanderzuhalten. Ohne dieses Prinzip bleiben Poppers 'Bewährungen' oder 'Widerlegungen' und mein 'Fortschritt' oder meine 'Degeneration' bloße Ehrentitel, die in einem reinen Spiel verliehen werden.[118]) Mit einer *positiven* Lösung des Induktionsproblems – wie mager es auch immer ausfallen mag – gelingt es, die methodologischen Theorien der Abgrenzung von willkürlichen Festsetzungen in rationale Metaphysik überzuführen.

[116]) Popper [1968c] S. 139.

[117]) 'Induktive Prinzipien', die methodologische Beurteilungen benutzen (wie Poppers Bewährung oder meine Beurteilungen von Problemverschiebungen als versuchsweises Maß der Wahrheitsnähe), sind – das gebe ich zu – im höchsten Maße unwiderlegbar. Nur Gott kann den Unterschied zwischen der Wahrheitsnähe und der wissenschaftlichen Beurteilung unserer besten Theorien sehen. Das spricht natürlich für Poppers Skeptizismus.

Das tatsächliche Prinzip, wie es in der Diskussion von 'Akzeptierbarkeit₃' in meiner Abhandlung [1968a] aufgestellt wurde, ist ziemlich kompliziert. Jetzt möchte ich es lieber in der Form aussprechen, daß, grob gesprochen, die Methodologie wissenschaftlicher Forschungsprogramme für die Approximation der Wahrheit in unserer tatsächlichen Welt besser geeignet ist als jede andere Methodologie; vgl. Lakatos [1971].)

[118]) Wie Feigl es ausdrückte: 'Das Problem besteht genau darin zu zeigen, was uns berechtigt, Ehrentitel zu verleihen' (Feigl [1964] S. 49).

Popper könnte natürlich mit Recht darauf entgegnen, daß diese 'positive Lösung' selbst bloß eine willkürliche Festsetzung sei. Der Rationalist strebt eine positive Lösung des Induktionsproblems an, und deshalb postuliert er sie. Aber wie es Russell ausdrückte: 'Die Methode, das zu postulieren, was man braucht, hat viele Vorteile. Es sind dieselben wie die Vorteile des Diebstahls gegenüber der ehrlichen Arbeit'.[119])

Warum sollten wir jedoch gegenüber einigen derartigen metaphysischen Postulaten skeptischer sein, als wir es gegenüber 'akzeptierten' Basissätzen sind? Warum dehnen wir den hartnäckigen Popperschen Konventionalismus von der Akzeptierung (ohne Überzeugung) raum-zeitlicher singulärer Sätze nicht aus, um eine ähnliche Akzeptierung einigen universellen Sätzen (im 'harten Kern' meiner Forschungsprogramme) einzuräumen, und darüber hinaus sogar einem falliblen schwachen 'induktiven Prinzip'? Warum sollte Popper absurden Sätzen wie 'nichts kann eine höhere Geschwindigkeit als Lichtgeschwindigkeit annehmen', oder 'entfernte Massen ziehen sich gegenseitig an' einen hohen wissenschaftlich-rationalen (obwohl, wie ich erwähnte, keinen echt erkenntnistheoretischen) Status zuschreiben, aber einen plausiblen Satz wie 'Physik besitzt größere Wahrheitsnähe als Astrologie' als 'animalischen Glauben' klassifizieren? Warum sollte, solange keine ernstzunehmende Alternative verfügbar ist, nur ein 'Basissatz', aber kein 'metaphysischer' Satz akzeptiert werden?

Die dritte Spitze von Poppers anti-induktivistischem Feldzug führt damit zu einer Humeschen irrationalistischen Theorie praktischen menschlichen Handelns und angewandter Wissenschaft.[120]) In der Tat kann nur eine positive Lösung des Induktionsproblems den Popperschen Rationalismus vor Feyerabends erkenntnistheoretischem Anarchismus bewahren.[121])

Abschließend möchte ich Folgendes sagen: Während ich glaube, daß meine Kritik an Poppers Lösung des *Abgrenzungsproblems* eine echte Weiterentwicklung gerade in der Tradition ist, die er selbst mit seiner 'Logik der Forschung' begründet hat, glaube ich nicht, daß meine 'Kritik' an Poppers Lösung des *Induktionsproblems* mehr ist als ein Versuch, die vollen Konsequenzen aufzudecken, die seine eigene Theorie der Wahrheitsnähe für das Induktionsproblem hat, und um damit den erkenntnistheoretischen Unterschied zwischen dem klassischen Skeptizismus und Poppers Fallibilismus scharf und explizit zu formulieren. Ich hoffe,

---

[119]) Russell [1919] S. 85.

[120]) Es gibt natürlich eine Alternative: eine rationale Theorie praktischen Handelns zu entwickeln, die von wissenschaftlicher Rationalität *unabhängig* ist. Zu diesem Ansatz finden sich Spuren bei Popper, und von Watkins wurde er ausdrücklich befürwortet. Auf diese Weise landeten Popper und Watkins – führende Protagonisten der wissenschaftlichen *Weltanschauung* – auf einer Position, für die Wissenschaft als Wegweiser des praktischen Handelns ('guide of life') zu einer Anomalie wird (vgl. Lakatos [1968a] S. 402f.).

[121]) Ich glaube, daß Feyerabends Wandlung von dem Popperianer Feyerabend$_1$ zum anarchistischen Liebling der Neuen Linken (Feyerabend$_2$) darauf zurückzuführen ist, daß er sich einer radikal skeptischen Interpretation von Poppers eigener Wissenschaftstheorie zugewandt hat. Mein Diskussionsbeitrag erklärt auch Popkins Verwirrung darüber, ob Popper ein Skeptiker sei oder nicht (vgl. Popkin [1967] S. 458).

daß er meine Modifikationen, die ich in den beiden Problembereichen vorgenommen habe, akzeptieren kann.[122])

[**Zusatz** 1971:] Popper hat jüngst einen langen Aufsatz über das Induktionsproblem veröffentlicht, um seine Ansicht zu diesem Thema zu klären. Große Abschnitte aus Poppers Arbeit [1971] bestehen aus Antworten auf meine Arbeit [1968a] und auf meinen vorliegenden Beitrag.

Ich konnte mit Interesse feststellen, daß Popper bezüglich *einiger weniger unbedeutender Punkte* jetzt einige meiner früheren Vorschläge übernommen hat. Zum Beispiel setzt er nun Kühnheit mit Nicht-ad-hoc-Charakter gleich, d. h.: mit Überschuß-Gehalt eher als mit Gehalt.[123]) Außerdem gab er nun seine lange behauptete und zäh verteidigte Lehre auf, daß der Bewährungsgrad (degree of corroboration) einer unwiderlegten Theorie nicht kleiner sein kann als der Bewährungsgrad irgendeiner ihrer Folgen;[124]) stattdessen hat er sich nun radikal zu der Position bekehrt, die in meiner Ausführung über 'Theoretical support for predictions versus evidential support for theories' skizziert wird[125]). Unglücklicherweise zitiert Popper den einzigen Punkt, an dem er sich auf meine Arbeit offen bezieht, falsch: Er behauptet, daß ich argwöhne, daß die Zuschreibung von genauen Zahlen zu [seinem] 'Bewährungsgrad', wenn sie überhaupt möglich wäre, [seine Theorie] zu einer induktivistischen machen würde im Sinne einer probabilistischen Theorie der Induktion'. Popper 'sieht überhaupt keinen Grund, warum dies so sein sollte'[126]). Dies tue ich ebenfalls nicht; und ich habe nichts dergleichen auf den Seiten 410–12 meiner Arbeit gesagt, auf die er den Leser verweist – noch sagte ich irgendetwas dieser Art irgendwo sonst.

[122]) Ich war in der Tat darüber erfreut, von Popper zu erfahren, daß er – in Erwiderung auf Lakatos [1968a] – jetzt in Popper [1969e] auf Seite 226 einen kurzen *Zusatz* eingefügt hat, worin er sagt: 'das *logisch-methodologische Problem der Induktion* ist nicht unlösbar, sondern es wurde in meinem Buch (negativ) gelöst: *(a) Negative Lösung.* Wir können Theorien nicht rechtfertigen, weder als wahr noch als wahrscheinlich. Diese und die folgende Lösung sind vereinbar: *(b) Positive Lösung. Wir können* die Bevorzugung gewisser Theorien *rechtfertigen*, im Lichte ihrer Bewährung, d. h. des momentanen Standes der kritischen Diskussion der konkurrierenden Theorien unter dem Gesichtspunkt der Wahrheitsnähe.'
Das ist das erstemal, daß Popper eine 'positive' Lösung des Induktionsproblems erwähnt. Diese 'positive Lösung' besteht dann einfach darin, daß wir unsere Vermutung über die größere Wahrheitsnähe von Theorien auf den Vergleich ihrer Bewährungsgrade abstellen. (Natürlich müßte Popper hier meine *korrigierte* Version des Grades der Bewährung in Anspruch nehmen, die sogar widerlegten Theorien positive Grade der Bewährung oder der 'Akzeptierbarkeit₂' zuschreibt: vgl. Lakatos [1968a] S. 384–5). Weiter sagt er, daß dies auch das *'praktische Problem der Induktion'* löse: Wir wählen diejenige Hypothese, deren Wahrheitsnähe wir für höher einschätzen. Er nennt das eine riskante, aber rationale Entscheidung.
Aber selbst Poppers *Zusatz* klärt nicht völlig die Fragen, die ich aufgeworfen habe. Eine sorgfältige Lektüre des Textes ergibt, daß sich Popper noch immer nicht darüber im klaren ist, daß die 'positive Lösung', die er vorschlägt, die Existenz eines synthetischen induktiven Prinzips impliziert. Er hat noch immer nicht seine Behauptung zurückgezogen, daß sein Grad der Bewährung *analytisch* sei. Aber wenn das so ist, dann braucht er ein zusätzliches synthetisches Prinzip, das diese analytische Maßfunktion in eine synthetische Funktion überführt, um die Wahrheitsnähe abzuschätzen. Es bleibt ein ungelöster Widerspruch bestehen, zwischen einer echten (d. h. metaphysischen) 'positiven Lösung' des Induktionsproblems und der 'dritten Spitze' seines antiinduktivistischen Feldzuges.
[123]) [Popper 1971], S. 181; vgl. Lakatos [1968a], S. 375.
[124]) Vgl. z. B. Popper [1959], S. 270 und Watkins [1964], S. 98.
[125]) Lakatos [1968a], Abschnitt 3.4. (S. 405–408).
[126]) Popper [1971], S. 184, Anm. 23.

Den Hauptpunkt – über Induktion – *betreffend* enthält Poppers Arbeit [1971] nichts Neues[127]. Seine 'Kritik' gegen das Plädoyer für ein induktives Prinzip[128] läßt mein Argument für ein solches Prinzip völlig unberührt.

[127] Er wiederholt seine abgetragene Tautologie, daß 'insoweit als wir wählen *müssen*, es 'rational' sein wird, die bestgetestete Theorie zu wählen. Das wird 'rational' sein in dem offensichtlichsten Sinn des Wortes, der mir bekannt ist: die am besten getestete Theorie ist diejenige, die im Lichte unserer *kritischen Diskussion* als die bislang beste erscheint, und ich weiß nicht, was mehr 'rational' sein sollte als eine gut geführte kritische Diskussion' (S. 188). Dieses Beharren darauf, daß das Spiel der Wissenschaft keines extra-methodologischen Rationale bedarf, führt ihn dazu, die Wissenschaftstheoretiker zu entmutigen: 'Keine Erkenntnislehre sollte versuchen zu erklären, warum wir in unseren Versuchen, Dinge zu erklären, erfolgreich sind' (S. 189). Was denn sollte eine Erkenntnislehre zu erklären versuchen?
[128] Vgl. besonders die letzten zwei Absätze von Abschnitt 12 seines [1971], S. 195.

Literatur

Agassi [1964]: 'Scientific Problems and Their Roots in Metaphysics' in Bunge (ed.): *The Critical Approach to Science and Philosophy*, 1964, S. 189–211.

Agassi [1969]: 'Popper on Learning from Experience' in Rescher (ed.): *Studies in the Philosophy of Science, American Philosophical Quarterly Monograph Series*, S. 162–171.

Black [1967]: 'Induction' in P. Edwards (ed.): *The Encyclopedia of Philosophy*, **4**, S. 169.

Feigl [1964]: 'What Hume Might Have Said to Kant' in Bunge (ed.): *The Critical Approach to Science and Philosophy*, 1964, S. 45–51.

Feyerabend [1969]: 'A Note on Two 'Problems' of Induction', *British Journal for the Philosophy of Science*, **19**, S. 251–3.

Kraft [1925]: *Die Grundformen der Wissenschaftlichen Methoden*, 1925.

Kraft [1970]: 'The Problem of Induction' in Feyerabend and Maxwell (eds.): *Mind, Matter and Method*, 1966, S. 306–317.

Lakatos [1962]: 'Infinite Regress and the Foundations of Mathematics' in *Aristotelian Society Supplementary Volume*, **36**, 1962, S. 155–184.

Lakatos [1963–1964]: 'Proofs and Refutations', *British Journal for the Philosophy of Science*, **14**, S. 1–25, 120–39, 221–43, 296–342 (deutsch *Beweise und Widerlegungen*, 1979).

Lakatos [1966]: 'Popkin on Scepticism' in Yourgrau and Breck (eds.) *Logic, Physics and History*. 1970, S. 220–3.

Lakatos [1967]: 'A Renaissance of Empiricism in the Recent Philosophy of Mathematics' in Lakatos (ed.): *Problems in the Philosophy of Mathematics*, 1967, S. 199–202.

Lakatos [1968a]: 'Changes in the Problem of Inductive Logic' in Lakatos (ed.): *The Problem of Inductive Logic*, 1968, S. 315–417.

Lakatos [1968b]: 'Criticism and the Methodology of Scientific Research Programmes', *Proceedings of the Aristotelian Society*, **69**, S. 149–86.

Lakatos [1968c]: 'A letter to the Director of the London School of Economics' in C. B. Cox and A. E. Dyson (eds.): *Fight for Education, A Black Paper*, 1968.

Lakatos [1970]: 'Falsification and the Methodology of Scientific Research Programmes' in Lakatos/Musgrave (Hrsg.): *Criticism and the Growth of Knowledge*, S. 91–195 (deutsch 'Falsifikation und die Methodologie wissenschaftlicher Forschungsprogramme', in Lakatos/Musgrave: *Kritik und Erkenntnisfortschritt*, 1974, pp. 89–189).

Lakatos [1971]: 'History of Science and its Rational Reconstructions' in R. S. Cohen und R. C. Buck (Hrsg.) PSA 1970, *Boston Studies in the Philosophy of Science*, **8**, D. Reidel.

Musgrave [1968]: 'On a Demarcation Dispute' in Lakatos/Musgrave (Hrsg.): *Problems in the Philosophy of Science*, 1968, S. 78–85.

Naess [1964]: 'Reflections About Total Views', *Philosophy and Phenomenological Research*, **25**, 1963–64, S. 16–29.

Popkin [1967]: 'Scepticism' in P. Edwards (ed.): *The Encyclopedia of Philosophy*, **7**, S. 449–460.

Popper [1934b]: *Logik der Forschung*, 1935.

Popper [1945c]: *The Open Society and Its Enemies*, Vol. 2, 1945. [Zitate und Seitenangaben beziehen sich auf die deutsche Ausgabe: *Die offene Gesellschaft und ihre Feinde*, Bd. 2, 2. Aufl. 1970]

Popper [1957g]: *The Poverty of Historicism*, 1957 [Zitate und Seitenangaben beziehen sich auf die deutsche Ausgabe: *Das Elend des Historizismus*, 2. Auflage, 1969.]

Popper [1957i]: 'The Aim of Science', *Ratio*, **1**, S. 24–35. [Über die Zielsetzung der Erfahrungwissenschaft, deutsche Ausgabe: *Ratio*, vol. 1, S. 21–31.]

Popper [1959a]: *The Logic of Scientific Discovery*, 1959 [Bei Zitierung von [1959a] beziehen sich die Seitenangaben auf: Popper [1969e].

Popper [1962c]: 'Facts, Standards and Truth: Further Criticism of Relativism', *Addendum to the fourth edition of Popper* [1945c].

Popper [1963a]: *Conjectures and Refutations*, 1963.

Popper [1968c]: 'Remarks on the Problems of Demarcation and of Rationality' in Lakatos and Musgrave (eds.): *Problems in the Philosophy of Science*, 1968, S. 88–102.

Popper [1969e]: *Logik der Forschung*, 1969, dritte deutsche Auflage.

Popper [1971]: 'Conjectural Knowledge: my Solution of the Problem of Induction', *Revue Internationale de Philosophie 95–96*, 1971, S. 167–197.

Russell [1919]: *Introduction to Mathematical Philosophy*, 1919 [Zitate und Seitenangaben beziehen sich auf die deutsche Ausgabe: *Einführung in die mathematische Philosophie*, 1950.]

van der Waerden [1967]: *Sources of Quantum Mechanics*, 1967.

Watkins [1963]: 'Negative Utilitarianism', *Aristotelian Society Supplementary Volume*, **37,** S. 95–114.

Watkins [1964]: 'Confirmation, the Paradoxes and Positivism' in M. Bunge (ed.): *The Critical Approach*, 1964, S. 92–115.

Watkins [1967]: 'Decision and Belief' in Robin Hughes (ed.): *Decision Making*, 1967.

Watkins [1968]: 'Hume, Carnap, Popper' in Lakatos (ed.): *The Problem of Inductive Logic*, 1968, S. 271–82.

Watkins [1970]: 'Against Normal Science' in Lakatos/Musgrave (Hrsg.): *Criticism and the Growth of Knowledge*, 1970, S. 25–37 (deutsch 'Gegen die 'Normalwissenschaft' ', in Lakatos/Musgrave: *Kritik und Erkenntnisfortschritt*, 1974, pp. 25–38).

Watkins [1971]: 'CCR: A Refutation', *Philosophy*, **47,** 1971, S. 56–61.

4 Warum hat das Kopernikanische Forschungsprogramm das Ptolemäische überrundet?*)

Einleitung

Als erstes möchte ich eine Rechtfertigung dafür bringen, daß ich Sie zum 500. Geburtstag des Kopernikus mit einem philosophischen Vortrag behellige. Sie besteht darin, daß ich vor ein paar Jahren eine bestimmte Methode vorgeschlagen habe, die Wissenschaftsgeschichte als einen einigermaßen gewichtigen Schiedsrichter in wissenschaftstheoretischen Streitfragen heranzuziehen, und mir schien, als könnte gerade die Kopernikanische Revolution einen wichtigen vergleichenden Prüfstein für einige heutige wissenschaftstheoretische Auffassungen abgeben.

Ich fürchte, zunächst muß ich – ganz grob – erklären, welche philosophischen Fragen mir vorschweben, und wie historische Kritik zur Lösung einiger von ihnen beitragen könnte.

Das Hauptproblem der Wissenschaftstheorie ist das der normativen Beurteilung wissenschaftlicher Theorien, und insbesondere das Problem der Aufstellung *allgemeiner* Bedingungen für die Wissenschaftlichkeit einer Theorie. Dieser Grenzfall des *Beurteilungsproblems* heißt in der Philosophie das *Abgrenzungsproblem* und wurde vom Wiener Kreis und vor allem von Karl Popper dramatisiert, der zeigen wollte, daß einige *angeblich* wissenschaftliche Theorien wie der Marxismus oder die Freudsche Psychoanalyse pseudowissenschaftlich seien und somit nicht mehr taugten als etwa die Astrologie. Das Problem ist nicht unwichtig, und seine Lösung verlangt noch eine Menge Arbeit. Um ein weniger bedeutendes Beispiel anzuführen: die Affäre Velikovsky zeigte, daß die Wissenschaftler nicht ohne weiteres Maßstäbe angeben können, die dem Laien (oder, wie mir mein Freund Paul Feyerabend zu bedenken gibt, ihnen selbst) verständlich wären, und in deren Lichte man die Ablehnung einer Theorie als vernünftig dartun könnte, die eine revolutionäre wissenschaftliche Leistung zu sein *behauptet*.

Dieses Beurteilungsproblem ist etwas völlig anderes als das Problem, warum und wie neue Theorien entstehen. Die Beurteilung des Wandels ist ein normatives Problem und gehört somit in die Philosophie; die Erklärung des Wandels (der tatsächlichen Anerkennung und Ablehnung von Theorien) ist ein psychologisches Problem. Diese Kantische Abgrenzung zwischen der 'Logik der Beurteilung' und der 'Psychologie der Entdeckung' setze ich jedenfalls voraus. Versuche, sie zu verwischen, haben zu nichts als leerem Gerede geführt.[1]

---

*) Diese Arbeit wurde zusammen mit Elie Zahar 1972–73 geschrieben. Sie wurde zuerst veröffentlicht als Lakatos und Zahar [1976]. Lakatos sagt folgendes über die Entstehung der Arbeit: 'Dieser Vortrag wurde zuerst auf dem Symposion der British Society for the History of Science zum 500. Geburtstag Kopernikus' am 5. 1. 1973 gehalten. Die Arbeit ist die Frucht gemeinsamer Bemühungen der Verfasser, wird aber in der Ich-Form von Imre Lakatos vorgetragen. Ältere Fassungen wurden von Paul Feyerabend und John Worrall kritisiert.' (D. Hrsgg.)

[1] Diese Skizze beschäftigt sich mit der normativen Seite des Titelproblems. Sie versucht keine sozio-psychologische Analyse der Kopernikanischen Revolution.

Das verallgemeinerte Abgrenzungsproblem hängt eng mit dem Problem der Vernünftigkeit der Wissenschaft zusammen. Seine Lösung sollte uns einen Leitfaden dafür an die Hand geben, wann die Anerkennung einer wissenschaftlichen Theorie vernünftig ist und wann nicht. Es gibt immer noch kein allgemein anerkanntes Kriterium, mit dem man entscheiden könnte, ob die Verwerfung der Kopernikanischen Theorie durch die Kirche im Jahre 1616 oder die Verwerfung der Mendelschen Genetik durch die Kommunistische Partei der Sowjetunion im Jahre 1949 vernünftig war. (Natürlich sind wir – so möchte ich hoffen – alle darin einig, daß das *Verbot* von 'De revolutionibus' und die *Ermordung* der Mendelianer etwas Beklagenswertes war.) Oder nehmen wir ein Beispiel aus der Gegenwart: es ist sehr umstritten, ob es vernünftig ist, wenn heute sogenannte amerikanische Liberale die Anwendung der Genetik auf die Intelligenz durch Jensen und andere ablehnen.[2]) (Trotzdem könnte man sich darin einig sein, daß die Entscheidung, daß eine Theorie abzulehnen sei, keine Gefährdung an Leib und Leben für deren hartnäckige Verfechter nach sich ziehen sollte; und daß '[nichts] verurteilt werden sollte, wenn man es nicht verstanden, nicht studiert, ja nicht einmal zur Kenntnis genommen hat'.[3]))

1.   Empiristische Darstellungen der 'Kopernikanischen Revolution'

Zunächst möchte ich den Ausdruck 'Kopernikanische Revolution' definieren. Selbst im deskriptiven Sinne ist er verschieden verwendet worden. Oft versteht man darunter die Anerkennung der Auffassung, daß die Sonne und nicht die Erde den Mittelpunkt unseres Planetensystems bilde, durch das 'Publikum'. Doch weder Kopernikus noch Newton vertraten diese Auffassung.[4]) Wie dem auch sei, *Übergänge* von einer Publikumsauffassung zu einer anderen fallen nicht in das Gebiet der eigentlichen *Wissenschafts*-Geschichte. Lassen wir für den Augenblick Auffassungen und Bewußtseinszustände beiseite und betrachten wir lediglich *Aussagen* und ihren objektiven (im Sinne von Frege und Popper, also ihren 'drittweltlichen'[5])) Gehalt. Insbesondere betrachten wir die Kopernikanische Revolution als die Hypothese, daß sich die Erde um die Sonne bewegt und nicht umgekehrt, oder genauer, daß das feste Bezugssystem für die Planetenbewegung von den Fixsternen gebildet wird und nicht von der Erde. So wird sie meist von denjenigen verstanden, für die einzelne Hypothesen (und keine Forschungsprogramme oder 'Paradigmen') der passende Gegenstand der Beurteilung sind.[6]) Wir nehmen uns nacheinander verschiedene Formen dieser Auffassung vor und zeigen, daß sie alle versagen.

Als erstes behandle ich die Auffassung, daß die Überlegenheit der Kopernikanischen Hypothese auf *unmittelbar empirischen Gründen* beruhe. Die Vertreter dieses 'Positivismus' sind entweder Induktivisten oder Probabilisten oder Falsifikationisten.

[2]) Nach Urbach [1974] ist es unvernünftig. Doch ob nun Urbach recht hat oder nicht, die Entscheidung der Stanford University, den Nobelpreisträger Shockley nicht über Rasse und Intelligenz sprechen zu lassen, ist ebenso schockierend wie die Entscheidung der Universität von Leeds, ihm den Ehrendoktor der Ingenieurwissenschaften zu verweigern, weil Lord Boyle und Jerry Ravetz (ein glänzender Kopernikusforscher!) fanden, er vertrete eine Theorie, die der sogenannten 'liberalen' Lehre zuwiderlaufe.
[3]) Galilei [1615].
[4]) Vgl. z.B. Price [1959], S. 204 f.
[5]) Vgl. z.B. Popper [1972], insbes. Kap. 3 u. 4.
[6]) Vgl. Abschn. 3–5 der vorliegenden Arbeit.

Nach dem *strengen Induktivismus* ist eine Theorie dann besser als eine andere, wenn sie im Unterschied zu dieser aus den Tatsachen abgeleitet worden ist (anderenfalls sind beide Theorien rein spekulativ und gelten gleich wenig). Doch auch der überzeugteste Induktivist hat sich gehütet, dieses Kriterium auf die Kopernikanische Revolution anzuwenden. Man kann kaum behaupten, Kopernikus habe seinen Heliozentrismus aus den Tatsachen abgeleitet. Vielmehr ist heute anerkannt, daß sowohl die Ptolemäische als auch die Kopernikanische Theorie bekannten Beobachtungsergebnissen widersprachen.[7]) Doch viele hervorragende Gelehrte, so Kepler, behaupteten, Kopernikus habe seine Ergebnisse abgeleitet 'aus den Erscheinungen, aus den Wirkungen, aus den Konsequenzen, wie ein Blinder, der sich mit einem Stock vorantastet'.[8])

Der strenge Induktivismus wurde von vielen Leuten von Bellarmin bis Whewell ernst genommen und kritisiert und von Duhem und Popper endgültig zertrümmert,[9]) wenn auch einige Wissenschaftler und Wissenschaftstheoretiker wie Born, Achinstein und Dorling immer noch an die Möglichkeit glauben, Theorien aus (ausgewählten?) Tatsachen zu deduzieren oder schlüssig zu induzieren.[10]) Doch der Zusammenbruch der Kartesischen und allgemein der psychologistischen Logik und der Aufstieg der Bolzano-Tarskischen Logik besiegelte das Schicksal der 'Ableitung aus den Tatsachen'. *Wenn eine wissenschaftliche Revolution in der Entdeckung neuer Tatsachen und in davon ausgehenden gültigen Verallgemeinerungen besteht, dann hat es keine Kopernikanische (keine Wissenschaftliche) Revolution gegeben.*

Wenden wir uns nun den *probabilistischen Induktivisten* zu. Können sie erklären, warum die Kopernikanische Theorie der Himmelsbewegungen besser als die Ptolemäische war? Nach dem probabilistischen Induktivismus ist eine Theorie besser als eine andere, wenn sie bezüglich des gesamten zu der betreffenden Zeit vorhandenen Datenmaterials eine höhere Wahrscheinlichkeit hat. Ich kenne mehrere (unveröffentlichte) Versuche, die Wahrscheinlichkeit der beiden Theorien angesichts der im 16. Jahrhundert vorliegenden Daten zu berechnen und zu zeigen, daß die Kopernikanische Theorie die wahrscheinlichere war. Alle diese Versuche sind gescheitert. Wie ich höre, versucht jetzt Jon Dorling, eine neue Bayessche Theorie der Kopernikanischen Revolution auszuarbeiten. Das wird ihm nicht gelingen. *Wenn eine wissenschaftliche Revolution darin besteht, daß eine Theorie vorgeschlagen wird, die aufgrund der vorliegenden Daten wesentlich wahrscheinlicher ist als ihre Vorgängerin, dann hat es keine Kopernikanische (keine Wissenschaftliche) Revolution gegeben.*

---

[7]) Dazu möchte ich eine maßgebliche Quelle zitieren: 'Die Ptolemäische Theorie war nicht sehr genau. So wichen etwa die berechneten Marsörter von den wirklichen manchmal um fast 5° ab. Doch ... die von Kopernikus vorausgesagten Planetenörter ... waren fast ebenso schlecht' (Gingerich [1973]). Dieser Fehler war Kepler bekannt, und er beklagte sich darüber im Vorwort zu seinen 'Rudolphinischen Tafeln'. Er war sogar Adam Smith bekannt, wie aus Smith [1799] hervorgeht. (Diese Arbeit entstand vor 1773, in welchem Jahr sie Smith in einem Brief an David Hume erwähnt.) Gingerich erinnert auch daran, daß sich 'in Tychos Beobachtungsheften gelegentlich Beispiele dafür finden, daß das ältere System, das auf den Alfonsinischen Tafeln beruhte, bessere Voraussagen lieferte als die Kopernikanischen 'Prutenischen Tafeln'' (Gingerich [1973]; vgl. insbs. Anm. 6 dort).

[8]) Kepler [1604]. Jeans nennt den Gedanken der Erdbewegung das Kopernikanische 'Theorem' ([1948], S. 359) und behauptet: 'Kopernikus hatte seine These bewiesen' (ebenda, S. 133).

[9]) Vgl. Bd. 2, Kap. 8, sowie Kap. 3 des vorliegenden Bandes.

[10]) Vgl. Born [1949], S. 129–134, Achinstein [1970] und Dorling [1971].

Die *falsifikationistische Wissenschaftstheorie* kann zwei unabhängige Gesichtspunkte angeben, die eine Überlegenheit der Kopernikanischen Theorie der Himmelsbewegungen begründen könnten.[11]) Nach dem einen Gesichtspunkt war die Ptolemäische Theorie [[grundsätzlich]] unwiderlegbar (also pseudowissenschaftlich) und die Kopernikanische Theorie widerlegbar (also wissenschaftlich). Wäre dem so, dann hätten wir in Wirklichkeit einen Grund, die Kopernikanische Revolution mit der Großen Wissenschaftlichen Revolution gleichzusetzen: sie wäre der Übergang von unwiderlegbarer Spekulation zu widerlegbarer Wissenschaft. Nach dieser Auffassung war die Ptolemäische Heuristik wesentlich ad hoc: sie konnte *jede beliebige* neue Tatsache einbeziehen, indem sie das Gewirr der Epizykel und Äquanten noch etwas erweiterte. Die Kopernikanische Theorie dagegen gilt als empirisch widerlegbar (wenigstens 'im Prinzip'). Das ist eine etwas fragwürdige Rekonstruktion der Geschichte; die Kopernikanische Theorie könnte nämlich ohne weiteres beliebig viele Unterepizykel verwenden. Das Märchen, die Ptolemäische Theorie habe beliebig viele Epizykel enthalten, die man jeder beliebigen Planetenbeobachtung anpassen konnte, wurde ohnehin erst nach der Entdeckung der Fourier-Reihen erfunden. Doch wie Gingerich kürzlich fand, war diese Parallele zwischen aufeinandergebauten Epizykeln und der Fourier-Analyse weder Ptolemäus noch seinen Nachfolgern gegenwärtig. Vielmehr zeigt die Nachberechnung der Alfonsinischen Tafeln durch Gingerich, daß Alfonsos jüdische Astronomen für die tatsächlichen Berechnungen nur eine Theorie mit einem einzigen Epizykel verwendeten.

Eine andere Variante des Falsikationismus behauptet, beide Theorien seien auf lange Zeit gleich widerlegbar gewesen. Es seien miteinander unverträgliche, aber gleichermaßen unwiderlegte Konkurrenten gewesen; *schließlich* aber hätte ein experimentum crucis Ptolemäus widerlegt und Kopernikus erhärtet ('bewährt'). Popper drückte es so aus: 'Das System des Ptolemäus war nicht widerlegt, als Kopernikus sein System vorlegte ... In derartigen Fällen gewinnen experimenta crucis entscheidende Bedeutung'.[12]) Doch das Ptolemäische System (in jeder bekannten Form) galt schon lange vor Kopernikus allgemein als widerlegt und mit Anomalien belastet. Popper braut sich seine eigene Geschichtsversion zusammen, die auf seinen naiven Falsifikationismus passen soll. (Natürlich könnte er heute – 1974 – unterscheiden zwischen bloßen Anomalien, die keine Widerlegungen bilden, und widerlegenden experimenta crucis. Doch dieses allgemeine ad-hoc-Manöver, mit dem er auf meine Kritik reagierte,[13]) verhilft ihm nicht zu einer allgemeingültigen Kennzeichnung des angeblichen 'experimentum crucis'.[14])) Wie wir sahen, konnte die angebliche Überlegenheit der Prutenischen Tafeln Reinholds über die Alfonsinischen Tafeln diese Entscheidung nicht liefern. Doch wie steht es mit den 1616 von Galilei entdeckten Venusphasen? Könnten *diese* die entscheidende Prüfung gebildet haben, die den Kopernikus als überlegen auswies? Mir schiene das eine ganz vernünftige Antwort sein zu können, wenn nicht beide Konkurrenten gleichermaßen von einem

[11]) Ein dritter wird unten am Ende von Abschn. 2 genannt.
[12]) Popper [1963], S. 246. Popper übergeht Tycho und meint, die Venusphasen hätten die Sache für Kopernikus entschieden.
[13]) Vgl. unten, Abschn. 6, sowie Lakatos [1974], Anm. 49.
[14]) Wenn aber ein Popperscher 'möglicher Falsifikator' je nach der Autorität der großen Wissenschaftler als relevant oder irrelevant genommen werden kann, dann bricht die gesamte Poppersche Wissenschaftstheorie zusammen.

Meer von Anomalien eingedeckt gewesen wären. Vielleicht haben die Venusphasen die Überlegenheit der Kopernikanischen Theorie über die Ptolemäische dargetan, und in diesem Fall wäre die Entscheidung der katholischen Kirche, das Werk des Kopernikus gerade im Augenblick seines Sieges zu verdammen, um so abstoßender. Wendet man aber das falsifikationistische Kriterium auf die Frage an, wann die Kopernikanische Theorie nicht nur die Ptolemäische, sondern auch die Theorie Tycho Brahes ausgestochen hatte (die 1616 wohlbekannt war), dann hat der Falsifikationismus nur eine absurde Antwort: *erst 1838.*[15]) Die Entdeckung der Fixsternparallaxe durch Bessel war das experimentum crucis zwischen beiden. Doch gewiß kann man nicht die Auffassung vertreten, die Aufgabe der geozentrischen Astronomie durch die gesamte Wissenschaft sei erst nach 1838 *vernünftig* begründet gewesen. Diese Sichtweise würde starke – und wenig einleuchtende – sozio-psychologische Voraussetzungen erfordern, um die rasche Abwendung von Ptolemäus zu erklären. In der Tat hatte die späte Entdeckung der Fixsternparallaxe nur sehr geringe Wirkung. Sie erfolgte ein paar Jahre, *nachdem* das Werk des Kopernikus vom Index mit der Begründung entfernt worden war, die Kopernikanische Theorie sei bereits als wahr erwiesen worden.[16]) Johnson kann nicht recht haben, wenn er schreibt:

‘Man sollte immer wieder auf die Tatsache hinweisen, daß es so lange keine Möglichkeiten gab, die Richtigkeit des Kopernikanischen Planetensystems durch die Beobachtung zu erweisen, bis fast drei Jahrhunderte später Instrumente entwickelt wurden, mit denen man die Parallaxe des nächsten Fixsterns messen konnte. So lange mußte die Richtigkeit oder Falschheit der Kopernikanischen Hypothese in der Wissenschaft eine offene Frage bleiben.’[17])

Irgendwo kann die falsifikationistische Analyse nicht stimmen. Wir haben hier ein typisches Beispiel dafür, wie die Wissenschaftsgeschichte eine wissenschaftstheoretische Auffassung untergraben kann – der tatsächliche Gang der Wissenschaftsgeschichte wäre in allzu großem Maße unvernünftig gewesen, wenn die wissenschaftliche Vernunft die falsifikationistische Vernunft wäre.[18]) *Wenn eine wissenschaftliche Revolution in der Widerlegung einer wichtigen Theorie und ihrer Ersetzung durch eine unwiderlegte Konkurrenztheorie besteht, dann hat die Kopernikanische Revolution (bestenfalls) 1838 stattgefunden.*

[15]) *Nicht* 1723, als es ein ‘experimentum crucis’ über die Aberration des Lichts gab.

[16]) Das erinnert stark an die Geschichte von der Rolle, die die Bestimmung der Lichtgeschwindigkeit in optisch dichteren Medien als der Luft in der optischen Revolution gespielt haben soll. Vor Fresnel stimmten Teilchen- und Wellentheoretiker darin überein, daß die Bestimmung der Lichtgeschwindigkeit etwa im Wasser den Streit entscheiden könnte. Doch als schließlich nach 1850 die Ergebnisse von Foucault und Fizeau vorlagen und für die Wellentheorie sprachen, hatten sie nicht viel Wirkung – die Sache war bereits entschieden. (Vgl. Worrall [1976].)

[17]) Johnson [1959], S. 220. Johnsons Irrtum wird dadurch noch schlimmer, daß Verifikation und Wahrheit verwechselt werden. Auch Watkins scheint in seiner sonst ausgezeichneten Kritik an Kuhn der Auffassung gewesen zu sein, daß der Streit zwischen den Kopernikanern und ihren Gegnern durch das experimentum crucis von 1838 entschieden worden sei. (Watkins [1970], S. 36.)

[18]) Die Umrisse einer allgemeinen Theorie dessen, wie die Wissenschaftsgeschichte eine Prüfung ihrer philosophischen ‘rationalen Rekonstruktionen’ abgeben kann, findet sich in Kap. 2 u. 3 des vorliegenden Bandes.

2.   Einfachheit als Kriterium

Nach dem Konventionalismus werden Theorien durch Übereinkunft anerkannt. In der Tat kann man mit genügend Scharfsinn die Tatsachen in *jeden* theoretischen Rahmen pressen. Diese Bergsonsche Auffassung ist logisch untadelig,[19]) doch sie führt zum Kulturrelativismus (den Bergson wie auch Feyerabend vertreten), *es sei denn,* man fügte ihr ein Kriterium dafür hinzu, wann eine Theorie besser ist als eine andere (auch wenn beide Theorien auf der Beobachtungsebene auf das gleiche hinauslaufen). Die meisten Konventionalisten versuchen, dem Relativismus zu entgehen, indem sie sich eine Form der *Einfachheitslehre* zu eigen machen. Mit diesem wenig schönen Ausdruck bezeichne ich Methodologien, nach denen man zwischen Theorien nicht empirisch unterscheiden kann: eine Theorie ist besser als eine andere, wenn sie einfacher, 'systematischer', 'ökonomischer' ist als ihre Konkurrenz.[20])

Der erste, der das Hauptverdienst des Kopernikus darin erblickte, daß er ein einfacheres und *daher* besseres System als das Ptolemäische vorgelegt habe, war natürlich Kopernikus selbst. Hätte seine Theorie damals auf der Beobachtungsebene – eingeschränkt auf die Himmelsmechanik – mit der Ptolemäischen übereingestimmt, so wäre das durchaus einleuchtend gewesen.[21]) Ihm schlossen sich Rheticus und Osiander an, und auch Brahe konnte der Behauptung etwas abgewinnen. Die größere Einfachheit der Kopernikanischen Theorie der Himmels'sphären' wurde in der Geschichte der Wissenschaft von Galilei bis Duhem zu einer unangefochtenen *Tatsache;* das einzige, was Bellarmin anzweifelte, war der *weitere* Schluß von der großen Einfachheit auf die Wahrheit. Adam Smith zum Beispiel begründete in seiner wundervollen 'Geschichte der Astronomie' die Überlegenheit der Kopernikanischen Hypothese mit der unerreichten 'Schönheit ihrer Einfachheit'.[22]) Er wandte sich gegen den induktivistischen Gedanken, die Kopernikanischen Tafeln seien genauer gewesen als die älteren Ptolemäischen, und deshalb sei die Kopernikanische Theorie die bessere gewesen. Nach Adam Smith waren die neuen, genauen Beobachtungen mit dem Ptolemäischen System ebenso vereinbar. Der Vorzug des Kopernikanischen Systems lag in der 'stärkeren Systematik, die es den Himmelserscheinungen verlieh, in der Einfachheit und Einheitlichkeit, die sie in die wirklichen Richtungen und Geschwindigkeiten der Planeten hineinbrachte'.[23])

Doch die größere Einfachheit der Kopernikanischen Theorie war nicht weniger ein Märchen als ihre größere Genauigkeit. Das Märchen von der größeren Einfachheit löste sich aufgrund der sorgfältigen und fachgerechten Arbeit moderner Historiker auf. Sie erinnerten daran, daß die Kopernikanische Theorie zwar bestimmte Probleme einfacher löst als die Ptolemäische, aber um den Preis unerwarteter Komplikationen bei der Lösung anderer.[24])

[19]) Vgl. Kap. 1 des vorliegenden Bandes, 2 (b), Abs. 4 ff., und Schluß des Kap.

[20]) Vgl. ebenda, 2 (b), Abs. 6.

[21]) Diese 'Übereinstimmung auf der Beobachtungsebene' ist in Wirklichkeit ein großes Märchen der Einfachheitstheoretiker; vgl. weiter unten, Ende von Abschn. 2. Man sollte auch nicht vergessen, daß Kopernikus glaubte, diese größere Einfachheit würde ganz von selbst zu besseren astronomischen Tafeln führen, also zur Rettung von *mehr* Erscheinungen. Er glaubte also nicht, daß seine Theorie mit der Ptolemäischen 'auf der Beobachtungsebene übereinstimmt'.

[22]) Smith [1799], S. 72.

[23]) Ebenda, S. 75.

[24]) Vgl. Kuhn [1957] und Ravetz [1966a].

Das Kopernikanische System ist sicherlich einfacher, da es auf die Äquanten und einige Exzenter verzichtet; doch für jeden von ihnen mußte man neue Epizykel und Unterepizykel einführen. Das System ist insofern einfacher, als es die achte, die Fixsternsphäre unbeweglich läßt und ihre zwei Ptolemäischen Bewegungen ausschaltet; doch das mußte Kopernikus damit bezahlen, daß die unregelmäßigen Ptolemäischen Bewegungen nun der ohnehin schon regelwidrigen Erde zukamen, die Kopernikus mit einer recht komplizierten Taumelbewegung rotieren läßt; auch mußte er den Mittelpunkt des Weltalls statt in die Sonne, wie er ursprünglich wollte, an einen Punkt im leeren Raum in ihrer Nähe verlegen.

Ich glaube, es ist nicht ungerecht, wenn man behauptet, bezüglich der Einfachheit schnitten das Ptolemäische und das Kopernikanische System ungefähr gleich ab. Dahin geht die Bemerkung von de Solla Price, das Kopernikanische System sei 'komplizierter, aber ökonomischer' gewesen;[25]) ebenso die Auffassung Pannekoeks, 'der neue Weltaufbau war trotz seiner Einfachheit im großen immer noch äußerst kompliziert im einzelnen'.[26]) Nach Kuhn ist die Kopernikanische Darstellung der *qualitativen* Seiten der Hauptprobleme der Planetenbewegung (z. B. der Rückläufigkeit) wesentlich übersichtlicher, wesentlich 'ökonomischer' als die Ptolemäische, 'doch diese scheinbare Ökonomie... ist [bloß] ein Propagandasieg... [und in Wirklichkeit] weitgehend eine Täuschung'.[27]) Wenn es um die Einzelheiten geht, so 'war [das Kopernikanische] Gesamtsystem kaum weniger unhandlich als das Ptolemäische'. Prägnant formuliert er: Kopernikus brachte eine 'große und doch merkwürdig geringfügige' Veränderung.[28]) Die Kopernikanische Theorie besitzt zwar größere 'ästhetische Harmonie', liefert eine 'natürlichere' Darstellung der *Grund*verhältnisse am Himmel, weist 'weniger ad-hoc-Annahmen' auf, doch letzten Endes ist sie 'ein Fehlschlag... sie ist weder genauer noch wesentlich einfacher als ihre Ptolemäischen Vorgängertheorien'.[29]) Nach Ravetz führte die 'sich unregelmäßig bewegende Fixsternsphäre' im Ptolemäischen System zu einem 'grundlegenden Zeitmaß [als] einer Bewegung auf einer sich unregelmäßig bewegenden Bahn'. Nach Ravetz ist das *'unstimmig im strengen Sinne';* überträgt man aber diese Unregelmäßigkeit der Bewegung der Fixsterne auf die Bewegung der Erde, wie es im Kopernikanischen System geschieht, so ergibt sich eine *'stimmige'* Astronomie.[30]) Dann aber scheint die Stimmigkeit im Auge des Betrachters angesiedelt zu sein. Die Einfachheit scheint vom subjektiven Geschmack abzuhängen.[31]) *Wenn eine wissenschaftliche Revolution durch eine spektakuläre Zunahme der Einfachheit auf der Beobachtungsebene ununterscheidbarer Theorien gekennzeichnet ist, dann war die Kopernikanische Revolution keine wissenschaftliche Revolution* (auch wenn manche Leute wie Kepler ihre Überlegenheit auf die von ihr eingebrachte Schönheit und Harmonie zurückführten[32])).

[25]) Price [1959], S. 216. Nach Price hat Kopernikus 'die Kompliziertheit des [Ptolemäischen] Systems *vergrößert,* ohne aber seine Genauigkeit zu erhöhen' (Hervorhebung von mir).
[26]) Pannekoek [1961], S. 193.
[27]) Kuhn [1957], S. 169.
[28]) Ebenda, S. 133.
[29]) Ebenda, S. 174.
[30]) Ravetz [1966*b*].
[31]) Das schönste Argument für diese Behauptung findet sich bei Santillana [1953], S. XVIf. Es überzeugt auf den ersten Blick.
[32]) Weswegen Kepler den Kopernikus dem Ptolemäus und Brahe vorzuziehen *glaubte,* dazu siehe Westman [1972]. Weswegen er ihn tatsächlich vorzog, läßt sich nicht so leicht sagen.

Kommen wir nun auf den Popperschen Falsifikationismus zurück. Popper legt großen Wert auf experimenta crucis, und in dieser Beziehung ist er in meiner Sprache ein Empirist. Der Mensch schlägt Möglichkeiten vor, und die Natur entscheidet. Doch gleichzeitig vertritt er eine neue Spielart der Einfachheitslehre: er behauptet, schon *vor* der Entscheidung der Natur sei eine Theorie als besser als die Konkurrenz zu betrachten, wenn sie mehr falsifizierbaren Gehalt, mehr mögliche Falsifikatoren habe.[33]) Da Popper sein Falsifizierbarkeitskriterium von 1934 als eine Explikation der 'Einfachheit'[34]) vorschlug, sollte man in seinem Buch 'Logik der Forschung' eine neue, eigenständige Form der Einfachheitslehre sehen. In diesem Sinne also, vor allem bei realistischer Deutung,[35]) könnte die Kopernikanische Theorie schon 1543 besser als die Ptolemäische gewesen sein, auch wenn beide damals auf der *Beobachtungsebene* deckungsgleich gewesen sein sollten.

Doch das waren sie nicht. Die Einfachheitstheoretiker gehen gewöhnlich *viel zu leicht* davon aus, die von ihnen beurteilten konkurrierenden Theorien seien entweder logisch oder in einem anderen strengen Sinne äquivalent – damit die Behauptung, nur die Einfachheit und nicht die Tatsachen könnten entscheiden, einleuchtender klingt. Der konventionalistische Gedanke, die Theorien des Ptolemäus und des Kopernikus *müßten in einem strengen Sinne äquivalent sein,* ist bei den Einfachheitstheoretikern gängige Münze; schließlich unterschreiben sie ja den Konventionalismus, möchten sich aber seinen relativistischen Konsequenzen entziehen. Der Gedanke wurde von Dreyer, von den Halls, von Price, Kuhn und anderen vertreten.[36]) Hanson hat mit seiner Kritik recht, daß 'die Kopernikanische Theorie in keinem gewöhnlichen Sinne 'einfacher' als die Ptolemäische war'; doch er hält immer noch an ihrer 'Sichtäquivalenz' fest.[37])

3. Polanyische und Feyerabendsche Darstellungen der Kopernikanischen Revolution

Alle bisher behandelten Philosophien gehen von allgemeingültigen Abgrenzungskriterien aus. Nach ihnen lassen sich *alle* wichtigen Veränderungen in der Wissenschaft anhand *ein und desselben* Kriteriums für den wissenschaftlichen Wert erklären. Doch keine dieser Philosophien konnte klar und einleuchtend irgendwelche vernünftigen Gründe dafür

---

[33]) Er verschärfte seinen Empirismus mit seiner 'dritten Adäquatheitsbedingung' (die ich als 'Annehmbarkeit $_2$' bezeichnet habe; vgl. Bd. 2, Kap. 8, 6(b)).

[34]) Popper [1959], Kap. 7.

[35]) Vgl. Feyerabend [1964], eine ausgezeichnete Arbeit aus seiner fast-Popperianischen Periode. Nach Agassis Meinung war die Kopernikanische Theorie *empirisch* nicht überlegen; ja, er behauptet, Kopernikus 'gelang es nicht, zu zeigen, daß sein System besser sei als das Ptolemäische, geschweige denn dieses zu widerlegen' (Agassi [1963], S. 5).

[36]) Eine Kritik der Übertreibungen von Dreyer, den Halls, Price und Kuhn findet sich bei Hanson [1973], S. 200–220. Daß dieser selbst die Einfachheit ('Systematizität') überbetonte, zeigt sich in seiner Argumentation und in absurden Aussagen wie dieser: '[Kopernikus] hat, wie Newton nach ihm und Aristoteles vor ihm, keine neuen Daten auf den Tisch gelegt und sich auch gar nicht darum bemüht' (ebenda, S. 87).

[37]) Hanson [1973], S. 212 und S. 233. Ironischerweise hat Hanson auf S. 233 versehentlich in seinem Manuskript 'Ptolemäisch' und 'Kopernikanisch' vertauscht, was der Herausgeber des Nachlasses nicht bemerkt oder jedenfalls nicht berichtigt hat.

aufzeigen, daß geozentrische Theorien schlechter seien als des Kopernikus 'De revolutionibus'. Daß die 'Abgrenzungstheoretiker' dieses Problem (und ähnliche) nicht lösen konnten, das führte dazu, daß viele, wenn nicht die meisten Wissenschaftler und gar nicht wenige Wissenschaftstheoretiker *bestreiten,* daß es jemals ein allgemeingültiges Abgrenzungskriterium oder Beurteilungssystem für wissenschaftliche Theorien geben könne. Der einflußreichste heutige Vertreter dieser Auffassung ist Polanyi, der die Suche nach einem allgemeingültigen Vernünftigkeitskriterium für utopisch hält. Für die Entscheidung, was Wissenschaft und was Pseudowissenschaft oder was die bessere Theorie sei, könne es nur ein *'Präzedenzfall-Recht'* und keine *'Rechtsnormen'* geben. In jedem Einzelfall entscheidet der Gerichtshof der Wissenschaftler, und solange die Autonomie der Wissenschaft – und damit die Unabhängigkeit dieses Gerichts – besteht, kann nicht allzuviel schief gehen. Wenn Polanyi recht hat, ist die Weigerung der Royal Society, die Wissenschaftstheorie zu unterstützen, durchaus vernünftig: unwissende *Philosophen* sollten keine wissenschaftlichen Theorien beurteilen dürfen, das ist Sache der Wissenschaftler. Natürlich aber ist die Royal Society bereit, Wissenschafts*historiker* zu finanzieren, die die Tätigkeit der Wissenschaftler als Triumph des Fortschritts *beschreiben.*[38])

Aus der Sicht Polanyis muß man in jedem einzelnen Fall der Konkurrenz zweier wissenschaftlicher Theorien dem unanalysierbaren Fingerspitzengefühl (Holtons Lieblingsausdruck) der großen Wissenschaftler die Entscheidung darüber überlassen, welche Theorie besser ist. Die großen Wissenschaftler sind diejenigen, die 'stillschweigend wissen', wie sich die Dinge entwickeln werden. Polanyi spricht von der
'Voraussicht, die die Kopernikaner im Sinne gehabt haben müssen, wenn sie gegen starken Druck während der 140 Jahre, bis Newton den Beweis lieferte, leidenschaftlich daran festhielten, daß die heliozentrische Theorie nicht bloß eine zweckmäßige Berechnungsmethode für die Planetenbahnen sei, sondern wirklich wahr'.[39])
Doch natürlich läßt sich diese *'Voraussicht'* – im Unterschied zu einer einfachen Vermutung – keinem Laien vermitteln. Toulmin scheint die Kopernikanische Revolution ähnlich zu sehen.[40]) Gleiches gilt für Kuhn; er behauptet, 'für die Astronomen konnte die Entscheidung zwischen dem Kopernikanischen und dem Ptolemäischen System zunächst nur eine Geschmackssache sein, und Geschmacksfragen sind am allerschwersten faßbar und diskutierbar. Doch wie die Kopernikanische Revolution selbst zeigt, sind Geschmacksfragen keineswegs zu vernachlässigen. *Das an geometrischer Harmonie geschulte Ohr* konnte in der heliozentrischen

[38]) Die Royal Society unterstützt finanziell die Wissenschaftsgeschichte, aber nicht die Wissenschaftstheorie.
[39]) Polanyi [1966], S. 23. Vgl. auch Polanyi [1958], passim.
[40]) Diese Behauptung scheint mir durch folgende Stelle belegt zu werden: 'Wenn Kepler und Galilei das neue heliostatische System des Kopernikus vorzogen, so hatten sie dafür weit spezifischere, verschiedenartigere und differenziertere Gründe, als so unbestimmte Ausdrücke wie 'einfach' und 'handlich' ahnen lassen; vor allem zu Anfang war ja die Kopernikanische Theorie nach vielen Kriterien wesentlich weniger einfach oder handlich als die herkömmliche Ptolemäische Analyse. Betrachtet man also die theoretischen Wandlungen zwischen aufeinanderfolgenden physikalischen Theorien, so ist die Rationalität, um die es uns geht, weder etwas rein Formales, wie die innere Gliederung eines mathematischen Systems, noch etwas rein Pragmatisches, eine Sache der bloßen Zweckmäßigkeit oder Handlichkeit. Nein, ihre Grundlage kann man nur verstehen, wenn man zusieht, wie in der Praxis aufeinanderfolgende Theorien und Begriffssysteme im Rahmen der historischen Entwicklung des betreffenden geistigen Unternehmens zunächst angewandt und dann abgewandelt werden.' (Toulmin [1972], S. 65, dt. S. 83 f.)

Astronomie des Kopernikus eine neuartige Übersichtlichkeit und Systematik erkennen; anderenfalls hätte es womöglich keine Kopernikanische Revolution gegeben'.[41])

Nach einer *späteren* Analyse Kuhns[42]) befand sich die Ptolemäische Astronomie um 1543 in einer 'Paradigmen-Krise', dem notwendigen Vorspiel jeder wissenschaftlichen 'Revolution', d. h. Massenbekehrung: 'Der Zustand der Ptolemäischen Astronomie war anerkanntermaßen skandalös, ehe Kopernikus einen grundlegenden Wandel in der astronomischen Theorie vorschlug, und das Vorwort, in dem Kopernikus seine Gründe für die Neuerung darlegte, ist eine klassische Beschreibung des Krisenzustands'.[43]) Doch wieviele Leute außer Kopernikus empfanden diese Gemeinschafts-'Krise'? Schließlich gab es zur Zeit des Kopernikus kaum so etwas wie eine 'wissenschaftliche Gemeinschaft'. Und wenn Kuhn glaubt, der Fall Kopernikus sei eine wissenschaftliche Revolution im vollen Kuhnschen Sinne, warum haben sich dann vor Kepler und Galilei so wenige Gelehrte dem Kopernikanischen 'Trend' angeschlossen?

Nach Kuhn gibt es kein *ausformuliertes* Kriterium, nach dem das Kopernikanische System als dem Ptolemäischen überlegen gelten könnte. Doch die wissenschaftliche Elite mit ihrem unanalysierbaren und esoterischen 'Ohr für geometrische Harmonie' oder ihrem krisenempfindlichen Bewußtsein konnte angeben, welche Theorie besser war. Anscheinend aber ist, wenn man zu den Einzelheiten übergeht, die Kuhnsche Analyse nicht weniger mit Schwierigkeiten belastet als die Analysen der Abgrenzungstheoretiker. Kuhn muß eine gesellschaftlich-geistige 'Krise' erfinden, die in der im Rahmen des Ptolemäischen Paradigmas arbeitenden wissenschaftliche Elite im 16. Jahrhundert geherrscht haben soll, und der ein plötzlicher Umschwung zum Kopernikanismus folgte. *Sind dies notwendige Bedingungen für eine wissenschaftliche Revolution, dann war die Kopernikanische Revolution keine wissenschaftliche Revolution.*

Nach Feyerabend ist gar nichts anderes als das Scheitern sowohl der Abgrenzungs- als auch der Elitetheoretiker zu erwarten. Für ihn, unseren glänzenden Kulturrelativisten, war das Ptolemäische System eben *ein* Glaubenssystem und das Kopernikanische ein anderes. Die Ptolmäiker wie die Kopernikaner trieben ihr Geschäft, und am Ende konnten die Kopernikaner einen Propagandasieg buchen. Westman faßt diesen Standpunkt so zusammen:

'Es liegen zwei Theorien vor, die Kopernikanische und die Ptolemäische; beide liefern verläßliche Voraussagen, doch die erste widerspricht den anerkannten Gesetzen und Tatsachen der damaligen irdischen Physik. Der Glaube an den Erfolg der neuen Theorie kann sich auf keine methodologischen Annahmen stützen, denn solche Grundsätze können niemals die Richtigkeit einer Theorie verbürgen, die

---

[41]) Kuhn [1957], S. 177; Hervorhebung von mir. Eine allgemeine Kritik dieses Polanyischen Standpunktes findet sich im vorliegenden Band, Kap. 3, viertletzter Abs. von 1(e), sowie in Lakatos [1974], S. 372.

[42]) Kuhns Sicht der Kopernikanischen Revolution wandelte sich grundlegend von der im wesentlichen innerwissenschaftlichen Einfachheitsauffassung (Kuhn [1957]) bis zum radikalen Soziologismus (Kuhn [1962], [1963]).

[43]) Kuhn [1963], S. 367. Für Kuhn *muß* einer 'Revolution' eine 'Krise' vorausgehen, genau wie für einen naiven Falsifikationisten einer neuen Vermutung eine Widerlegung vorausgehen *muß*. So ist es kein Wunder, daß Kuhn schreibt, es gebe 'eindeutige historische Beweise' dafür, daß 'der Zustand der Ptolemäischen Astronomie vor der Veröffentlichung des Werkes von Kopernikus skandalös war' (Kuhn [1962], S. 67 f., dt. 2. Aufl., S. 80). Gingerich [1973] zeigte, daß Kuhn einen Skandal an die Wand malt, während es in Wirklichkeit gar keinen gab. (Natürlich braucht einem (in meinem Sinne) voranschreitenden 'Forschungsprogramm' nicht die Degeneration seines Konkurrenten vorauszugehen.)

am Anfang ihres Weges steht; zunächst gibt es für diese auch keinerlei neue stützende Tatsachen. Damit wird die Übernahme der Kopernikanischen Theorie zu einer metaphysischen Glaubenssache'.[44] Nach Feyerabend kann man *darüber hinaus nichts sagen.* Die Feyerabendsche Auffassung läßt sich viel schwerer entkräften als irgendeine andere. Vielleicht muß man letzten Endes zugeben, daß sich die Übernahme der heliozentrischen Theorie durch Kopernikus, Kepler und Galilei und ihr Sieg nicht als vernünftig erklären läßt, daß es weitgehend eine Geschmacksfrage war, ein Gestaltwandel oder ein Propagandasieg. Doch auch wenn sich das herausstellen sollte, so brauchen wir uns nicht von Feyerabend in das Bockshorn des *allgemeinen* Kulturrelativismus oder von Kuhn in das des *allgemeinen* Elitismus jagen zu lassen. Zum Beispiel war die Fresnelsche Wellentheorie des Lichts um 1830 eindeutig besser als die Newtonsche Teilchentheorie, und zwar aufgrund ausformulierter objektiver Kriterien; doch die ursprüngliche Übernahme des alten Wellengedankens durch Fresnel war eindeutig eine Geschmackssache.[45] Wenn es unvernünftig wäre, *an* einer Theorie *zu arbeiten,* deren Überlegenheit noch nicht feststeht, dann wäre in der Tat fast die gesamte Wissenschaftsgeschichte nicht als vernünftig zu erklären. Doch es ist nun einmal so, daß sich die Kopernikanische Revolution aufgrund der Methodologie der wissenschaftlichen Forschungsprogramme als vernünftig erklären läßt.

4. Die Kopernikanische Revolution im Lichte der Methodologie der wissenschaftlichen Forschungsprogramme

Die Methodologie der wissenschaftlichen Forschungsprogramme ist eine neue abgrenzungstheoretische Methodologie (d. h. eine *allgemeingültige* Definition des Fortschritts), die ich seit einer Reihe von Jahren vertrete und die mir die bisherigen abgrenzungstheoretischen Methodologien zu verbessern scheint und gleichzeitig wenigstens einigen der Kritikpunkte nicht ausgesetzt sein dürfte, die die Elitetheoretiker und die Relativisten gegen den Induktivismus, den Falsifikationismus und andere Auffassungen vorgebracht haben.

Ich möchte zunächst die Hauptzüge dieser Methodologie ganz grob darlegen.[46]

Zunächst einmal ist für mich der Gegenstand der Beurteilung nicht eine isolierte Hypothese (oder eine Konjunktion von Hypothesen); ein Forschungsprogramm ist vielmehr eine besondere Art der 'Problemverschiebung'.[47] Es besteht aus einer sich entwickelnden Folge von Theorien, die überdies eine bestimmte Struktur aufweist. Es hat einen beständigen *harten Kern,* etwa die drei Bewegungsgesetze und das Gravitationsgesetz im Newtonschen Forschungsprogramm, und es hat eine *Heuristik,* zu der ein Arsenal von Problemlösungsmethoden gehört. (Im Falle Newtons bestand sie aus dem mathematischen Apparat des Programms, bestehend aus der Differentialrechnung und der Theorie der Konvergenz, der Diffe-

[44] Westman [1972], S. 234. Feyerabend [1972] verfällt in eine Polanyische Auffassung: er meint, die Kopernikaner hätten einen Sieg der *Vernunft* mit ihrer 'Lebendigkeit des Geistes' erzielt.

[45] Vgl. Worrall [1976].

[46] Wegen meines Gebrauchs des Fachausdrucks 'Methodologie' vgl. Kap. 3 des vorliegenden Bandes, viertletzter Abs. von 1(e), sowie Kap. 2, Beginn von Abschn. 1, erste Anm.

[47] Vgl. Bd. 2, Kap. 8, 3 Seiten vor dem Ende von 6 (b); Lakatos [1968]; Kap. 1 des vorliegenden Bandes, 2 (c), Absatz 5 ff.

rential- und der Integralgleichungen.) Schließlich gehört zu einem Forschungsprogramm eine ausgedehnte Zone von Hilfshypothesen, die die Anfangsbedingungen liefern. Zur Schutzzone des Newtonschen Programms gehörte die geometrische Optik, die Newtonsche Theorie der atmosphärischen Strahlenbrechung u. a. Ich spreche von einer *Schutz*zone, weil sie den harten Kern vor Widerlegungen schützt: Anomalien gelten nicht als Widerlegungen für den harten Kern, sondern für eine Hypothese aus der Schutzzone. Teilweise unter empirischem Druck (teilweise aber auch im Sinne der Heuristik *geplant*) wird die Schutzzone ständig verändert, erweitert, kompliziert, während der harte Kern unangetastet bleibt.

Der sinnvolle Analysegegenstand an einer reifen Wissenschaft ist also das Forschungsprogramm. Jetzt möchte ich Regeln für die Beurteilung von Programmen angeben. Ein Forschungsprogramm ist entweder voranschreitend ('progressiv') oder degenerierend. Es ist *theoretisch voranschreitend,* wenn jede Veränderung zu neuen, unerwarteten Voraussagen führt, und es ist *empirisch voranschreitend,* wenn sich wenigstens einige dieser neuen Voraussagen bewähren. Der Wissenschaftler kann stets leicht mit einer *gegebenen* Anomalie fertig werden, indem er ihr sein Programm anpaßt (z. B. einen neuen Epizykel hinzufügt). Solche Manöver sind nur dann nicht ad hoc und das Programm nicht degenerierend, wenn sie nicht nur die gegebenen Tatsachen erklären, die sie erklären sollten, sondern auch neue Tatsachen voraussagen. Das großartigste Beispiel eines voranschreitenden Programms ist das Newtonsche. Es sagte neue Tatsachen wie die Wiederkehr des Halleyschen Kometen, die Existenz und die Bahneigenschaften des Neptun und die Abplattung der Erde voraus.

Nie löst ein Forschungsprogramm alle seine Anomalien auf. 'Widerlegungen' gibt es stets in Hülle und Fülle. Das Wesentliche sind einige spektakuläre Zeichen des empirischen Voranschreitens. Die hier zur Rede stehende Methodologie enthält auch einen Begriff des *heuristischen Voranschreitens:* die aufeinanderfolgenden Veränderungen der Schutzzone müssen dem Geist der Heuristik entsprechen. Die Wissenschaftler halten mit Recht nichts von ad-hoc-Methoden zur Bewältigung von Anomalien.

Ein Forschungsprogramm hat ein anderes *überrundet,* wenn es über dieses hinausgehenden Wahrheitsgehalt hat, d. h., wenn es alles voranschreitend voraussagt, was sein Konkurrent richtig voraussagt, und dazu noch mehr.[48])

Ehe wir diese neue und vielleicht auch ein wenig zu künstliche philosophische Betrachtungsweise[49]) auf die Beurteilung der konkurrierenden Theorien, oder besser *Programme,* des Ptolemäus und Kopernikus anwenden, ist noch eine wichtige Bemerkung vonnöten.

Zwei konkurrierende Forschungsprogramme können stets auf der Beobachtungsebene zur Deckung gebracht werden, indem man mit Hilfe geeigneter ad-hoc-Hilfshypothesen zwei auf der Beobachtungsebene übereinstimmende falsifizierbare Versionen von ihnen herstellt. Doch eine solche Übereinstimmung ist uninteressant. Zwei konkurrierende Forschungsprogramme stimmen nur dann überein, wenn sie identisch sind. Anderenfalls schreiten die beiden verschiedenen Heuristiken verschieden rasch voran. Auch wenn zwei konkurrierende Programme denselben Datenbereich erklären, stützt dieser das eine stärker als das an-

---

48) Eine interessante Behandlung der Frage 'Überrunden' oder 'Inkommensurabilität' findet sich bei Feyerabend [1974].
49) Wegen sorgfältigerer Formulierungen muß ich den Leser auf Lakatos [1968], Kap. 1–3, verweisen. S. auch Lakatos [1974].

dere, je nachdem, ob die Daten der Theorie gewissermaßen 'ihre Existenz verdanken' oder von ihr ad hoc erklärt wurden. Die Relevanz von Daten ist nicht bloß eine Funktion einer falsifizierbaren Hypothese und der Daten; sie hängt auch von zeitlichen und heuristischen Faktoren ab.[50]) Der Ausgangspunkt der Methodologie der wissenschaftlichen Forschungsprogramme ist das normative Problem, das der 'revolutionäre Konventionalismus' stellt.[51]) Ist dieser nun richtig, so können zwei konkurrierende Theorien stets auf der Beobachtungsebene zur Übereinstimmung gebracht werden. Die Einfachheitstheorie kam zu den Schluß, daß die empirischen Daten ihre Relevanz verlieren: es zählt nur der Grad der Einfachheit. Poppers Falsifizierbarkeit und Lakatos' und Zahars Grad der Progressivität beseitigen die Vieldeutigkeit und die Gefahren der Systematizitätsgrade und verhelfen auf grundsätzlich neue Weise einer 'positivistischen' Achtung vor den Tatsachen wieder zu ihrem Recht.

Die deskriptive Seite der Methodologie der wissenschaftlichen Forschungsprogramme ist der der bisher behandelten Methodologien eindeutig überlegen. Sowohl Ptolemäus als auch Kopernikus arbeiteten an *Forschungsprogrammen:* sie prüften nicht einfach Vermutungen oder versuchten, eine große Menge von Beobachtungsergebnissen zu systematisieren; sie *verschrieben* sich auch nicht irgendwelchen in der wissenschaftlichen Gemeinschaft verankerten 'Paradigmen'. Ich werde eine Beschreibung der beiden Forschungsprogramme liefern (die, wie ich meine, wenig Anlaß zu Meinungsverschiedenheiten gibt), und ich werde auch eine Beurteilung ihres Voranschreitens bzw. Degenerierens liefern.

Beide *Programme* entsprangen aus dem Pythagoräisch-Platonischen Programm, dessen Grundsatz lautete: Da die Himmelskörper vollkommen sind, sind alle astronomischen Erscheinungen zu 'retten' durch eine Kombination von möglichst wenigen gleichförmigen Kreisbewegungen (oder gleichförmigen Sphärendrehungen um eine Achse). Dieser Grundsatz blieb der Eckstein der Heuristik beider Programme. Dieses Proto-Programm enthielt keine Anhaltspunkte dafür, wo sich der Mittelpunkt des Weltalls befand. In diesem Falle war die Heuristik das Primäre, der 'harte Kern' das Sekundäre.[52]) Einige, so Pythagoras, glaubten, der Mittelpunkt sei eine feurige Kugel, die von den bewohnten Gebieten der Erde aus nicht sichtbar sei; andere, so einige Platonisten, erblickten ihn in der Sonne; noch andere, so Eudoxos, in der Erde selbst. Die geozentrische Hypothese 'erstarrte' zu einer eigentlichen Hartkern-Annahme erst mit der Entwicklung einer ausgefeilten Aristotelischen irdischen Physik, die eine natürliche und heftige Bewegung kannte und die irdische oder sublunare Chemie der vier Elemente von der reinen und ewigen himmlischen quinta essentia schied.

Die erste rudimentäre geozentrische Himmelstheorie bestand in konzentrischen Sphären um die Erde, eine für die Fixsterne und eine für jeden der übrigen Himmelskörper. Doch man wußte, daß das ein falsches 'idealisierendes Modell' war, und wie schon Eudoxos erkannte, funktionierte das rudimentäre Schema vielleicht für die Fixsterne, aber jedenfalls nicht für die Planeten. Bekanntlich entwarf Eudoxos ein System sich drehender Sphären, um

---

[50]) Zahars Leistung besteht in erster Linie darin, daß er einen verbesserten Begriff der 'Relevanz von Daten' angegeben hat; vgl. unten, Beginn von Abschn. 5.

[51]) Vgl. Kap. 1 des vorliegenden Bandes, 2(b), 5. Abs.

[52]) Die Abgrenzung zwischen 'hartem Kern' und 'Heuristik' ist häufig eine Frage der Übereinkunft; das zeigt sich an den von Popper und Watkins vorgeschlagenen Argumenten bezüglich der Ineinander-Übersetzbarkeit ihrer sogenannten 'Metaphysik' bzw. 'Heuristik'. (Vgl. insbes. Watkins [1958]).

die Planetenbewegung darzustellen. Er führte 26 solcher Sphären ein, um die Haltepunkte und die Rückläufigkeiten der Planeten zu erklären – oder besser, zu retten. Das Modell sagte keine neuen Tatsachen voraus und versagte vor einigen schwerwiegenden Anomalien wie der wechselnden Helligkeit der Planeten. Nach der Aufgabe dieses Systems sich drehender Sphären lief jeder einzelne Schritt des geostatischen Programms der Platonischen Heuristik zuwider. Der Exzenter versetzte die Erde aus dem Kreismittelpunkt heraus; die Apollonischen und Hipparchischen Epizykel bedeuteten, daß die wirklichen Bahnen der Planeten um die Erde nicht kreisförmig waren; und schließlich brachten es die Ptolemäischen Äquanten mit sich, daß auch die Bewegung des leeren Mittelpunkts des Epizykels nicht gleichförmig *und* kreisförmig war – vom Äquantenpunkt aus gesehen, war sie gleichförmig, aber nicht kreisförmig; vom Mittelpunkt des Abrollkreises aus gesehen, war sie kreisförmig, aber nicht gleichförmig; an die Stelle der gleichförmigen Kreisbewegung trat eine quasigleichförmige Quasikreisbewegung.

Die Verwendung des Äquanten lief auf die Aufgabe der Platonischen Heuristik hinaus. So war es kein Wunder, daß schon in einem frühen Stadium dieser Entwicklung Astronomen wie Herakleides und Aristarchos mit teilweise oder gänzlich heliozentrischen Systemen zu experimentieren begannen. Jeder Schritt des geozentrischen Programms hatte sich mit bestimmten Anomalien auseinandergesetzt, aber ad hoc. Es kam zu keinen neuen Voraussagen, die Anomalien waren nach wie vor sehr zahlreich, und auf jeden Fall hatte jeder Schritt von der ursprünglichen Platonischen Heuristik weggeführt.[53]

Kopernikus erkannte die heuristische Degeneration des Platonischen Programms unter den Händen des Ptolemäus und seiner Nachfolger. Er nahm an, die Periodizität der Planetenbewegung hänge mit Kombinationen gleichförmiger Kreisbewegungen zusammen und lasse sich so auch vollständig erfassen.[54] Kopernikus erhob gegen Ptolemäus drei Vorwürfe der Ad-hoc-haftigkeit.

(a) Die Einführung der Äquanten verstoße gegen die Heuristik des Ptolemäischen Programms selbst. Sie war heuristisch ad hoc (ad hoc $_3$).[55] Dieser Einwand findet sich im dritten Abschnitt des 'Commentariolus'. Im zweiten Abschnitt erwähnt Kopernikus den vergeblichen Versuch von Kallippos und Eudoxos, die Erscheinungen durch ein System konzentrischer Sphären zu retten.

(b) Wegen des Unterschiedes zwischen dem Sonnen- und dem siderischen Jahr verlieh Ptolemäus der Fixsternsphäre zwei verschiedene Bewegungen: die tägliche Umdrehung und eine Umdrehung um die Achse der Ekliptik. Das war bereits ein schwerwiegender Mangel des Ptolemäischen Systems, hätten doch die Fixsterne als die vollkommensten Körper nur eine einzige Kreisbewegung ausführen müssen.

In seinem 'Commentariolus' führt Kopernikus aus, das siderische Jahr sei eine exaktere Zeiteinheit als das Sonnenjahr. Nach Ravetz[56] muß Kopernikus von fehlerhaften Daten ausgegangen und zu dem Schluß gekommen sein, der Unterschied zwischen Sonnen-

---

[53] Kuhn behauptet, 'es gab keine guten Gründe dafür, Aristarchos ernst zu nehmen' (Kuhn [1962], S. 76, dt. 2. Aufl., S. 88). Doch es ist klar, daß es welche gab – das geozentrische Programm war heuristisch bereits degeneriert.

[54] Angesichts dessen, was wir über die Fourier-Entwicklung periodischer Funktionen wissen, ist das eine bemerkenswerte mathematische Vermutung. Vgl. z. B. Kamlah [1971].

[55] Vgl. Kap. 1 des vorliegenden Bandes, S. 87f., Anm. 323 u. 325.

[56] Ravetz [1966*a*]. Vgl. aber die Bemerkung von Gingerich [1973], Anm. 19.

und siderischem Jahr variiere unregelmäßig; also mußte sich die Fixsternsphäre unregelmäßig um die Achse der Ekliptik drehen. Somit bewegte sich die Sonne nicht-gleichförmig um die Erde. Das war wieder ein Verstoß gegen die Platonische Heuristik und eine weitere heuristische Degeneration.[57]

(c) Trotz aller dieser Verstöße gegen die Platonische Heuristik blieb das geostatische Programm empirisch ad hoc, d. h., es hinkte immer nur hinter den Tatsachen her.

Kopernikus schuf kein völlig neues Programm; er erweckte die Aristarchische Form des Platonischen Programms wieder zum Leben. Der harte Kern dieses Programms ist die Behauptung, die Fixsterne bildeten das primäre Bezugssystem für die Physik. Kopernikus erfand keine neue Heuristik, sondern versuchte die Platonische wiederherzustellen und zu verjüngen.[58]

Ist es Kopernikus gelungen, eine reinere Platonische Theorie zu schaffen als die Ptolemäische? Jawohl. Nach der Platonischen Heuristik sollten die Fixsterne als die vollkommensten Körper im Idealfall die vollkommenste Bewegung aufweisen, nämlich eine einzige gleichförmige Drehung um eine Achse. Wohlgemerkt, die gleichförmige Kreisbewegung ist deshalb vollkommen, weil man sie als eine Art Ruhezustand auffassen kann: da alle Punkte des Kreises gleichartig sind, läßt sich die gleichförmige Kreisbewegung nicht von der Ruhe oder der Abwesenheit von Veränderung unterscheiden. Wir sahen, daß zur Zeit des Kopernikus die Ptolemäischen Astronomen der Fixsternsphäre (mindestens) zwei verschiedene Bewegungen zuschrieben: eine tägliche Umdrehung und eine Umdrehung um die Achse der Ekliptik. Und aufgrund fehlerhafter Daten war für sie die zweite Umdrehung unregelmäßig.

Kopernikus dagegen fixierte die Fixsterne, er machte sie wirklich unbeweglich. Zwar mußte er ihre Bewegung auf die Erde übertragen; doch in seinem System ist die Erde ein Planet, und Planeten sind ohnehin weniger vollkommen als die Fixsterne, jedenfalls schon wegen ihrer vielfachen epizyklischen Bewegungen. (Diese wurden von den Ptolemäikern wie auch den Kopernikanern anerkannt.)

Kopernikus warf den Äquanten über Bord und schuf ein System, das trotzdem nur etwa ebensoviele Kreise enthielt wie das Ptolemäische.[59]

Neben ihrer heuristischen Überlegenheit über den 'Almagest' schnitt die Kopernikanische Astronomie bei der Rettung der Erscheinungen nicht schlechter ab als die Ptolemäische. Ja, die Kopernikanische Mondtheorie war ein eindeutiger empirischer Fortschritt gegenüber der Ptolemäischen. Mit der Erde als Äquantenpunkt konnte Ptolemäus die Winkelbewegung des Mondes darstellen; doch an bestimmten Bahnpunkten hätte der Mond das

---

[57] Diese 'Unstimmigkeit', wie es Ravetz sieht, brachte Kopernikus darauf, daß die Fixsterne und nicht die Erde das primäre Bezugssystem für die Physik bildeten. Von unserem *jetzigen* Problem her gesehen, spielt es natürlich nicht die geringste Rolle, wodurch die Phantasie des Kopernikus tatsächlich angeregt wurde. Es geht uns jetzt nicht um die psychologischen Ursachen für die Leistung des Kopernikus, sondern um deren Beurteilung.

[58] Es war Kepler, der die Heuristik der 'neuen' Astronomie schuf, nämlich den Grundsatz, daß die Bewegungen der Planeten mittels auf die Sonne gerichteter Kräfte erklärt werden sollten.

[59] Diese Austauschbarkeit war bereits islamischen Astronomen wie Ibn-asch-Schatir bekannt. Neugebauer [1958, 1968] wies darauf hin, daß Kopernikus ein paar Äquanten verwendete, doch da diese durch sekundäre Epizykel ersetzbar sind, sind sie unwesentlich. Für Kopernikus war die gleichförmige Kreisbewegung die einzige in der Astronomie zulässige; doch das brauchte ihn nicht daran zu hindern, Äquanten als Rechenhilfsmittel zu verwenden.

Doppelte seines (beobachteten) scheinbaren Durchmessers haben müssen. Kopernikus verzichtete nicht nur auf die Äquanten, sondern indem er sie durch Epizykel ersetzte, erzielte er auch zufällig eine bessere Übereinstimmung zwischen Theorie und Beobachtung.[60])

Das Programm des Kopernikus war mit Sicherheit theoretisch voranschreitend. Es sagte neue Tatsachen voraus, die vorher nie beobachtet worden waren. Es sagte die Venusphasen voraus. Er sagte auch die Fixsternparallaxe voraus, freilich weitgehend nur qualitativ, denn Kopernikus hatte keine Ahnung, wie groß das Planetensystem ist. Das Programm war *nicht,* wie Neugebauer meint, von Ptolemäus aus 'ein Schritt in der falschen Richtung'.[61])

Doch die Voraussage der Venusphasen bewährte sich erst 1616. Damit stimmt die Methodologie der wissenschaftlichen Forschungsprogramme mit dem Falsifikationismus insoweit überein, als das Kopernikanische System vor Galilei, ja vor Newton nicht *durchweg* voranschreitend war; dann wurde sein harter Kern in das völlig andersartige Newtonsche Forschungsprogramm aufgenommen, das ungeheuer voranschreitend war. Das Kopernikanische System mag ein heuristisches Voranschreiten innerhalb der Platonischen Tradition gebracht haben, es mag theoretisch voranschreitend gewesen sein, doch bis 1616 konnte es auf keine neuen *Tatsachen* verweisen.[62]) *Es scheint also, daß die Kopernikanische Revolution erst 1616 zu einer vollgültigen wissenschaftlichen Revolution wurde, und ganz kurz darauf wurde sie zugunsten der neuen, an der Dynamik orientierten Physik aufgegeben.*

Aus der Sicht der Methodologie der wissenschaftlichen Forschungsprogramme wurde das Kopernikanische Programm von Kepler, Galilei und Newton nicht weiterentwikkelt, sondern aufgegeben. Das ergibt sich unmittelbar aus der Schwerpunktverlagerung von den Hypothesen des 'harten Kerns' zur Heuristik.[63])

---

[60]) Nach Neugebauer könnte dieser empirische Erfolg Kopernikus zu der Auffassung gebracht haben, die Ausschaltung des Äquanten würde nicht nur die Platonische Heuristik in ihrer ursprünglichen Reinheit wiederherstellen, sondern auch die Voraussagekraft der neuen Theorie verbessern. Doch das Kopernikanische System blieb auch in seiner höchstentwickelten Form von Anomalien geplagt. Eine der wichtigsten Anomalien im Kopernikanischen Programm waren die Kometen, deren Bewegung sich nicht mit Hilfe von Kreisbewegungen erklären ließ. Das war eines der Hauptargumente Tychos gegen Kopernikus, und Galilei hatte Mühe, ihm etwas entgegenzuhalten.

[61]) Neugebauer [1968], S. 103. Er behauptet: 'Die modernen Historiker, die die Vorteile der Rückschau großzügig für sich in Anspruch nehmen, betonen die revolutionäre Bedeutung des heliozentrischen Systems und der Vereinfachungen, die es gebracht hat. Doch ohne Tycho Brahe und Kepler hätte das Kopernikanische System beigetragen zum Fortleben des Ptolemäischen Systems in leicht veränderter, aber *für philosophische Geister ansprechenderer* Form.' Für *welche* philosophischen Geister? Man fragt sich, wie jemand vom Format Neugebauers eine Arbeit mit einer solchen saloppen falschen Bemerkung abschließen kann. Doch leider landen auch die strengsten und engsten Historiker, die *grundsätzlich* gegen die Wissenschaftstheorie sind, bei *philosophisch motivierten Irrtümern.*

[62]) Nach Kuhn waren die Venusphasen für das heliostatische System 'kein Beweis, sondern ... Propaganda' ([1957], S. 224). Natürlich waren sie kein Beweis, aber ein *objektives* Zeichen des Fortschritts im Lichte der meisten empirischen Beurteilungsmaßstäbe, einschließlich desjenigen der Methodologie der wissenschaftlichen Forschungsprogramme. Dem scheint Kuhn zwei Seiten später zuzustimmen: 'Das Fernrohr *lieferte viele Argumente,* bewies aber nichts' (ebenda, S. 226).

[63]) Demnach kann man nicht sagen: 'Das Kopernikanische Weltsystem war in die Newtonsche Gravitationstheorie übergegangen' (Popper [1963], S. 98).

Diese recht unwillkommene Konsequenz scheint unvermeidlich, solange man die Voraussage von im zeitlichen Sinne neuen Tatsachen als Kriterium des Fortschritts betrachtet. Zahar jedoch kam durch Überlegungen, die mit der Geschichte der Kopernikanischen Revolution gar nichts zu tun haben, zu einem neuen Kriterium für den wissenschaftlichen Fortschritt – einem Kriterium, das das von der Methodologie der wissenschaftlichen Forschungsprogramme gelieferte in sehr wichtiger Beziehung ergänzt.[64])

5.   Die Kopernikanische Revolution im Lichte der Zaharschen Neufassung der Methodologie der wissenschaftlichen Forschungsprogramme

Ursprünglich bestimmte ich eine Voraussage als 'neu', 'überraschend' oder 'spektakulär', wenn sie bisherigen Erwartungen, wenn sie unangefochtenem Hintergrundwissen zuwiderlief, und vor allem, wenn die vorausgesagte Tatsache von dem Konkurrenzprogramm ausgeschlossen wurde. Die besten neuen Tatsachen waren die, die man ohne die betreffende Theorie wohl nie beobachtet hätte. Meine Lieblingsbeispiele für solche Voraussagen, die sich dann bewährten (und damit die Theorie, aus der sie entstanden, spektakulär stützten), waren die Wiederkehr des Halleyschen Kometen, die Entdeckung des Neptun, die Einsteinsche Ablenkung der Lichtstrahlen, das Davisson-Germer-Experiment.[65]) Doch nach dieser Auffassung wurde das Kopernikanische Programm erst 1616 *empirisch* voranschreitend! Wenn dem so ist, kann man gut verstehen, warum seine ersten Verfechter mangels bewährten Zusatzgehalts so viel Wert auf seine größere 'Einfachheit' legten.

Interessanterweise ergibt sich nach Elie Zahars abgeänderter Methodologie der wissenschaftlichen Forschungsprogramme ein ganz anderes Bild. Zahars Änderung besteht in erster Linie in seinem neuen Begriff der 'neuen Tatsache'. Nach seiner Auffassung verlieh die Erklärung des Merkurperihels der Einsteinschen Theorie eine entscheidende empirische Stützung, eine 'spektakuläre Bewährung', obwohl es als eine empirische Aussage unterer Ebene schon fast hundert Jahre bekannt war.[66]) Das war keine neue Tatsache in meinem ursprünglichen Sinne, und doch war es etwas 'Spektakuläres'. Aber in welchem Sinne? In dem Sinne, daß in Einsteins ursprünglichem Entwurf das anomale Merkurperihel nicht die geringste Rolle spielte. Seine exakte Erklärung war gewissermaßen ein unerwartetes Geschenk Schwarzschilds, ein unbeabsichtigtes Nebenergebnis des Einsteinschen Programms. Gleiches gilt für die Rolle der Balmer-Formel im Bohrschen Programm. Bohrs ursprüngliches Problem war nicht die Aufdeckung der Geheimnisse des Wasserstoffspektrums, sondern die Lösung des Stabilitätsproblems für das aus Kern und Schale bestehende Atom; daher lieferte die Balmersche Formel 'spektakuläre' empirische Stützung für die Bohrsche Theorie, obwohl sie, zeitlich gesehen, keine neue Tatsache war.

---

[64]) Vgl. Zahar [1973].

[65]) Später wollte ich alte empirische Beobachtungen wie die Balmer-Formel zu neuen Tatsachen im Hinblick auf das Bohrsche Programm machen: vgl. Kap. 1 des vorliegenden Bandes, 3(d), Absatz 3f. Doch Zahar löste das Problem besser.

[66]) Vgl. Zahar [1973].

Betrachten wir nun die Verhältnisse im Jahre 1543 und fragen wir, ob das Kopernikanische Programm *von Anfang an* durch Tatsachen gestützt wurde, die neu im Sinne Zahars waren.

Die Proto-Hypothese des Kopernikus lautete, daß sich die Planeten gleichförmig auf konzentrischen Kreisen um die Sonne bewegten; der Mond bewegte sich auf einem Epizykel mit der Erde als Mittelpunkt.[67]) Zahar behauptet nun, mehrere wichtige Tatsachen der Planetenbewegung folgten unmittelbar aus den ursprünglichen Annahmen des Kopernikus und stützten, obwohl bereits bekannt, diese wesentlich stärker als das System des Ptolemäus, in welchem sie lediglich ad hoc behandelt worden seien, durch Anpassung von Parametern.

Aus dem Kopernikanischen Grundmodell und der Annahme, die inneren Planeten hätten eine kürzere, die äußeren eine längere Umlaufzeit als die Erde,[68]) lassen sich folgende Tatsachen *vor jeder Beobachtung* voraussagen:

(1) *Planeten haben Haltepunkte und Rückläufigkeiten.*

Erinnern wir uns, daß die 26 konzentrischen Sphären des Eudoxos schon so zurechtgeschnitten waren, daß sie die sorgfältig beobachteten Haltepunkte und Rückläufigkeiten wiedergaben. Im Kopernikanischen Programm sind Haltepunkte und Rückläufigkeiten einfache logische Folgen des Grundmodells. Außerdem finden hier die vorher verwirrenden und unerklärlichen Helligkeitsveränderungen der Planeten ihre Erklärung.

(2) *Die Umlaufzeiten der äußeren Planeten sind, von der Erde aus gesehen, nicht* konstant.

Für Ptolemäus ist diese auf der Beobachtung beruhende Voraussetzung sehr schwer zu erklären; für Kopernikus ist sie eine theoretische Trivialität.

(3) *Nimmt ein Astronom die Erde als den Nullpunkt seines festen Bezugssystems, so schreibt er jedem Planeten eine komplizierte Bewegung zu, in die auch die Bewegung der Sonne eingeht.*

Das folgt unmittelbar aus dem Kopernikanischen Modell: eine Veränderung des Bezugspunkts führt dazu, daß die scheinbare Bewegung der Sonne jeder anderen Bewegung überlagert wird.

Für Ptolemäus ist das ein kosmischer Zufall, den man *nach* sorgfältiger Untersuchung der Tatsachen hinnehmen muß. Kopernikus *erklärt* also einen für Ptolemäus zufälligen Tatbestand, ähnlich wie Einstein die Gleichheit der trägen und schweren Masse erklärt, die in der Newtonschen Theorie etwas Zufälliges war.[69])

(4) *Die Elongation der inneren Planeten ist beschränkt, und die (berechneten) Umlaufzeiten der Planeten wachsen strikt monoton mit ihren (berechenbaren) Entfernungen von der Sonne.*

Um zu erklären, daß die Elongation (der Winkelabstand) der Venus von der Sonne beschränkt ist, stützte sich Ptolemäus auf die willkürliche Annahme, die Erde, die Sonne und der Mittelpunkt des Venus-Epizykels bildeten stets eine Gerade. Aus dem Zaharschen Kriterium für die empirische Stützung folgt, daß die beschränkte Venuselongation das Ptolemäische System kaum stützt. Kopernikus dagegen braucht keine ad-hoc-Annahmen.

---

[67]) Vgl. die Figur bei Kopernikus auf S. 10 von 'De revolutionibus'.

[68]) Im ersten Kapitel von 'De revolutionibus' setzt Kopernikus auseinander, daß diese Annahme zu einem von ihm wie von Ptolemäus anerkannten Hintergrundwissen gehöre.

[69]) Zahar [1973], S. 226f.

Aus seiner Theorie folgt, daß ein Planet genau dann ein innerer ist, wenn seine Elongation beschränkt ist. Somit ist Venus ein innerer Planet. Entsprechend ist Mars ein äußerer, da seine Elongation nicht beschränkt ist. *Diese Hypothese läßt sich folgendermaßen unabhängig prüfen.* Sei P ein beliebiger Planet – ein äußerer oder innerer – und T_P seine Umlaufzeit, T_E die Umlaufzeit der Erde (also ein Jahr) und T_p der Zeitabstand zwischen zwei aufeinanderfolgenden Rückläufigkeiten von P, dann zeigt eine einfache Rechnung folgendes. Da es zur Rückläufigkeit kommt, wenn der Planet die Erde passiert, gelten folgende Beziehungen zwischen T_P, T_E und t_P:

$$\frac{1}{T_P} - \frac{1}{T_E} = \frac{1}{t_P},$$

wenn P ein innerer Planet ist;

$$\frac{1}{T_E} - \frac{1}{T_P} = \frac{1}{t_P},$$

wenn P ein äußerer Planet ist.

Man beachte, daß t_p meßbar und T_E bekannt ist, nämlich gleich einem Jahr. Somit kann man aus den obigen Gleichungen T_P berechnen.

Für einen äußeren Planeten folgt aus der zweiten Gleichung:

$$\frac{1}{T_E} > \frac{1}{t_p}, \text{ also } T_E < t_p.$$

Man kann also voraussagen: ist die Elongation eines Planeten nicht beschränkt, so ist der Abstand zwischen zwei aufeinanderfolgenden Rückläufigkeiten größer als ein Jahr. Damit hat das Kopernikanische Programm eine neue – obwohl bekannte – Tatsache vorausgesagt, also 'erklärt'. Sie stützt das Kopernikanische Programm, nicht aber das Ptolemäische. Neugebauer hat nicht unrecht mit seiner Behauptung: 'Die Hauptleistung des Kopernikus in der Astronomie [war] die Bestimmung der absoluten Ausmaße unseres Planetensystems.'[70]

Nachdem Kopernikus die Umlaufzeiten der Planeten zur Verfügung hat, berechnet er ihre Abstände von der Sonne. Eine solche Berechnungsmethode hat Kuhn beschrieben.[71] Die Umlaufzeit eines Planeten wächst strikt monoton mit seiner Entfernung von der Sonne, dem Nullpunkt des Kopernikanischen Bezugssystems. Das verträgt sich mit anerkanntem Hintergrundwissen. Das Ptolemäische System als solches kennt keine Planetenabstände, sondern nur die Winkelbewegungen der Planeten. *Daher ist die Bestimmung von Planetenabständen ein Zusatzgehalt der Kopernikanischen Theorie gegenüber der Ptolemäischen.*

Auch aus der Ptolemäischen Astronomie kann man Planetenabstände herausholen, wenn man willkürlich festsetzt:

$$\frac{r}{R} = \frac{\text{Radius des Epizykels}}{\text{Radius des Hauptkreises}}$$

= Abstand eines inneren Planeten von der Sonne
(als Vielfaches des Erdabstands),

$$\frac{R}{r} = \text{Abstand eines äußeren Planeten.}[72]$$

---

[70] Neugebauer [1968].

[71] Kuhn [1957], S. 176.

[72] Neugebauer [1968]. Man kann auch mittels der Aristotelischen 'Vollkommenheitslehre' zu Abständen gelangen; doch auch diese Lehre ist heuristisch ad hoc, und im übrigen ist sie zum einen falsch und zum anderen im Rahmen des Ptolemäischen Programms unfalsifizierbar.

Man kann dann mit diesen Gleichungen die mittleren Abstände der Planeten von der Erde berechnen. Doch die Gleichungen sind dem Ptolemäischen Programm ad hoc aufgepfropft. Und
es zeigt sich, daß Merkur, Venus und die Sonne trotz ungefähr gleicher Umlaufzeiten stark verschiedene Abstände vom Ptolemäischen Mittelpunkt, der Erde, haben; das widersprach der
damals allgemein verbreiteten Hintergrundhypothese, daß die Umlaufzeit mit dem Abstand
von dem festen Mittelpunkt wachse, auf den die Bewegung bezogen wird.

Ein historisches Gedankenexperiment möge die Bewährungsrelevanz dieser Tatsachen beleuchten. Stellen wir uns vor, 1520 – oder früher – sei über den Himmel lediglich dies
bekannt gewesen, daß sich die Sonne und die Planeten relativ zur Erde periodisch bewegen;
doch die Aufzeichnungen seien – etwa wegen des wolkigen Himmels im Polen des Kopernikus – so lückenhaft gewesen, daß niemals Haltepunkte und Rückläufigkeiten experimentell
festgestellt wurden. Wegen seiner Verehrung für die Sonne und seines Glaubens an die Platonische Heuristik schlägt Astronom X das Kopernikanische Grundmodell vor. Astronom Y ist
ebenfalls Anhänger der Platonischen Heuristik, aber auch der Aristotelischen Dynamik, und
so schlägt er das entsprechende geozentrische Modell vor: Sonne und Planeten bewegen sich
gleichförmig auf Kreisen mit der Erde als Mittelpunkt. Unter diesen Umständen wäre die
Theorie des X durch Beobachtungen spektakulär bestätigt worden, die man später an den Kü-
sten des Mittelmeers angestellt hätte. Die nämlichen Beobachtungen hätten die Hypothese des
Y widerlegt und Y zu einer Reihe von ad-hoc-Manövern gezwungen (falls er sein Programm
nicht gleich aufgegeben hätte).

Die Zaharsche Analyse erklärt also die Leistung des Kopernikus als einen echten
Fortschritt über Ptolemäus hinaus. Die Kopernikanische Revolution wurde *nicht deshalb eine
große wissenschaftliche Revolution, weil sie die Weltanschauung Europas veränderte*, nicht –
wie Paul Feyerabend will –, *weil* sie auch zu einer revolutionären Veränderung des Bildes des
Menschen von seinem Ort im Weltall wurde, sondern einfach deshalb, weil sie *wissenschaftlich*
überlegen war. Die Zaharsche Analyse zeigt auch, daß Kepler und Galilei gute objektive
Gründe für die Übernahme der heliostatischen Annahme hatten, denn schon das *Grundmodell* des Kopernikus (eigentlich schon des Aristarchos) hatte zusätzlichen Voraussagegehalt
gegenüber seiner Ptolemäischen Konkurrenz.[73])

Warum war dann Kopernikus nicht mit seinem 'Commentariolus' zufrieden? Warum arbeitete er jahrzehntelang an der Vervollständigung seines Systems, ehe er es veröffentlichte? Weil er nicht mit bloßem Voranschreiten seines Programms zufrieden war, sondern in
Wirklichkeit das Ptolemäische *überrunden* wollte; d.h., er wollte nicht bloß 'neue' Tatsachen
voraussagen, die das Ptolemäische System nicht 'vorausgesagt' hatte, sondern er wollte auch
alle wahren Konsequenzen der Ptolemäischen Theorie erklären. Deshalb mußte er 'De revolutionibus' schreiben. Doch es zeigte sich, daß Kopernikus, abgesehen von seinen Anfangserfol-
gen, die ganzen Ptolemäischen Erscheinungen nur ad hoc und in dynamischer Hinsicht höchst
unbefriedigend retten konnte.[74]) Daher gingen Kepler und Galilei vom 'Commentariolus' und

---

[73]) Man beachte, daß damit nicht gesagt ist, ob und warum Kepler und Galilei tatsächlich 'Kopernikaner'
wurden.
[74]) Zahars Begriff des heuristischen Voranschreitens läßt sich natürlich als eine *objektive* (und 'positivisti-
sche') Explikation der 'Einfachheit' auffassen, ohne daß man in die Widersprüche der naiven Einfachheitslehre gerät wie die oben in Abschn. 2 behandelten.

nicht von 'De revolutionibus' aus; von dem Punkt nämlich, an dem dem Kopernikanischen Programm der Dampf weggeblieben war. Wegen des anfänglichen Erfolgs des Grundprogramms und der Degeneration des vollständigen Programms ließ Kepler die alte Heuristik fallen und führte eine revolutionäre neue ein, die sich auf den Gedanken der heliozentrischen Dynamik stützte.[75])

Ich möchte mit einer trivialen Konsequenz dieser Darstellung schließen, die, wie ich hoffe, wenigstens *einige* von Ihnen anstößig finden werden. Unsere Analyse ist eine rein innerwissenschaftliche; sie hat keinen Platz für den Geist der Renaissance, der Kuhn so sehr am Herzen liegt, keinen Platz für den Aufruhr der Reformation und Gegenreformation, für den Einfluß der Kirchenleute oder des angeblichen oder wirklichen Aufstiegs des Kapitalismus im 16. Jahrhundert oder für die Bedürfnisse der Navigation, die Bernal so liebevoll herausgestellt hat. Die ganze Entwicklung wird rein innerwissenschaftlich gesehen; ihr voranschreitender Teil hätte zu jeder Zeit zwischen Aristoteles und Ptolemäus stattfinden können, wenn es nur ein Genie wie Kopernikus gab – oder jederzeit ab 1175, als der 'Almagest' ins Lateinische übersetzt wurde, oder auch seit dem 9. Jahrhundert, als ihn ein arabischer Astronom übersetzte. Die außerwissenschaftliche Geschichte ist *in diesem Fall* nicht nur nebensächlich, sondern so gut wie irrelevant.[76]) Natürlich spielte das System der Förderung der Astronomie durch Kirchenpfründen eine Rolle; doch seine Untersuchung würde nichts zu unserem Verständnis der Kopernikanischen Revolution beitragen.

6.   Nachschrift über die Wissenschaftsgeschichte und ihre rationalen Rekonstruktionen**)

In den vorangehenden Abschnitten wurde eine neue Lösung für die Frage vorgeschlagen, warum das Kopernikanische Programm das Ptolemäische (objektiv) überrundet hat. Es war ihm nach allen drei Kriterien für die Beurteilung von Forschungsprogrammen überlegen: im Sinne des theoretischen, des empirischen und des heuristischen Voranschreitens. Es sagte eine umfangreichere Menge von Erscheinungen voraus, es erfuhr Bewährung durch neue Tatsachen, und trotz der degenerativen Elemente in 'De revolutionibus' besaß es größere heuristische Einheitlichkeit als der 'Almagest'. Wir haben auch gezeigt, daß Galilei und Kepler das

---

[75]) Dieser Ablauf steht nicht einzig da: schließlich wurde die alte Bohrsche Quantentheorie kurz nach ihrer Anerkennung aufgegeben, und die neue Quantentheorie de Broglies ging von diesem ersten groben Modell aus und nicht von den hochentwickelten Berechnungen Sommerfelds und anderer.
[76]) Natürlich folgt aus unserer Analyse, daß es eine wichtige, aber rein 'außerwissenschaftliche' Frage gibt, die sozio-psychologisch beantwortet werden muß: Warum fand die Kopernikanische Revolution gerade damals statt und nicht zu irgendeiner anderen Zeit seit Ptolemäus? Doch die Antwort, wenn man überhaupt eine geben kann, beeinflußt nicht die *Beurteilung,* die wir hier versucht haben. Das ist ein gutes Beispiel dafür, wie die innerwissenschaftliche (methodologische) Geschichte festlegen kann, worin die wichtigen außerwissenschaftlichen Probleme bestehen, und warum sie daher von vorrangiger Bedeutung ist!
**) Dieser Abschnitt der Arbeit wurde von Lakatos allein verfaßt, kurz nachdem die übrigen Teile fertig waren. Er wird hier zum erstenmal veröffentlicht. (D. Hrsgg.)

Kopernikanische Programm ablehnten, aber seinen Aristarchischen harten Kern anerkannten. Kopernikus hat keine Revolution *in Gang gesetzt,* sondern wirkte als Geburtshelfer eines Programms, von dem er sich nie hatte etwas träumen lassen, nämlich eines anti-Ptolemäischen Programms, das die Astronomie zu Aristarchos *zurückführte* und gleichzeitig zu einer neuen Dynamik *vorstieß.*

Nachdem der Historiker eine *objektive Beurteilung der Leistung des Kopernikus* geliefert hat, kann er sich einer zweiten Gruppe von Fragen zuwenden. Warum haben Kepler und Galilei den Kopernikanischen harten Kern *übernommen,* und warum haben sie seine Platonische Heuristik *abgelehnt?* Warum wurden die Kopernikanischen Theorien gerade so aufgenommen? Und auch: welches war die Problemlage des Kopernikus und sein Beweggrund, ein neues Programm ins Werk zu setzen?

Diese Frage der *Beweggründe und der Aufnahme der Leistung des Kopernikus* ist wichtig und läßt sich nicht rein 'innerwissenschaftlich' beantworten. Die vorliegende Arbeit beschäftigt sich nicht mit der Antwort. Ich möchte vielmehr folgendes zeigen: (1) Die erste Frage läßt sich vollständig beantworten, ohne auf die zweite einzugehen, und unabhängig von ihr; (2) die zweite Frage läßt sich *nur dann* beantworten, wenn man, ausdrücklich oder stillschweigend, eine Antwort auf die erste voraussetzt. Daraus folgt, daß die Wissenschaftstheorie beim Schreiben der Wissenschaftsgeschichte an erster Stelle steht und Soziologie und Psychologie an zweiter Stelle. Eine Antwort auf die erste, die philosophische Frage bildet das Rückgrat einer 'innerwissenschaftlichen' 'rationalen Rekonstruktion' der Geschichte, ohne die es keine vollständige Geschichtsschreibung geben kann.[77])

Diese These habe ich bereits in meiner [[im vorliegenden Band wiedergegebenen]] Arbeit über die Wissenschaftsgeschichte und ihre rationalen Rekonstruktionen vertreten; jetzt möchte ich eine weitere Klärung einiger einschlägiger Fragen versuchen.

Schon die *Probleme* des Historikers sind von seiner Methodologie (d. h. Beurteilungstheorie) bestimmt. Der Induktivist wird nach der Tatsachengrundlage der Kopernikanischen Theorie Ausschau halten, und wenn er in seiner Verzweiflung eine erfunden hat, wird sein hauptsächliches außerwissenschaftliches Problem darin bestehen, warum die Menschen bestimmte Vorgänge in Europa und nicht in China beobachteten, im 16. und nicht im 10. Jahrhundert. Der Falsifikationist wird nach experimenta crucis zwischen Kopernikus, Ptolemäus und Tycho Ausschau halten, und er muß (mittels außerwissenschaftlicher Märchen) erklären, warum die Wissenschaftler – offenbar 'unvernünftigerweise' – die Kopernikanische Theorie anerkannten, noch ehe die [[Fixstern-]]Parallaxe oder auch nur die Aberration des Lichts entdeckt war. Der Einfachheitstheoretiker wird mindestens einige der Komplikationen von 'De revolutionibus' verdecken und muß dann erklären, warum diese ungeheure Einfachheit Tycho nicht zufriedenstellte, der gar einiges von dieser Einfachheit 'unvernünftigerweise' zerstörte. Der Kuhnianer wird sich eine Geschichte von der Unangefochtenheit der Ptolemäischen Theorie bis ins frühe 16. Jahrhundert zurechtmachen und dann eine 'Krise' erfinden, der eine 'schlagartige Bekehrung' folgte.[78]) Auch die Vertreter der Methodologie der wissenschaftlichen Forschungsprogramme können die Anerkennung oder Ablehnung einer Theorie nicht ohne zusätzliche psychologische Hypothesen erklären. Aus der [[wissenschaftstheoreti-

---

[77]) Eine Definition des Ausdrucks 'rationale Rekonstruktion' findet sich 6 Absätze weiter unten.
[78]) Kuhn grenzt nicht ab zwischen (normativer) objektiver Beurteilung und (deskriptiver) Anerkennung und Ablehnung.

schen]] Beurteilung allein folgt noch nicht die [[historische]] Anerkennung oder Ablehnung. Doch die psychologischen Hilfshypothesen fallen je nach der normativen Beurteilungstheorie verschieden aus; und deshalb relativiere ich die Unterscheidung zwischen inner- und außerwissenschaftlich auf die Methodologie.[79])

Ich möchte einigermaßen pedantisch zeigen, warum ein Beurteilungskriterium allein keinesfalls die tatsächliche Wissenschaftsgeschichte erklären kann. Nehmen wir die Aussage P_3: 'Theorie (oder Forschungsprogramm) T_1 war zur Zeit t besser als T_2'. Daraus folgt nicht: 'Alle (oder einige) Wissenschaftler waren zur Zeit t der Ansicht, daß T_1 besser sei als T_2'. Diese Aussage nenne ich $P_{2.1}$. Die erste Aussage kann durchaus richtig und gleichzeitig die zweite falsch sein. Doch nun fügen wir zu P_3 eine *psychologische* Voraussetzung hinzu, etwa $P_{2.2}$: '(Alle) Wissenschaftler ziehen – unter sonst gleichen Umständen – zur Zeit t T_1 dem T_2 vor, wenn zur Zeit t T_1 besser ist als T_2.' Aus P_3 und $P_{2.2}$ in Verbindung mit ein paar weiteren schwachen psychologischen Annahmen[80]) folgt nun $P_{2.1}$. Sind aber T_1 und T_2 Forschungsprogramme, so folgt aus der *Anerkennung* von T_1 als besser ($P_{2.1}$) die Entscheidung, *an* T_1 statt T_2 *zu arbeiten,* nur aufgrund weiterer wesentlicher psychologischer Annahmen.[81])

Es zeigt sich, daß dieses deduktive Schema zur Erklärung des wissenschaftlichen Wandels sowohl 'drittweltliche' als auch psychologische Voraussetzungen enthält. Außerdem sind die psychologischen Voraussetzungen je nach der Art der 'drittweltlichen' Voraussetzungen zwangsläufig verschieden. Man braucht die eine psychologische Theorie, um zu erklären, warum die Wissenschaftler die Kopernikanische und nicht die Tychosche Theorie noch vor der Beobachtung der Parallaxe übernahmen, wenn man Falsifikationist ist (oder die Wissenschaftler für Falsifikationisten hält). Und man braucht eine andere psychologische Theorie, um das nämliche Verhalten zu erklären, wenn man Induktivist ist (oder die Wissenschaftler für Induktivisten hält). Stellt man sich schließlich auf den Standpunkt, vernünftige Entscheidungen über die Annahme oder Ablehnung von Forschungsprogrammen beruhten auf un- oder halbbewußten Anwendungen der Lakatosschen Methodologie, gingen aber mit Wahrnehmungstäuschungen einher, so braucht man unter Umständen ein kompliziertes soziopsychologisches Arsenal, um Übergänge von einem Programm zu einem anderen zu erklären.

Unsere entscheidende ('innerwissenschaftliche') 'drittweltliche' Voraussetzung legt nun die Problemlage für die Theoretiker der 'außerwissenschaftlichen' Verhältnisse fest. Das innerwissenschaftliche Skelett des vernunftgeleiteten Geschichtsablaufs legt die außerwissenschaftlichen Probleme fest. So erscheinen, wie ich dargelegt habe, einem Induktivisten alle Prioritätsprobleme als abwegig; für einen Anhänger der Methodologie der wissenschaftlichen Forschungsprogramme können einige durchaus sinnvoll sein.[82]) Die entsprechenden psychologischen oder soziologischen Erklärungsschemata für bestimmte Prioritätsstreitfälle können höchst verschieden sein. Oder wenn eine Theorie wegen einer einzigen Anomalie ver-

[79]) Vgl. Kap. 2 des vorliegenden Bandes, Einleitung.
[80]) Diese Annahmen besagen, daß die ceteris-paribus-Klausel erfüllt ist, z. B.: daß die Wissenschaftler die konkurrierenden Theorien nicht mißverstanden haben; daß ihnen die Bücher erreichbar waren, die T_1 und T_2 enthalten; daß der harte Kern des besseren Programms mit ihrer Religion oder Ideologie verträglich ist.
[81]) Die Indizes sind nicht ganz willkürlich. P_3 ist eine Aussage über Freges und Poppers 'dritte Welt' der objektiven Erkenntnis; P_{2i} sind Aussagen über die zweite Welt der Meinungen, Bewußtseinsakte und Entscheidungen (vgl. Popper [1972]).
[82]) Vgl. Kap. 2 des vorliegenden Bandes, 1(d), vorletzter Abs. vor der Schlußbemerkung.

worfen wird, brauchen die Falsifikationisten nur eine schwache psychologische Annahme (eine Art falsifikationistisches Rationalitätsprinzip), um das als *vernünftig* zu erklären. Wer dagegen die Methodologie der wissenschaftlichen Forschungsprogramme für das wirkende Prinzip hält, muß eine möglicherweise hochdifferenzierte Theorie des falschen Bewußtseins aufstellen, um dasselbe Verhalten als *vernünftig* zu erklären.

Alle Wissenschaftshistoriker, die zwischen Fortschritt und Degeneration, zwischen Wissenschaft und Pseudowissenschaft unterscheiden, müssen einen 'drittweltlichen' Beurteilungsgrundsatz verwenden, wenn sie den wissenschaftlichen Wandel erklären wollen. *Die Verwendung einer solchen Voraussetzung in Erklärungsschemata für den wissenschaftlichen Wandel habe ich 'rationale Rekonstruktion der Wissenschaftsgeschichte' genannt.* Es gibt verschiedene konkurrierende rationale Rekonstruktionen für jeden einzelnen historischen Wandel, und eine Rekonstruktion ist besser als eine andere, wenn sie mehr vom tatsächlichen wissenschaftsgeschichtlichen Verlauf erklärt; rationale Rekonstruktionen der Geschichte sind also Forschungsprogramme mit einer normativen Beurteilung als hartem Kern und psychologischen Hypothesen (und Anfangsbedingungen) in der Schutzzone. Diese Geschichtsschreibungs-Forschungsprogramme sind wie jedes andere Forschungsprogramm auf Voranschreiten oder Degeneration zu beurteilen. Welches historische Forschungsprogramm besser ist, läßt sich daran prüfen, wie gut ihm die Erklärung des wissenschaftlichen Fortschritts gelingt. Im Falle der Kopernikanischen Revolution waren diese Aussagen nur programmatischer Art: die eigentliche Prüfung liegt erst vor, wenn der Beurteilung eine vollständige Erklärung an die Seite gestellt ist.

Zum Schluß möchte ich einige Punkte aus früheren Diskussionen meiner Theorie klären.

Erstens ist es nicht richtig, daß ich eine rationale Rekonstruktion der Wissenschaftsgeschichte *anstelle* ihrer Beschreibung und Erklärung vorschlüge. Vielmehr bin ich der Auffassung, daß alle Wissenschaftshistoriker, *die unter dem Fortschritt in der Wissenschaft Fortschritt der objektiven Erkenntnis verstehen,* zwangsläufig irgendeine rationale Rekonstruktion verwenden.

Zweitens gibt es in meinem speziellen Programm der rationalen Rekonstruktion (jetzt mit der wichtigen Ergänzung von Zahar) keinen Versuch, mich 'um die wirkliche Geschichte herumzudrücken'.[83]) Dieser Vorwurf Kuhns beruht wahrscheinlich auf einem etwas unglücklichen Scherz von mir. Vor ein paar Jahren schrieb ich: 'Eine Methode, die Diskrepanzen zwischen der Geschichte und ihren rationalen Rekonstruktionen aufzuzeigen, besteht darin, die interne Geschichte *im Text* zu behandeln und dann *in den Anmerkungen* anzudeuten, wie 'schlecht' sich die tatsächliche Geschichte im Lichte ihrer rationalen Rekonstruktion verhalten hat.'[84]) Natürlich kann man solche Parodien schreiben, und sie können sogar lehrreich sein; doch ich habe nie gesagt, es solle tatsächlich so Geschichte geschrieben werden, und ich habe selbst, mit einer Ausnahme, niemals so Geschichte geschrieben.[85])

---

[83]) Kuhn [1971], S. 143; vgl. dt. S. 319.

[84]) Kap. 2 des vorliegenden Bandes, 1(e), vorletzter Abs.; zitiert und kritisiert bei Kuhn [1971], S. 142; dt. S. 318.

[85]) Dieses Stils bediente ich mich ausgiebig in meiner Arbeit 'Beweise und Widerlegungen' [1976], in der es mir freilich darum ging, eine methodologische Lehre aus der Geschichte zu ziehen und nicht Geschichte zu schreiben.

Kuhns Vorwurf, mein Geschichtsbegriff habe 'überhaupt nichts mit Geschichte zu tun, sondern mit Philosophie, die sich Beispiele ausdenkt',[86]) geht fehl. Ich bin der Auffassung, daß jede Wissenschaftsgeschichte *notwendig* eine Philosophie ist, die sich Beispiele ausdenkt. Die Wissenschaftstheorie bestimmt in weitem Maße die historische Erklärung; und Kuhn hat uns vielleicht die farbigste von allen geliefert. Aber ebenso ist alle Physik und jegliche empirische Behauptung (d.h. Theorie) 'Philosophie, die sich Beispiele ausdenkt'. Das ist seit Kant und Bergson eine Binsenwahrheit. Aber selbstverständlich ist einiges Ausgedachte in der Physik besser als anderes, und ebenso in der Geschichte. Und ich biete scharfe Kriterien an, mit denen man konkurrierende Konstruktionen in der Physik *und* ihrer Geschichte vergleichen kann – und ich behaupte, daß meine Konstruktionen mehr Wahres enthalten als die von Kuhn.

[86]) Kuhn [1971], S. 143; vgl. dt. S. 318.

Literatur

Achinstein, P. [1970]: 'Inference to Scientific Laws'. In: R. Stuewer (Hrsg.): *Historical and Philosophical Perspectives in Science*, Minnesota Studies in the Philosophy of Science, **5**, S. 87–111. University of Minnesota Press.

Agassi, J. [1963]: *Towards a Historiography of Science*. Wesleyan University Press.

Born, M. [1949]: *Natural Philosophy of Cause and Chance*. Oxford University Press.

Dorling, J. [1971]: 'Einstein's Introduction of Photons: Argument by Analogy or Deduction from the Phenomena?' *The British Journal for the Philosophy of Science*, **22**, S. 1–8.

Feyerabend, P. K. [1964]: 'Realismus und Instrumentalismus: Bemerkungen zur Logik der Unterstützung durch Tatsachen'. In: Feyerabend, *Der wissenschaftstheoretische Realismus und die Autorität der Wissenschaften*. Vieweg, Braunschweig und Wiesbaden, 1978, Kap. 5.

Feyerabend, P. K. [1972]: 'Von der beschränkten Gültigkeit methodologischer Regeln'. In: (s. Feyerabend, 1974), Kap. 10.

Feyerabend, P. K. [1974]: *Wider den Methodenzwang*, dt., Suhrkamp, Frankfurt (M.), 1976.

Galilei, G. [1615]: 'Letter to the Grand Duchess'. In: S. Drake (Hrsg.): *Discoveries and Opinions of Galileo*, S. 173–216. Doubleday, Garden City, 1957.

Gingerich, O. [1973]: 'The Copernican Celebration', *Science Year*, 1973, S. 266f.

Hanson, N. R. [1973]: *Constellations and Conjectures*. D. Reidel, Dordrecht.

Jeans, J. [1948]: *The Growth of Physical Science*. Cambridge University Press.

Johnson, F. R. [1959]: 'Commentary on Derek J. de S. Price'. In: M. Clagett (Hrsg.): *Critical Problems in the History of Science*, S. 219–221. University of Wisconsin Press.

Kamlah, A. [1971]: 'Kepler im Lichte der modernen Wissenschaftstheorie'. In: H. Lenk (Hrsg.): *Neue Aspekte der Wissenschaftstheorie*, S. 205–220. Vieweg, Braunschweig.

Kepler, J. [1604]: *Ad Vitellionem paralipomena*. In: M. Caspar (Hrsg.), *Gesammelte Werke*, Bd. 2, C. H. Beck, München.

Kuhn, T. S. [1957]: *The Copernican Revolution*. Chicago University Press.

Kuhn, T. S. [1962]: *The Structure of Scientific Revolutions*. Chicago University Press. Dt. *Die Struktur wissenschaftlicher Revolutionen*. Suhrkamp, Frankfurt (M.), 2. Aufl., 1976.

Kuhn, T. S. [1963]: 'The Function of Dogma in Scientific Research'. In: A. C. Crombie (Hrsg.): *Scientific Change*, S. 347–369. Heinemann, London.

Kuhn, T. S. [1971]: 'Notes on Lakatos'. In: R. C. Buck und R. S. Cohen (Hrsg.): *Boston Studies in the Philosophy of Science*, **8**, S. 137–146. Reidel, Dordrecht. Dt. in I. Lakatos und A. Musgrave (Hrsg.), *Kritik und Erkenntnisfortschritt*, Vieweg, Braunschweig, 1974.

Lakatos, I. [1968]: 'Criticism and the Methodology of Scientific Research Programmes', *Proceedings of the Aristotelian Society* **69**, S. 149–186.

Lakatos, I. [1974]: 'The Role of Crucial Experiments in Science', *Studies in the History and Philosophy of Science* **4**, S. 309–325.

Lakatos, I. [1976]: *Beweise und Widerlegungen*, dt., Vieweg, Braunschweig/Wiesbaden, 1979.

Lakatos, I., und E. Zahar (1976): 'Why Did Copernicus' Programme Supersede Ptolemy's?', in R. Westman (Hrsg.): *The Copernican Achievement*, S. 354–383. University of California Press, Los Angeles.

Neugebauer, O. [1958]: *The Exact Sciences in Antiquity*. Dover, New York, 1969.

Neugebauer, O. [1968]: 'On the Planetary Theory of Copernicus', *Vistas in Astronomy*, **10**, S. 89–103.

Pannekoek, A. [1961]: *A History of Astronomy*. Interscience, New York.

Polanyi, M. [1958]: *Personal Knowledge. Towards a Post-Critical Philosophy*. Routledge and Kegan Paul, London.

Polanyi, M. [1966]: *The Tacit Dimension.* Routledge and Kegan Paul, London.

Popper, K. R. [1959]: *Logik der Forschung,* dt. Mohr (Siebeck), Tübingen, 1966.

Popper, K. R. [1963]: *Conjectures and Refutations.* Routledge and Kegan Paul, London.

Popper, K. R. [1972]: *Objektive Erkenntnis,* dt. Hoffmann und Campe, Hamburg, 1973.

Price, D. J. de S. [1959]: 'Contra-Copernicus: a Critical Re-estimation of the Mathematical Planetary Theory of Ptolemy, Copernicus, and Kepler'. In: M. Clagett (Hrsg.): *Critical Problems in the History of Science,* S. 197–218. University of Wisconsin Press.

Ravetz, J. [1966a]: *Astronomy and Cosmology in the Achievement of Nicolaus Copernicus.* Polnische Akademie der Wissenschaften, Warschau.

Ravetz, J. [1966b]: 'The Origins of the Copernican Revolution'. *Scientific American,* **215,** S. 88–98.

Santillana, G. de [1953]: 'Historical Introduction' zu Galilei: *Dialogue on the Great World Systems.* University of Chicago Press.

Smith, A. [1799]: 'The Principles which Lead and Direct Philosophical Inquiries Illustrated by the History of Astronomy'. In: D. Stewart (Hrsg.): *Adam Smith: Essays on Philosophical Subjects.* 1799.

Toulmin, S. [1972]: *Human Understanding.* Clarendon Press, Oxford. Dt. *Menschliches Erkennen, Bd. 1: Kritik der kollektiven Vernunft.* Suhrkamp, Frankfurt (M.), 1978.

Urbach, P. [1974]: 'Progress and Degeneration in the 'IQ Debate'', *The British Journal for the Philosophy of Science,* **25,** S. 99–135 und 235–259.

Watkins, J. W. N. [1958]: 'Influential and Confirmable Metaphysics', *Mind,* **67,** S. 344–365.

Watkins, J. W. N. [1970]: 'Against Normal Science'. In: I. Lakatos und A. Musgrave (Hrsg.), *Criticism and the Growth of Knowledge,* Cambridge University Press, 1970, S. 25–37. Dt. *Kritik und Erkenntnisfortschritt,* Vieweg, Braunschweig, 1974.

Westman, R. S. [1972]: 'Kepler's Theory of Hypothesis and the 'Realist Dilemma'', *Studies in History and Philosophy of Science,* **3,** S. 233–264.

Worrall, J. [1976]: 'The Nineteenth Century Revolution in Optics: a Case Study in the Interaction between Philosophy of Science and History of Science', unveröffentlichte Doktorarbeit an der University of London.

Zahar, E. [1973]: 'Why did Einstein's Research Programme Supersede Lorentz's?', *The British Journal for the Philosophy of Science,* **24,** S. 95–123 und 223–262. Wieder abgedruckt in C. Howson (Hrsg.): *Method and Appraisal in the Physical Sciences.* Cambridge University Press, 1976.

5 Newtons Wirkung auf die Kriterien der Wissenschaftlichkeit*)

1. Der justifikationistische Königsweg in den Psychologismus und die Mystik

a) Der Justifikationismus und seine beiden Pole: Dogmatismus und Skepsis

Die erkenntnistheoretischen Schulen unterscheiden zwei völlig verschiedene Arten von Erkenntnis: episteme, d. h. bewiesenes Wissen, und doxa, d. h. bloße Meinung. Die einflußreichsten Schulen – die 'justifikationistischen'[1]) – achten die episteme ganz hoch und die doxa ganz niedrig; ja, nach ihren extremen Maßstäben verdient überhaupt nur erstere den Namen 'Erkenntnis'. Hören wir einen führenden Justifikationisten des 17. Jahrhunderts: 'Denn für mich ist Wissen und Gewißheit dasselbe; was ich weiß, dessen bin ich gewiß; und dessen ich gewiß bin, das weiß ich. Was auf der Höhe des Wissens steht, das kann man in meinen Augen Gewißheit nennen, und was nicht auf der Höhe der Gewißheit steht, das kann man in meinen Augen nicht Wissen nennen.'[2]) Oder lassen wir einen Justifikationisten des 20. Jahrhunderts sprechen: 'Man kann nur etwas wissen, wenn es sich in der Tat so verhält.'[3]) Nach dieser Schule ist Erkenntnis also bewiesene Erkenntnis, der Fortschritt der Erkenntnis ist die Zunahme des bewiesenen Wissens, das dann notwendigerweise kumulativ ist. Die Vorherrschaft des Justifikationismus in der Erkenntnistheorie läßt sich gar nicht besser kennzeichnen als durch die Tatsache, daß die Erkenntnistheorie im Englischen den Namen 'epistemology' erhielt, also Theorie der episteme. Bloße doxa wurde keiner ernsthaften Untersuchung für wert erachtet; Fortschritt der doxa galt als eine ausgesprochen absurde Vorstellung, denn nach der orthodoxen justifikationistischen Auffassung[4]) galt als Kennzeichen des Fortschritts die Zunahme der vernünftigen episteme und die allmähliche Abnahme der unvernünftigen doxa.

---

*) Ältere Entwürfe dieser Arbeit entstanden 1963–64. Lakatos kam mehrfach auf sie zurück, hielt sie aber immer noch für wesentlich verbesserungsbedürftig. Sie wird hier zum erstenmal veröffentlicht. An verschiedenen Stellen haben wir den Text des letzten Lakatosschen Manuskripts leicht verändert. Für die ganze Arbeit und für den Abschnitt 2(a) haben wir Titel eingesetzt. Viele Zitate waren unvollständig und blieben unausgewiesen; soweit möglich, wurden die fehlenden Angaben nachgetragen. (D. Hrsgg.)

[1]) Die Identifikation des 'Justifikationismus' als einer der einflußreichsten Tradition im modernen europäischen Denken und seine erste Analyse und Kritik verdanken wir Karl Popper; vgl. seine klassische Arbeit[1960], S. 39–71. Einige Seiten der empiristischen Formen des Justifikationismus werden behandelt bei Lakatos [1968]; hier wiedergegeben in Bd. 2 als Kap. 8.

[2]) Locke [1697], S. 145.

[3]) Keynes [1921], S. 11.

[4]) Ich nenne diejenigen Justifikationisten *orthodox*, die die doxa für absolut wertlos halten (einige heutige Justifikationisten – wie Schlick – sprechen von 'Sinnlosigkeit'). Diejenigen Justifikationisten, die der doxa gewissen heuristischen Wert zubilligen, nenne ich *liberale* Justifikationisten. Doch die orthodoxen wie die liberalen sind darin einig, daß die doxa keinen Platz im Endergebnis hat.

Über den Wert der episteme und den Unwert der doxa waren sich die Justifikationisten einig, doch über die *Grenzen* der episteme gab es große Meinungsverschiedenheiten. Fast alle hielten episteme für möglich, doch man war sich nicht darüber einig, welche Aussagen beweisbar seien. Die Pyrrhonischen Skeptiker hielten *keine* Aussage für beweisbar, die akademischen Skeptiker wenigstens eine – 'es gibt keine Erkenntnis'.[5] Diese umfassenden oder so gut wie umfassenden Skeptiker waren erkenntnistheoretische Pessimisten. Die 'Dogmatiker' waren optimistischer. Einige von ihnen glaubten, es sei (epistemische) Erkenntnis auf dem Gebiet der religiösen und moralischen Wahrheit möglich, aber sonst nirgends;[6] andere hielten sie auch auf dem Gebiet der Logik, Mathematik und der irdischen Wirklichkeit für möglich; und die erkenntnistheoretischen Optimisten des 17. und 18. Jahrhunderts ließen sogar die Einschränkung 'irdisch' fallen und hofften, alle Naturgeheimnisse würden sich schließlich der vernünftigen Untersuchung eröffnen müssen. Noch andere glaubten, man könne zwar epistemische Erkenntnis der Naturgesetze erlangen, doch Religion und möglicherweise Moral blieben der willkürlichen doxa verhaftet. Die Geschichte der Erkenntnistheorie besteht größtenteils aus den Richtungskämpfen zwischen rivalisierenden Schulen des Justifikationismus über die Abgrenzung zwischen episteme und doxa, jener Abfallgrube voll Ungewißheit und Irrtum, voll nutzloser, zu nichts führender Diskussionen.[7] Die Grenzlinie erhielt den Namen '*Grenzen der menschlichen Erkenntnis*', und anstelle von 'doxa' sprach man nun von 'Metaphysik'.

Ein anderes sehr wichtiges Problem, über das sich die Justifikationisten nicht einig sind, ist die Frage, worin die episteme des genaueren besteht. Nach dem Essentialismus[8] muß episteme endgültige, letzte Wahrheit sein (und 'beweisen' heißt dann 'beweisen, daß eine Aussage endgültige, letzte Wahrheit ist'). Für den Essentialisten konnte die Beschreibung von Erscheinungen, auch die exakteste, nicht 'Erkenntnis' heißen und ein Argument für eine Theorie über Erscheinungen nicht 'Beweis'. Nach einigen Philosophen besaß die Ptolemäische Schule eine höchst exakte Beschreibung der Himmelserscheinungen, doch es war nur eine Beschreibung von Schatten in Platons Höhle und somit auch im vollkommensten Fall bloße doxa. Der menschliche Geist hat also seine Grenzen: in einigen Dingen kann er erklärende Gewißheit erlangen, d. h. endgültige Wahrheit, in anderen Dingen nur beschreibende Gewißheit, d. h. phänomenale Wahrheit. Newton selbst führte den großen Kreuzzug gegen den Essentialismus an; er dehnte den Ausdruck 'Erkenntnis' auf bewiesene Wahrheiten über Erscheinungen aus, be-

---

[5] Die Pyrrhonischen Skeptiker nannten die akademischen Skeptiker 'negative Dogmatiker'. ('Dogmatiker' war natürlich ein Spottname der Pyrrhonischen Skeptiker für ihre Gegner, die wenigstens *einige* Aussagen für beweisbar hielten.)

[6] Man sollte nicht übersehen, daß der Ausdruck 'Skeptiker' allgemein als Schimpfwort im Kampf zwischen rivalisierenden Schulen des Dogmatismus gebraucht wurde. Leute, deren Erkenntnisinteresse sich auf Religion, Moral und Politik richtete, nannten diejenigen, die auf diesem Gebiet Skeptiker, aber bezüglich der Wissenschaft Dogmatiker waren, 'Skeptiker'. Und wessen Erkenntnisinteresse auf dem Gebiet der Wissenschaft lag, der nannte seine kirchlichen Gegner 'Skeptiker'. Daher ist es von großer Wichtigkeit, die Ausdrücke 'Dogmatiker' und 'Skeptiker' stets auf bestimmte Gebiete zu relativieren.

[7] Der heftigste Streit spielte sich zwischen dem theologischen und dem wissenschaftlichen Dogmatismus ab und gipfelte in dem Verfahren gegen Galilei.

[8] Der Ausdruck stammt von Popper; vgl. Popper [1945], Bd. 2, Kap. 11, oder Popper [1963], S. 103 ff. Sein Ursprung ist der Satz des Aristoteles: 'Wir haben etwas nur dann erkannt, wenn wir sein Wesen kennen' *(Metaphysik, 1031 b 7).*

wiesene, aber nicht letzte Wahrheiten.[9]) Diese Newtonsche Auffassung nenne ich 'defensiven Positivismus'.[10])

b) Der psychologistische Justifikationismus

Die Dogmatisten, ich sagte es schon, setzen ungeheuer hohe Maßstäbe für die Erkenntnis. In der Raserei der Religionskriege des 16. Jahrhunderts erreichte der Dogmatismus einen Höhepunkt. Die religiöse Erkenntnis wurde nachdrücklichst als gewiß und endgültig aufgefaßt. Luther sagte: 'Ein Christ soll seiner ... Sache ganz gewiß sein oder ist kein Christ nit.'[11]) Der geringste Zweifel ist ein Greuel: 'Der Christ sei verflucht, der nicht gewiß ist und begreift, was ihm vorgehalten wird.'[12]) Um in den Himmel zu kommen, braucht man also sichere religiöse Erkenntnis; Zweifel oder gar Irrtum führt zur ewigen Verdammnis.

Die wissenschaftliche Erkenntnis im 17. Jahrhundert galt den meisten ihrer Vertreter als untrennbarer Bestandteil der theologischen Erkenntnis; die meisten Wissenschaftler, so Descartes, Kepler, Galilei, Newton und Leibniz, wollten Gottes Weltplan entdecken.[13]) Auch die wissenschaftliche Erkenntnis sollte also bewiesen und endgültig sein. Nach Maclaurin führt uns die Naturphilosophie

'zur Erkenntnis des Schöpfers und Beherrschers des Weltalls. Naturforschung bedeutet: sich in sein Werk vertiefen ... Falsche Konzeptionen der Naturphilosophie können zum Atheismus führen oder Meinungen über Gott und das Weltall fördern, die für die Menschheit äußerst schädliche Folgen haben; und oft genug sind sie auch für solche Meinungen in Anspruch genommen worden.'[14])

Ob die letzte Wahrheit kontingent oder notwendig sei – d.h. ob Gott die Welt völlig nach seinem freien Willen schuf oder nicht –, das war ein Hauptproblem für die Wissenschaftler-Theologen des 17. Jahrhunderts. Die Newtonianer vertraten die erste Meinung, die Kartesianer die zweite.

Die justifikationistische Erkenntnistheorie hat also zwei Hauptprobleme:[15]) wie kann man die (endgültige) Wahrheit entdecken, und wie kann man beweisen, daß es auch die Wahrheit ist? Die justifikationistische Erkenntnistheorie läßt sich durch ihre beiden Hauptprobleme kennzeichnen: (1) *das Problem der Grundlagen der Erkenntnis (Logik der Begründung)* und (2) *das Problem des Erkenntnisfortschritts (Methodenproblem, Logik der Entdeckung, Heuristik).*

[9]) Vgl. unten, 2 (b), Abs. 7 ff.

[10]) S. unten, 2 (a).

[11]) Luther [1525], S. 7.

[12]) Ebenda, S. 10.

[13]) Über den Niedergang der konkurrierenden instrumentalistisch-fallibilistischen Tradition des Kopernikus und anderer s. unten, 1 (c), Absatz 4 ff.

[14]) MacLaurin [1748], S. 3 f.

[15]) Natürlich entstand der Justifikationismus nicht erst im 16. Jahrhundert; er geht auf die Antike zurück: der Erzdogmatiker war schließlich Aristoteles und der Erzskeptiker Pyrrhon. Doch zur Beurteilung des geistigen Klimas, in dem die Newtonsche Wissenschaft entstand, hält man sich besser an seine neuere Erscheinungsform.

Die 'Logik der Begründung' hatte das Problem zu lösen, wie man die Wahrheit erkennen könne, wenn man sie gefunden hatte. Das einzige vorhandene Paradigma der Erkenntnis, die Euklidische Geometrie, war deduktiv aufgebaut. Das legte folgende einleuchtende Lösung nahe: man identifizierte einige Wahrheitsanker – nennen wir sie *Grundaussagen* – und schuf sich einen Mechanismus für sichere Wahrheitsübertragung von diesen auf andere Aussagen – eine Art unfehlbarer *Logik*. Aber wie sollten die Grundaussagen beschaffen sein? Waren es starke, gehaltreiche Aussagen? In diesem Fall mußte das natürliche Licht der unmittelbaren Anschauung recht stark sein, um sie zu inthronisieren. Oder sollten es schwache, gehaltarme, nahezu tautologische Aussagen sein? In diesem Fall mußte die Logik sehr stark sein, um den Wahrheitsgehalt der Grundaussagen im Zuge der Ableitung zu vermehren. Hauptproblem der Schulen, die sich dem ersten Ansatz verschrieben, war die Begründung der *Grundaussagen;* beim zweiten Ansatz war es die der gehaltvermehrenden induktiven *Logik*.[16])

Doch wie kann man 'beweisen', daß eine Grundaussage *wahr* sei (oder gar endgültig wahr)? Wie kann man 'beweisen', daß ein Schluß *gültig* sei?

In dieser Frage waren die Dogmatisten zutiefst gespalten. Einige meinten, beide Fragen müßten sich dadurch entscheiden lassen, daß die *Aussagen – oder Schlüsse – an sich (wie sie in der 'dritten Welt' existieren*[17])) von einem objektiv arbeitenden Geist betrachtet werden, der vielleicht eine Maschine sein könnte. In der Tat stellte sich – drei Jahrhunderte später – heraus, daß ein wichtiger Teil der Logik auf diese Weise kontrolliert werden konnte, jedenfalls in einem schwachen Sinne. Doch der Leibnizsche Traum von einer auf alles anwendbaren Maschine, die über Wahrheit oder Falschheit jeder beliebigen Aussage entscheiden würde, ist nie Wirklichkeit geworden. Und so zogen sich die Dogmatisten auf ein neues, psychologisches, 'zweitweltliches'[18]) Kriterium zurück.

Zum Verständnis dieses Kriteriums erinnern wir uns, daß die Dogmatisten stets die Existenz menschlicher Fähigkeiten behauptet haben – Sinne, Verstand oder Empfänglichkeit für göttliche Botschaften –, die, einzeln oder zusammen, die Menschen befähigten, die Wahrheit von 'Grundaussagen' zu erkennen. Doch man wußte sehr wohl, daß alle diese Fähigkeiten auch zu Täuschungen führen können. Daher stellten die Dogmatisten eine Ad-hoc-Theorie auf: die menschlichen Fähigkeiten führen dann nicht zu Täuschungen, wenn sie sich in einem 'gesunden', 'rechten', 'normalen' oder, wie es später hieß, 'wissenschaftlichen' Zustand befinden. Grundaussagen sind alsdann bewiesen, wenn sie vom 'gesunden', 'rechten', 'normalen' oder 'wissenschaftlichen' Geist als wahr erkannt werden. Ob also eine Aussage wirklich bewiesen ist, das entscheidet sich durch eine Untersuchung des Bewußtseins ihres Urhebers: ist es 'wissenschaftlich', dann wird die Aussage anerkannt.

Alle dogmatischen Schulen stimmten darin überein, daß es bestimmte Arten von Aussagen gebe, die der rechte Geist als wahr erkennen kann. Doch sie hatten verschiedene Vorstellungen von der *Art der möglichen Grundaussagen* und auch vom *rechten Geist*. Diese

---

[16]) Diese Abgrenzung der beiden Schulen steht in scharfem Gegensatz zu der herkömmlichen Abgrenzung zwischen rationalistisch und empiristisch (oder besser zwischen intellektualistisch und sensualistisch), die auf psychologistischen Begriffen beruht; die unsere beruht dagegen auf objektiven, logischen Popperschen Begriffen, die es damals natürlich noch nicht gab.

[17]) Vgl. Popper [1972], Kap. 2 u. 3.

[18]) Ebenda.

beiden Probleme ließen zwei dogmatische Forschungsprogramme entstehen: die Suche nach einem Kriterium für Grundaussagen und nach einem für den rechten Geist.

Für die Suche nach *Grundaussagen* gab es zwei Hauptforschungsprogramme: die empiristische Suche nach 'reinen Empfindungsaussagen' und die rationalistische Suche nach apriorischen ersten Grundsätzen.

Für das Kriterium des *rechten Geistes* gab es viele Theorien. Für Aristoteles – und die Stoiker – war der rechte Geist einfach der klinisch gesunde Geist; nach Descartes ist es im wesentlichen der im Feuer des skeptischen Zweifels gestählte Geist, der dann in der letzten Einsamkeit des reinen Denkens zu sich selbst – und zu Gottes Führung –[gefunden hat]; nach den Baconianern ist der rechte Geist die tabula rasa, bar jeden Inhalts, so daß er den Eindruck der Natur ohne Entstellungen empfangen kann; usw. Alle Schulen des Dogmatismus lassen sich also kennzeichnen durch die besondere *Psychotherapie,* mit der sie den Geist vorbereiten auf den Empfang der bewiesenen Wahrheit im Rahmen einer mystischen Vereinigung.

Da für den Justifikationismus der Erkenntnisfortschritt notwendig kumulativ ist, hat er keinen Platz für eine Logik der Entdeckung im Unterschied zur Logik der Begründung; für die Justifikationisten gilt: 'entdecken heißt beweisen'. Was einige von ihnen 'Logik der Entdeckung' oder 'Heuristik' nennen, ist gewöhnlich nichts anderes als die Psychotherapie, die dem Beginn des kumulativen Wissenschaftsfortschritts vorausgehen muß. Diese Auffassungen haben zwei für diese justifikationistische Sichtweise grundlegende Konsequenzen. Einmal wird die Logik der Begründung zu einer Beurteilung des wissenschaftlichen Bewußtseins, einer Prüfung nicht der Entdeckung, sondern des Entdeckers, nämlich ob er die vorgeschaltete Psychotherapie auch ordentlich absolviert hat. So schwang sich eine schlechte Heuristik und falsche Psychologie zur Logik der Begründung auf. Und zum anderen: Wird eine Theorie aufgegeben, so zeigt eben dies, daß sie gar nicht aus wissenschaftlichem Kontakt mit der Wahrheit entsprungen war, daß die Psychotherapie versagt hatte. Jeder wissenschaftliche Wandel gilt somit als eine Bekehrung vom falschen zum wahren Glauben, als Übergang von einem pseudowissenschaftlichen zu einem wissenschaftlichen Geisteszustand.

c) Der justifikationistische Fallibilismus

Im 17. Jahrhundert waren viele Denker der Auffassung, daß die justifikationistischen Maßstäbe in wichtigen Beziehungen aufgegeben werden sollten. Der Dogmatismus in Religion, Moral und Politik hatte im vorausgehenden Jahrhundert zu grausamen Kriegen, Schlächtereien und zur Anarchie geführt. Die Reaktion erfolgte in der Form der *toleranten skeptischen Aufklärung,* nach der niemand seine Auffassung so untadelig begründen konnte, daß er das Recht gehabt hätte, seine Gegner als Ketzer umzubringen; jeder hatte das Recht auf seine Überzeugung.[19] Die Lehre der antiken Skeptiker von der Fehlbarkeit und der Urteilsenthaltung wurde wiedererweckt und verbreitet. Alle Beweise, die theologischen, die naturwissenschaftlichen und sogar die mathematischen, wurden in Frage gestellt.

---

[19] 'Da ... so gut wie jedermann auf einige Meinungen, deren Wahrheit nicht sicher und unbezweifelbar bewiesen ist, einfach nicht verzichten kann, so schiene es mir allen Menschen wohl anzustehen, bei aller Meinungsverschiedenheit Frieden zu halten und die gemeinsame Pflicht der Menschlichkeit und Solidarität zu achten.' Locke [1690], 4.16.4.

Andererseits wurde immer deutlicher, daß man sich in den gewöhnlichen menschlichen Angelegenheiten nicht deshalb des Urteils enthalten konnte, weil es keine episteme gab: 'Wer sich nicht rührt, ehe er mit Sicherheit weiß, daß er Erfolg haben wird…, hat nicht viel anderes zu tun als dazusitzen und zu warten, bis er zugrunde geht.'[20] Warum also sollte man nicht den Skeptikern zugestehen, daß es keine episteme geben könne, aber – gegen sie – darauf verweisen, daß es relevante, Wahrheit enthaltende doxa geben könne, die man nicht abweisen dürfe, nur weil sie keine episteme war? Im 17. Jahrhundert schienen viele bereit, diesen Weg zu erproben und eine Art *Fallibilismus* zu entwickeln. Der Theologe Martin Clifford schrieb 1675: 'Alle Mißstände, die auf die Meinungsvielfalt seit der Reformation folgten, entsprangen ganz und gar diesen beiden Fehlern: dem, was man jeweils für die Wahrheit hält, Unfehlbarkeit zuzuschreiben, und das, was man jeweils für *Irrtum* hält, zu *verdammen*';[21] und Glanvill, der Hausphilosoph der Royal Society, meint im gleichen Jahr: 'Würde ich sagen, wir könnten von unseren Experimenten und Forschungen nicht mehr erwarten als so hohe Wahrscheinlichkeit, daß man sich ihr nicht gut entziehen kann, so würde mich doch dieser Grad von Zweifel und Ungewißheit nicht zum *Skeptiker* machen; denn *diese* lehrten, nichts sei auch nur *wahrscheinlicher* als irgendetwas anderes, so daß sie überhaupt keiner Behauptung zustimmten.'[22] Locke reservierte den Ausdruck 'Erkenntnis' oder 'Wissenschaft' für bewiesene, endgültige Wahrheit und meinte, 'die Naturphilosophie kann keine Wissenschaft werden';[23] doch im Unterschied zu den Skeptikern behauptete er, sie könne des 'Zwielichts der Wahrscheinlichkeit' teilhaftig werden (unter der er 'Wahrscheinlichkeit des Wahrseins'[24]) verstand). 'Da unsere Erkenntnis beschränkt ist, brauchen wir etwas anderes … Das Urteilen tritt an die Stelle der mangelnden Erkenntnis.'[25]

Doch welche Maßstäbe sollten für die doxa, für bloße Hypothesen gelten? Hier brauchten die Fallibilisten des 17. Jahrhunderts kein völliges Neuland zu betreten. Die Antike hatte ihnen eine Theorie hinterlassen – die Ptolemäische Astronomie –, die zwar nicht als endgültige Wahrheit galt, aber doch wegen ihrer Voraussageleistungen Ansehen genoß (man sprach von ihrem Erfolg bei der 'Rettung der Erscheinungen'). Nach den für solche Hypothesen entwickelten Beurteilungsmaßstäben ist eine Hypothese annehmbar, wenn sie mit den Tatsachen verträglich ist. Doch nun ergaben sich neue Probleme. Was ist zum Beispiel, wenn *mehrere* Hypothesen gleichermaßen mit den Tatsachen verträglich sind? Diese Situation hatte es bereits im Zusammenhang mit verschiedenen Schulen *innerhalb* der Ptolemäischen Tradition gegeben.[26]Es wurden zweierlei Lösungen angeboten. Die von Theon empfahl die Übernahme derjenigen Hypothese, die gleichzeitig mit den anerkannten ersten Grundsätzen einer dogmatischen Schule verträglich war;[27] die von Ptolemäus empfahl die Übernahme der *einfacheren* Hypothese.[28] Der Streit zwischen diesen beiden Schulen setzte sich in der arabisch-

---

[20] Ebenda, 4.14.1, zit. nach Laudan [1967], S. 214, Anm. 12.
[21] Clifford [1675], S. 14, zit. nach Popkin [1968], S. 16.
[22] 'Of Scepticism and Certainty', Essay 2 in Glanvill [1675], S. 45.
[23] Locke [1690], 4.12.10.
[24] Ebenda, 4.15.3.
[25] Ebenda, 4.14.1–3.
[26] Eine ausgezeichnete Behandlung findet sich bei Duhem [1908], insbes. Kap. 1, S. 14 ff.
[27] Ebenda, S. 15 f.
[28] Ebenda, S. 18.

jüdischen mittelalterlichen Astronomie fort. Averroes und seine Schüler standen auf der einen Seite, Maimonides war die einflußreichste Figur auf der anderen.[29]) Ja, einige Dogmatisten wollten festlegen, die Hypothesen, ob es nun eine oder mehrere gab, *müßten* mit der anerkannten episteme übereinstimmen. So vertraten im 16. Jahrhundert die aristotelischen Jesuiten folgende Kriterien für die Annehmbarkeit von Hypothesen: sie mußten übereinstimmen (1) mit den Tatsachen, (2) mit der Aristotelischen Physik, (3) mit den heiligen Schriften.[30]) Die zweite Bedingung wurde später fallengelassen, und die dritte wurde umgangen durch den Vorschlag Bellarmins (der die Kopernikanische Theorie akzeptabel machen sollte), keine doxa über Erscheinungen könne irgendeiner episteme über die eigentliche Wirklichkeit widersprechen. Dann aber blieben die Verträglichkeit mit den Tatsachen (oder besser den 'Erscheinungen') und die Einfachheit als die einzigen Kriterien für Hypothesen übrig.

Diese Kriterien, so unbefriedigend sie waren, bildeten doch einen ermutigenden Anfang für die Entwicklung kritischer Maßstäbe für die doxa. Einige Denker im 17. Jahrhundert verstanden sich zur Skepsis in religiösen Dingen und zum Fallibilismus in wissenschaftlichen und praktischen Dingen, und es wuchs das Interesse an der Entwicklung eines Kodex zur Beurteilung von doxa, nicht nur in der Naturphilosophie, sondern auch auf dem Gebiet des Rechts, der Geschichte usw.[31]) Doch diese aufkeimende Kombination von Fallibilismus und Skepsis verkam bald zu einer seltsamen Art von Quasi-Justifikationismus. Die oben angeführten fallibilistischen Proklamationen wurden nicht durch die Entwicklung interessanter *neuer* kritischer Maßstäbe für doxa ausgefüllt, von Regeln für die Annahme, Ablehnung und vor allem den Vergleich fehlbarer Theorien. Vielmehr entwickelten die Fallibilisten bald eine zweiweltliche Beurteilung der doxa: gute doxa ist die, die der rechte Geist anerkennt, und der ist genau derselbe wie der justifikationistische rechte Geist. Da man so aber das Kriterium für gute doxa für dasselbe hielt wie das für gute episteme, so blieb der Unterschied zwischen diesem quasi-justifikationistischen Fallibilismus und dem Dogmatismus ein bloß verbaler.

Um die Degeneration des frühen Fallibilismus in den Justifikationismus besser zu verstehen, sollte man daran denken, daß die Essentialisten zweierlei Aussagen unterschieden: bewiesene endgültige Wahrheiten und andere Aussagen. Wegen dieser grundlegenden Vermengung von Wahrheit, endgültiger Wahrheit und bewiesener Wahrheit bestand das Hauptproblem der Fallibilisten weniger darin, die Entfernung einer (für gewöhnlich falschen) Aussage von der Wahrheit zu bestimmen – das tut der heutige Poppersche Begriff der Wahrheitsnähe[32]) –, sondern von der *endgültigen* Wahrheit. Wenn Glanvill von Graden der 'Wahrscheinlichkeit' spricht, so meint er die Entfernung von der endgültigen Wahrheit. Alle *besseren* Arten von doxa – wie die Ptolemäische oder die Kopernikanische Astronomie – gelten als glei-

---

[29]) Ebenda, Kap. 2, passim.

[30]) Clavius [1581], behandelt bei Duhem, ebenda, Kap. 7.

[31]) Vgl. Popkin [1970].

[32]) Poppers 'Wahrheitsnähe' ('verisimilitude') ist die Differenz des Wahrheits- und Falschheitsgehalts einer Aussage. Vgl. Popper [1963], Kap. 10.* Der Begriff der Wahrheitsnähe hat sich als problematisch erwiesen; siehe Tichý [1974], Miller [1974] und die anschließende Diskussion. (D. Hrsgg.)

chermaßen wahr;[33]) der Gedanke, daß falsche Aussagen einen erheblichen Wahrheitsgehalt besitzen und daß diese Wahrheitsgehalte vergleichbar sein könnten, ist ein Gedanke Poppers, der dieser Epoche fremd war. Das Problem dieses frühen Fallibilismus lautete eben, wie nahe eine Aussage nicht der Wahrheit, sondern der bewiesenen endgültigen Wahrheit komme.[34])

Wie stand es mit den übriggebliebenen Skeptikern? Wir erinnern uns: Die Fallibilisten waren bereit, die doxa positiv einzuschätzen, die Skeptiker dagegen nicht. Doch dann mußten sie irgendwie das Problem des praktischen Handelns lösen. Nur ganz wenige Skeptiker hatten behauptet, aus der Urteilsenthaltung ergebe sich notwendig auch die Untätigkeit. Keiner von ihnen arbeitete die Kluft zwischen Theorie und Praxis so eindrücklich heraus wie Hume. Nach Hume handeln wir aufgrund von Meinungen, die die Natur erzeugt. Eine Meinung über einen Sachverhalt (oder auch ein Werturteil) 'ist das notwendige Ergebnis dessen, daß der Geist [bestimmten] Bedingungen ausgesetzt wird'.[35]) Sodann behauptet der Skeptiker, alle Tatsachenaussagen seien 'offensichtlich nicht *demonstrierbar*',[36]) aber *beweisbar* in dem Sinne, daß sie untermauert werden könnten durch 'auf die Erfahrung gestützte Argumente, die für keinen Zweifel und keine Alternative Raum lassen'.[37]) So machen die *Beweise* der Natur die Unfähigkeit der Vernunft zum Demonstrieren wett, und der Skeptiker kann sich seinen – *bewiesenen* – natürlichen Meinungen anheimgeben und nach ihnen handeln. An seinem Schreibtisch ist dieser Humesche gemäßigte Skeptiker wirklich Skeptiker; draußen in der Welt ist er ein praktischer Mensch und verläßt sich auf Beweise. Das Kriterium für den 'Beweis' ist freilich ein psychologistisches, und dieser Psychologismus ist vom justifikationistischen nicht unterscheidbar. Die Humesche Trennung von Theorie und Praxis ist faktisch eine Trennung zwischen einer skeptischen Theorie und einer dogmatischen Praxis aufgrund 'moralisch gewisser Hypothesen'.[38])

Diese merkwürdige Vereinigung von Fallibilismus und Skepsis unter der Ägide des Justifikationismus ist für viele Wirrnisse in der Ideengeschichte verantwortlich. Wie ist sie entstanden? Warum unterwarfen sich Fallibilismus wie auch Skepsis dem Dogmatismus? Die Antwort ist einfach: *Newton* steckt dahinter. Sein Erfolg schlug die Skepsis wie den Fallibilis-

---

[33]) Ein charakteristisches Zitat: 'Denn die besten Grundsätze, abgesehen von Theologie und Mathematik, sind Hypothesen; in ihrem Bereich *kann man durchaus vieles irrtumsfrei erschließen.* Doch auch die größte Gewißheit . . . ist noch hypothetisch. Man kann behaupten, es verhalte sich so und so nach den angenommenen Grundsätzen; doch man überschätzt sich grotesk, wenn man für sie in Anspruch nimmt, sie gälten *notwendig* in der Natur, sie *könnten gar nicht anders sein.*' (Glanvill [1665], S. 145, Hervorhebungen von mir; zit. nach Laudan [1967], S. 220). Für Glanvill – und die meisten seiner Zeitgenossen – können also manche 'Hypothesen' zwar nicht 'notwendig' (d. h. bewiesen), aber doch 'irrtumsfrei' sein. Diese Möglichkeit wird in dem interessanten Buch von Laudan [1967] übersehen.

[34]) Soll freilich der Ausdruck 'Wahrheit' soviel wie 'bewiesene und endgültige Wahrheit' bedeuten, dann kann man die Ptolemäische und die Kopernikanische Astronomie nicht 'wahr' nennen; möchte man sie aber – naheliegenderweise – nicht 'falsch' nennen, so muß man sagen, sie seien 'weder wahr noch falsch'. Diese kennzeichnende Redeweise des 16. und 17. Jahrhunderts beruhte also auf der Ineinssetzung von Wahrheit und endgültiger bewiesener Wahrheit.

[35]) Hume [1777], 5.1, S. 46.

[36]) Ebenda, 12.3, S. 164; Hervorhebung von mir.

[37]) Ebenda, S. 56, Anm. 1.

[38]) Der Gebrauch dieses Ausdrucks durch Descartes und die Kartesianer zeigt, wie natürlich sich die Ideen Humes aus dem Kartesianismus ergaben.

mus in die Flucht;[39]) er ermöglichte dem Justifikationismus auf weitere 250 Jahre ein bequemes Leben; er machte aus der toleranten eine militante Aufklärung; und er verzögerte die so entscheidende Entwicklung eines echten Fallibilismus bis Einstein – und Popper.

2. Newtonsche Methodologie und Newtonsche Methode

a) Newtons Problem: die Diskrepanz zwischen den Grundsätzen und den Leistungen

Große Kunstwerke können die ästhetischen Maßstäbe verändern – große wissenschaftliche Leistungen können die wissenschaftlichen Grundsätze verändern. Die Geschichte der Grundsätze ist die Geschichte der – mehr oder weniger – kritischen Wechselwirkung zwischen Grundsätzen und Leistungen.

Die Newtonsche Theorie war nach den damaligen justifikationistischen Maßstäben keine Erkenntnis. Entweder mußte man sie ablehnen, oder man mußte die justifikationistischen Maßstäbe durch andere ersetzen, die der Leistung gerecht wurden. Tatsächlich nun kam es zu einem seltsamen Kompromiß: Unter dem Namen 'gemäßigte Skepsis' oder 'Positivismus' wurde eine neue, weniger strenge Form des Justifikationismus inthronisiert; und eine merkwürdige Lebenslüge lautete, daß die Newtonsche Theorie diesen schwächeren Maßstäben glänzend genügte. Diese Lüge wurde jahrhundertelang aufrechterhalten.

Um den Newtonschen Kompromiß zu verstehen, wollen wir einen Blick auf die üblichen Formen der wissenschaftlichen Kritik im 17. Jahrhundert werfen.

Die (wissenschaftlichen) Skeptiker ritten auf dem altehrwürdigen Argument vom *unendlichen Regreß bei Beweisen und Definitionen* herum: Sie gefielen sich darin, auf die angeblich unbewiesenen Voraussetzungen in der gegnerischen Argumentation zu verweisen und auf deren Beweis zu bestehen, und auf die angeblich undefinierten Begriffe zu verweisen und auf deren Definition zu bestehen. Doch diese Kritik wird bald eintönig und wenig überzeugend. Gelegentlich gelang die Kombination mit einer anderen Methode: der *skeptischen Vermehrung der Theorien*. Die Skeptiker verwiesen gern darauf, daß scheinbar durch die Daten stark gestützte Theorien nicht die einzigen sind, die von diesen Daten gestützt werden: Jede Tatsache (oder 'Erscheinung') lasse sich verschieden erklären, und das einzig Vernünftige in einer solchen erkenntnistheoretischen *Pattsituation* sei die Urteilsenthaltung. Die skeptische Theorienvermehrung zielt nicht auf bessere Vermutungen – für den Skeptiker sind alle Vermutungen gleich wacklig –, sondern darauf, alle Vermutungen überhaupt zu diskreditieren

---

[39]) MacLaurin drückte es 1748 so aus: 'Die Meinungsverschiedenheiten und dauernden Streitigkeiten unter den Philosophen haben heute wie auch früher gar nicht wenige zu der Auffassung geführt, es sei vergebliche Mühe, in der Naturerkenntnis zur Gewißheit gelangen zu wollen, und das liege an einem unentrinnbaren Mangel in den Grundsätzen dieser Wissenschaft. Doch ... Sir Isaac Newtons Leistungen haben uns gezeigt, daß der Mangel bei den Philosophen und nicht in der Philosophie als solcher zu suchen war.' (MacLaurin, [1748], S. 95 f.)

und so zu 'widerlegen' und aus der Welt zu schaffen. Doch zur Newtonschen Theorie wurde keine Konkurrenztheorie angegeben, die sie hätte 'neutralisieren' können.

Gefährlicher war die Kritik jener (wissenschaftlichen) Skeptiker, die (religiöse) Dogmatiker waren. Sie nahmen die Unverträglichkeit der Newtonschen Theorie mit der Theologie aufs Korn.

Doch viel mehr als die skeptischen Angriffe machte den Newtonianern die Kritik ihrer naturphilosophischen Kollegen zu schaffen, waren sie doch selbst auf eben diesem Gebiet Dogmatiker. Nichts ist für eine dogmatische Schule bedrohlicher als Kritik von innen, denn diese gefährdet die nackte Weiterexistenz ihres Forschungsprogramms. Die Hauptgefahr kam von den Kartesischen Rationalisten. Die vorliegende Arbeit konzentriert sich – wie seinerzeit die Newtonianer selbst – in erster Linie auf diese Bedrohung.

b) Die Newtonianer gegen metaphysische Kritik

Die Hauptwaffe der Kartesischen Rationalisten war die *metaphysische (oder 'essentialistische') Kritik*. Sie ging von der Annahme aus, daß nur *endgültige* Wahrheiten Aufnahme in den Korpus der Erkenntnis verdienten, und daß die allgemeinen 'Wesenseigenschaften' der Welt a priori erkennbar seien.

Die Kartesianer wußten ganz genau, daß eine 'Rettung der Erscheinungen' auf viele Arten mit verschiedenen Hypothesen möglich ist. Doch das ist für sie *noch* keine Wissenschaft. Die Wissenschaft fängt bei der ersten Hypothese an, die aus apriorischen, klaren und deutlichen ersten Grundsätzen ableitbar ist (vielleicht mittels eines einleuchtenden Hilfsmodells). Dann ist diese Hypothese – die 'vermittelnde Ursache' – *bewiesen* (und dadurch 'einsichtig' geworden).

Die Kartesianer glaubten auch, daß vermittelnde Ursachen aus den Erscheinungen induktiv abgeleitet werden könnten; und dazuhin, daß *einige* vermittelnde Ursachen nur durch Experimente ermittelt werden könnten. Doch so vielversprechend solche *vorläufigen* Induktionen auch sein mögen, es sind noch keine Beweise. Und solange kein Beweis vorliegt, ist das Ergebnis nur eine Hypothese, keine Wissenschaft. Die Kartesianer behaupteten, die Newtonsche Theorie sei in ihrem Sinne nicht *bewiesen,* weil nicht aus der Kartesischen Metaphysik ableitbar.

Bereits 1688 verweist die erste französische Besprechung von Newtons 'Principia' darauf, daß seine Gravitationstheorie 'nicht bewiesen worden ist; die auf ihr beruhende Demonstration kann also lediglich Mechanik sein'.[40] Huygens schreibt 1690 in einem Brief an Leibniz über das Newtonsche Gravitations'prinzip', er habe sich oft 'gefragt, wie er [Newton] sich die ganze Mühe so vieler Untersuchungen und schwieriger Berechnungen machen konnte, wo sie sich doch auf nichts als eben dieses Prinzip gründen können'.[41] Huygens war ein konsequenter Gegner der Newtonschen Theorie. Leibniz schrieb 1711 in einem Brief an Hartsoeker: 'Die Methode derer, die nach M. de Robervals 'Aristarchos' meinen, alle Körper zögen einander kraft eines Naturgesetzes an, das Gott am Anfang der Dinge schuf ... [klammert sich

---

[40] Vgl. Koyré [1965], S. 115.
[41] Ebenda, S. 117 f.

an] eine Fiktion, die zur Stützung einer schlecht begründeten Meinung erfunden wurde.'[42])

Derartige Kritik kann dem Voranschreiten eines Forschungsprogramms schwersten Schaden zufügen. Forschungsprogramme sind etwas Zerbrechliches, und allzu harte Kritik kann fähige Leute davon abschrecken, *im Rahmen* eines Programms zu arbeiten und es zu entwickeln; statt dessen arbeiten sie lieber an Konkurrenzprogrammen oder suchen nach neuen. Die Probleme und Lösungsmethoden sind ganz verschieden, [je nachdem, ob man die Erscheinungen mit] Kartesischen Wirbeln oder Newtonschen Kräften [erklären möchte], und Newton und die Newtonianer waren verzweifelt darüber, wie ihr Ansatz diskreditiert wurde. Der Brief Leibnizens, 1711 geschrieben und [[in den Mémoires de Trévoux sowie englisch]] 1712 in den 'Memoirs of Literature' veröffentlicht, verärgerte Cotes, der sofort Newton auf ihn aufmerksam machte.[43]) Newton entschloß sich, etwas zu unternehmen.

Was konnten die Newtonianer tun? Sie konnten natürlich versuchen, einen Kartesischen Beweis für ihre Gravitationstheorie zu liefern, ehe sie mit ihrem Forschungsprogramm fortfuhren. Diesen Weg schlug Newton selbst in der Tat ein. Er unterbrach die Arbeit an seinem Programm und verwandte viele Jahre lang auf einen solchen Beweis große Mühe, die freilich nach seinem eigenen Eingeständnis vergeblich war.[44])

Newtons Bemühungen verwirrten später seine Nachfolger, die in eine Welt hineingeboren waren, die von dem spektakulären Fortschritt seines Forschungsprogramms – und nicht der Kartesischen Philosophie – geprägt war; so waren für sie seine Grundsätze nicht nur unzweifelhaft bewiesen, sondern auch völlig einsichtig und keiner weiteren Erklärung bedürftig. Doch Newton selbst und seine unmittelbaren Schüler sahen in der Gravitationstheorie nie mehr als eine Zwischenlösung. Noch 1693 äußerte er sich so:

'Daß die Schwerkraft der Materie eingeboren, eine innere und Wesenseigenschaft sei, so daß ein Körper auf einen anderen in die Ferne durch ein Vakuum hindurch wirken kann, ohne Vermittlung durch irgendetwas anderes, das die Wirkung und Kraft vom einen auf den anderen übertragen könnte, das erscheint mir als so absurd, daß ich meine, kein Mensch, der philosophisch vernünftig denken kann, könne je darauf verfallen.'[45])

Newton gab sich ungeheure Mühe, um seine Bewunderer zu überzeugen, daß man die Kartesische Kritik nicht übergehen dürfe. Ja, der letzte Satz von Pembertons Darstellung seiner Theorie lautet: 'Gibt man sich zur Erklärung jeder beliebigen Erscheinung damit zufrieden, daß es sich um eine allgemeine Anziehungskraft handle, so fördert man damit nicht unsere philosophische Erkenntnis, sondern schiebt der weiteren Forschung einen Riegel vor.'[46]) Doch nach dem Scheitern ihrer wiederholten Versuche kamen die Newtonianer zu der Überzeugung, das Problem der 'Erklärung' der Schwerkraft (die sie 'einsichtig' machen sollte)

---

[42]) Ebenda, S. 141. Es sollte vielleicht nicht unerwähnt bleiben, daß metaphysische Kritik als eine Forderung nach Einsichtigkeit gefaßt werden kann. Vulgärkartesianer (wie Leibniz) wollten die Newtonsche Gravitationstheorie nicht gelten lassen, weil die Anziehung, wie sie da fungierte, nicht einsichtig sei. *Differenzierte* Kartesianer (wie Newton selbst) meinten, sie müsse durch eine einsichtige Erklärung einsichtig gemacht werden. – Vgl. auch 3 Absätze weiter unten.

[43]) Cotes [1712–1713].

[44]) Vgl. z.B. Jourdain [1915].

[45]) Brief an Bentley vom 25. 2. 1693; vgl. Cohen [1958], S.302f.

[46]) Pemberton [1728], S.407.

[47]) Wegen dieser Änderungen und Zusätze s. Koyré [1965], passim.

müßten sie späteren Generationen überlassen, und ihr Forschungsprogramm könnten sie unabhängig davon weiterführen. Metaphysische Kritik ist also kein Grund für die Ablehnung einer Theorie, oder besser, für die Einstellung eines Forschungsprogramms. Newton gab also zu, daß sein Gesetz noch erklärt werden könne und solle, trat aber für eine Abschwächung des Kartesischen Begriffs des 'Beweises' (d. h. des Kriteriums der wissenschaftlichen Annehmbarkeit) ein, derart, daß für Behauptungen nur ein empirisch-experimenteller, aber kein vernünftig-metaphysischer Beweis nötig sei. Das war der entscheidende Beweggrund für Newtons methodologische Interessen, die zwischen der ersten und der zweiten Auflage der 'Principia' stark zunahmen: Er wollte die kritischen Maßstäbe seiner Zeit gerade so weit verändern (und zwar abschwächen), daß sein Forschungsprogramm ungeschoren blieb – und keinen Deut mehr. Das war der Grund für seine berühmten Änderungen und Zusätze in der zweiten und dritten Auflage der 'Principia';[47]) und es war der Grund für das glänzende polemische Vorwort von Cotes zur zweiten Auflage.

Die wichtigste neue methodologische Regel, die Newton in die zweite Auflage einfügte, drückt diese Veränderung sehr deutlich aus. Nach dieser berühmten 4. Regel darf man sich von der metaphysischen Kritik nicht zur Ablehnung induktiver Beweise bringen lassen:

> 'In philosophia experimentali, propositiones ex phaenomenis per inductionem collectae, non obstantibus hypothesibus [contraiis], pro veris aut accurate aut quam proxime haberi debent, donec alia occurrerint phaenomena per quae aut accuratiores reddantur aut exceptionibus obnoxiae. Hoc fieri debet ne argumentum inductionis tollatur per hypotheses.'[48])

Diese Regel läuft auf eine Verkürzung des Kartesischen Erklärungsmodells[49]) hinaus. Die Wissenschaftsleiter ist [nun] oben offen [d. h., es ist vielleicht nicht ganz möglich, die Ursachen der Erscheinungen aus ersten Grundsätzen abzuleiten], doch es kann immer noch Wissenschaft geben; die unteren Sprossen können immer noch wissenschaftlich sein, auch wenn die ganze Leiter noch nicht existiert. Die einzige notwendige Bedingung ist die, daß die 'Erscheinungen' wahr sind und die Induktion korrekt; Newton drückte es so aus:

> 'Und deshalb möchte ich wünschen, alle Einwände wären hintangesetzt, die aus Hypothesen oder irgendwelchen anderen Gesichtspunkten als den beiden folgenden stammen: Nachweis der Unzulänglichkeit der Experimente, die zur Formulierung dieser 'Fragen' oder zum Beleg irgendwelcher anderer Teile meiner Theorie gedient haben, und zwar so, daß Fehler oder Lücken in den Konsequenzen aufgezeigt werden, die ich aus den Experimenten gezogen habe; oder Durchführung anderer Experimente, die den meinigen unmittelbar widersprechen – wenn es überhaupt solche geben sollte.'[50])

---

[48]) Newton zögerte lange, ob er 'contraiis' sagen solle oder nicht. Schließlich entschloß er sich zur Streichung (vgl. Koyré, [1965], S. 271 ff.). Die Herausgeber Bentley und Halley haben das Wort wieder eingesetzt; doch Koyré hat Newton wahrscheinlich viel mehr mißverstanden als die Herausgeber. Vgl. unten, Anm. 56.* Man könnte die 4. Regel folgendermaßen übersetzen: 'In der empirischen Philosophie soll man Aussagen, die durch allgemeine Induktion aus Erscheinungen gewonnen sind, als mindestens mit großer Näherung wahr ansehen, auch wenn man sich entgegengesetzte Hypothesen ausdenken kann; und zwar so lange, bis andere Erscheinungen auftauchen, durch die sie entweder präzisiert oder mit Ausnahmen versehen werden. Dieser Regel muß man folgen, damit die induktive Argumentation nicht durch Hypothesen umgangen werden kann.' (D. Hrsgg.)

[49]) Vgl. oben, Beginn von 2 (b).

[50]) Brief an Oldenburg vom 8. 7. 1672, wiedergegeben bei Cohen [1958], S. 94.

Die *erste* Art von Kritik, die Newton zulassen möchte, ist die Kritik seiner induktiven *Voraussetzungen* (die er später 'Erscheinungen' nannte) und seiner induktiven *Argumentation;* die *zweite* ist das Vorlegen eines Gegenbeispiels. (Das ist verwirrend. Entspricht nicht auch die zweite einer Kritik der induktiven Argumentation? Auf dieses Problem kommen wir alsbald zurück.)

Doch Newtons 4. Regel verwirft zwei damals weithin anerkannte Arten der justifikationistischen Kritik: einmal jeden Einwand der Art, daß seine Theorie unbewiesen sei, weil nicht auf evidenten Kartesischen Voraussetzungen ruhend, und er somit 'ohne Fundament gebaut' habe;[51]) zum zweiten jeden Einwand der Art, daß seine Theorie nicht nur nicht aufgrund der apriorischen ersten Grundsätze bewiesen sei, sondern ihnen geradezu widerspreche.

Diese beiden [von Newton abgelehnten] kritischen Gesichtspunkte könnten im 17. und 18. Jahrhundert leicht vermengt worden sein. Faßt man Newtons Theorie der Gravitation als eine *endgültige* Theorie auf, die nämlich der Gravitations-Anziehungskraft [wirkliche Existenz] zuschreibt, so *widerspricht* das der Kartesischen Metaphysik, nach der es nur Stoß und Zug und keine Fernwirkung gibt. Faßt man sie dagegen als eine vorläufige Theorie auf, bei der die Anziehungskraft erst noch Kartesisch zu erklären ist, dann *widerspricht* das *nicht* der Kartesischen Philosophie; in dieser Deutung ist 'Anziehung' bloß ein *Wort,* das 'auf Wirkliches verweis[t], aber unklare Bedeutung hat'[52]) und lediglich als ein 'bequemer Ausdruck ... unnötige und umständliche Umschreibungen vermeiden sollte'.[53])

Doch die essentialistische Auffassung der Definitionen[54]) war damals so vorherrschend, daß dieser Ausweg schwer verständlich war. Deshalb schwankte Newton, ob er in der 4. Regel das Wort 'contraiis' hinzusetzen sollte;[55]) wenn er es am Ende strich, [so deshalb, weil] sich dann die Regel eindeutig und prägnant gegen *beide* Arten der Kritik wandte.[56])

Doch Newtons 4. Regel hat eine weitere wichtige Konsequenz, nämlich gegen die skeptische Theorienvermehrung: [daß] jemand eine andere Hypothese aufstellen [kann], die allen Erscheinungen gerecht wird, aber nicht induktiv *bewiesen* ist, darf nicht als Argument für die Urteilsenthaltung gelten. [Und] wenn jemand eine [solche] Hypothese – und sei sie auch wahr – ohne induktiven Beweis aufstellt, so ist das noch keine Entdeckung und kann keinen Platz in der Geschichte der Wissenschaft beanspruchen (denn entdecken heißt beweisen). Aus der 4. Regel ergibt sich auch die Ablehnung der hypothetisch-deduktiven (oder 'eliminativen') Induktion, also der Methode, eine Hypothese durch Widerlegung ihrer Alternativen zu beweisen; diese Methode hielt Newton für hinfällig:

'Ich kann mir nicht vorstellen, daß es zur Ermittlung der Wahrheit beiträgt, wenn man mehrere Möglichkeiten der Erklärung der Erscheinungen untersucht, es sei denn, man könnte diese Möglichkeiten vollständig aufzählen ... Bekanntlich ist die richtige Methode für die *Untersuchung* der Eigenschaften der Dinge ... nicht deren Herleitung bloß aus einer Widerlegung gegenteiliger Vermutungen, sondern die positive und unmittelbare Ableitung aus Experimenten.'[57])

---

[51]) So Descartes [1638] abfällig über Galilei (1. Abs. des Briefes, S. 380, dt. S. 137).
[52]) Pemberton [1728], S. 10.
[53]) MacLaurin [1748], S. 110 ff.
[54]) Zum 'Essentialismus bei Definitionen' vgl. Popper [1945], Bd. 2, Kap. 11.
[55]) Vgl. oben, Anm. 48.
[56]) Nach Koyré [1965], S. 271, ist diese Regel 'wahrscheinlich eine Anspielung auf die Erhaltungsgrundsätze von Descartes und von Leibniz'. Koyré hat sie also völlig mißverstanden.
[57]) Brief vom 8. 7. 1672, wiedergegeben bei Cohen [1958], S. 93.

Diese Methodologie läßt verstehen, warum Newton in seinem Prioritätsstreit mit Hooke so verärgert war. Dieser Streit begann mit Halleys Brief an Newton vom 22. 5. 1686 über die Aufnahme der 'Principia' in der Royal Society. Halley ließ Newton wissen, daß Hooke 'gewisse Ansprüche'[58] auf die Entdeckung des umgekehrt-quadratischen Gravitationsgesetzes geltend gemacht hatte; Newton habe es von ihm, und nur 'die Herleitung der dadurch entstehenden Kurven stammte ausschließlich von Newton';[59] er, Hooke, erwarte zumindest eine Erwähnung in Newtons Vorwort. Halleys Brief ließ keinen Zweifel, daß er auf Hookes Seite stand. Newtons Antwort ist bekannt, ebenso Halleys zweiter Brief, der an Newton appellierte, 'seinem Groll nicht so freien Lauf zu lassen';[60] es ist auch bekannt, daß Newton schließlich folgendem Satz für die 1. Auflage zustimmte: 'Das umgekehrt-quadratische Gravitationsgesetz enthält alle Himmelsbewegungen, was unabhängig auch von meinen Landsleuten Wren, Hooke und Halley entdeckt wurde.'[61] Bis hierher erfährt man die Geschichte von Brewster.[62] Doch Newtons Anerkenntnis war halbherzig; er hatte das Gefühl, seine Vorgänger hätten es nicht verdient, der wirkliche Entdecker sei er. Die methodologischen Regeln der 2. Auflage ziehen indirekt die aufgezwungene frühere Aussage zurück: Eine bloße Hypothese ohne induktiven empirischen Beweis war ja keine Entdeckung.[63]

Diese Erörterung zeigt, wieviel Methodologie in Newtons 4. Regel hineingepackt ist. Die Regel fordert praktisch die Ausschaltung fast jeder möglichen Kritik und plädiert damit indirekt für die Konzentration auf die Entwicklung von Newtons eigenem Forschungsprogramm. Kuhn kommt der historischen Wahrheit sehr nahe (*sofern* man sich auf diesen besonderen, aber wichtigen Zusammenhang beschränkt), wenn er sagt, die Wissenschaft fange dann an, wenn die Kritik aufhört;[64] die Newtonsche Wissenschaft jedenfalls fing damit an, daß sowohl die metaphysische Kritik als auch jeder Versuch zur Vermehrung der Forschungsprogramme lahmgelegt wurde. Feyerabend kreidet der Newtonschen 4. Regel mit Recht 'theoretischen Monismus' an.[65]

Fassen wir zusammen: Den Newtonianischen Methodologen ging es, im ganzen genommen, darum, die gefährlichsten kritischen Ansätze gegen ihr Forschungsprogramm zu diskreditieren und auszuschalten. Newton selbst sah die Schwierigkeiten voraus, wenn seine Theorien anerkannt sein würden: 'Denn mir scheint, man muß sich entweder entschließen,

---

[58] Brewster [1855], Bd. 1, S. 308.

[59] Ebenda.

[60] Ebenda, S. 310.

[61] Newton erwähnte nicht Ausländer wie Borelli, Ballialdus und Huygens.

[62] Brewster [1855], S. 307 ff.

[63] Gewiß, Hooke hatte nicht den mathematischen Apparat zur Verfügung, um das umgekehrt-quadratische Gesetz aus einer *Ellipse* zu *deduzieren;* doch aus einem Kreis hätte er es deduzieren können. (Vgl. Bonnar und Phillips [1957], S. 85.). Doch da sich die vollständige Formel ohnehin nicht aufgrund der drei Keplerschen Gesetze beweisen läßt, können wir diese Begründung Newtons für seinen Anspruch auf das Gravitationsgesetz nicht anerkennen. Dieser Vorrang läßt sich nur mittels des Begriffs des 'Forschungsprogramms' begründen; vgl. Kap. 1 des vorliegenden Bandes.

[64] Vgl. Kuhn [1970], S. 363: 'Der Übergang zur Wissenschaft ist ... gerade durch das Aufhören der kritischen Diskussion gekennzeichnet.'

[65] Vgl. Feyerabend [1970].

nichts Neues zu bringen, oder jedenfalls es sklavisch zu verteidigen.'[66]) Das Hauptziel der Newtonianischen methodologischen Polemik war, die Kartesianer dazu zu bringen, 'fair vorzugehen und uns nicht die Freiheit zu verweigern, die sie für sich selbst in Anspruch nehmen. Da uns die Newtonsche Philosophie als richtig erscheint, so lasse man uns die Freiheit, an ihr festzuhalten'.[67]) *Aus diesem Grunde waren die Newtonianer, fast gegen ihren Willen, zum Widerstand gegen die Tyrannei der evidenten, apriorischen ersten Grundsätze gezwungen und damit zur Veränderung der Kriterien des wissenschaftlichen Beweises und der wissenschaftlichen Kritik, ja des Begriffs der Erkenntnis überhaupt.*

Naheliegenderweise wollte ich diesen Newtonianischen Begriff der Erkenntnis zunächst *'anti-essentialistischen Justifikationismus'* nennen. Diese Bezeichnung hätte sämtliche zutreffenden − Popperianischen − Assoziationen bei sich geführt, doch sie klang zu deutsch, und so entschloß ich mich für die Bezeichnung *'defensiver Positivismus'*. Sie hat den Nachteil, daß das 'Justifikationistische' des Standpunkts nicht in dem Namen erscheint, aber auch den Vorzug, daß der Unterschied zwischen dem defensiven Positivismus des späten 17. und des 18. Jahrhunderts und dem aggressiven Positivismus des 19. und frühen 20. Jahrhunderts betont wird. Der eine war ein Versuch, den *lastenden Druck* 'erster Grundsätze' abzuschütteln und die empirisch inspirierte Untersuchung auf unterer Ebene zu verteidigen; der andere wollte 'erste Grundsätze' überhaupt abschaffen und jeder metaphysisch inspirierten Untersuchung auf höherer Ebene den Garaus machen. (Es schien mir wichtig, diesen Unterschied herauszustellen, weil die aggressiven Positivisten bekanntermaßen versuchen, die beiden Strömungen zu vermengen und Newton als ihren Vorläufer in Anspruch zu nehmen.)

c) Newtons Gedanke des empirischen Beweises und das 'credo quia absurdum'

Newtons defensiver Positivismus richtete sich nur gegen *eine,* freilich wichtige, Seite des damaligen Justifikationismus. Er wollte nicht gelten lassen, daß eine Theorie *nur* dann bewiesen sei, wenn sie aufgrund von − wie Pope witzelnd sagt − 'ah-priorischen' ('highpriori')[68]) Voraussetzungen bewiesen ist; doch er glaubte immer noch, nur bewiesene Aussagen hätten einen Platz in der Wissenschaft. Seine Kriterien für empirisch-wissenschaftliche Beweise − 'experimentelle' Beweise − waren aber *schwächer* als die Aristotelisch-Kartesischen Kriterien. Betrachten wir sie nun näher.

Als interessantester Punkt fällt ins Auge, daß Newton nicht der Auffassung war, seine 'empirischen Beweise' seien so stringent wie die Kartesischen. Ja, für ihn war 'die induktive Berufung auf Experiment und Beobachtung kein Beweis für allgemeine Folgerungen',[69]) jedoch verlieh der experimentell-induktive Beweis 'die höchste Gültigkeit, die einer Aussage in [meiner] Philosophie zukommen kann'.[70])

---

[66]) Newton [1676].
[67]) Cotes [1717], S. XXVII.
[68]) 'The Dunciad', 4.1, 471.
[69]) Newton [1717], Frage 31.
[70]) Newton [1713], S. 155.

Nach diesen Äußerungen sollte es nicht überraschen, daß Newton 'Ausnahmen' von seinen gültigen Beweisen für durchaus möglich erklärt; oder daß er, wie wir schon erwähnten, *zwei verschiedene* Arten der Kritik seiner induktiven Beweise anerkennt: Kritik der Voraussetzungen und der Ableitungen sowie Gegenbeispiele.[71]) Wie erklärt sich diese seltsame Zweiteilung und die dahinterstehende Annahme, ein empirischer Beweis könne gültig sein und trotzdem zu falschen Folgerungen führen?

Die naheliegendste Antwort dürfte die später von Hume gegebene sein.[72]) Man kann sie so beschreiben, daß ein gültiger experimentell-induktiver Beweis keine drittweltliche Beziehung zwischen zwei Aussagen ist, einer wahren Aussage A und einer richtig abgeleiteten Aussage B, sondern eine psychologische Beziehung zwischen einem 'sicheren' Glauben an A und einem ebensolchen an B, welch letzterer durch eine 'Tätigkeit des Geistes' zustandekommt, die von A zu B führt und den *wissenschaftlichen* Sinn zu uneingeschränkter Zustimmung nötigt.[73])

Doch dann gibt es offenbar keine Gewähr, daß gültige Argumente, die den Gesetzen des wissenschaftlichen Bewußtseins entsprechen, zu wahren Aussagen führen. Es kann dann zwei unvereinbare Aussagen A und B geben, die beide von gültigen experimentellen Beweisen gestützt werden. Nach Newton sind Erscheinungen immer 'gewiß', und eine 'induktive Verallgemeinerung' muß schlimmstenfalls später in Form von Ausnahmen auf einen kleineren 'Geltungsbereich' eingeschränkt werden, ansonsten ist sie 'gewiß'.[74])

Der Psychologismus, der dem Newtonschen Begriff des empirischen Beweises innewohnt, macht die Newtonschen Kriterien zu solchen des justifikationistischen Fallibilismus.[75]) Es sind keine drittweltlichen, sondern psychologistische Kriterien. Der Beweis für die Erscheinungen wird gewährleistet durch das 'Fehlen spekulativer Voreingenommenheit', durch die 'Sorgfalt' und das 'experimentelle Geschick'; der Beweis für die induktive Verallgemeinerung wird gewährleistet durch die 'Vorsicht' und das 'kluge Augenmaß' des Theoretikers;[76]) man könnte durchaus von 'Beweisen per Abstammung' sprechen.[77]) Die Keplerschen

---

[71]) Vgl. z.B. Newton [1672], S.94.

[72]) Vgl. oben, 1(c), vorl. Abs.

[73]) Ich möchte unterscheiden zwischen *psychologischen*, einfach zweiweltlichen Begriffen wie 'Meinung' und *psychologistischen* Begriffen wie 'vernünftige Meinung' im Sinne von 'Meinung eines klaren Bewußtseins'. Die *Psychologie* könnte man definieren als die Theorie des Bewußtseins, den *Psychologismus* als die Theorie vom 'gesunden', 'normalen', 'klaren', 'idealen', 'leeren', 'gereinigten', 'unvoreingenommenen', 'objektiven', 'vernünftigen' oder 'wissenschaftlichen' Bewußtsein.

[74]) Newton nahm für sein Gravitationsgesetz Gewißheit in Anspruch. In seiner anonymen Besprechung des 'Commercium epistolicum' sagt er über sich selbst: 'Man möchte sich wundern, daß Herrn Newton vorgehalten wird, er habe die Ursachen der Gravitation nicht durch Hypothesen erklärt; als wäre es ein Verbrechen, sich mit Gewißheiten zu begnügen und Ungewißheiten auf sich beruhen zu lassen.' Eine eingehende Behandlung findet sich bei Lakatos [1963/64], insbes. Teil 2, d.i. [1976], Kap. 1, Abschn. 4.3–4.5.

[75]) Vgl. oben, 1(c).

[76]) Übrigens haben *Theorie* und *Fallibilität* erst neuerdings etwas miteinander zu tun; ursprünglich bedeutete 'Theorie' dasselbe wie 'Theorem'.

[77]) Vgl. Popper [1963], S.25ff., und Agassi [1963], S.12ff., wo dieser Begriff von Popper auf klassische Weise eingeführt und von Agassi ausgezeichnet entwickelt und mit Beispielen aus der Geschichte belegt wird.

Gesetze waren bewiesen durch Keplers 'Zuverlässigkeit' als Beobachter, die Newtonschen durch Newtons 'kluges Augenmaß' bei seinen induktiven Schlüssen.

Keplers Verfallenheit an die Spekulation und seine dementsprechende *Un*zuverlässigkeit als Beobachter waren seinerzeit nur allzu bekannt; man wußte auch, daß Kepler noch viele andere 'Gesetze' auf Lager hatte (z.B.: 'Die Kometen bewegen sich geradlinig', oder gar seine musikalischen Himmelsgesetze[78])), die die Newtonianer nie auch nur der Erwähnung für wert hielten. Doch dann mußten sie erklären, wie man drei der Keplerschen Gesetze doch als 'die feste und unerschütterliche Grundlage der modernen Astronomie'[79]) betrachten konnte. Sie taten es mit der Theorie von Keplers (natürlich nur ganz vorübergehender) Bekehrung von einem spekulativen Saulus zu einem induktivistischen Paulus aufgrund eines Briefes von Tycho de Brahe, der ihn zur Aufgabe der Spekulation zugunsten der Beobachtung aufforderte.[80]) [Kepler, so will es die Geschichte, tat eben dies, und daher waren seine] drei Gesetze 'nicht auf irgendeine Theorie gegründet, sondern sollten Beobachtungstatsachen zusammenfassen'.[81])

Aber die drei Keplerschen Gesetze waren ja falsch; und um 1686 war das auch allgemein *bekannt:* daß die Planeten keine sauberen Ellipsen beschreiben,[82]) daß Geschwindigkeitsänderungen bei Jupiter und Saturn dem Keplerschen 'zweiten Gesetz' nicht entsprechen[83]) und daß auch die Bewegung des Mondes von dem einfachen Keplerschen Schema ganz erheblich abweicht.[84]) Newtons Geist mit seinen gegeneinander abgeschotteten Abteilungen läßt sich gar nicht besser kennzeichnen als durch die Gegenüberstellung des Methodologen Newton, der seine Gesetze aus Keplers 'Erscheinungen' *abgeleitet* haben wollte, und des Wissenschaftlers Newton, der genau wußte, daß seine Gesetze diesen Erscheinungen *geradewegs* widersprachen. Erinnern wir uns an seinen deutlich im Irrealis stehenden Bedingungssatz, der besagte, daß seine Ableitung nur für ein grobes Modell des Planetensystems mit *feststehender* Sonne und einander nicht anziehenden Planeten galt: '*Wenn* die Sonne *ruhte* und die übrigen Planeten *nicht* aufeinander *wirkten,* dann *wären* ihre Bahnen Ellipsen mit der Sonne als gemeinsamem Brennpunkt, und sie würden Flächen proportional zur verflossenen Zeit überstreichen.'[85]) Die Bedingungen sind so unerfüllt wie nur möglich: Das dritte Newtonsche Gesetz der Dynamik *verbietet* die Existenz eines Planetensystems mit ruhender Sonne (d.h. nur mit Kräften, die auf die Sonne gerichtet sind, und ohne Kräfte, die die Planeten auf die

---

[78]) Kepler [1619].

[79]) Argos Tribut an Kepler, vgl. Rufus [1931], S. 34.

[80]) Wie Kepler selbst berichtet, riet ihm Tycho in diesem Brief, 'zuerst eine feste Grundlage für seine Auffassungen durch wirkliche Beobachtung zu schaffen und von dieser aus zu versuchen, die Ursachen der Dinge zu erfassen'. Brewster meint: 'Der Zauber der ganzen Baconschen Philosophie, die hier vorwegnehmend auf eine prägnante Formel gebracht war, brachte Kepler dazu, seine visionären Spekulationen für einige Zeit aufzugeben'; 'für einige Zeit' – soll heißen: so lange, daß er seine drei Gesetze der Planetenbewegung entdecken konnte. (Brewster [1855], Bd. 1, S. 265.)

[81]) Lamb [1923], S. 231.

[82]) Kepler selbst erkannte 1625, daß sich Saturn und Jupiter nicht in Ellipsen bewegen.

[83]) Halley erwähnt 1676, daß sich Saturn seit Kepler verlangsamt und Jupiter beschleunigt habe.

[84]) Wiederum bemerkte Halley, der einen Hang zur Überprüfung alter Beobachtungen hatte, daß der Mond im Laufe der Jahrhunderte schneller wird.

[85]) So heißt es im 3. Satz nach propositio 13, Theorem 13, in Buch 3 der 'Principia', Newton [1686], S. 421; Hervorhebungen von mir. *Ironischerweise ist das Theorem selbst derselbe Satz, aber im Indikativ, ohne die irrealen Bedingungssätze.*

Sonne ausüben), und die Newtonsche Theorie der universellen Gravitation *verbietet* die Existenz eines Planetensystems nur mit Kräften, die auf die Sonne gerichtet sind, und ohne Kräfte zwischen den Planeten. Doch dann ist es falsch, wenn Feyerabend sagt, Newton habe die Erscheinungen als Grundlage seiner Theorie genommen und so 'einen Teil der neuen Theorie zu deren eigener Grundlage gemacht';[86]) Newton hat die *Negation* seiner neuen Theorie zu deren eigener Grundlage gemacht.

Übrigens fiel den Newtonianern diese Absurdität deshalb nicht auf, weil sie sich viel mehr Sorgen wegen der *Unbewiesenheit* ihrer Erscheinungen als wegen ihrer *Falschheit* machten. Man sollte auch nicht vergessen, daß beides im 17. Jahrhundert als *gleich* schwerer Mangel galt. Nach den Keplerschen Planetengesetzen bewegten sich Erde und Planeten um die Sonne; die Kirchenleute stellten sich nachdrücklich auf den Standpunkt, daß das nicht bewiesen sei. Ich bin überzeugt, daß aus diesem Grunde Newton als seine 'Erscheinungen' zunächst die Jupiter- und Saturnsatelliten nennt (Erscheinungen 1 und 2) und die 'primären' Planeten für Erscheinung 3 aufspart; denn die Aussagen über die ersteren waren durch die Galileischen Fernrohrbeobachtungen wesentlich besser bewiesen. Ja, wenn man sich seine Erscheinungen 2, 4 und 5 genau ansieht, so sind es *nicht* die *Keplerschen* Gesetze für die primären Planeten. Kepler war überzeugter 'Kopernikaner' in dem Sinne, daß er eine *feststehende* Sonne und ein heliozentrisches Weltall annahm. Newtons Ausgangspunkt ist schwächer: Seine Erscheinung 3 besagt, die [[zeitweilig]] mondsichelförmige Gestalt der primären Planeten beweise, daß sie 'sich um die Sonne bewegen', ob nun diese selbst sich um die Erde bewegt oder nicht; seine Erscheinungen 4 und 5 besagen *ausdrücklich*, die Aussagen über die Umlaufzeiten und über die von den Fahrstrahlen von den Planeten zur Sonne überstrichenen Flächen seien unabhängig davon, ob sich die Sonne um die Erde oder die Erde um die Sonne bewegt.[87]) Um die Keplerschen Gesetze in ihrer ursprünglichen Auffassung (näherungsweise) zu *beweisen,* fand er zumindest eine unbewiesene 'Hypothese' nötig: 'daß der Mittelpunkt des Weltsystems unbeweglich ist.' Diese berühmte Hypothese 1 kommentiert er so: 'Dies wird von allen anerkannt, wobei die einen von der Erde, andere von der Sonne behaupten, sie ruhe in diesem Mittelpunkt.' Stimmt man aber der zugegebenermaßen hypothetischen Aussage zu, so ist die Heliozentrizität des Weltalls nach Newton eine logische Folge; mit diesem diplomatischen Meisterstück gestand Newton zu, daß die Heliozentrizität doch hypothetisch sei; sie hing aber von einer äußerst schwachen – d. h. äußerst einleuchtenden – Hypothese ab.[88])

[86]) Siehe seine fesselnde Arbeit [1970]. Darüber auch unten, Anm. 97.

[87]) Führen wir sie beide an. 'Erscheinung 4: Mit den Fixsternen als ruhend, verhalten sich die Umlaufzeiten der fünf primären Planeten und *(sei es der Sonne um die Erde oder)* der Erde um die Sonne wie die $\frac{3}{2}$te Potenz ihres mittleren Abstands von der Sonne' (Newton]1686], S. 404; Hervorhebung von mir); 'Erscheinung 5: Die primären Planeten überstreichen *mit ihren Fahrstrahlen zur Erde keineswegs Flächen, die proportional zur verflossenen Zeit wären;* doch *mit ihren Fahrstrahlen zur Sonne tun sie es'* (ebenda, S. 405; Hervorhebungen von mir).

[88]) Koyré erklärt die Tatsache, daß Newton die These von der Unbeweglichkeit des Weltmittelpunkts eine 'Hypothese' nannte, damit, daß 'Newton *zweifellos* durchaus sah, daß sie schließlich auch völlig falsch sein konnte' (Koyré [1965], S. 40; Hervorhebung von mir). Sah er das wirklich so? Koyré sagt hier 'zweifellos' als Abkürzung für die umständliche Wendung 'freilich habe ich kein Argument und keinen Beleg für diese völlig willkürliche Annahme.'

Soviel also über Newtons 'Basissätze': die *'Erscheinungen'*. Doch selbst wenn sie wahre Aussagen wären, würde dann die Newtonsche Theorie aus ihnen logisch folgen? Aus dem Modell mit einer festen Sonne und einem einzigen Planeten (oder mehreren, die einander nicht beeinflussen) folgt tatsächlich das umgekehrt-quadratische Gesetz. Doch das Newtonsche Gravitationsgesetz besteht nicht nur aus dieser Abhängigkeit vom Kehrwert des Quadrats der Entfernung; es enthält auch schwere Massen.[89]) Wie aber kann eine schlüssig gezogene Folgerung, sei es eine deduktive oder induktive, Begriffe [wesentlich] enthalten, die nicht in den Voraussetzungen vorkommen? Wie kann sie da überhaupt Stringenz für sich in Anspruch nehmen?

Wenn aber keine Theorie aufgrund der Erscheinungen bewiesen werden kann, dann bricht Newtons Abgrenzungskriterium zwischen bewiesenen und unbewiesenen Theorien zusammen, und jede unwiderlegte Theorie ist gleich gut. Wenn dem so ist, war es dann vernünftig, daß er seine eigene kartesische Erklärung der Gravitation verwarf? Warum war diese weniger bewiesen als sein auf niedrigerer theoretischer Ebene stehendes Gravitationsgesetz?

Die schizophrene Verbindung der verrückten Newtonschen Methodologie, die auf dem 'credo quia absurdum' des 'empirischen Beweises' beruhte, und der großartigen Newtonschen *Methode* kommt einem nun als ein Witz vor. Doch vom Debakel der Kartesianer bis zum Jahre 1905 hat niemand gelacht. Die meisten Lehrbücher erklärten feierlich, zunächst habe Kepler seine Gesetze 'aus den genauen Beobachtungen der Planetenbewegung von Tycho Brahe *deduziert'*, und dann habe Newton sein Gesetz 'aus den Keplerschen Gesetzen und dem Bewegungsgesetz *deduziert'* und dann noch die Störungstheorie als Krönung des ganzen 'hinzugefügt'.[90]) Die philosophischen Nippsachen, die die Newtonianer ihren damaligen Kritikern entgegenschleuderten, um ihre 'Beweise', koste es, was es wolle, zu verteidigen, wurden als ewige Weisheiten genommen, ihre Wertlosigkeit völlig verkannt. Die Newtonianer fälschten die Ideengeschichte ziemlich hemmungslos, um sich auf angebliche Autoritäten berufen zu können: Sie erfanden das Märchen von dem großen Streit zwischen Bacon und Descartes und behaupteten fälschlich, sie hätten sich streng an die Methode von 'Analyse und Synthese' gehalten,[91]) also an die altehrwürdige Methode der Euklidischen Geometrie, der 'einzigen Wissenschaft, die Gott den Menschen bisher [vor Newton] gnädig schenkte'.[92]) Ja, einige schrieben die Erfindung dieser Methode Newton selbst zu:

[89]) Das scheint Leibniz gesehen zu haben: 'Ich bin sehr für die empirische Philosophie, aber Herr Newton ist von ihr sehr weit entfernt, wenn er behauptet, alle Materie sei schwer (oder jeder ihrer Teile ziehe jeden anderen an), denn das ist gewiß nicht experimentell bewiesen.' (Brief an Abbé Conti von Ende 1715, zit. nach Koyré [1965], S. 144.)

[90]) Diese Phraseologie gibt es bei den Physikern heute noch; s. z. B. Symon [1963], S. 132 f. Doch für viele ist es sehr viel mehr als Phraseologie: nach Max Born ist 'die Tatsache, daß das Newtonsche Gesetz logisch aus den Keplerschen Gesetzen folgt', die Grundlage seiner gesamten Wissenschaftstheorie (Born [1949], S. 129).

[91]) Eine Behandlung der Euklidischen Methode der 'Analyse und Synthese' findet sich bei Lakatos [1963/64], S. 10, Anm. 2, S. 243, Anm. 1, und S. 308, Anm. 3; d.i. [1976], dt. S. 4, Anm. 17, S. 57, Anm. 112, und S. 68, Anm. 129. Die flexible, aber fehleranfällige Form der Analyse-und-Synthese in der informalen Mathematik, die ich ebendort in Teil 4 (d.i. [1976], Kap. 1, ab Abschn. 7) behandle, ähnelt der Newtonschen 'Analyse und Synthese'.

[92]) Hobbes [1651], 1.4, S. 22.

'Um mit völliger Sicherheit voranzuschreiten und allen Streitigkeiten ein für allemal den Boden zu entziehen, schlug er für die Naturforschung die Anwendung der Methode der *Analyse* und der *Synthese* in passender Reihenfolge vor: Man solle von den Erscheinungen oder Wirkungen ausgehen und von daher die in der Natur wirkenden Kräfte oder Ursachen untersuchen; von speziellen Ursachen solle man zu den allgemeineren übergehen, bis man zu den allgemeinsten gelangt ist – das ist die Methode der *Analyse*. Hat man nun diese Ursachen zur Verfügung, so soll man, in umgekehrter Richtung wieder absteigend, mit Hilfe dieser fundierten Grundsätze alle Erscheinungen erklären, die ihre Wirkungen sind, und seine Erklärungen beweisen – das ist die *Synthese*.'[93])

(Die Newtonianer suggerierten, die Kartesianer vernachlässigten völlig die *Analyse;* doch in Wirklichkeit spielte die Analyse-und-Synthese im Kartesischen Modell genau die gleiche Rolle.)

Ehe ich diesen Abschnitt abschließe, möge nicht unerwähnt bleiben, daß die Newtonianer behaupteten, sie könnten, wenn sie einmal ihre Theorien 'analytisch' aufgrund der Tatsachen bewiesen hätten, neue, ungeahnte Tatsachen voraussagen, die weit über die ursprünglichen experimentellen Voraussetzungen dieser 'Synthese' hinausgingen. Sie betonten, daß ihre Theorie 'zur Kenntnis von Dingen geführt hat, vor deren Entdeckung jeder geradezu für verrückt erklärt worden wäre, der auch nur in Erwägung gezogen hätte, daß unsere Fähigkeiten jemals so weit reichen könnten'.[94]) Das Newtonsche Modell von Beweis/Erklärung/Entdeckung[95]) muß also abgeändert werden.

Doch die Newtonianer *verlangten* von einer befriedigenden Theorie nicht ausdrücklich, daß aus ihr *neue* Erscheinungen folgen sollten; seltsamerweise waren es ihre Gegner Huygens und Leibniz, die als erste diese Forderung ausdrücklich aufstellten. Und keinen Newtonianer scheint jemals die seltsame Eigenschaft dieser Logik gestört zu haben, daß die Tatsachen, von denen die Analyse ausging (etwa die Keplerschen Gesetze), im Widerspruch zu einigen Tatsachen standen, die aus ihnen am Ende der Synthese bewiesen wurden. Etwas während der 'Analyse' völlig Annehmbares wurde bei der 'Synthese' einfach verworfen.

Der erste, der das Märchen von den Newtonschen Grundlagen und der induktiven 'Logik' zerstörte, war Duhem. Die zwei Kapitel zur 'Kritik der Newtonschen Methode' in seinem klassischen Werk 'Ziel und Struktur der physikalischen Theorien', das 1905 erschien, enthalten eine glänzende und vernichtende Kritik, die einige der Vogelscheuchen aus dem Newtonschen Arsenal bloßstellt. Es ist erstaunlich, wie man diese Kritik ignoriert hat, bis sie von Popper und seiner Schule wieder aufgenommen wurde. Im Rahmen seines Kreuzzugs gegen den Induktivismus hat Popper die Duhemschen Argumente wiederbelebt und verbessert, und zwar in zwei 1948 und 1957 erschienenen Arbeiten.[96]) Diese wurden ebenso ignoriert wie die Duhemschen; schließlich fanden sie durch Feyerabend weitere Verbreitung, der ihren Hauptgedanken 1962 aufgriff.[97])

---

[93]) MacLaurin [1748], S. 8 f.

[94]) Pemberton [1728].

[95]) Vgl. oben, Text zu Anm. 49, wo ich zeige, daß dieses Modell eine Verkürzung des ursprünglichen Kartesischen Modells ist.

[96]) Popper [1948] und [1957].

[97]) Feyerabend [1962]. Leider ist diese Darstellung bei allen ihren Vorzügen in vieler Hinsicht nicht so gut (und jedenfalls nicht so klar) wie die ursprüngliche von Duhem und von Popper. Trotzdem wurde sie von einigen Wissenschaftstheoretikern (die offenbar die Arbeiten Duhems und Poppers nicht kannten und denen seltsamerweise auch Feyerabends deutliche Hinweise auf beide entgingen) als der 'große erkenntnistheoretische Durchbruch' von 1962 begrüßt. (Vgl. z. B. Hesse [1963], S. 108.)

Wie erklärt sich die merkwürdige Tatsache, daß vor Duhem niemand Newtons Einladung an seine Kritiker ernst nahm, seine Voraussetzungen und die Gültigkeit seiner Argumente unter die Lupe zu nehmen? Für das 17. und 18. Jahrhundert erklärt es sich wohl so, daß man sich mit einer Theorie in erster Linie in Form *metaphysischer* Kritik auseinanderzusetzen pflegte. Deshalb ging es *damals* um die kritischen Maßstäbe überhaupt: Man hielt Newton die 'Uneinsichtigkeit' seiner Theorie vor und fragte nicht, ob sie aufgrund der von Newton vorgeschlagenen Kriterien gültig sei. Die Kriteriumsdebatte wurde von Newton gewonnen. Doch bis dahin hatte der nie dagewesene, ans Wunder grenzende Erfolg seines Forschungsprogramms eine derart verehrungsvolle Atmosphäre geschaffen,[98] oder, wenn man so will, einen Meinungstrend, daß sich die Heuchelei des 'credo quia absurdum' ganz zwanglos einstellte.

d) Die Newtonianer und die Tatsachenkritik

Die Newtonianer behaupteten also, sie verwendeten 'Erscheinungen' – angeblich durch die Erfahrung begründete Aussagen – als Voraussetzungen in ihren empirischen Beweisen, als verifizierende Daten stärkster Art. Waren sie aber bereit, sie als falsifizierende Daten anzuerkennen? Unter welchen Umständen wären sie zur Aufgabe ihres Forschungsprogramms bereit gewesen?

Die Beziehung zwischen Theorie und Gegenbeispiel ist einer der dunkelsten Teile der Methodologie der Newtonianer; in diesem Punkt herrschte bei ihnen mehr Verwirrung als in jedem anderen.

Bei der Kritik der Theorien ihrer Gegner waren sie naive und, das muß man sagen, recht aggressive Falsifikationisten. So behauptete Newton: 'Die Wirbelhypothese ist mit den astronomischen Erscheinungen absolut unvereinbar.'[99] Die Kartesische Argumentation wurde von Cotes im Vorwort zur 2. Auflage der 'Principia' lächerlich gemacht. Doch Newtons 'Widerlegung' war faul: Die ursprüngliche Wirbeltheorie von Descartes war so unbestimmt, so gestaltlos, daß sie, streng genommen, gar nicht widerlegbar war. Daher verbesserte sie Newton erst einmal, er präzisierte sie, indem er eine scharfe hydrodynamische Fassung von ihr entwickelte, nur um zu zeigen, daß sie den Keplerschen Gesetzen widerspreche (von denen er übrigens wußte, daß sie falsch waren), und aufgrund dessen forderte er, man müsse sie fallenlassen. Doch 1688 stellte Huygens – und 1689 Leibniz – richtig fest, daß Newton nur eine spezielle Form der Wirbelhypothese widerlegt habe; man könne ohne weiteres eine neue Form vorlegen, die gegen die Newtonsche Kritik gefeit sei.[100] Ferner gewann Daniel Bernoulli 1730 den Preis der Académie Française mit einer Abhandlung, die die Himmelserscheinungen mittels Kartesischer Wirbel erklärte. Der Abbé de Molières behauptete sogar, die mathematische Wirbeltheorie Newtons als falsch erwiesen zu haben, und er fand einige Resonanz. Damit nicht

---

[98] Diese Atmosphäre wird eindrücklich beschrieben von Feyerabend in seiner bereits erwähnten Arbeit [1970].

[99] Vgl. das Ende von Buch 1 der 'Principia'. Natürlich waren dieselben 'Erscheinungen', nämlich die Keplerschen Gesetze, ebenso unvereinbar mit der Newtonschen Theorie. Trotzdem dienten sie ein Jahrhundert lang zum Beweis der Newtonschen Theorie und zur Widerlegung der Kartesischen!

[100] Vgl. Koyré [1965], insbes. S. 117 und 136.

genug, machte sich de Molières anheischig, die Newtonsche Gravitationstheorie aus einer Form der Kartesischen Wirbeltheorie abzuleiten.[101]) Voltaire klagte 1738 nicht ohne Grund, es gebe 'immer noch Philosophen, denen ihre Wirbel aus feiner Materie lieb und teuer sind und die diese eingebildeten Wirbel mit [Newtons] bewiesenen Wahrheiten vereinbaren möchten'[102]) — was um so richtiger ist, als er selbst in der Folge 'nichtkartesische' Wirbel wieder in die Himmelsmechanik einführte![103]) John Stuart Mill nahm Newton die Behauptung ab, seine Gravitationstheorie widerlege die Kartesische Wirbeltheorie, was Whewell — zu Recht — als ein Beispiel für Mills Unbildung anführt.[104])

Doch wenn die Theorien der Newtonianer selbst in das Feuer der Tatsachenkritik gerieten, legten sich ihre Vertreter Nonchalance mit Kennermiene zu und schienen nur selten beeindruckt. Newton hatte ja verfügt: 'Haben die Erscheinungen keine Ausnahme, so kann die Folgerung als allgemeine gezogen werden. Sollte aber später irgendeine Ausnahme gegenüber den Experimenten auftreten, so muß man diese in die Folgerung aufnehmen.'[105])

Doch die Newtonianer hatten wenig Zweifel, daß ihr Programm schließlich mit allen 'Ausnahmen' fertig werden würde; und dazu war gewaltiges Selbstvertrauen nötig, denn 'Ausnahmen', 'Anomalien', 'widerspenstige Fälle' gab es in Hülle und Fülle. Ein kennzeichnendes Beispiel: Niemand sah in der bekannten Tatsache, daß die Kometenschweife von der Sonne abgestoßen und nicht angezogen zu werden schienen, eine Widerlegung der Newtonschen Theorie, wenn sie auch als *Problem* — oder 'Rätselfrage', wie Kuhn sagen würde — innerhalb des Newtonschen Forschungsprogrammes anerkannt war. Halley hoffte, die Lösung würde noch in die 1. Auflage der 'Principia' hineinkommen. Als sie noch im Druck war, schrieb er an Newton: 'Ich zweifle nicht, daß dies aus Ihren Grundsätzen ebenso zwanglos folgen kann wie all die anderen Erscheinungen; doch ein oder zwei Sätze darüber würden viel zu Schönheit und Vollkommenheit Ihrer Kometentheorie beitragen.'[106]) Newton antwortete nicht, aber kein Newtonianer machte sich besondere Sorgen.

Mit der gleichen Ruhe stand man den vielen Diskrepanzen zwischen der Newtonschen Mondtheorie und den Beobachtungen gegenüber. Man betrachtete sie als Probleme, doch nur wenige meinten, mit dem Forschungsprogramm sei etwas nicht in Ordnung; der Fehler mußte bei den Forschern liegen. Newtons 'Mondtheorie' erschien übrigens erst viele Jahre nach der ersten Auflage der 'Principia', nämlich 1702 in 'Astronomiae physicae et geometricae elementa' von David Gregory. Dort heißt es schlicht, Newtons Theorie 'stimmt *sehr weitgehend* mit den Erscheinungen überein, wie er durch sehr *zahlreiche Mondörter* bewiesen hatte, die von dem berühmten Herrn Flamsteed beobachtet worden waren'.[107]) Doch man muß be-

---

[101]) Vgl. Brunet [1931], Bd. 1, Kap. 3.

[102]) Voltaire [1738], 3. Teil, Kap. 6, S. 533.

[103]) Ebenda, engl. S. 320–323.

[104]) Whewell [1858], S. 261. Whewell drückt sich sehr höflich aus; er zitiert Mill, ohne seinen Namen zu nennen, und stellt zurückhaltend fest, die große Widerstandskraft von Theorien gegen Widerlegung sei 'denen unbekannt, die sich nur in geringem Maße mit der Wissenschaftsgeschichte beschäftigt haben.' Vgl. auch unten, Text zu Anm. 132.

[105]) Newton [1717], Frage 31. Zu dieser 'Ausnahmen ausschließenden' Tradition vgl. Lakatos [1963/64], insbes. S. 124, in [1976]: dt. 4.3, insbes. S. 21 (Text zu Anm. 40).

[106]) Halley [1687], S. 474.

[107]) Gregory [1702], S. 332.

denken, daß die Newtonianer nie zuließen, daß sich Beobachtungen gegen ihr Forschungsprogramm durchsetzten; mit Hilfe ihrer positiven Heuristik entwickelten sie eine Theorie nach der anderen, um mit den Gegenbeispielen fertig zu werden;[108] nicht selten aber ignorierten sie widrige Beobachtungsdaten gänzlich: Sie wußten eben nicht nur, daß Theorien ständig anhand von Beobachtungen zu prüfen seien, sondern auch die Beobachtungen anhand *ihrer* Theorien. Die 'besten Beobachtungen' – ein sehr häufiger Ausdruck in der Newtonianischen Literatur – waren die, die ihrem Forschungsprogramm Bewährung verliehen.[109] Das zeigt sich sehr schön im Briefwechsel zwischen Newton und Flamsteed, dem ersten königlichen Astronomen, einem wirklichen, nicht schizophrenen Induktivisten. Er verzögerte die Arbeit Newtons und seiner Mitarbeiter mehr als jeder andere, indem er ihnen seine Mondbeobachtungen vorenthielt. Zunächst korrespondierten Newton und Flamsteed häufig, doch bald ärgerte sich Flamsteed darüber, wie seine Daten von Newton als Prüfstein für dessen Mondtheorien verwendet wurden, von denen ein Dutzend in Newtons Papierkorb landeten.[110] Im Jahre 1700 klagte er seinem Freund Lowthorp:

> '[Newton] hatte Mondtafeln aufgestellt, mit denen er seine vorgestellten Gesetze bestätigen wollte; doch als er sie dann mit den Himmelserscheinungen verglich (d. h. mit den beobachteten Mondörtern), mußte er feststellen, daß sie nicht stimmten, und mußte sie alle wegwerfen. Da ich ihm mehr als 200 Mondörter mitgeteilt habe, die als Kriterium für jede Theorie ausreichen dürften, und da er seine Theorie verändert und zurechtgebogen hat, bis sie auf die Beobachtungen paßte, so ist es kein Wunder, daß sie diese darstellt; aber es gilt immer noch, daß er ihnen mehr verdankt als seinen Spekulationen über die Gravitation, die ihn irregeleitet hatten.'[111]

Er teilte aber Lowthorp nicht mit, daß auch einige *seiner Beobachtungen* im Papierkorb landeten. So besuchte ihn Newton am 1. 9. 1694, als er mit aller Energie an seiner Mondtheorie arbeitete, und legte ihm nahe, einige seiner Daten anders zu deuten, da sie seiner Theorie widersprächen, und sagte ihm genau, wie. Flamsteed folgte Newton und schrieb ihm am 7. 9. 1694: 'Nachdem Sie weggegangen waren, habe ich die Beobachtungen überprüft, mit denen ich die Größtgleichungen der Erdbahn bestimmt hatte, und wenn ich die gleichzeitigen Örter des Mondes betrachte …, so finde ich, daß *(sofern sich, wie Sie meinen, die Erde auf die Seite neigt, auf der sich der Mond zu der Zeit befindet)* Sie etwa 20″ abziehen können.'[112] Newton kritisierte und berichtigte also fortwährend Flamsteeds auf der Beobachtung beruhende Prüfstein-Theorien. So brachte er ihm etwa eine bessere Theorie der Lichtbrechung durch die Atmosphäre nahe, die Flamsteed übernahm und die seine ursprünglichen 'Daten' korrigierte.

---

[108] Wegen des Unterschieds zwischen 'Theorie' und 'Forschungsprogramm' und des Gedankens der 'positiven Heuristik' vgl. Kap. 1 des vorliegenden Bandes.

[109] So schreibt MacLaurin, Kepler 'nahm sich die Freiheit, sich mehrere … Analogien auszudenken, die keine Grundlage in der Natur haben und von den *besten* Beobachtungen widerlegt werden' (MacLaurin [1748], S. 51; Hervorhebung von mir).

[110] 'Papierkörbe' waren Behälter, denen man im 17. Jahrhundert manche Erstfassungen von Manuskripten überantwortete, die einer Selbstkritik – oder der privaten Kritik sachverständiger Freunde – beim ersten Lesen nicht standhielten. In unserem Zeitalter der explodierenden Veröffentlichungsflut haben die meisten Leute keine Zeit, ihre Manuskripte durchzulesen, und die Funktion der Papierkörbe ist jetzt von den wissenschaftlichen Zeitschriften übernommen worden.

[111] Baily [1835], S. 176.

[112] Vgl. Brewster [1855], Bd. 2, S. 168; Hervorhebung von mir.

Man kann verstehen, daß sich dieser große Beobachter ständig erniedrigt fühlte und allmählich wütend wurde, wenn seine Daten von jemandem kritisiert und verbessert wurden, der nach seinem eigenen Eingeständnis selbst keine Beobachtungen anstellte.[113])

Um 1700 korrespondierten Newton und Flamsteed nicht mehr, aber früher, als sich Newton noch die Schuhsohlen ablief, um an Flamsteeds Daten heranzukommen, versuchte er geduldig, ihm klarzumachen: Seine (Newtons) 'Theorie wird die Exaktheit [der Daten] demonstrieren … Ohne das Gütesiegel einer solchen Theorie würden sie nur auf dem großen Haufen der Beobachtungen der bisherigen Astronomen landen, bis jemand kommt, der die Mondtheorie verbessert und dabei entdeckt, daß Ihre Beobachtungen exakter sind als die anderen.' Das aber, so Newton, kann nur jemand, 'der die Theorie der Gravitation mindestens so gut versteht wie ich'.[114]) Dieser Brief zeigt klar, daß die Newtonianer die Exaktheit von Beobachtungen an ihren Theorien maßen; und wenn sie behaupten, 'gesicherte Beobachtungen und offensichtliche Tatsachen zeigen sich ständig im Widerspruch zu den aufgeblasenen Spekulationen [der Kartesianer]'[115]), dann verstehen sie unter 'gesicherten Beobachtungen und offensichtlichen Tatsachen' gut bewährte Konsequenzen *ihres* Programms. Schienen die Tatsachen ihren Theorien zu widersprechen, so setzten sie alles daran, 'die Mängel der Sinne durch eine wohlgeleitete Einbildungskraft auszugleichen'.[116]) [Hier ein Beispiel für Newtonianische Achtung vor den Tatsachen (wenn sie ins Konzept paßten). MacLaurin] schreibt: Da des Philosophen

'Naturerkenntnis auf der Beobachtung von sinnlich Wahrnehmbarem beruht, muß er hier anfangen und oft darauf zurückkommen, um sein Vorgehen daran zu prüfen. Hier ist sicherer Boden; von hier muß er ausgehen, und wenn er nicht auch häufig seine Schritte sorgsam nach rückwärts kontrolliert, so läuft er Gefahr, sich in den Labyrinthen der Natur zu verirren.'[117])

Interessant ist auch, daß Flamsteeds Vorwurf, Newton habe an seiner Theorie herumgebastelt, bis sie auf die Daten paßte, dem Vorwurf von Cotes gegen die Kartesianer ähnelt, die, nachdem Newton 'mit den deutlichsten Gründen noch und noch bewiesen hat', daß 'die Erscheinungen auf gar keinen Fall mit Wirbeln erklärt werden können', immer noch 'ihre Zeit damit verschwenden, ein lächerliches Machwerk zusammenzubasteln und mit immer neuen Kommentaren auszustaffieren'.[118])

Im Lichte dieser Erörterung dürfte es als eine rechte Ironie erscheinen, daß die Newtonianer darüber Klage führten, den Kartesischen ersten Grundsätzen sei 'so große Autorität' zugeschrieben worden, 'daß man sie weder durch widersprechende Beobachtungen aus den Angeln heben lassen möchte noch durch abwegige Konsequenzen, die aus ihnen fließen'.[119]) Was übrigens 'abwegige Konsequenzen' betrifft, so möge man nicht vergessen, daß nach der ursprünglichen Newtonschen Theorie die Störungen in unserem Planetensystem mit unheimlicher Schnelligkeit zur Katastrophe führten; dieses Problem lösten die Newtonianer

---

[113]) Vgl. Newton [1694].

[114]) Ebenda, S. 151 f.

[115]) MacLaurin [1748], S. 90.

[116]) Ebenda, S. 17.

[117]) Ebenda, S. 18. Übrigens: wenn die Newtonsche Analyse-und-Synthese ein Modell für Beweis wie auch Entdeckung ist, warum dann dieses Hin und Her?

[118]) Cotes [1717], S. XXVIII.

mit dem Hinweis, Gott bringe von Zeit zu Zeit das System wieder ins Gleichgewicht. Die Kartesianer heulten auf, das sei eine Lästerung von Gottes Werk; die Newtonianer entgegneten, ihr Gott sei tätig und nicht tot wie bei den Kartesianern. Laplace zeigte schließlich, daß sich die gelegentliche Wiederherstellung des Gleichgewichts im Rahmen des Newtonschen Forschungsprogramms ohne die göttliche ad-hoc-Hypothese erklären läßt. (Doch Poincaré zeigte, daß die Laplacesche Lösung, wenn nicht ad hoc, so doch jedenfalls nicht endgültig war.)

Doch kommen wir auf den Streit zwischen Newton und Flamsteed zurück und fragen wir, wer recht hatte. Hatte Flamsteed unrecht gegen Newton, aber Cotes recht gegen Leibniz? Das ist gewiß *heute* die allgemeine Ansicht; aber *warum* soll es so sein? Warum sehen wir das Newtonianische Voranschreiten als 'wirklichkeitsorientiert' an, das Kartesianische dagegen als 'Fiktion auf Fiktion getürmt'?[120])

Die wirre Methodologie Newtons lieferte keine Antwort. Gab es irgendeinen vernünftigen Grund dafür, die Keplerschen Gesetze als 'Grundlagen' der Newtonschen Theorie zu nehmen und als 'Widerlegung' der Kartesischen? Mit welcher Begründung – wenn es überhaupt eine gibt – hielt man das Newtonsche Programm nicht durch die Gezeitenanomalien für ein für allemal erledigt?[121]) Oder handelte es sich um nichts anderes als religiösen Glauben? War der Übergang von den Kartesischen Wirbeln zum Newtonschen leeren Raum eine religiöse Bekehrung? Oder ein Wandel der geistigen Mode?

Die Newtonianer nahmen nicht alle Widerlegungen auf die leichte Schulter. Nach Cajori war der Hauptgrund dafür, daß Newton die Gravitationstheorie von 1666 – als er die umgekehrt-quadratische Beziehung aus den Keplerschen Gesetzen 'deduzierte' – bis 1687 nicht veröffentlichte, der, daß er aufgrund einer falschen 'Beobachtungsaussage' bezüglich der Länge eines Kreisbogens auf der Erdoberfläche seine Theorie für falsch hielt und tatsächlich aufgab.[122]) Auch wenn diese Geschichte nicht stimmt, so *hätte* sie doch wahr sein können. Was aber ist dann der Unterschied zwischen einer ernstzunehmenden *Widerlegung* und ein paar Dutzend 'harmlosen' Anomalien?[123]) In Newtons Schriften sucht man vergeblich nach Aufklärung. In einem Brief an Oldenburg schrieb Newton am 8. 7. 1672, er würde 'Experimente, die [ihm] unmittelbar widersprechen', als Einwand anerkennen. Wenn aber *seine* grundlegenden Experimente richtig und seine induktiven Folgerungen daraus einwandfrei waren, dann konnte es etwas Derartiges einfach nicht geben; die Schutzklausel 'unmittelbar' macht aus dem

---

[119]) MacLaurin [1748], S. 94.

[120]) Ebenda.

[121]) Eine lange Liste von Anomalien findet sich z. B. bei Whewell [1837], wo das lange Kapitel über 'Die Epoche nach Newton' eine einzige fesselnde Geschichte des Kampfes der Newtonianer mit den Anomalien ist. Man kann da auch von den Kleinmütigen lesen, die, wie Euler und Clairaut, schwankten, andere Ansätze ausprobierten und schließlich durch die Triumphe der orthodoxen Newtonianer für ihre Abtrünnigkeit gedemütigt wurden.

[122]) Diese 'merkwürdige Anekdote' berichtet uns Voltaire; sie zeige, 'mit welchem Ernst Sir Isaac bei seiner Wahrheitssuche zu Werke ging' (Voltaire [1738], 3. Teil, Kap. 3, S. 520 ff.).

[123]) Übrigens glauben viele an das Märchen, das anomale Verhalten des Merkurperihels sei die letzte Anomalie in der Newtonschen Theorie gewesen und durch die Einsteinsche Theorie aufgelöst worden. Doch in deren Lichte ist es lediglich 'weniger' anomal als im Lichte der Newtonschen. Außerdem hat die Einsteinsche Theorie eine ganze Reihe Newtonischer Anomalien *geerbt*. Man nehme etwa das 'Chandlersche Taumeln'. Die Newtonsche wie die Einsteinsche Theorie sagen eine Taumelperiode der Erdumdrehung von etwa 300 Tagen voraus; leider aber beträgt sie 428 Tage.

Satz eine leere Phrase. Die Newtonianer hatten keine Kriterien für die Ablehnung einer Theorie angesichts widersprechender Daten – und ebensowenig für die Ablehnung einer Theorie ohne widersprechende Daten.[124]) Doch sie *haben* in beiden Situationen *gewisse* Theorien abgelehnt. Hatte das mit Vernunft überhaupt nichts zu tun, oder verbarg sich hinter der verrückten Methodologie doch eine Methode?

Wann und unter welchen Umständen würden Newtonianer ihre Auffassung aufgeben und es mit einem neuen Forschungsprogramm versuchen? Wann summiert sich die Fülle offener Probleme zu einer 'Krise', während der man sich mit Alternativen beschäftigen kann? Voltaire schloß seine berühmten 'Elemente der Newtonschen Philosophie' von 1738 mit dem 'Eingeständnis' einer Reihe offener Probleme; doch das erschütterte seinen in der Einleitung bekannten Glauben nicht, es gebe 'nur *einen* Weg, der zur Wahrheit führt', nämlich den Newtonschen. Auf diesem Wege 'erhebt sich der menschliche Geist von einer Wahrheit zur anderen …'.[125]) Und 1748 zögerte MacLaurin nicht mit der Behauptung, die '[Newtonsche] Philosophie, gegründet auf Experiment und Beweis, kann nicht versagen, es sei denn, die Vernunft oder die Beschaffenheit der Dinge veränderte sich',[126]) und Newton 'überließ der Nachwelt kaum mehr als die Aufgabe, den Himmel zu beobachten und nach den Newtonschen Modellen zu rechnen'.

Doch zwei Jahre vorher hatte Clairaut gefunden, daß der Fortschritt des Mondapogäums in Wirklichkeit doppelt so groß war wie der aus der Newtonschen Theorie folgende, und er schlug ein Zusatzglied zur Newtonschen Formel vor, das den Kehrwert der 4. Potenz der Entfernung enthielt. (Das scheint MacLaurin nicht bekannt gewesen zu sein, oder er überging es einfach – offene Probleme erwähnte er jedenfalls nie.) Doch es zeigte sich, daß Clairaut falsch gerechnet hatte, und später fand man sogar eine richtige Berechnung unter Newtons unveröffentlichten Manuskripten. Doch auch jetzt blieb eine geringe Abweichung bestehen: eine 'säkulare Beschleunigung'. 1770 setzte die Pariser Akademie einen Preis für die Lösung dieses Problems aus, den Euler mit einer Arbeit gewann, in der er zunächst zu dem Schluß kam: 'Es scheint aufgrund unangreifbarer Daten festzustehen, daß die säkulare Abweichung der Mondbewegung nicht von den [Newtonschen] Gravitationskräften herrühren kann', und er schlug eine Konkurrenzformel, wieder mit einem Zusatzglied, vor, das er ein Jahr später in einer ergänzenden Veröffentlichung mit dem Widerstand des Kartesischen Äthers zu erklären versuchte. Doch 1787 zeigte Laplace, daß sich das Problem im Rahmen des Newtonschen Forschungsprogramms *besser* lösen läßt. Nach seiner herablassenden Bemerkung bestand die 'Brillianz' des Newtonschen Programms gerade darin, daß es jede Schwierigkeit in einen neuen Triumph verwandelt, und das sei 'das sicherste Zeichen der Wahrheit'.[127])

---

[124]) Vgl. oben, 2(a).

[125]) Voltaire [1738], 3. Teil, Kap. 7, S. 536.

[126]) MacLaurin [1748], S. 8. Man beachte übrigens die psychologistische Klausel in der Aussage. Warum sollten sich die wahren Himmelsgesetze ändern, weil sich die menschliche Vernunft ändert?

[127]) Laplace [1824], S. 39. Man sollte hier erwähnen, daß Newtons Autorität die Entwicklung der Newtonianischen Philosophie in England abwürgte. In Frankreich, wo es ein konkurrierendes Forschungsprogramm gab, wurden offene Probleme freimütig und angriffslustig diskutiert; nicht so in England, wo es keines gab. Auch gab die vorteilhaftere Leibnizsche Schreibweise in der Infinitesimalrechnung den kontinentalen Wissenschaftlern bessere Möglichkeiten zur Lösung der gewaltigen mathematischen Probleme an die Hand. (Der Unterschied zwischen den Darstellungen Voltaires und MacLaurins ist kennzeichnend: die erste schließt mit den Anomalien, die zweite erwähnt sie nirgends.)

Waren Clairaut und Euler methodologisch auf dem Holzweg – wie Kuhn gewiß sagen würde –, als sie mit anderen Forschungsprogrammen Rätselfragen des Newtonschen Programms zu lösen versuchten, und haben sie nur Zeit, Kraft und Talent vergeudet? Oder war vielmehr Poincaré auf dem Holzweg – wie Popper und Feyerabend gewiß sagen würden –, der an der Newtonschen Theorie festhielt und sich nicht in Richtung auf die spezielle Relativitätstheorie vorwagte, die für ihn in greifbarer Nähe gelegen hätte?

Die Newtonsche Methodologie gibt auf keine dieser Fragen eine Antwort.

e) Newtons zwiefaches Erbe

Newton hinterließ der Welt sein wissenschaftliches Forschungsprogramm und seine Kriterien zur Beurteilung solcher Programme. Diese schizophrene Leistung hatte in der Geistesgeschichte ungeheuere Auswirkungen. Newton hat das erste bedeutende wissenschaftliche Forschungsprogramm in der Geschichte der Menschheit in Gang gesetzt; er und seine glänzenden Nachfolger haben *in der Praxis* die Grundzüge der wissenschaftlichen Methodologie aufgestellt. *In diesem Sinne kann man sagen, die Newtonsche Methode habe die moderne Wissenschaft geschaffen.*[128])

Andererseits übernahm Newton seine Erkenntnistheorie von einer von der Theologie beherrschten Epoche, vom 'Justifikationismus'; und obwohl er dessen vorherrschende Aristotelisch-Kartesische Form veränderte, blieb er doch sein Gefangener. Das methodologische Haupt*problem* der Newtonianer bestand nach der klassischen Formulierung Pembertons darin, *'einen abgewogenen Kurs zu steuern zwischen der Methode der Vermutungen ... und dem Bestehen auf so strengen Beweisen, daß die gesamte Philosophie zur Skepsis wird und jede Aussicht auf Fortschritt in der Naturerkenntnis zunichte wird'.*[129]) Die Newtonsche Lösung dieses Problems war zwar besser als die Kartesische, aber immer noch sehr schwach. Die Unklarheit und Ärmlichkeit von Newtons *Theorie der wissenschaftlichen Leistung* steht in erschreckendem Gegensatz zu der Klarheit und dem Reichtum seiner *wissenschaftlichen Leistung*. Seine Theorie davon, warum er die Kartesische Wirbeltheorie ablehnte und seine eigene Gravitationstheorie für richtig hielt, war völlig absurd. Doch der unglaubliche *Erfolg* seines Forschungsprogramms stellte Newtons philosophische Bewunderer vor das Problem, seine *Theorie seines Erfolges* und des Mißerfolges seiner Konkurrenten zu verteidigen. Die ersten Newtonianer hatten eine wirre und unstimmige Methodologie. Doch die späteren Popularisatoren, die das Newtonsche Forschungsprogramm gar nicht nachvollziehen, sondern nur seine Schlagworte nachbeten konnten, suchten sich davon die gröbsten heraus und arrangierten sie zu einer farbenfreudigen und stimmigen Auswahl. Diese vergröberten Schlagworte gaben dann Anlaß zu vielen – manchmal auch konkurrierenden – philosophischen Untersuchungen und insbesondere zu zwei philosophischen Haupt-Forschungsprogrammen: einmal der Suche nach einem Felsgrund, einer unbezweifelbar gewissen *empirischen Grundlage* der Wissenschaft in der Form 'reiner Empfindungen' oder, wenn das nicht gelang, von theoriedurchtränkten oder auf Übereinkunft beruhenden Grundaussagen irgendwelcher Art; und zweitens zur Suche nach einer Lösung des Problems, wie man aus dieser empirischen Grundlage die Naturgesetze schlüssig deduzieren oder induzieren könne. Das erste Forschungsprogramm brachte

---

[128]) Damit soll natürlich nicht bestritten werden, daß er auf den Schultern Galileis stand.
[129]) Pemberton [1728], S. 23.

die *justifikationistische philosophische Psychologie* hervor sowie das Programm des (Sprach-)'Reduktionismus' und das einer 'theoriefreien, neutralen Beobachtungssprache' im Rahmen des logischen Positivismus.[130]) Das zweite Forschungsprogramm brachte die induktive Logik hervor.[131]) *In diesem Sinne kann man sagen, während die Newtonsche Methode die moderne Wissenschaft geschaffen habe, habe die Newtonsche Theorie der Methode die moderne Wissenschaftstheorie hervorgebracht.*

Es wurde auch noch der schlechteste Teil von Newtons Theorie der Methode als Regelkodex für die unterentwickelten Disziplinen und vor allem die Sozialwissenschaften aufgestellt. Der Newtonianismus, gepredigt von Halbgebildeten wie John Stuart Mill, der Newton nie *gelesen* hat, war sehr wirksam darin, die unterentwickelten Disziplinen in eben diesem Zustand zu halten.[132])

Der Einfluß des Newtonschen Erfolges reichte sogar bis in das politische Denken. Er rief bei den Dogmatikern eine wahre Euphorie hervor: Vor Newton war das Problem gewesen, ob man überhaupt episteme erlangen könne; nach Newton lautete es, *wie* das möglich sei, und wie man die episteme auf andere Wissensgebiete übertragen könne. Ohne die Berücksichtigung dieser Problemverschiebung kann man das Denken des 18. Jahrhunderts nicht verstehen. Der Streit über die Anerkennung der Newtonschen Himmelsmechanik als episteme währte einige Zeit; doch als sie einmal anerkannt war, veränderte sich das gesamte geistige Klima ungeheuer. Ein großer Teil des Denkens des 18. Jahrhunderts war von zwei bedeutenden Vorgängen des 17. Jahrhunderts geprägt, deren Wirkungen einander entgegengesetzt waren. Der eine war das ungeheuere Leid und Chaos, das die Konfessionskriege mit sich gebracht hatten. Der andere waren die Entdeckungen Newtons. Die Reaktion auf den ersten war *tolerante skeptische Aufklärung:* Es gab keine Möglichkeit, in den allerwichtigsten Dingen bewiesene Wahrheit zu erlangen, daher mußte man jedem das Recht auf seinen Glauben lassen. Der bekannteste Vertreter dieser Auffassung war Bayle. Die Reaktion auf den zweiten Vorgang war *intolerante dogmatische Aufklärung:* Das Licht der Wissenschaft – das allen Gebieten der menschlichen Erkenntnis zuteil werden sollte – sollte die vor-Newtonsche Finsternis vertreiben, ebenso die Finsternis der Kirche.[133]) Der Anführer dieser Bewegung war der Newtonianer Voltaire.[134]) Der Einfluß der intoleranten dogmatischen Aufklärung überrundete bald den der toleranten skeptischen Aufklärung und brachte die Ideen der totalitären Demokratie hervor. Die wissenschaftliche Skepsis, von Newton besiegt, degenerierte zum Humeschen Psychologismus und verbündete sich mit dem Dogmatismus: Die menschliche *Vernunft* stimmte Newton vielleicht nicht zu, aber die menschliche *Natur* mußte es. Doch dann führt die Unter-

---

[130]) Übrigens sollte vielleicht nicht unerwähnt bleiben, daß der drittweltliche Charakter des Carnapschen Programms von Popper herkommt. Ursprünglich ging Carnap, ein typischer Skeptiko-Dogmatiker, vom 'methodologischen Solipsismus' aus und wollte die Grundaussagen auf zweiweltlicher Ebene ansiedeln, in Form Neurathscher 'Protokollsätze': 'Um 9 Uhr *sah ich ...*'. 1932 veranlaßte ihn Popper, die zweiweltlichen 'Protokollsätze' durch drittweltliche 'Basissätze' zu ersetzen.

[131]) Über die degenerativen Problemverschiebungen in der induktiven Logik vgl. Lakatos [1968].

[132]) Man ist versucht, zu sagen, Newton habe *zwei Kulturen* geschaffen: eine, die seine Methode entwickelte, und eine, die seine Methodologie 'entwickelte'.

[133]) Die Entdeckung ferner Länder – ein dritter wichtiger Faktor – wirkte in beiden Richtungen.

[134]) Wenn diese Analyse stimmt, ist die marxistische Analyse der Geschichte des 18. Jahrhunderts Unsinn.

suchung der (unveränderlichen, ewigen, universellen) menschlichen Natur zu einer Theorie des (monolithischen) 'gesunden' Denkens.

Der Einfluß des Newtonschen Erfolgs war also vielleicht der stärkste aller Einflüsse auf das moderne Denken. Doch die vorliegende Arbeit möchte nicht die ganzen Verhältnisse nachzeichnen; wir interessieren uns hauptsächlich, wenn auch nicht unbedingt ausschließlich, für das Problem, das er für die Erkenntnistheorie aufgeworfen hat.

Man könnte sagen, zwischen 1687 und 1934 bestand die Wissenschaftstheorie im wesentlichen aus zwei Schulen, die sich am besten durch ihre Beurteilung der Newtonschen Gravitationstheorie kennzeichnen lassen. Die eine, Nachfolgerin des 'Dogmatismus' (sei es des empiristischen oder des rationalistischen), behauptete, bewiesen zu haben oder beweisen zu können, daß Newtons Tatsachen wirklich Tatsachen waren, und daß Newtons Übergang von den Tatsachen zur Theorie wirklich, in einem objektiven drittwelchen Sinne, schlüssig gewesen sei. Die andere Schule, Nachfolgerin der 'Skepsis', behauptete, die Newtonsche Theorie sei nicht objektiv *beweisbar* (oder bewiesen), doch ihr schließlicher Erfolg (eine harte Tatsache!) lasse sich auf psychologischer, zweitweltlicher Ebene *erklären*. Die Dogmatisten wollten zuviel *beweisen,* die Skeptiker zuviel *erklären:* die Newtonsche Theorie war ja falsch, was später auch erkannt wurde. Doch dadurch wird das Problem ihres Beweises oder der Erklärung ihrer unfehlbaren Überzeugungskraft nicht zum 'Scheinproblem'. Derartige Untersuchungen führen nicht *notwendig* zu degenerativen Problemverschiebungen. Genau wie aus einer heuristisch erzeugten Reihe von falschen Aussagen eine wachsende Zahl interessanter wahrer Aussagen folgen kann, so kann eine heuristisch erzeugte Reihe falsch gestellter Probleme die Lösung einer wachsenden Zahl richtig gestellter Probleme enthalten. Einige der ganz wenigen, die bis zu einem gewissen Grade Newtons tatsächliche Methode und nicht bloß seine Methodologie verstanden, konnten bei dem Versuch, diese Probleme zu lösen, ein wenig zur Verringerung der Kluft zwischen der verkündeten Methodologie und der tatsächlichen Methode der Newtonianer beitragen, wenn sie auch nicht erkannten, daß das Problem selbst anders gestellt werden muß. Die drei Philosophen, die hier am meisten leisteten, waren Adam Smith, Whewell und LeRoy.

Doch zu der entscheidenden Problemverschiebung kam es erst, nachdem die Einsteinsche Theorie die Newtonsche faktisch überrundet hatte: Jetzt galt es, den Erfolg nicht der siegreichen, sondern der besiegten Newtonschen Theorie zu erklären, und auch ihre Niederlage. Popper sah das Problem als erster auf diese Art; und damit leitete er eine neue Epoche der Philosophie ein.

Literatur

Agassi, J. [1963]: *Towards an Historiography of Science.* Wesleyan University Press.

Baily, F. [1835]: *An Account of the Revd. John Flamsteed, the First Astronomer-Royal.* Order of the Lords Commissioners of the Admirality. London.

Bonnar, F. T., und Phillips, M. [1957]: *Principles of Physical Science.* Addison-Wesley, Reading (Massachusetts).

Born, M. [1949]: *Natural Philosophy of Cause and Chance.* Oxford University Press.

Brewster, D. [1855]: *Memoirs of the Life, Writings and Discoveries of Sir Isaac Newton.* 2 Bde. Thomas Constable, Edinburgh. Wieder abgedruckt mit einer neuen Einleitung von R. S. Westfall in *Sources of Science,* 14. Johnson Reprint Corporation, New York und London.

Brunet, P. [1931]: *L'introduction des théories de Newton en France au XVIIe siècle.* 2 Bde. Blanchard, Paris.

Clavius, C. [1581]: *In sphaeram Ioannis de Sacro Bosco commentarius nunc iterum ab ipso auctore recognitus, et multis ac variis locis locupletatus.* Officina Dominici Basae, Rom.

Clifford, M. [1675]: *A Treatise of Human Reason.* Henry Brome, London.

Cohen, I. B. (Hrsg.) [1958]: *Isaac Newton's Papers and Letters on Natural Philosophy.* Cambridge University Press.

Cotes, R. [1712–1713]: 'Letter to Newton'. In: J. Edleston (Hrsg.): *Correspondence of Sir Isaac Newton and Professor Cotes,* S. 181–184. Cambridge University Press, 1850.

Cotes, R. [1717]: Vorwort zu 2. Auflage von Newtons *Principia,* S. XX–XXXIII.

Descartes, R. [1638]: Brief an Mersenne vom 11. 10. 1638. In: C. Adam und P. Tanner (Hrsg.): *OEuvres de Descartes,* Bd. 2, S. 379–405. Paris 1897–1913. Nachdruck Librairie philosophique J. Vrin, Paris, 1969. Dt. *Briefe 1629–1650,* hrsg. v. M. Bense, übers. v. Fritz Baumgart, Köln und Krefeld, 1949.

Duhem, P. [1908]: ' ΣΩΖΕΙΝ ΤΑ ΦΑΙΝΟΜΕΝΑ'. *Annales de philosophie chrétienne,* **6.** Engl. von E. Doland und C. Maschler: *To Save the Phenomena.* Chicago University Press, 1969.

Edleston, J. [1850]: *Correspondence of Sir Isaac Newton and Professor Cotes.* Cambridge University Press.

Feyerabend, P. K. [1962]: 'Explanation, Reduction and Empiricism'. In: H. Feigl und G. Maxwell (Hrsg.): *Minnesota Studies in the Philosophy of Science,* **3,** S. 28–97. University of Minnesota Press.

Feyerabend, P. K. [1970]: 'Classical Empiricism'. In: R. E. Butts und J. W. Davis (Hrsg.): *The Methodological Heritage of Newton,* S. 150–170. Basil Blackwell, Oxford.

Glanvill, J. [1665]: *Scepsis scientifica.* E. Coates, London.

Glanvill, J. [1675]: *Essays on Several Important Subjects in Philosophy and Religion.* Thomas Tomkins, London.

Gregory, D. [1702]: *Astronomiae physicae et geometricae elementa.*

Halley, E. [1687]: Brief an Newton vom 5. 4. 1687. In: Turnbull [1960], Bd. 2 (1676–1687), S. 473–474.

Hobbes, T. [1651]: *Leviathan.* James Thornton, Oxford, 1881.

Hume, D. [1777]: *Enquiries Concerning the Human Understanding and Concerning the Principles of Morals,* hrsg. v. L. A. Selby-Bigge, Clarendon Press, Oxford, 2. Aufl. 1966.

Jourdain, P. E. B. [1915]: 'Newton's Hypotheses of Ether and of Gravitation from 1672 to 1679', *The Monist,* **25,** S. 79–106.

Kepler, J. [1619]: *Harmonice mundi.* In: *Gesammelte Werke,* Bd. 6, C. H. Beck, München, 1940.

Keynes, J. M. [1921]: *A Treatise on Probability.* Cambridge University Press.

Koyré, A. [1965]: *Newtonian Studies.* Chapman and Hall, London.

Kuhn, T. S. [1970]: 'Logik oder Psychologie der Forschung?', dt., in: *Die Entstehung des Neuen,* S. 357–388. Suhrkamp, Frankfurt (M.), 1977.

Lakatos, I. [1963/64]: 'Proofs and Refutations', *Br. J. Phil. Sci.* **14,** in 4 Teilen. Überarbeitet enthalten in [1976].

Lakatos, I. [1968]: 'Changes in the Problem of Inductive Logic', in: I. Lakatos (Hrsg.), *The Problem of Inductive Logic,* North Holland, Amsterdam, S. 315–417. Dt. 'Wandlungen des Problems der induktiven Logik' in Bd. 2, Kap. 8.

Lakatos, I. [1976]: *Proofs and Refutations,* Cambridge University Press. Dt. *Beweise und Widerlegungen,* Vieweg, Braunschweig/Wiesbaden, 1979.

Lakatos, I., und A. Musgrave (Hrsg.) [1968]: *Problems in the Philosophy of Science.* North Holland, Amsterdam.

Lamb, H. [1923]: *Dynamics.* 2. Aufl. Cambridge University Press.

Laplace, M. [1824]: *Exposition du système du monde.* 5. Aufl., Bachelier, Paris.

Laudan, L. L. [1967]: 'The Nature and Sources of Locke's Views on Hypotheses', *Journal of the History of Ideas,* **28,** S. 211–223.

Locke, J. [1690]: *Essay Concerning Human Understanding,* hrsg. v. A. S. Pringle-Pattison. Clarendon Press, Oxford, 1924.

Locke, J. [1697]: Zweiter Brief an Stillingfleet vom 29. 6. 1697. In: *The Works of John Locke,* Bd. 6. Thomas Tegg, London, 1823.

Luther, M. [1525]: *Vom unfreien Willen,* dt. v. F. W. Schmidt nach J. Jonas. In: *Ausgew. Werke,* hrsg. v. H. H. Borcherdt, Bd. 5, München, 1923.

MacLaurin, C. [1748]: *An Account of Sir Isaac Newton's Philosophy.* Wieder abgedruckt in L. L. Laudan (Hrsg.): *The Sources of Science Series,* **74.** Johnson Reprint Corporation, New York und London, 1968.

Miller, D. W. [1974]: 'Popper's Qualitative Theory of Verisimilitude', *British Journal for the Philosophy of Science,* **25,** S. 166–177.

Newton, I. [1672]: Brief an den Herausgeber der Philosophical Transactions der Royal Society vom 8. 7. 1672. In: Cohen [1958].

Newton, I. [1676]: Brief an Oldenburg vom 18. 11. 1676. In: Turnbull [1960], Bd. 2.

Newton, I. [1686]: *Principia mathematica.* Engl. v. F. Cajori. University of California Press, Berkeley, 1960.

Newton, I. [1694]: Brief an Flamsteed vom 16. 2. 1694. In: Baily [1835], S. 151.

Newton, I. [1713]: Brief an Roger Cotes vom 28. 3. 1713. In: Edleston [1850], S. 154–156.

Newton, I. [1717]: *Opticks,* 4. Aufl. Dover, New York, 1952.

Pemberton, H. [1728]: *A View of Sir Isaac Newton's Philosophy.* S. Palmer, London.

Popkin, R. [1968]: 'Scepticism, Theology, and the Scientific Revolution in the Seventeenth Century.' In: Lakatos und Musgrave [1968], S. 1–28.

Popkin, R. [1970]: 'Scepticism and the Study of History', in: A. D. Beck und W. Yourgrau (Hrsg.): *Physics, Logic and History,* S. 209–230. Plenum, New York und London.

Popper, K. R. [1945]: *Die offene Gesellschaft und ihre Feinde,* dt., 2 Bde., Bern und München, 1957, 1958.

Popper, K. R. [1948]: 'Naturgesetze und theoretische Systeme', unter dem Titel 'Kübelmodell und Scheinwerfermodell' in: Popper [1972], Anhang, S. 369–390.

Popper, K. R. [1957]: 'Die Zielsetzung der Erfahrungswissenschaft'. In: Popper [1972], S. 213–229.

Popper, K. R. [1960]: 'On the Sources of Knowledge and Ignorance', *Proceedings of the British Academy,* **46,** S. 39–71. Wieder abgedruckt in: Popper [1963].

Popper, K. R. [1963]: *Conjectures and Refutations.* Routledge and Kegan Paul, London.

Popper, K. R. [1972]: *Objektive Erkenntnis,* dt. Hoffmann und Campe, Hamburg, 1973.

Rufus, W. C. [1931]: 'Kepler as an Astronomer'. In: *Johann Kepler, 1571–1639, A Tercentenary Commemoration of His Life and Work,* S. 1–38. The Williams and Wilkins Company, Baltimore.

Tichý, P. [1974]: 'On Popper's Definitions of Verisimilitude', *British Journal for the Philosophy of Science,* **25,** S. 155–160.

Turnbull, H. W. (Hrsg.) [1960]: *The Correspondence of Isaac Newton.* Cambridge University Press.

Voltaire, F. M. A. [1738]: *Eléments de la philosophic de Newton.* Œuvres complètes, Bd. 22, S. 393–595. Garnier frères, Paris, 1879. *The Elements of Sir Isaac Newton's Philosophy.* Engl. v. J. Hanna. Frank Cass & Co., London, 1967.

Whewell, W. [1837]: *History of the Inductive Sciences, from the Earliest to the Present Time.* 3 Bde. Frank Cass & Co., London, 1967.

Whewell, W. [1858]: *Novum organum renovatum.* Being the second part of the Philosophy of the Inductive Sciences. 3. Aufl. Frank Cass & Co., London.

Verzeichnis der Schriften von Lakatos[1]

Die Identifikation der Arbeiten durch Jahreszahlen mit Zusätzen a, b, … stimmt hier nicht immer mit der in den Schriftenverzeichnissen zu den einzelnen Beiträgen überein.

[1946a]: 'Citoyen és Munkasosztály', *Valosag*, **I**, S. 77–88.

[1946b]: 'A Fizikalai Idealizmus Biralata', *Athenaeum*, **I**, S. 28–33.

[1947a]: 'Huszadik Szarsad: Tarsadalomtudomanyi és politikoi szemle, Budapest', *Forum*, **I**, S. 316–20.

[1947b]: 'Eötvos Collegium – Györffy Kollégium', *Valosag*, **2**, S. 107–24.

[1947c]: Besprechung von K. Jeges: *Megtanulom a Fizikat* in *Tarsadalmi Szemle* **I.**

[1947d]: Besprechung von J. Hersey: *Hirosima* in *Tarsadalmi Szemle*, **I.**

[1947e]: 'Vigolia, Szerkeszti Johasz Vilmos es Sik Sandor', *Forum*, **I**, S. 733–6.

[1961]: *Essays in the Logic of Mathematical Discovery*. Unveröffentlichte Dissertation. Cambridge.

[1962]: 'Infinite Regress and Foundations of Mathematics', *Aristotelian Society Supplementary Volume*, **36**, S. 155–84.

[1963]: Diskussion von 'History of Science as an Academic Discipline' von A. C. Crombie und M. A. Hoskin, in A. C. Crombie *(Hrsg.): Scientific Change*, S. 781–5. London: Heinemann. Wiedergegeben als Kap. 13 von Bd. 2.

[1963–4]: 'Proofs and Refutations', *British Journal for the Philosophy of Science*, **14**, S. 1–25, 120–39, 221–45, 296–342. In überarbeiteter Form enthalten in Lakatos [1976c].

[1967a]: *Problems in the Philosophy of Mathematics*. Hrsgg. v. Lakatos. Amsterdam: North Holland.

[1967b]: 'A Renaissance of Empiricism in the Recent Philosophy of Mathematics?' in I. Lakatos *(Hrsg.)*: [1967a], S. 199–202. Wiederveröffentlicht in stark erweiterter Form als Lakatos [1976b].

[1967c]: *Dokatatelstva i Oprovershenia*. Russische Übersetzung von [1963–4] von I. N. Veselovski. Moskau: Verlag der sowjetischen Akademie der Wissenschaften.

[1968a]: *The Problem of Inductive Logic*. Hrsgg. v. Lakatos. Amsterdam: North Holland.

[1968b]: 'Changes in the Problem of Inductive Logic', in I. Lakatos *(Hrsg.)*: [1968a], S. 315–417. Wiedergegeben als Kap. 8 von Bd. 2.

[1968c]: 'Criticism and the Methodology of Scientific Research Programmes', *Proceedings of the Aristotelian Society*, **69**, S. 149–86.

[1968d]: 'A Letter to the Director of the London School of Economics', in C. B. Cox and A. E. Dyson *(Hrsg.): Fight for Education, A Black Paper*, S. 28–31. London: Critical Quarterly Society. Wiedergegeben als Kap. 12 von Bd. 2.

[1969]: 'Sophisticated versus Naive Methodological Falsificationism', *Architectural Design*, **9**, S. 482–3. Teilnachdruck von [1968c].

[1970a]: 'Falsification and the Methodology of Scientific Research Programmes', in Lakatos und A. Musgrave *(Hrsg.)* [1970], S. 91–196. Wiedergegeben als Kap. 1 von Bd. 1.

[1970b]: Diskussion von 'Scepticism and the Study of History' von R. H. Popkin, in A. D. Breck und W. Yourgrau *(Hrsg.): Physics, Logic and History*, S. 220–3. New York: Plenum Press.

[1970c]: Diskussion von 'Knowledge and Physical Reality' von A. Mercier, in A. D. Breck und W. Yourgrau *(Hrsg.): Physics, Logic and History*, S. 53–4. New York: Plenum Press.

[1971a]: 'Popper zum Abgrenzungs- und Induktionsproblem', in H. Lenk *(Hrsg.): Neue Aspekte der Wissenschaftstheorie*, S. 75–110. Braunschweig: Vieweg. Dt. Übers. v. [1974c] von H. F. Fischer. Wiedergegeben als Kap. 3 von Bd. 1.

---

[1] 'Bd. 1' bedeutet Lakatos [1977a], 'Bd. 2' bedeutet Lakatos [1977b]. Von Lakatos' ungarischen Veröffentlichungen haben wir alle aufgenommen, die wir ermitteln konnten.

[1971*b*]: 'History of Science and its Rational Reconstructions', in R. C. Buck und R. S. Cohen *(Hrsg.)*: *P.S.A.*, 1970, *Boston Studies in the Philosophy of Science*, **8**, S. 91–135. Dordrecht: Reidel. Wiedergegeben als Kap. 2 von Bd. 1.

[1971*c*]: 'Replies to Critics', in R. C. Buck und R. S. Cohen *(Hrsg.)*: *P.S.A., 1970, Boston Studies in the Philosophy of Science*, **8**, S. 174–82. Dordrecht: Reidel.

[1974*a*]: 'History of Science and its Rational Reconstructions', in Y. Elkana *(Hrsg.)*: *The Interaction Between Science and Philosophy*, S. 195–241. Atlantic Highlands, New Jersey: Humanities Press. Wiederabdruck von [1971*b*].

[1974*b*]: Diskussionsbemerkungen zu Referaten von Ne'eman, Yahil, Beckler, Sambursky, Elkana, Agassi, Mendelsohn, in Y. Elkana *(Hrsg.)*: *The Interaction Between Science and Philosophy*, S. 41, 155–6, 159–60, 163, 165, 167, 280–3, 285–6, 288–9, 292, 294–6, 427–8, 430–1, 435. Atlantic Highlands, New Jersey: Humanities Press.

[1974*c*]: 'Popper on Demarcation and Induction', in P. A. Schilpp *(Hrsg.)*: *The Philosophy of Karl Popper*, S. 241–73. La Salle: Open Court. Wiedergegeben als Kap. 3 von Bd. 1.

[1974*d*]: 'The Role of Crucial Experiments in Science', *Studies in the History and Philosophy of Science*, **4**, S. 309–25.

[1974*e*]: 'Falsifikation und die Methodologie wissenschaftlicher Forschungsprogramme', in I. Lakatos und A. Musgrave *(Hrsg.)*: *Kritik und Erkenntnisfortschritt.* Deutsche Übersetzung von [1970*a*] von A. Szabo. Wiedergegeben als Kap. 1 von Bd. 1.

[1974*f*]: 'Die Geschichte der Wissenschaft und ihre rationalen Rekonstruktionen', in I. Lakatos und A. Musgrave *(Hrsg.)*: *Kritik und Erkenntnisfortschritt.* Dt. Übers. v. [1971*b*] von P. K. Feyerabend. Wiedergegeben als Kap. 2 von Bd. 1.

[1974*g*]: *Wetenschapsfilosofie en Wetenschapsgeschiedenis.* Boom: Mepple. Holländische Übers. von [1970*a*] von Karel van der Lenn.

[1974*h*]: 'Science and Pseudoscience', in G. Vesey *(Hrsg.)*: *Philosophy in the Open.* Open University Press. Wiedergegeben als Einleitung zu Bd. 1.

[1976*a*]: 'Understanding Toulmin', *Minerva*, **14**, S. 126–43. Wiedergegeben als Kap. 11 von Bd. 2.

[1976*b*]: 'A Renaissance of Empiricism in the Recent Philosophy of Mathematics?', *British Journal for the Philosophy of Science*, **27**, S. 201–23. Wiedergegeben als Kap. 2 von Bd. 2.

[1976*c*]: *Proofs and Refutations: The Logic of Mathematical Discovery.* Hrsg. v. J. Worrall und E. G. Zahar. Cambridge University Press. Dt. *Beweise und Widerlegungen.* Vieweg, Braunschweig/Wiesbaden, 1979.

[1977*a*]: *The Methodology of Scientific Research Programmes: Philosophical Papers*, volume 1. Hrsg. v. J. Worrall und G. Currie. Cambridge University Press. Dt.: Bd. 1 der vorliegenden Ausgabe.

[1977*b*]: *Mathematics, Science and Epistemology: Philosophical Papers*, volume 2. Hrsg. v. J. Worrall und G. Currie. Cambridge University Press. Dt.: Bd. 2 der vorliegenden Ausgabe.

Mit anderen Autoren

[1968]: *Problems in the Philosophy of Science.* Hrsg. v. I. Lakatos und A. Musgrave. Amsterdam: North Holland.

[1970]: *Criticism and the Growth of Knowledge.* Hrsg. v. I. Lakatos und A. Musgrave. Cambridge University Press. Dt. *Kritik und Erkenntnisfortschritt.* Vieweg, Braunschweig, 1974.

[1976]: 'Why Did Copernicus's Programme Supersede Ptolemy's?', von I. Lakatos und E. G. Zahar, in R. Westman (Hrsg.): The Copernican Achievement, S. 354–83. Los Angeles: University of California Press. Wiedergegeben als Kap. 5 von Bd. 1.

Personenverzeichnis

Sachverzeichnis